생각이 필요한 건강과 식생활

Health and Dietary life

생각이 필요한 건강과 식생활

감수 이원종

노봉수 · 김명화 · 어중혁 · 윤현근 · 이성준 · 이재환
임재연 · 정현정 · 조미숙 · 정도원 · 정성근 · 배재우

개정판

수학사

개정판을 내며

우리의 식생활은 식품산업의 발달과 더불어 많은 변화와 발전이 있었다. 그러한 가운데 식생활은 국민의 건강과 삶의 질에도 큰 영향을 끼쳐 왔다. 특히 세계가 하나의 공동체로 발전하고 국가 간 경계가 사라지면서 한 나라의 고유한 식생활 문화도 빠른 속도로 변화해 가고 있다. 식생활의 변화가 과연 우리의 건강과 안전을 담보할 수 있는가에 대해서는 확신할 수 없지만, 건강이라는 측면에서는 긍정적인 변화가 있었던 것도 사실이다.

최근 식품과 건강에 관련된 다양한 정보들이 쏟아지면서 무엇이 올바른 정보인지 가늠하기 어려운 지경에 이르렀다. 그래서 이 정보들이 우리 몸을 건강하게 만들고 있는지, 현대인의 식생활이 바람직한 방향으로 가고 있는지에 대한 의문을 던지게 되었고, 이러한 문제들을 올바른 지식을 기반으로 좀 더 정확하게 이해할 필요가 있다고 생각하였다. 그러나 한 사람이 세분화된 식품과학 전 분야를 감당하기는 매우 어려운 일이므로, 각 분야에서 연구와 교육의 방식으로 좋은 정보를 제공해 주시는 전문가들과 뜻을 함께 모아 이러한 문제들을 풀어나가는 데 도움이 될 만한 도서를 기획, 출간한 것이 바로 이 책이다. 『생각이 필요한 건강과 식생활』은 대학에서 식품 관련 분야를 전공하는 학생은 물론이고, 전공은 아니어도 식품 분야에 관심 있는 사람이라면 누구나 교양 수준에서 참고하기에 적절할 것이다.

이 책은 총 5장으로 구성되어 있다. 1장에서는 현대인의 식생활에서 '영양'이라는 문제가 왜 중요한지, 인체 내에서 유지되고 있는 항상성의 원리가 무엇인지를 설명한다. 인체는 스스로 균형을 이루려는 노력을 하고 있는데 이를 무시한 채 외부에서 좋은 성분과 영양 물질만 공급해 주면 문제없다고 착각하고 있는 것은 아닌지 다시 한 번 생각해 볼 기회를 갖도록 하였다. 결국 항상성의 원리만 제대로 이해해도 건강한 삶을 이미 절반 이상 이뤘다고 해도 과언이 아니다. 2장에서는 평소 섭취하는 영양소, 즉 탄수화물, 단백질, 지질, 비타민, 무기질, 물과 같은 영양소에 관한 특성을 살펴보고, 3장에서는

건강과 관련된 식품들로 사람들의 관심이 높은 다이어트 식품과 디톡스 식품, 피부 미용 관리, 알레르기와 스트레스, 두뇌 건강뿐만이 아니라 생리와 관련된 식품에 대하여 알아보았다. 특히 식중독과 관련이 있다고만 생각하기 쉬운 장내 미생물에 대한 관리와 잘 먹는 문제, 그리고 어떻게 잘 배설할 것인가 하는 변 관리에 관하여 비중 있게 다루었다. 4장에서는 오랜 기간 사람을 힘들게 하는 질병 중 먹는 음식과 관련된 것을 살펴본다. 특히 심장 질환이나 당뇨, 알코올, 콩팥과 부종 관리, 골다공증과 노화, 그리고 암에 대해 알아보고, 이들 질병을 예방할 수 있는 처방을 식품으로도 가능한지를 다루었다. 5장에서는 모든 사람이 안전하게 먹을 수 있도록 식품 안전성에 대한 내용을 다룬다. 식품첨가물, 기능성 식품, 식품의 제조·조리 중의 변화, 저장·유통 과정에서의 안전성 등에 관한 이해를 높이고자 하였다.

초판이 발간된 후 많은 사랑을 받았다. 대학에서뿐만 아니라 일반인들 사이에서도 높은 관심을 받았으며, 알기 쉽게 서술하여 접근하기 편하다는 평을 받은 바 있다. 이에 개정을 하면서 최근 관심이 높아진 장내 미생물에 대한 문제, 식품 알레르기, 스트레스, 미용 식품, 골다공증과 식생활 등의 내용을 보강하였다. 각 분야별로 최신 자료를 업데이트함은 물론, 새롭게 관심 받는 분야에 대한 보강을 위해 세 분의 교수가 집필진으로 합류하였다. 앞으로도 이러한 노력은 지속될 것이다. 이번 개정판에서는 독자 스스로 학습 정도를 파악해 볼 수 있도록 연습문제를 통한 훈련의 장도 마련하였다. 최근 코로나 19 사태 등으로 대면 강의보다는 비대면 강의가 늘어나고 있는 현실에서 좀 더 자기주도적 학습이 이루어질 수 있도록 하는 데 도움이 되었으면 하는 바람을 담았다.

이 책을 출간하는 데 많은 조언과 도움을 주신 수학사 이영호 사장님과 직원 여러분께 심심한 감사의 뜻을 전한다.

저자 일동

차례

CHAPTER 4 만성 질환과 식품

CHAPTER 5 식품의 안전성

CHAPTER 1

현대인의 식생활

현대인의 식생활 : 무엇이 변하고 있을까?

식생활 변화와 생활 습관

항상성의 중요성

1. 현대인의 식생활 : 무엇이 변하고 있을까?

한 지역에서의 식생활은 풍토와 기후에 의해 형성되고 문화적 특징을 갖고 발전한다. 한국인의 식생활 역시 오랫동안 곡류, 특히 밥 중심의 주식과 각종 장류와 김치류 등 발효식품을 기본으로 하는 부식으로 구성된 음식문화가 발달해 왔다. 무엇을 먹는가 하는 식생활은 식품산업과 직결되고, 다른 한편으로는 국민들의 건강과 삶의 질에 큰 영향을 주기도 한다.

세계인들이 우리의 한식을 건강식으로 평가하고 있지만, 세계화와 탈경계 시대의 도래로 국가 간 경계의 의미가 축소되면서 세계 국가들의 고유한 식생활이 빠른 속도로 변화하고 있으며 한식 역시 예외는 아니다. 여기에서는 한국인의 식생활이 어떻게 변해 왔으며, 무엇이 식생활 변화에 영향을 주는지를 알아보고자 한다. 아울러 기후와 풍토, 식생활 습관 등 외부로부터 가해지는 환경적·물리적 변화에도 항상 정상적인 상태로 균형을 맞추어 유지하려는 성질인 항상성의 원리에 대하여도 살펴본다.[1)]

2. 식생활 변화와 생활 습관

1) 식생활 변화에 영향을 주는 것들

(1) 사회문화적 환경 변화와 식생활

① 1인 가구의 증가

최근에 나타난 가장 뚜렷한 사회적 변화는 무엇보다 1인 가구의 급속한 증가를 꼽을 수 있다. OECD 국가 중 가장 빠른 속도로 증가하고 있는 우리나라의 1인 가구 규모는 2018년 기준 전체 가구 중 29.3%를 차지하고 있다(통계청, 2019). 불과 얼마 전인 1990~2005년 우리나라의 가장 주된 가구 유형은 4인 가구였지만, 2010년부터 1인 가구의 수가 4인 가구를 앞질렀다. 이후 2015년부터는 1인 가구(27.2%)가 가장 흔한 가구 형태가 되었으며, 2030년이 되면 전체 가구의 33.2%를 차지할 것으로 예측된다. 즉, 과거에는 부모와 자녀로 이루어진 '4인 가족'이 핵가족의 상징으로 여겨졌으나, 이제는 그와 같은 가족 구성이 더 이상 일반적이지 않게 된 것이다.

1) 국가통계포털, 2018 전국 1인 가구, https://kosis.kr/search/search.do

식생활의 근본은 가정이라 할 수 있는데 가족 구조의 변화는 식생활에도 영향을 미칠 수밖에 없다. 1인 가구가 증가하면서 식생활에는 어떤 변화가 나타났을까? 식당에서 혼자 밥이나 술을 먹는 '혼밥', '혼술'의 식사 형태가 나타났을 뿐 아니라 일반화되어 가고 있으며, 편의점에서는 다양한 1인용 제품과 소량으로 포장된 식품 재료들을 판매하고 있다. 또 즉석밥과 냉동 국이나 찌개, 손질된 샐러드와 밀키트meal kit 등과 같은 가정간편식home meal replacement, HMR이 빠른 속도로 발달하고 있다. 더불어 밥과 국, 반찬으로 구성된 한식 상차림보다는 한 그릇 음식에 대한 선호도가 높아지고 있으며, 김치나 장아찌와 같은 발효식품과 나물 같은 전통 방식의 음식이 가정 내에서 조리되는 빈도가 줄고 따라서 소비도 감소되고 있다.

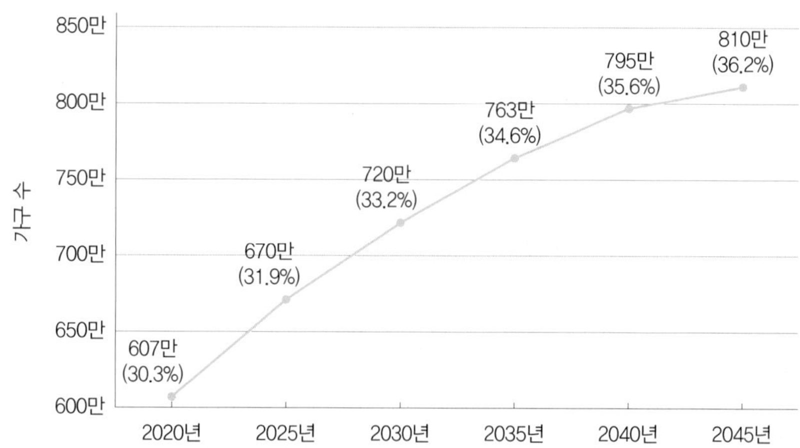

그림 1-1 우리나라 1인 가구의 변화 추이(가구, %)

② 노인 인구의 증가

UN은 전체 인구에서 65세 이상 노령 인구가 차지하는 비율에 따라 7%이면 고령화 사회, 14%를 넘으면 고령사회, 20%를 넘으면 초고령화 사회로 분류하였다. 우리나라 통계청의 장래인구 추계에 따르면 2000년에 이미 고령화 사회가 되었고 2017년에는 고령사회로 진입하였으며, 2026년에는 초고령화 사회가 될 것으로 예측된다. 이와 같이 고령 인구가 급격하게 증가함에 따라 각종 만성 퇴행성 질환자의 비율이 높아지고 있으며, 이에 따른 특수 식품의 필요성도 커지고 있다. 노인을 위한 고령 친화 식품에 대한 보다 다양한 개발이 필요하다.

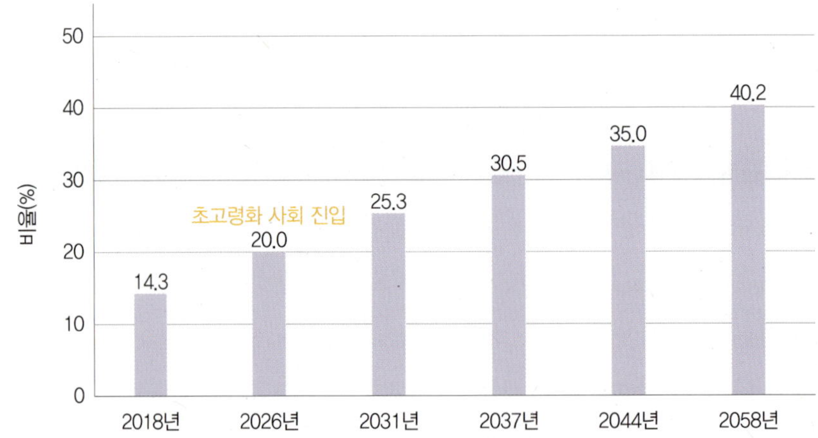

그림 1-2 총인구 중 65세 이상 노인 인구의 비율 추이

③ 여성의 사회 활동 증가

우리나라 국민 중 여성이 직업을 가지는 것이 좋다고 생각하는 사람의 비율이 87.2%로 높으며, 실제 맞벌이 가구의 비율도 전체 가구의 44.6%에 달한다.[2] 이처럼 맞벌이 가정이 증가하고 여성의 사회 진출이 늘어나면서 가사 노동, 특히 식생활을 관리하는 데 필요한 시간은 감소하고 있다. 2018년 여성의 경제활동 참가율은 52.9%로, 15세 이상 여성 약 1,189만 3,000명이 경제활동을 하고 있다. 여성 경제활동 인구는 2009년 49.2%에서 꾸준한 증가 추세를 보이고 있다. 이처럼 여성의 경제활동이 늘어나면 가사 노동에 할애하는 시간이 자연적으로 줄어 주방에서 조리하는 시간도 감소하게 된다. 따라서 외식을 하는 횟수가 늘고 배달음식과 편의식의 소비도 증가하게 된다. 또 전자레인지와 에어프라이어 등 조리가 간편한 조리기기의 이용도 많아진다.

④ 다문화 시대의 글로벌 식문화 유입

우리나라는 이미 다문화 사회에 진입하여 2019년 기준 체류 외국인 수가 약 236만 7,000명으로 인구의 4.57%를 차지할 뿐 아니라 그 비율은 매년 증가 추세를 보이고 있다. 인구 100명 중 4.6명이 외국인이며, 국적별로는 중국이 45.2%, 태국 8.4%, 베트남 8.3%, 미국 6.4%의 순이다. 따라서 거리에서 베트남 쌀국수 전문점이나 다양한 동남아시아 음식점을 발견하기가 어렵지 않다. 또한 우리 국민들의 해외여행이 빈번해지면서 과거에는 경험하지 못했던 에스닉 푸드ethnic food와의 접촉과 도입이 활발해지고 있다.

각종 매스컴을 통해 다양한 외국 음식을 접할 기회가 늘어나면서 그에 대한 관심이 높아지고, 실제로 외국 음식을 먹어 볼 수 있는 기회와 음식점이 늘어나면서 외래 음식에 대한 거부감은 줄고 소비는 증가하고 있다. 동남아시아의 쌀국수를 즐기고 낯설기만 했던 향신료와 소스의 향과 맛에 익숙해졌으며, 다양한 열대 과일들도 쉽게 접할 수 있게 됨으로써 '미각의 글로벌화'는 이미 이루어졌다고 할 수 있다.

(2) 경제적 환경 변화와 식생활

1960년~1970년대까지만 해도 우리나라는 외국으로부터 식량을 원조받았으며, 식량의 자급조차 어려워 충분한 영양을 공급하기가 힘들었다. 부족한 쌀을 밀 등으로 대신하기 위해 혼·분식 장려운동이 적극적으로 펼쳐졌으며, 이때부터 빵과 밀가루가 우리 생활 속에 널리 퍼지기 시작하였다. 이후 경제 발전과 함께 서울올림픽 등 국제 행사를 치르면서 해외 프랜차이즈 외식업의 국내 진출이 가속화되었고, 어린이와 청소년을 중심으로 패스트푸드와 즉석식에 대한 기호가 형성되었다. 경제적 여유 또한 국민의 식생활 변화에 큰 영향을 주었다.

① 식품의 건강과 기능적 측면 추구

건강을 중요하게 여기고 웰빙을 추구하는 사회 분위기에서 알 수 있듯이 식품은 이제 더 이상 배고픔을 면하기 위해서 먹는 것이 아니라, 고유의 기능성까지 고려하여 섭취하는 것으로 인식되고 있다. 또 인구의 고령화로 만성 질환 증가와 건강에 관한 관심이 고조되면서 건강기능식품에 대한 사회적 수요도 지속해서 증가하고 있다. 따라서 국내 건강기능식품 시장 역시 4조 6,000억 원(2019년 기준)으로 매년 성장을 거듭하고 있으며, 2018년에 비해 3.5%의 성장을 보였다. 성인 100명 중 78명이 1년에 한 번 이상 건강기능식품을 구매하는 것으로 나타났으며, 가장 많이 구매한 것은 홍삼, 비타민, 프로바이오틱스, EPA 및 DHA 함유 유지(오메가-3), 마리골드 꽃 추출물(루테인)이 상위권을 차지한다.[3)]

각종 저열량, 저지방 식품과 각종 파이토케미컬phytochemical 함유 식품뿐만 아니라 자연식품, 친환경과 유기농 식품들에 대한 관심과 소비도 꾸준히 증가하고 있다.

---

2) 통계청, 2018 일 · 가정 양립지표, 2018.12.

3) 한국건강기능식품협회, 2019 건강기능식품 시장 현황 및 소비자 실태조사 보고서, 2019.11.

② 식품 안전에 대한 인식 증가

경제 수준이 향상되면서 보다 안전한 식품에 대한 관심이 높아지고 있다. 특히 광우병, 조류인플루엔자와 구제역 등 가축 질병의 주기적 발생, 식품 이물 사고 등으로 국민의 식품 안전에 대한 불안 심리가 커지면서 식품 안전의 중요성에 대한 인식도 강화되고 있다. 또 식품의 해외 의존도가 높아지고 단체급식, 외식, 간편식 이용 빈도가 늘어나면서 식중독 사고도 증가하자 정부는 「식품안전기본법」(2008. 6)을 제정하였다. 이에 따라 식품 안전 정책이 수립됨으로써 국민이 건강하고 안전하게 식생활을 영위할 수 있는 기반이 마련되었다.

③ 외식산업의 발전

식생활의 간편화, 다양화, 고급화에 따라 외식으로 인한 소비가 빠른 증가 추세를 보였다. 외식비가 가계의 식료품비에서 차지하는 비중이 48%에 달하여 그 비중이 절반에 가깝게 나타났다.[4] 월 외식 빈도는 12.9회로 외식 업체를 방문하는 방문 외식이 7.8회/월, 배달 외식이 3.4회/월, 포장 외식이 1.8회/월이었으며, 혼자 외식하는 횟수도 월 4.2회로 나타나 전체 외식의 32.3%는 혼자서 식사하였다.

2019년 외식 시장 규모는 약 180조 원 이상이라고 보고되어 있으며, 외식 업체 수도 약 66만 개로 확인되었다. 외식 관련 산업은 식품 제조업과 함께 농어업 생산 확대를 유발하고, 식품 제조 및 외식 분야의 취업자 증가로 고용 창출의 효과도 나타낸다. 2011년 제정된 「외식산업 진흥법」은 농수축산업과 식품·외식 산업의 융·복합화를 통해 국가 발전의 성장 동력이 되고 있다.

표 1-1 국내 외식산업의 시장 규모 (단위 : 10억 원)

연도	2007	2009	2011	2013	2015	2017
규모	59,369	69,868	73,511	79,552	108,013	128,299

자료 : 한국농수산식품유통공사, 2019년도 식품외식산업주요통계, 2019.9.

[4] 농림축산식품부 · 한국농수산식품유통공사, 2019 국내 외식트렌드 조사보고서, 2019.

2) 식품 소비 구조의 변화와 식생활

(1) 연도별 식품 소비 변화

① 쌀의 소비 감소

식생활의 간편화는 쌀 소비의 감소를 가져오고 있다. 통계청의 '2019년 양곡 소비량' 조사 결과에 따르면 국민 1인당 연간 쌀 소비량은 계속 감소하는 추세로 2016년 61.9 kg에서 2019년 59.2 kg으로 감소하였으며 지난 1년간 3%(1.8 kg)가 감소한 것으로 나타났다. 이것은 1인당 하루 평균 쌀 소비량이 162.1 g에 불과한 것으로, 하루에 밥 2공기도 안 되는 분량의 쌀을 소비하고 있다. 1인당 쌀 소비량은 1979년 연간 135.6 kg으로 최대 소비량을 기록한 이후 40여 년간 지속적으로 감소하고 있으며 앞으로도 감소세는 계속될 것으로 전망한다. 최근 쌀 생산량은 크게 증가하는 데 반해 소비는 급격히 감소하고 있어서 재고량이 늘어나고 있다. 쌀은 한국인의 주식으로 영양소의 주요 공급원일 뿐만 아니라 '영혼의 음식'으로 식문화의 근간이기도 하지만, 다른 한편으로는 식량안보 차원에서 쌀의 생산과 소비는 매우 중요하다. 따라서 쌀을 이용한 가공식품 개발 등 쌀 소비 확대 등 대책 마련이 시급한 실정이다.

보리쌀, 밀가루, 잡곡류와 콩류, 서류를 포함한 곡류의 소비량 역시 8.2 kg으로 2018년에 비해 감소하였으며 이후에도 지속적으로 감소할 전망이다.

② 육류의 소비 증가

경제 수준이 향상되면서 육류 섭취량은 지속적으로 증가해 왔다. 1970년 이후 1인당 육류의 섭취량은 연간 7.2 kg에서 2010년 38.8 kg으로 약 5.4배나 증가하였고, 2019년에는 54.6 kg에 이르렀다. 우리나라에서 가장 많이 소비되는 육류는 돼지고기로 1인당 연간 약 26.8 kg을 섭취하고 있어 닭고기와 쇠고기에 비해 2배 이상 소비되고 있다. 육류의 소비량은 앞으로도 지속적인 증가를 보일 것으로 예상된다.

표 1-2 주요 축산물의 1인당 연간 소비량 (단위 : kg)

	2005년	2010년	2015년	2019년
쇠고기	6.6	8.8	10.9	13.0
돼지고기	17.8	19.2	22.8	26.8
닭고기	7.5	10.7	13.4	14.8

자료 : 국가 농식품통계 서비스, 농축산식품 주요 통계 지표, 2020.3. (http://kass.mafra.go.kr/kass/ps/main/main.do)

③ **채소와 국산 과일류의 소비 감소와 수입 과일의 소비 증가**

배추, 무, 마늘, 건고추, 양파는 우리나라에서 소비되는 주요 채소들로 이 5가지 채소의 2020년 1인당 연간 소비량은 111 kg으로 예측되며, 향후 소비는 감소할 것이라 전망하고 있다. 또한 사과, 배, 복숭아, 포도, 감귤과 같은 국내 생산 과일의 소비는 감소할 것으로 예측되는 반면, 오렌지 등 수입 과일의 소비는 증가할 것으로 예상된다.[5)]

3) 식품 선택의 중요성

사람들이 어떤 식품을 선택하고 섭취하느냐는 개인의 건강에 영향을 줄 뿐만 아니라 제품을 개발하고 판매하는 식품 업체에도 매우 중요한 요소이다. 커피 전문점의 수많은 음료 리스트나 슈퍼마켓에 전시되어 있는 다양한 유제품 중에서 소비자가 '무엇을, 어떻게 선택하느냐' 하는 데에 영향을 미치는 요인은 무엇일까?

우선 개인의 생리적 특성이나 건강 상태가 영향을 줄 수 있을 것이다. 우유를 섭취하면 소화가 안 되고 복부 팽만 등 불편함을 느끼는 젖당불내증이 있거나 특정 식품에 대한 알레르기가 있다면 우유를 선택할 수 없기 때문이다. 또는 나이나 성별에 따라 선호하는 제품이 달라질 수도 있다. 제품의 외적인 특성에 의해 선택하는 경우도 많은데 주로 외형이나 색상 등이 영향을 끼치므로, 최근에는 식품 생산 업체들이 식품 포장은 물론 제품의 디자인 등에 신경을 쓰고 있다. 일반적으로 사람들은 익숙한 색상과 디자인을 선택하는 편이지만 식상해 할 수도 있으므로 신제품을 개발할 때는 제품 포장에도 각별한 관심이 필요하다.

영양표시도 식품 선택의 주요 요소로, 요즘은 열량을 확인하고 저열량, 무가당 제품을 선택하는 경우가 많다. 또한 친환경 제품 또는 유기농 제품인지에 따라 선택이 달라지기도 하고, 각종 식품 관련 안전 문제에 대해 인지하고 있는 소비자의 경우에는 특정 제품 또는 성분의 위험도 지각 정도에 따라 특정 제품이나 해당 성분이 포함된 제품의 선택 여부가 결정된다.

문화적 요인 역시 두말할 필요가 없을 정도로 중요하다. 종교와 습관, 사회적 규범에 따라 특정 식품을 섭취하느냐 혹은 거부하느냐가 결정되기도 한다. 예를 들어 현대인에

---

5) 한국농촌경제연구원, 2020 농업전망 보고서, 2020.1.

게 우유는 완전식품이라 불릴 정도로 남녀노소의 영양 급원을 위해 빼놓을 수 없는 식품이지만, 인디언 원주민 사이에서는 어린아이들이 먹는 음식이라 여겨 용맹한 전사에게는 적합하지 않은 음식이라고 한다. 이처럼 시간과 장소에 따라서, 또는 스스로 음식을 선택할 수 있는 환경과 그렇지 못한 경우에 선택할 수 있는 음식이 달라질 수 있으며, 주변의 동료와 친구의 영향을 받아 달라지기도 한다.

심리적 요인도 식품 선택에 영향을 미친다. 감정 상태나 기억, 과거의 경험, 또는 새로운 음식에 대한 거부감 등도 식품 선택에 크게 영향을 주게 된다.

3. 항상성의 중요성

우리는 몸을 관리하기 위해 먼저 인체를 잘 이해해야 한다. 즉, 우리 몸이 어떤 메커니즘에 의해 조화롭게 작용하는지를 알아야 한다. 생체 내 시스템은 매우 복잡하게 움직이지만, 그 가운데 항상 일정한 수준을 유지하려는 경향을 띤다. 이런 조화로움 때문에 생명체가 존재하고 생명체들로 구성된 생태계가 균형을 이루며, 나아가 지구의 활동조차도 조금씩 변화하면서도 정상적인 균형을 이루는 것이다.

기후와 풍토, 그리고 식생활 습관 등 외부 환경의 요인이 생체 내에 어떠한 변화를 가져오는지를 알아야만 우리 몸의 건강을 유지할 수 있으며, 주변에서 일어나는 여러 가지 환경 변화에도 적응할 수 있다.

1) 항상성이란?

음식 섭취 여부에 따라 사람은 배가 고프기도 하고 또 배가 부르기도 한다. 그때마다 체내의 혈당치가 변화하는데 위가 충분히 휴식을 취하지 못한 상태에서 음식물이 들어오면 그러한 변화는 심하게 발생한다(그림 1-3). 그러므로 아무 때나 음식을 먹을 것이 아니라 혈당치가 낮아진 순간에 음식물을 공급해 주는 것이 효과적이다. 그림 1-3에 나타낸 곡선 관계에서 가능한 한 편차가 적도록 일정하게 유지하는 것이 건강한 삶을 살아가는 지혜이다. 그러나 사회생활을 하다 보면 그 규칙을 지키기가 쉽지 않아 어떤 날은 저녁을 두 번 하는 경우도 생긴다. 식사의 양도 매일, 매끼마다 일정하게 먹는다는 것이 참으로 어렵지만, 그때그때 식사량을 조절하면서 자신의 몸에 무리가 되지 않도록 나만의 식습관을 유지하는 것도 한 방법이 될 것이다.

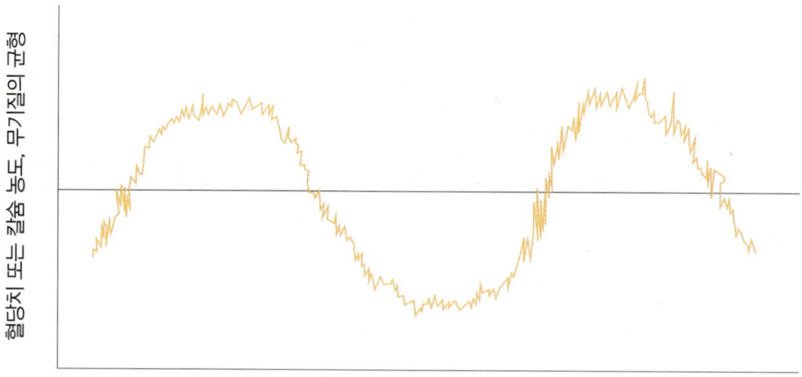

그림 1-3 인체 내에서의 혈당치 및 칼슘 농도의 변화와 항상성

이와 같은 관계 곡선은 일상생활에서 많이 접하게 된다. 운동을 하고 땀을 흘린 상태에서 갑자기 상의를 벗으면 몸이 움츠러들며 체온이 떨어지게 되는데 이럴 때 너무 갑작스러운 변화에 적응이 어려워 탈이 나기도 한다. 그러나 탈이 나는 것 자체가 신체 스스로 리듬을 조절하기 위한 조치 중의 하나이다.

몸은 상태가 좋지 않을 때에는 좋게 유지하려고 노력하고, 반대로 너무 좋은 상태가 지속되면 자제하는 방향으로 끊임없이 조절하며 균형을 맞춰 나가려 한다. 이런 변화와 조절을 항상성이라고 한다. 즉, 외부로부터 환경적 변화나 물리적 변화가 가해지더라도 일정하게 정상적인 상태를 유지하려는 성질이다. 이는 사람의 체내에서의 변화뿐만 아니라 생태계를 구성하고 있는 계system 내에서도 마찬가지며, 서로 다른 종 간에서도 균형을 이루려는 그 어떤 힘을 말한다.

인체, 즉 생체 시스템은 끊임없이 환경의 영향을 받고 있으며 이러한 외부의 영향에 대하여 끊임없이 반응을 한다. 처음에는 큰 충격으로 장애를 일으켜 생체에 변화 현상이 나타나지만, 차츰 그 변화에 익숙해지면 정상적인 상태로 되돌아가려는 노력이 지속되고, 마침내 외부로부터 환경 변화를 받기 전의 상태로 돌아가게 된다. 마치 자동 제어 시스템에 의해 보일러가 잘 작동되는 이치와도 같다.

항상성을 뜻하는 단어 'homeostasis'는 생체 내의 생리를 나타내는 용어로 사용되기도 하는데, 호메오homeo는 '동일의' 또는 '똑같은'의 의미를 갖는 말이고 스타시스stasis는 '상태'를 의미하는 말로 두 단어가 합쳐져 만들어진 용어이다. 즉, 외부로부터 가해지는 환경 변화가 내부 환경을 변화시키게 되는데, 이 과정에서 신체 내 내부 환경의 변화 범위를 최소화하여 안정된 상태 또는 건강한 상태를 유지하도록 만들어 주는 작용이 바로 항상성이다. 그러나 변화에 적응을 하지 못하여 항상성을 제대로 유지하지 못한다면 결국 건강 장애나 그와 관련된 질병이 발생하게 된다. 진화론적으로 보면 생태계는 외부 환경의 변화에 대응해서 내부 환경을 거의 일정한 수준으로 유지하여 항상성이 잘 조절되고 적응된 생물만이 살아남을 수 있었다.

체내에서는 신경계, 특히 자율신경계와 내분비(호르몬)계에 의해 조절이 이루어지지만, 개개의 현상에 대해서는 각각 독자적 조절 기구에 의해 조절되며 차츰 이러한 메커니즘이 발달하게 된다. 신체 내에서의 항상성도 이런 메커니즘을 이용하여 유지되고 있으며, 환경 변화의 정도를 체내에서 감당할 수 있다면 항상성의 조절 범위 내에서 개체 활동이 유지될 수 있어 건강 장애는 일어나지 않는다고 평가된다. 그러나 항상성 메커니즘으로 조절할 수 없는 정도의 변화는 건강 장애로 이어진다. 체내에서는 여러 가지 형태의 생리적인 작용이 일어날 수 있고 그에 해당되는 메커니즘이 작용하지만, 각각의 메커니즘은 다른 생리적 작용과도 연관이 되어 있어 이는 신체 전체의 변화로 이어져 건강에 영향을 미칠 수도 있다.

항상성은 사람에 한정된 문제가 아니라 상호 돕고 생명을 유지해 나가는 동식물에서도 고려해야 할 문제로 생태계 특징 중의 하나이다. 정상 상태를 유지하려는 이러한 생태계의 조절 기능으로, 어느 종species이든 일정한 기준을 넘어 그 이상 증식하고 번영하는 것은 허용되지 않는다. 그러나 특정한 종의 증식을 직접 제어하는 조건, 이를테면 온도, 추위, 바람, 가뭄과 홍수 같은 기후 조건이나 생태계에서 식물의 양 또는 천적 등이 우연히 약화되는 일이 발생하기도 한다. 그러한 결과에 따라 어떤 종은 일시적으로 폭발적 증식을 일으킬 수도 있다. 주로 메뚜기, 쥐, 송충이 등에서 흔히 볼 수 있는 일이지만 오래 지나지 않아 간접적인 조절 작업이 발동하여 갑자기 폭발적으로 증식한 개체 수가 원래의 정상적인 변동 범위 내로 되돌아가는 것이 일반적인 현상이다. 생태계는 성숙할수록 복잡해지고, 또 복잡해질수록 안정되며, 항상성 유지는 더욱 견고해진다.

우리 신체도 마찬가지로 외부의 환경 변화와 요구 조건이 끊임없이 몰아치지만 어려운 환경을 극복할 수 있는 것은 항상성의 원리에 의해 적절히 조절되면서 적응하고 조화를 이루기 때문이다.

2) 항상성에 영향을 미치는 인자들과 현상

항상성에 영향을 주는 요인으로는 온도, 이산화탄소, 온난화와 같은 기후 조건을 비롯하여 환경 오염물질들, 예전에는 먹지도 않던 것을 먹게 된 다양한 형태의 식량과 가공식품들, 삶을 파괴할 수 있으나 보이지도 않는 미세한 생물로 전염병을 일으키는 세균이나 바이러스까지 참으로 많은 요소들이 존재한다. 최근 들어 많은 현대인들이 겪고 있는 스트레스도 항상성에 영향을 주는 인자에 포함된다. 이러한 인자들의 종류와 이들에 의해 나타나는 현상에 대하여 좀 더 자세히 살펴보도록 하자.

(1) 체온과 대사작용

너무 춥거나 더워도 인체의 생활 리듬은 많은 차이를 보인다. 특히 계절의 변화가 시작되는 초봄이나 늦가을에 유독 연세가 높은 분들이 세상을 떠나는 일이 많이 발생한다. 이 또한 체온 조절이 제대로 되지 않아 체내에서 일어나는 여러 가지 생리적 현상이 정상적인 활동을 하지 못하여 발생하는 것이다.

갑자기 추운 날씨에 노출되면 체내의 열을 빼앗기지 않기 위해 우리 몸은 표면적을 최소화하는데 이는 움츠리는 행위로 나타난다. 가능한 체온을 유지하기 위한 반사적인 행동이며, 이처럼 무의식으로 일어나는 현상에 의해 항상성이 유지된다. 그러나 너무 오랜 시간 찬 환경에 노출되어 빠른 시간 내에 정상적인 상태로 되돌아오는 것이 어려울 정도로 체온이 떨어졌다면 정상적인 체내의 생리 시스템에 이상이 생기고 체내에서 활동하는 효소들의 활성이 정상적이지 못하게 된다. 효소들의 활성을 정상적으로 끌어올리기 위해서는 가능한 한 빠른 시간 내에 체내에서 많은 열을 발생하는 에너지를 만들어 내야 한다. 그러나 36.5°C 이하로 내려간 체온을 36.5°C까지 정확하게 복귀시키는 것은 매우 어려운 일로, 경우에 따라서는 38°C까지 체온이 올라갈 정도로 에너지를 많이 만들어 내기도 한다. 예를 들어 옷을 가볍게 입고 있다가 갑자기 추워진 날씨로 감기에 걸려 추위를 느끼지만 몸에서는 열이 나고 머리가 펄펄 끓는 것과 같은 상태를 말한다. 너무 체온을 올린 것이 아닌가 하여 다시 36.5°C로 낮추려는 노력을 하게 되는데, 이 또한 잘 되지 않으면 36.5°C보다도 낮은 온도까지 내려가게 되어 이불을 덮고 있어도 추위를 느끼고 오한을 느끼는 상태가 된다.

이런 현상이 지속적으로 반복되면서 우리 몸은 궁극적으로 36.5°C에 접근하게 되는

데 이 과정을 통해 항상성을 유지하려는 노력이 2~3주에 걸쳐 반복된다. 보통 감기에 걸리면 체내에서 이런 현상들이 반복되나 대체로 2~3주 후에는 정상적인 상태로 전환되어 건강한 상태로 돌아올 수 있게 된다.

그림 1-4를 보면 초기 외부 기온 변화의 영향으로 체온이 변화한 뒤 반복적인 변동 fluctuation이 일어나고 그 폭이 점차 줄어들면서 처음과 같은 상태로 돌아가게 된다. 이와 같은 체온의 변화를 유발한 외부 환경은 체내 환경까지 변화를 유도하지만 결국에는 항상성을 유지하게 된다(그림 1-5).

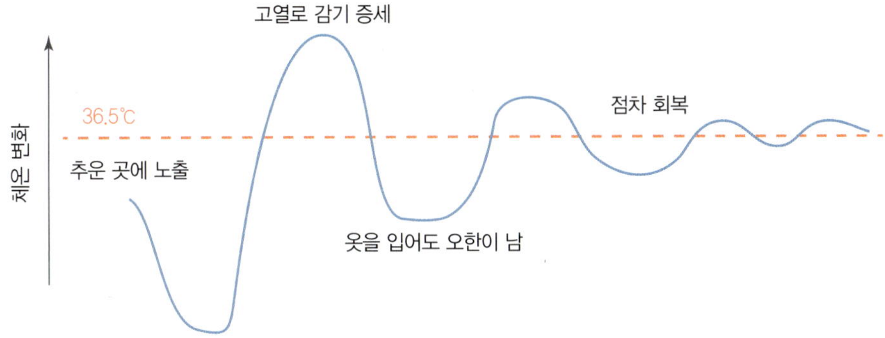

그림 1-4 추운 곳에서 감기에 걸린 후 체온 변화

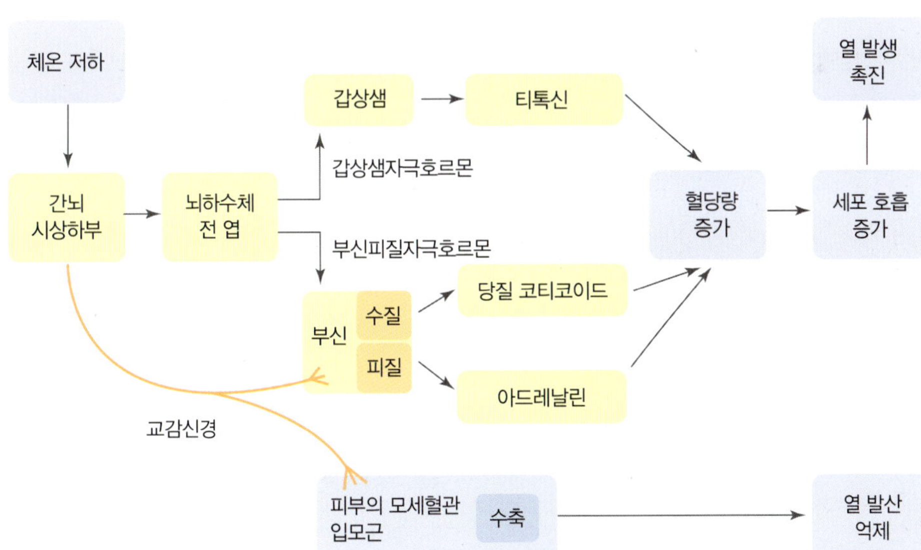

그림 1-5 추울 때 체온 조절을 위한 호르몬의 분비와 열 발생 조절

우리 몸의 컨디션이 좋을 때는 영양 성분이 적은 양으로도 충족되지만, 컨디션이 나쁠 때에는 적은 양으로는 충족되지 못하고 훨씬 더 많은 양을 필요로 한다. 양적인 문제뿐만 아니라 기능성도 마찬가지이다. 즉, 몸의 컨디션이 좋을 때는 약처럼 긍정적인 효과를 나타내던 영양소들이 몸 컨디션이 나빠졌을 때에는 독처럼 부정적 효과를 낼 수도 있다는 것이다.

우리 몸은 항상 일정한 상태로 있는 것은 아니다. 열심히 대사작용을 할 때가 있는가 하면, 잠시 멈추고 쉬어야 하는 순간도 있다. 밤이 되면 몸 안에서 멜라토닌이라는 호르몬을 분비하여 잠을 자도록 유도하므로 사람은 잠을 자게 된다. 잠을 잘 때는 모든 육체적 활동은 멈추고 매우 기본적인 대사만 이루어진다. 이를 거스르고 낮에 활동할 때처럼 일을 하게 되면 호르몬 분비에 이상이 생기고 기존의 항상성을 유지하려는 균형이 깨지면서 기본적으로 안정된 시스템이 무너진다. 이런 일이 반복되면 긴장이 지속되면서 면역력이 떨어지고 스트레스가 생긴다. 또 병원균이나 유해 물질이 침입하여 이를 해독시키기 위하여 총력을 기울이는 상황에서는 우리 몸 안에서 일어나는 여러 가지 변화들이 정상적으로 진행되지 않을 수도 있다.

그러므로 필요한 영양소가 흡수되기 좋을 때가 있는가 하면 어려운 순간이 있을 수 있다(그림 1-6). 한 사람에게서 같은 영양소의 흡수율이 이렇게 차이가 나는데 하물며 사람 간에는 그 차이가 더 클 것이라 생각된다. 따라서 특정 식재료나 기능성 식품이 어떤 사람에게는 효과적일 수 있지만, 일부 사람에게는 아무런 효과가 없을 수도 있는

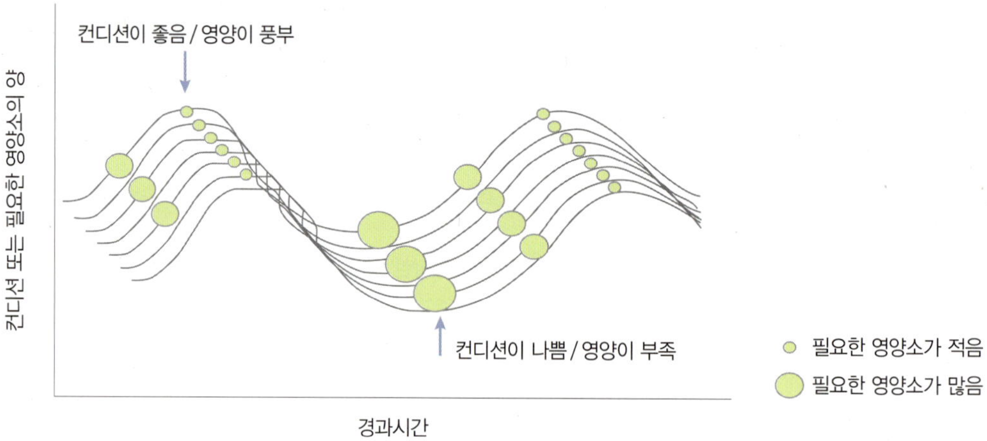

그림 1-6 항상성에 따라 외부의 도움이 필요할 때와 필요하지 않을 때

것이다.

예를 들어, 어떤 식품이 참 좋다라든가, 어떤 약이 좋다고 하는 표현도 사실 알고 보면 사람마다 유효 성분의 차이가 있을 수 있으므로 유효 성분에 대하여 너무 과신하지 말아야 한다. 물론 경우에 따라서는 플라세보 효과가 나타날 수는 있다. '나에게는 효과가 있을 것'이라는 긍정적인 사고로 선택하면 그만큼 좋은 효과를 기대할 수 있다. 하지만 유해 물질의 경우는 그러한 차이가 적을 뿐 아니라 지나친 플라세보 효과를 기대하는 것조차 매우 위험한 일이다.

유효 성분은 효과를 기대하지 않으면 안 먹어도 무리가 없지만, 유해 물질은 절대로 섭취해서는 안 되는 것이며 섭취했다면 가능한 한 빨리 몸에서 제거해야 한다. 그때그때 효과가 다르다는 것을 기대하기보다는 항상 해로울 수 있고 우리 몸의 항상성을 깨뜨릴 수 있다는 점을 주의 깊게 유념해야 한다.

(2) 음식물

항상성에 영향을 주는 것으로 우리가 매일 섭취하는 음식물이 있다. 매일 규칙적으로 일정량의 음식을 섭취해야 에너지를 만들고 성장에 필요한 조직이나 뼈대를 만들며 나아가 신체활동을 할 수 있다. 하지만 기아나 경제적 이유로 음식을 충분히 섭취하지 못하는 경우가 있는가 하면, 살찔 것을 걱정하여 또는 건강을 목적으로 편식이나 특정 음식을 기피하는 경우도 있다. 채식을 하는 채식주의자의 식생활을 대표적이라 할 수 있다. 채식주의자도 선택하는 식품 재료에 따라 여러 부류가 있겠으나, 일단 붉은색 육류뿐만 아니라 생선, 달걀, 우유조차 먹지 않는 '완전 채식주의자'를 예로 들고자 한다.

우리 몸을 구성하는 뼈는 칼슘과 동물성 단백질(고기, 우유, 멸치)을 섭취하지 않으면 정상적인 상태의 골밀도를 유지하지 못한다. 채식만을 고집하면 골밀도 유지와 관련이 깊은 여성 호르몬(에스트로겐)의 농도가 낮아지게 되고, 이런 상황에서는 식물성 식품에 함유된 칼슘 성분마저 흡수가 잘 되지 않아 결국에는 마른 체격 형태가 되기 쉽다.

그러나 채식을 하더라도 뼈의 건강에는 별문제가 없을 수도 있는데, 이것은 뼈의 구성이 단지 칼슘에 의해서만 이루어지는 것이 아니기 때문이다. 뼈가 정상적인 상태를 유지하기 위해서는 칼슘의 섭취도 중요하나 무엇보다도 우리 몸 안 체액의 '산·염기 평형'도 중요한 영향을 미치기 때문이다.

산·염기의 평형을 이루기 위해서는 사람의 신체 속에서 혈액과 더불어 림프액 등 체액에 의해 영양 공급이 활발히 이루어져야 한다. 체액은 평소 약한 알칼리성을 띠고 있으며, 우리가 섭취하는 음식물에 따라 산성도가 높아지기도 하고 낮아지기도 한다.

산성 식품으로 알려진 곡류, 육류, 생선, 달걀이나 탄산음료를 지나치게 많이 섭취하면 산성 체질화되는데, 이는 식품 내에 성분들이 분해되면서 방출하는 인산 성분이나 황 성분이 지나치게 많은 음식을 섭취함으로써 유발된다. 몸이 산성 체질화되기 쉬운 이유는 우리가 즐겨 먹는 음식 대부분이 산성 식품이기 때문이며, 이런 경우 몸이 쉽게 피곤해지기도 한다.

산성 식품을 평소 즐겨 먹으면 체내의 산과 염기의 균형이 깨지면서 흐트러진 균형을 올바르게 잡기 위해 알칼리성 식품(채소, 과일, 감자, 우유 등)들이 분해되면서 방출하는 무기질을 필요로 하게 된다. 즉, 산성도를 낮추기 위해서는 알칼리성(염기성)의 무기질을 공급받아야 한다. 음식을 통해서 공급을 받아야 하나 이것이 여의치 않으면 혈액이나 근육으로부터 칼슘을 공급받아 산·염기의 평형 유지가 어느 정도 가능하다. 그것만으로도 부족하다고 판단되면 칼슘을 보충하기 위하여 뼈를 구성하고 있는 칼슘을 녹여내어 산성도를 낮춤으로써 산·염기 평형을 유지하려고 한다.

단단한 뼈는 한번 형성되면 변하지 않고 그대로 유지되는 것이 아니라 필요에 따라 칼슘을 저장하기도 하고 체내로 공급해 주기도 하는 살아 있는 조직으로 활동한다. 따라서 오래된 뼈는 파골세포에 의해 파괴되고, 한편에서는 조골세포에 의해 새로운 뼈가 만들어지는 일이 끊임없이 지속된다. 이러한 과정은 칼슘을 필요로 하며, 체내에서 이

tip 뼈 건강에 중요한 칼슘

뼈 건강에 영향을 미치는 요소는 칼슘, 산·염기 평형 외에도 단백질, 식물에스트로겐(phytoestrogen), 비타민 K 등 매우 다양하다. 채식주의자들은 육류 대신 식물성 식단으로 이런 영양소를 공급받을 수 있으므로 채식을 주로 하느냐 아니면 동물성 식품도 함께하느냐의 차이로 뼈의 건강을 논하기에는 한계가 있다는 주장도 있다. 콩 단백질의 하나인 아이소플라본이나 식물에 있는 식이섬유 성분인 리그닌 같은 식물에스트로겐 성분은, 뼛속으로 칼슘을 이동시켜 뼈를 단단하게 유지해 주는 에스트로겐과 구조가 유사하여 골밀도를 유지하는 데에도 기여하는 것이 사실이다. 따라서 채소와 과일이 뼈에 좋다는 연구 보고도 꾸준히 늘어나고 있다.

고혈압 예방 식이요법(dietary approaches to stopping hypertension) 연구 결과에 따르면, 과일과 채소 섭취량을 늘리자 소변으로 배출되는 칼슘 양이 줄고, 염분을 적게 먹어도 칼슘의 소변 배출이 줄어드는 것으로 나타났다. 따라서 되도록 간단하고 담백하게 조리하는 채식주의 식단이 고혈압 예방은 물론, 뼈 건강 유지를 위해서도 추천할 만하다고 주장하는 학자도 있다.

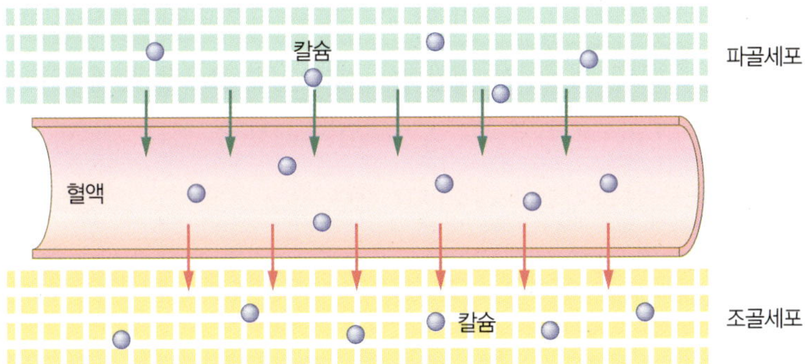

그림 1-7 파골세포와 조골세포의 작용

용할 수 있는 뼈를 파괴하여 뼛속의 칼슘을 혈액으로 방출하는 '파골세포'와 혈중 칼슘으로 뼈를 새로 만드는 '조골세포'에 의해 일어난다. 이 두 세포의 활동이 조화로운 균형을 이루어야 뼈가 건강하게 항상성을 유지한다. 그런데 칼슘의 혈중 농도나 조골세포와 파골세포의 활동은 산성도의 미세한 변화에도 영향을 받을 수 있으며, 체액의 산성도가 높아지면 뼈의 칼슘이 필요 이상 혈액으로 빠져나가 뼈가 약해지고 만다(그림 1-7).

따라서 평소 섭취하는 음식이 지나치게 산성 식품 위주로 구성되면 우리 체질은 산성화되기가 쉽다. 일반적으로 우리가 좋아하는 음식은 산성 식품이 많아서 만일 좋아하는 음식 위주로만 섭취한다면 항상성을 유지하려는 체액의 항상성이 깨져 버린다. 평소 건강하다고 생각했던 사람이 쉽게 피곤하거나 조금만 일을 하여도 힘겨워하는 증세는 항상성이 균형을 이루지 못하고 있음을 알려 주는 징표이다.

이와 같이 체내의 모든 조직을 통해 칼슘의 농도가 적절하게 유지되도록 노력하는 현상이 바로 항상성이라고 할 수 있다.

(3) 스트레스

물질적 요소는 아니라도 일상생활에 충격을 주고 그러한 충격이 오랫동안 남아 있어 정상적인 활동을 할 수 없다면 이 또한 항상성에 영향을 주는 인자라고 할 수 있다. 그런 요인 중에 하나가 바로 스트레스이다. 굳이 동물실험을 하지 않더라도 충분히 경험을 통하여 느낄 수 있는 것 중에 하나가, 육체적 상해를 입은 경우는 물론 공포감을 느낄 정도의 정신적 자극을 받게 되면 체내의 다양한 생리 활동들이 정상적으로 기능하지 못하며 몸이 부르르 떨리거나 동공이 커지고, 또는 식은땀을 흘리면서 호흡이 빨라지는 등의 신체적 변화이다. 배우자와 직장 상사에게 심한 모욕을 느낄 정도의 말을 들으면 심장 박동 수가 갑자기 증가하면서 흥분되고 주체할 수 없을 정도의 상황에 처하게 된다. 이런 현상들을 통틀어 스트레스라고 한다.

물론 위에서 열거한 몇 가지 사례 외에도 과중한 업무를 수행하거나 중요한 시험을 앞두고 있는 수험생들의 중압감, 전셋값을 마련해야 하는데 도대체 돈을 마련할 길은 없고 날짜는 다가오는 경우, 늘 새로운 아이디어를 내야 하는 신제품 개발자들의 고뇌, 승진이나 퇴직을 앞둔 직장인의 정신적 고뇌도 스트레스로 나타나는 현상들이다. 스트레스가 반복되면 정상적인 활동을 하기가 어렵고 극단적인 정신 상태로 스스로 자신의 정신 건강에 이상이 있음을 느끼게 된다. 바로 이런 현상들이 항상성을 유지하지 못하는 경우에 해당된다.

일반적으로 스트레스를 받으면 체내에서는 각종 자극에 대항할 수 있는 시스템이 갖추어지는데, 그 중 하나가 자극 호르몬인 아드레날린을 비롯하여 여러 호르몬을 분비해 스스로 몸을 보호하려는 반응이다. 그리하여 위험하다고 판단되는 순간에 대처해 나가거나 또는 피할 수 있는 힘과 에너지를 제공받는다. 이때 겪는 신체적 변화로는 근육이나 뇌, 심장에 더 많은 혈액을 보낼 수 있도록 맥박과 혈압이 증가하고, 보다 많은 산소를 얻기 위해 호흡이 빨라진다.

누구나 위험이 닥치면 자신을 보호하고 행동으로 대처해 나갈 준비를 하게 되는데, 이런 경우 근육이 긴장하게 된다. 시급한 상황을 신속하게 판단하고 행동하기 위해 정신이 더 명료해지고 감각기관도 보다 더 예민해진다. 그리고 에너지 공급을 추가하기 위해서 혈액 중의 당, 지방, 콜레스테롤의 양이 증가하기도 한다.

스트레스로 인해 감정이 폭발하여 분출된다면 큰 문제가 없으나, 행동으로 옮겨지는 과정이 뒤따르지 않고 겉으로 표출되지 않은 상태에서 계속해 긴장감이 누적되기만 한다면 점차 쌓이는 스트레스로 결국에는 다른 기관의 저항력이 약해지는 결과를 초래하게 된다.

우리 몸은 외부로부터 정신적인 충격이 가해지면 자극에 대항할 수 있는 체계가 갖추어진다. 뇌에서는 부신피질호르몬에서 당질 코티코이드를 다량으로 분비하게 유도하며, 교감신경을 자극하여 아드레날린을 분비하게 만든다. 아드레날린은 심장 박동을 촉진시킬 뿐만 아니라 기관지를 확장시켜 심호흡에 대비하게 하며, 동공을 확장시켜 더욱 잘 볼 수 있게 만든다. 근육에는 더 많은 혈액을 공급하여 격렬한 활동에 대비하도록 준비한다.

이러한 일련의 활동이 한 번으로 끝나지 않고 지속적으로 반복되면 정상적인 활동을 할 수 없게 된다. 심장에 무리가 생기고 순환기관뿐만 아니라 소화기관인 위와 소장에 궤양이 생길 수도 있다.

스트레스를 지속적으로 받으면 위에 문제가 생긴다. 내분비를 통한 반응과 자율신경을 통한 반응이 복합적으로 작용하기 때문에 스트레스를 받은 뇌는 계속해서 위산의 분비를 촉진시키는데, 자율신경에서는 위 점막의 혈관이 좁아져 혈액이 모두 도달하지 않게 되면서 점막의 방어 기능이 떨어지고, 위산이 위벽의 일부를 손상시켜 속이 쓰리고 아프게 된다. 이외에도 스트레스가 지속되면 집중력이 떨어지고 정신적으로 혼동이 오며, 감정적으로는 불안하고 신경이 예민해진다.

스트레스가 건강에 무조건 나쁜 영향만 끼치는 것은 아니다. 스트레스를 적절하게 받으면 오히려 신체와 정신에 활력을 주는 것으로 알려져 있다. 물론 내외적 자극에 대해 한 개인이 감당할 능력이 약해지거나, 이러한 상태에 장기간 반복적으로 노출된다면 스트레스는 만성화되어 정서적으로 불안과 갈등을 일으키고, 자율신경계의 지속적인 긴장을 초래하여 정신적으로나 신체적으로 기능 장애나 질병을 유발하기도 한다. 특히 노이로제 또는 심신 장애와 같은 병적인 증상으로 진행되거나 악화되어 더 많은 장애와 만성 질환에 노출될 수도 있다.

스트레스는 삶의 어느 한 시기에만 일어나는 것이 아니라 인간의 전 생애에 걸쳐 나

tip 스트레스의 유발 요인

스트레스를 유발하는 요소는 외적 원인과 내적 원인으로 나눌 수 있는데, 대부분은 자기 자신에 의한 내적 원인에 기인한다. 외적 원인은 소음, 강력한 빛이나 열, 한정된 공간과 같은 물리적 환경, 무례함, 부당한 명령, 타인과의 충돌 같은 사회적 관계, 규칙이나 규정, 형식과 같은 조직사회의 문화적 요소들, 가족의 죽음, 직업 상실이나 퇴직, 승진과 같은 생활 속의 큰 사건, 일상적인 통근 활동 및 일상의 복잡한 일 등이 있다.

내적 원인은 과량의 카페인 섭취, 불충분한 잠, 과중한 스케줄과 같은 생활양식의 선택, 비관적인 생각, 자신에 대한 혹평, 과도한 분석과 같은 부정적인 생각, 비현실적 기대, 독선적 소유, 과장되고 경직된 사고와 같은 마음가짐, 완벽주의자, 워커홀릭 등 스트레스가 잘 생길 수 있는 개인 특성 등이 있다.

tip 적절한 스트레스는 생활의 활력

신선함이 생명인 생선류를 수산물 창고 박스에 넣어 운반하는 기사들은 신선한 상태를 유지하기 위해 일정한 속도를 유지하며 도로를 달린다. 가능한 고기들이 스트레스를 받아 죽지 않도록 하기 위함이다. 그런데 수산물 창고 박스 안에 상어새끼 한 마리를 함께 넣어 운반하면 생선들이 잡아먹히지 않으려고 긴장하기 때문에 매우 신선한 상태로 공급할 수가 있다. 이처럼 때론 스트레스는 생활의 활력이 되기도 한다.

타난다. 특히 중년기에는 심장병, 위궤양, 고혈압, 당뇨병 등 성인병의 원인으로 작용하고, 노년기에는 신경증, 심신증 등을 초래해서 우울하게 만든다. 사람이라면 누구나 스트레스를 받지 않고 살 수는 없다. 자신의 역할을 감당해 내기 위해서는 적당히 스트레스에 익숙해지도록 노력해야 하고 적응해야 한다.

우리가 항상성이라는 현상을 이해하려는 것도 바로 우리가 언젠가는 부딪힐 각종 스트레스 속에서 어떻게 지혜롭게 헤쳐 나갈 수 있는가를 이해하는 데에 도움이 되기 때문이다.

(4) 새로운 품종

인류가 생긴 이래로 끊임없이 새로운 품종이 개발되었다. 육종을 통해 서로 다른 품종의 기능을 함유한 새로운 품종이 등장하였다. 예를 들면 쌀의 경우 가뭄에 견디는 벼, 추위에 강한 벼, 홍수가 나더라도 쓰러지지 않고 잘 서 있는 벼, 차진 밥을 위해 아밀로펙틴이 풍부한 벼, 과자류나 쿠키를 만들기에 적절한 벼, 새로운 기능성이 강화된 벼 등 다양한 형태의 품종이 개발되었다.

익숙하지 않은 것을 처음 먹게 되었을 때 우리 몸은 익숙하지 않음에 미세한 거부반응을 일으킬 수도 있다. 즉, 새로운 품종의 쌀을 접하는 우리 몸은 마치 새로운 환경에 놓이는 것과 같은 변화를 겪는다. 우리나라에서는 매우 드문 경우이지만 일본에는 쌀에 대한 알레르기를 나타내는 사람들이 있다고 한다. 오히려 우리나라 사람들은 밀가루에 대한 알레르기를 호소하는 사람들이 많다. 서양 사람들에 비하여 밀가루를 먹어온 생활 습관, 다시 말하면 적응도가 상대적으로 떨어진다는 뜻이다. 새로운 품종, 즉 새로운 환경에 적응하는 시간은 사람에 따라 다르게 나타난다.

처음에는 먹기 어려울 수도 있겠으나 차츰 익숙해지고 적응하는 과정에서 아토피 같은 증상을 겪다가도 서서히 그런 증세는 사라지게 된다. 큰 변화를 오랜 시간에 걸쳐서 적응하다 보면 별것도 아닌 것처럼 정상적인 상태가 되고 마는데, 이 또한 항상성의 원리라고 할 수 있다.

마찬가지로 유전자변형식품의 경우는 수천 년에 걸쳐 변화된 성질에 항상성의 원리로 적응하던 현상을, 짧은 순간에 적응하고 극복하려다 보니 미처 따라가지 못해 여러 부작용이 생기는 것으로 결코 극복할 수 없는 문제는 아니다.

미생물은 발효를 위하여 탄수화물의 원료인 포도당을 많이 사용한다. 포도당이 다 소모되고 젖당만 남아 있는 상태에서 미생물이 포도당만을 원하고 젖당은 원하지 않는다고 젖당을 이용하지 않는다면 결국 미생물은 죽고 만다. 따라서 미생물은 살기 위해 어떻게 해서라도 젖당을 먹을 수밖에 없으며, 그 이후에는 젖당을 주어도 잘 적응하여 살아남는 것을 볼 수 있다.

이와 같이 외부로부터 받게 되는 새로운 환경의 도전을 잘 극복해 나가려는 노력, 즉 항상성을 통하여 결국 살아남게 되며 건강하고 정상적인 상태를 유지할 수 있게 된다. 이런 측면에서 본다면 우리가 새로이 접하게 되는 새로운 품종, 외국에서 수입하는 새로운 식품들조차도 항상성에 영향을 줄 수 있는 요소들이라 할 수 있다.

(5) 미생물

우리 주변에는 눈에 보이지 않지만 수많은 미생물들이 존재한다. 이 중에는 인간에게 이로운 미생물들이 있는가 하면 해를 끼치는 미생물들도 있다. 여름철 식중독을 일으키거나 장염을 유발하는 미생물에서부터 생명을 위협하는 병원성 미생물에 이르기까지 수많은 미생물에 노출되어 있다. 설령 해로운 미생물이 존재한다 하더라도 그 수가 얼마 되지 않으면 인체는 충분히 극복할 수 있다. 하지만 그 개체 수가 많으면 결코 안전할 수 없다.

여름철 소풍을 간다고 어머니께서 김밥을 만들어 주셨다. 만들어 주실 때만 하더라도 식중독을 유발하는 균 수는 1,000마리도 채 되지 않았으나, 소풍을 가는 동안 시간이 걸리고 목적지에 도착해서 친구들과 어울려 놀다 보니 김밥 속에 존재하는 식중독균의 수가 기하급수적으로 증가하여 백만 마리 이상이 된다. 이것을 먹으면 아무리 건강한 사람이라도 배를 앓고 설사를 하는 등 식중독을 일으킬 수가 있다. 하지만 위생적인 용기에 잘 보관하여 낮은 온도 상태를 유지하였더라면 아마도 미생물의 증가는 그렇게 많이 늘지 않아 먹어도 아무 탈이 나지 않았을 것이다. 이처럼 항상성을 통하여 극복할 수 있는 변동의 한계 범위 안에 있다면 충분히 극복해 나갈 수 있으나, 한계를 넘어서면 항상성의 원리만으로는 극복하기 어렵다.

우리나라의 결핵 환자 비율이 전 국민의 10%에 달했던 적이 있다. 이는 열 명 중 한 명은 결핵 환자라는 말로, 50명이 모인 교실에는 2~3명 정도의 결핵 환자가 있는 셈이다. 이들이 내쉬는 호흡을 통하여 교실 안에는 결핵균이 활동하고 있다는 이야기이다.

그렇다면 왜 많은 학생들이 결핵에 걸리지 않았을까? 교실 안에는 틀림없이 많은 수의 결핵균이 존재하기는 하나 결과는 학생들의 건강 상태에 따라 다르다. 예를 들어 평소 건강관리를 잘한 학생이라면 그 정도의 결핵균이 침입하더라도 충분히 극복할 수 있으나, 다이어트를 한다고 제대로 먹지도 않고 건강관리를 소홀히 한 학생이라면 결핵균의 활동이 점차 확대되어 전염될 수 있다. 이런 현상은 SARS(중증급성호흡기 증후군), 신종플루 등이 우리나라에 들어왔을 때 모든 사람이 전염되지 않고 일부 몇 사람에게만 나타났던 이치와 같다. 이처럼 평소 건강관리를 어떻게 하느냐에 따라서, 다시 말하면 항상성의 변동 폭을 얼마만큼 넓은 범위까지 극복할 수 있도록 건강관리를 하였느냐에 따라서 죽을 수도 있고 삶을 계속 유지할 수도 있다는 것이다.

모든 사람이 항상성 원리에 의해 생명을 유지해 나가지만 중요한 것은 얼마만큼 이 한계 폭을 극복할 수 있는 능력을 지닐 정도로 관리하느냐 하는 문제이다. 평소 건강을 잘 관리하는 사람들은 그렇지 못한 사람에 비하여 그만큼 극복할 수 있는 능력을 갖추고 있다는 말이기도 하다.

(6) 다이어트

다이어트는 인위적으로 음식물의 섭취를 제한하는 것이다. 기아로 굶주리는 것과는 다소 차이가 있으나 어쨌든 일종의 영양 섭취 부족 현상이며 우리 몸은 자연스럽게 그런 환경에 적응하려는 노력을 하게 된다.

인체는 항상성을 가진 복잡한 메커니즘의 복합 유기물 집합체이다. 항상성은 급격한 환경 변화에서도 생존하는 데 적합하게 몸을 유지하는 것이다. 식사량이 많고 비만인 사람이 다이어트를 하면 몸은 위기 상황에 처했다고 스스로 판단하고 생존에 적합한 만큼 칼로리 소모를 현격히 줄여 나간다. 반대의 경우도 마찬가지로 항상성에 의해 칼로리 소비가 갑자기 늘어나더라도 함부로 축적하지 않는다.

중요한 건 일평생 살아오면서 어느 정도의 기복은 있겠지만 최적의 몸을 유지하기 위한 영양 섭취와 운동량을 지속적으로 제공해야 한다. 물론, 체격이나 체형은 유전적인 영향을 많이 받기 때문에 부모님의 영향을 배제할 수는 없다. 체형 변화를 위해서는 앞서 말한 항상성의 리듬을 일시적으로 급격히 변화시키기보다는 장기적으로 서서히 변화시키는 것이 좋다. 섭취량이 단기적으로 늘고 영양에 신경을 쓴다고 하여도 일생의 밸런스 유지 시스템(항상성)이 하루아침에 바뀌긴 정말 힘든 일이기 때문이다.

단식을 위해 1주일 이상을 합숙하는 경우에도 서서히 식사량을 줄여가 물만을 섭취하다가, 다시 원상태로 복귀할 때에도 조금씩 물을 먹으면서 미음, 죽, 밥의 순으로 단계적으로 진행해야 한다. 이것은 일종의 항상성의 원리를 그대로 따르는 예이다. 만일 이런 절차를 무시하고 단식 후 갑작스럽게 많은 양의 음식을 한꺼번에 먹으면 목숨을 잃을 수도 있다. 비만이나 다이어트는 모두 항상성의 원리를 잘 이해하고 접근해야 효과적으로 대처할 수가 있다.

과체중이 되는 것을 염려해 일정 체중 이하를 유지하려고 짧은 시간에 체중 감량을 하려다가 목숨을 잃는 경우가 가끔 발생하기도 한다. 지방 흡입 제거수술로 체내 지방을 갑자기 제거하거나 아무것도 먹지 않고 체중을 줄이려고 노력하다가 거식증에 걸려 결국 목숨을 잃은 세계적 모델의 경우를 보더라도, 체중의 변화는 점차적으로 시도해야 하며 소화기관에 무리를 주지 않아야 해롭지 않다. 다이어트는 결코 급작스럽게 달성할 수 있는 일이 아니며, 항상성의 원리를 제대로 이해하고 계획을 세워 시도할 일이다.

연습문제

1 다음의 문제를 조별 모임을 통하여 함께 생각해 보고 다양한 의견을 나누어 보도록 합시다.

(1) 한국인의 식생활에서 쌀이 차지하는 중요성에 대해 토의해 보자.

(2) 일상생활에서 소비하는 쌀 가공식품으로는 무엇이 있는지 조사해 보자.

(3) 대학 진학 후 환경 변화에 따라 바뀐 식생활은 어떤 것이 있는지 토의해 보자.

(4) 지난 40년간 한국인의 식생활에서 소비가 증가된 식품의 종류를 예를 들어 설명해 보자.

2 우리 몸의 정상 상태를 파괴하고 비정상적인 상태로 유도하려는 외부 인자에 해당하지 않는 것은?

① 온도 ② 추위 ③ 바람 ④ 가뭄과 홍수 ⑤ 점심식사 시간

3 항상성을 유지하려는 노력의 일환으로 여겨지는 것은?

① 추운 곳에 노출되면 온몸이 움츠러드는 현상
② 피서지에서 수영하기 전에 더워서 비키니 수영복으로 갈아입는 행위
③ 스트레스를 풀기 위해 유리접시를 깨뜨리는 행동
④ 성적이 잘 나오지 않아서 축구공을 해당 과목 선생님의 얼굴이라 생각하고 차는 행위
⑤ 도둑이 들어오자 무서워 떨고 있다가 체포된 뒤 스트레스를 앙갚음할 목적으로 몸둥이로 실컷 때리는 행동

4 외부 충격에 의해 항상성이 바뀌면서 나타날 수 있는 변화가 아닌 것은?

① 운동 후 피로를 풀기 위하여 잠시 잠을 자는 것
② 밤이 되면 멜라토닌이 분비되어 잠을 자도록 유도하는 것
③ 식중독에 오염된 김밥을 먹고 탈이 나서 설사를 하는 것
④ 술을 먹은 다음 날 매생이국을 먹고 숙취를 푸는 것
⑤ 자동차 사고 시 잘못 운전한 상대방의 고성에 숨이 가빠지고 얼굴이 붉어지며 흥분되는 현상

5 골다공증에 걸릴 정도로 뼈가 약해진 사람에게 항상성의 과정을 통해 뼈를 튼튼하게 하기 위해 취해야 하는 조치로 합당하지 못한 것은?

① 칼슘제제만 섭취하면 된다.
② 체액의 산 · 염기 평형이 깨지므로 알칼리성 식품의 섭취를 늘린다.
③ 칼슘이 풍부한 음식의 섭취를 늘리고 적절한 운동을 한다.
④ 운동을 하면서 자외선을 조금씩 쬐어 준다.
⑤ 골밀도 유지에 관련된 호르몬의 균형이 문제가 있다면 의사의 처방에 따라 치료를 받는다.

6 **다음의 설명 중 올바르지 못한 것은?**

① 다이어트를 하면 몸은 기아에 대비하여 적응하려는 노력을 한다.

② 우리 몸에 해로운 미생물이 침입하면 빠른 시간 내에 체외로 배설하기 위하여 설사를 유발한다.

③ 유전자변형식품 등 사람이 적응을 하지 못한 것이 들어오면 자가 면역 기능을 통하여 이를 배격하려고 한다.

④ 스트레스는 항상성에 해를 끼쳐 위험하기는 하나 무조건 건강에 나쁜 것만은 아니다.

⑤ '먹고 싶은 음식이 보약이다'라는 생각으로 고기를 계속 먹어 몸을 산성 체질로 전환하여도 무방하다.

정답 및 풀이

1. 여러 가지의 답안이 제시될 수가 있어 별도의 풀이는 생략
2. ⑤
3. ①
4. ④
5. ①
6. ⑤

CHAPTER 2

영양소와 식품

탄수화물

지질

단백질

비타민

무기질

물과 현대인의 음료문화

사람이 생명을 유지하는 활동을 하는 데 꼭 필요한 영양소에는 탄수화물, 단백질, 지질, 비타민, 무기질 등이 있다. 여기에서는 이들 영양소가 생체 내에서 어떤 작용을 하는지를 이해하고, 이와 더불어 생명을 유지하는 데 없어서는 안 되는 물에 대한 성질과 기능을 이해하기로 한다. 더불어 최근에는 생수뿐만 아니라 다양한 형태의 음료가 개발, 판매되고 있어 이들을 먹고 마시는 가운데 형성된 음료 문화에 대해서도 살펴보기로 한다.

1. 탄수화물

현대인들은 '살과의 전쟁'을 치르면서 탄수화물 식품을 인체에 해로운 혐오 식품으로 이해할 만큼 탄수화물의 실제 가치나 중요성보다 낮게 인식하고 있는 듯하다. 그러나 탄수화물은 열량 영양소 중에서도 체내에서 가장 기본적인 영양소이자 중요한 에너지 급원이다. 탄수화물의 소화 흡수율은 98.2%(단백질 92%, 동물성 단백질 97%, 식물성 단백질 78~85%, 지방 95%)에 달할 정도로 소화가 쉽고, 몸 안에서 독성물질을 만드는 경우도 적은 편이다.

탄수화물의 기본 구성물질인 포도당은 광합성작용에 의해 합성되어 녹말이나 섬유소 형태로 저장되며, 핵산 구성과 혈당 조절에 중요하다. 주식인 탄수화물은 세계 어느 곳에서나 생산되므로 쉽게 구할 수 있고, 다른 식품보다 생산비가 적게 들어 가격이 싸며 오랜 기간 저장이 간편한 경제적인 식품 재료이다.

1) 탄수화물의 정의

탄수화물은 탄소 : 수소 : 산소가 1 : 2 : 1의 비율로 조성된 물질로, 자연계에 가장 많이 있는 유기물질이다. 식물에는 뿌리, 열매, 줄기, 잎 등에 녹말과 섬유소의 형태로 존재하고, 동물에는 당과 글리코겐glycogen 형태로 존재한다. 녹색식물의 보고인 엽록소는 탄수화물을 만들어 내는 데 중요한 급원이다.

2) 탄수화물의 종류

탄수화물은 단당류, 이당류, 그리고 다당류로 나눌 수 있다. 생명 보존을 위한 에너지원으로 중요한 포도당인 단당류와 단당류가 2개 결합된 이당류, 3~10개의 단당류로 구성된 올리고당과 식물 세포벽을 구성하는 데 없어서는 안 되는 셀룰로스cellulose, 흔히 섬유소라고 하는 다당류가 있다.

(1) 단당류

단당류는 탄수화물의 성질을 가진 가장 작은 단위체이며 포도당, 과당, 갈락토스galactose, 리보스ribose 등이 있다. 단당류가 모여 이당류와 다당류를 만든다.

① 포도당

당질 대사의 중심 물질로 생체계의 가장 기본적인 에너지 급원이며 포도에 많이 들어 있다. 체내에서 대부분의 단당류와 이당류는 포도당으로 전환된다. 포도당은 체내에서 중요한 단당류이며, 특히 혈당 조절에 중요한 당으로 혈당이라고도 한다.

혈당은 주로 포도당이며 사람에게는 일반적으로 80~100 mg/100 mL 농도로 혈액에 함유되어 있으며, 음식물의 섭취와 흡수 정도에 따라 약간의 혈당치 차이를 나타낸다. 혈당 수준은 생명 유지를 위해 대체로 체내에서 항상성을 유지하나 당뇨병 등의 질병 상태에서는 혈당 수준에 심각한 변화를 보여 적절한 식사요법이 필요하다.

혈당지수glycemic index, GI는 흰 빵이나 포도당의 형태로 탄수화물을 섭취하였을 때 혈액에 나타나는 총 포도당 양의 기준을 100으로 하여 특정 식품을 섭취하였을 때 혈액의 포도당 양으로 측정한다. 설탕과 녹말이 많은 음식은 혈당지수가 높으므로 체내 혈당부하glycemic load, GL를 높인다.

표 2-1 식품 100 g당 혈당지수

구분	내용
고혈당(70 이상)	당면(96), 쌀 음료(92), 찹쌀(86), 껌(85), 국수 · 가래떡 · 찹쌀떡(82), 피자 · 볶음밥 · 덮밥(80)
중혈당(56~69)	건빵(69), 햄버거(66), 팝콘 · 식빵(65), 감자튀김 · 건포도(64), 탄산음료 · 고구마(63), 칼국수 · 크림빵 · 핫도그(62)
저혈당(55 이하)	옥수수(52), 라면(50), 팥떡 · 시루떡(48), 콩자반(47), 카스텔라(46), 두유(44), 우유(30)

자료 : 한국영양학회

② 과당

단당류 중에 단맛이 가장 강한 당으로 과일과 꿀에 주로 들어 있다.

③ 갈락토스

우유에 함유된 젖당의 구성 성분이다.

(2) 이당류

포도당이 한 개 이상 들어가 자연계에서 흔히 볼 수 있는 이당류가 만들어진다. 이당류는 자당(설탕), 맥아당과 젖당(유당)이 있다.

① 맥아당

엿당이라고도 하며 단당류인 포도당 두 개로 구성되어 있다. 대표적인 식품으로는 식혜 등이 있다.

② 자당

설탕을 말하며 포도당과 과당으로 구성되어 있고 과일과 꿀 등에 많이 들어 있다. 설탕이나 꿀은 다른 대체 감미료로 사용되는데, 위산이 적은 어린아이라면 건강에 위협적이므로 꿀은 바람직한 감미료가 아니다. 특히 1살 이하의 영아는 벌꿀에 클로스트리듐 보툴리눔*Clostridium botulinum*이란 미생물 포자가 있어서 소화 장애를 일으킬 수 있으므로 유의하여야 한다. 설탕은 최근에 흑설탕과 물을 1 : 2의 비율로 섞은 뒤 시럽 정도의 농도로 끓인 다음 식혀서 얼굴이나 손 마사지에 이용하기도 한다.

설탕과 과잉행동 장애 설탕을 많이 먹으면 흥분 상태를 유발하여 폭력적이고 파괴적인 성향을 나타낸다고 하나 이에 대한 구체적 증거는 아직 확실치 않다.

설탕과 충치 현대인들은 빵 등 당질 위주의 식사로 적게 씹어도 쉽게 삼킬 수 있는 부드러운 음식을 많이 먹게 되면서, 스트레스에 의한 침의 분비량이 적어져 쉽게 충치에 걸릴 수 있다. 특히, 당분이 많은 식품 및 음료수는 치아 표면에 남아 있게 되어 세균막인 플라크plaque를 만든다. 플라크는 세균에 의해 입 안에 남아 있는 설탕이나 녹말 등이 분해되면서 치아 표면의 산도가 pH 5.5 이하로 낮아지면 주된 박테리아인 스트렙토코쿠스 무탄스*Streptococcus mutans*균이 치아면의 법랑질을 공격하여 충치가 생긴다.[1]

복합 당질 대신 설탕과 같은 단순 당질을 섭취하면 비타민 및 무기질 등의 결핍 가능성이 있고, 특히 어린이와 청소년에게는 충치뿐 아니라 비만을 유발하므로 적절한 제한

[1] 현대인의 생활영양, 서울대학교병원

그림 2-1 **충치 예방에 좋은 식품**

이 필요하다(어린이 음료 신문자료). 충치 예방을 위해 플루오린fluorine(불소), 칼슘과 인이 들어 있는 우유 및 유제품, 비타민과 섬유소가 풍부한 과일 및 채소, 칼슘 대사에 필요한 비타민 D가 들어 있는 식품을 섭취한다. 건강한 치아는 음식물 소화뿐만 아니라 건강하고 균형 잡힌 얼굴 외모를 유지하는 데도 중요하다.

자일리톨 자일리톨xylitol은 자작나무나 양파 등에서 만들어지며 육류 저장, 김치 및 캔디에 시원함을 제공하는 데 이용된다. 자일리톨이 함유된 식품을 섭취하면 충치 세균의 증식을 억제해 준다. 하지만 충치를 예방하기 위해 씹는 껌은 자일리톨 함량이 50% 이상이어야 하며, 자일리톨 이외의 감미료는 무설탕 원료를 사용한 것으로 치아를 부식시킬 수 있는 산이 함유되어 있지 않아야 한다.

우리나라 국민 10명 중 4명이 점심 식사 후 이를 닦지 않는 것으로 나타났다. 양치질이 어려울 때에는 자일리톨 껌이 세균 활동을 억제하므로 이 닦기의 보조 수단은 될 수 있으나 충치를 완전히 예방할 수는 없다.

설탕 섭취와 가공식품 당의 섭취를 낮추려면 설탕 함량이 많은 식품을 선택할 때 유의하여야 한다(표 2-2). 최근 커피와 탄산음료, 과자·빵류 등의 가공식품 소비가 급증하면서 한국인의 '당糖' 섭취량이 급격

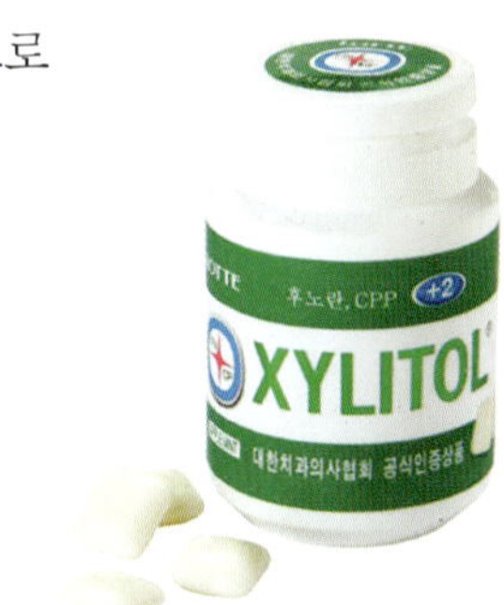

그림 2-2 **국내 시판 자일리톨 껌**
자료 : 롯데제과

tip 치아 건강법

- 타액의 분비를 자극하는 단백질 식품, 우유, 신선한 과일이나 채소의 섭취를 권장한다.
- 식후 3분 이내에 치아를 닦는 것이 좋으나 어려울 때에는 물로 가글을 한다.
- 취침 전에는 음식을 먹지 않으며, 밤늦게 스트레스 해소를 위해 당이 높은 식품을 먹는 것을 삼가한다.
- 치아 부식을 유발하는 탄산음료의 소비를 줄인다.
- 술은 체내의 칼슘 흡수율을 낮추어 치아를 약하게 만든다.
- 양치질을 못 하거나 할 수 없는 상황에는 식사 후 한 컵의 물을 마시거나 입 속에 물을 머금었다 뱉는 것도 효과적이다.

표 2-2 식품에 들어 있는 설탕의 양

식품군	식품명	1회 분량	중량	설탕량(g)	비고
음료	콜라	1캔	250 mL	24	6작은술
	가당 과일주스	1/2컵	100 mL	8	2작은술
	커피믹스	1봉	12 g	6	1½작은술
	코코아 분말	1큰술	12 g	5	1¼작은술
시리얼	코코볼	2/3컵	30 g	9	2¼작은술
	스위트 후레이크	2/3컵	30 g	7	1¾작은술
	콘플레이크	2/3컵	30 g	2	1/2작은술
케이크	초콜릿 케이크	1쪽	120 g	24	6작은술
	파운드 케이크	1쪽	120 g	20	5작은술
당류	사탕	5개	25 g	24	6작은술
	캐러멜	6개	24 g	17	4¼작은술
	초콜릿	1개	30 g	16	4작은술
	딸기잼	1큰술	20 g	16	4작은술
기타	아이스크림	1/2컵	100 g	14	3½작은술
	황도통조림	1/2컵	100 g	12	3작은술
	케첩	1큰술	18 g	4	1작은술

*1작은술 = 설탕 4 g(1찻술 = 설탕 3 g)

자료 : 이미숙 외, 영양과 식생활, 교문사, 2011.

히 증가하고 있다. 세계보건기구WHO의 기준은 하루 당 섭취량이 총열량 섭취량의 10%를 넘지 않을 것을 권장하고 있으나, 우리나라는 이 권고량을 초과할 것으로 예상한다.

식품의약품안전처는 고열량·저영양 식품의 음료 제품 판정 기준치를 100 mL당 당류 17 g으로 하였으나, 어린이 음료 및 과즙·채소 음료도 기준치를 초과하고 있어 과도한 당 섭취로 인한 영양 불균형이 우려된다. 12살 이하 어린이들의 1일 권장 당류 섭취량은 40~50 g으로 세끼 식사에 포함되어 있는 당류를 감안하면 하루에 음료 1병만 마셔

표 2-3 어린이 음료 제품 비교 결과

구분	용량(mL)	100 mL당 당 함유량(g)[1]	과 · 채즙 함류량(%)	산도(pH)[2]	단백질(g/병)	가격(원)
콜라	300	12.1~3.0	-	2.5	-	-
광동비타500키즈, 포켓몬스터 복숭아	220	7.3	7	3.2	0	1,000
귀여운 내친구 뽀로로 사과맛	235	5.5	1.75	3.7	0	740
깜찍이 밀크 아이스크림향	300	5.0	없음	3	0	1,380
디보 키즈업 홍삼 음료 트로피컬	90	14.4	1.6	2.9	0	1,500
도라에몽 뚝뚝	240	5.0	없음	3.7	0	990
튼튼짱구	300	6.7	없음	3.8	0	1,600
헬로 팬돌이 블루	280	5.7	없음	3	0	660
로보카 폴리 포도	100	13	26	2.7	0.11	850
유기농 아망오렌지	200	10.5	36	3.5	0	1,980
자연은 튼튼	200	5.0	40	3.7	0	810
초롱이오렌지	200	7.0	10	3.1	0	750
카프리썬 오렌지맛	200	11.5	12.3	3	0	530
코알코알 코알라 오렌지 · 망고	235	6.4	10	3.6	0	890
쿠우 오렌지	300	12.7	12	3.5	0	860
토마스와 친구들 사과	220	6.8	15	3.2	0	720
아이키커 사과	100	10.0	20	3.4	0	990
퐁짝퐁짝 콩콩콩 청포도맛	210	6.7	2	3	0	1,380

[1] 당 함유량이 높을수록 비만 위험 높아짐.
[2] 산도가 pH 5.5 이하로 작아질수록 충치 유발 위험이 커짐.
자료 : 한국소비자원

도 당류를 과다 섭취하는 셈이다(표 2-3). 당 섭취량은 모든 연령대에서 늘고 있지만, 특히 중·고등학생의 당 섭취량이 초등학생에 비해 급격히 증가하고 있어서 비만 등의 만성 질환에 걸리기 쉬우므로 식습관의 변화가 필요하다.

젖당불내증lactose intolerance 젖당은 포도당과 갈락토스로 구성되어 있으며 유당이라고도 하고 동물 유즙에 들어 있다. 젖당 분해효소가 부족하면 소화가 잘 되지 않으며, 모유에 들어 있는 젖당은 해로운 세균의 성장을 막아 유아의 장운동을 좋게 해준다.

젖당불내증은 젖당 분해효소가 부족하여 발생한다. 젖당이 포도당과 갈락토스로 분해되지 못하면 체내 흡수가 되지 않고 대장으로 가서 박테리아에 의해 발효되면서 가스를 생성한다. 배에 가스가 차거나 헛배가 부르고 소리가 나며 설사 등의 증상이 나타난다. 이때는 우유와 유제품의 섭취를 제한해야 한다. 다만 설사나 복통이 심하지 않은 경우 우유를 데워서 빈속이 아닐 때 조금씩 마시면서 양을 늘려가면 증상이 완화되기도 한다. 또 젖당이 많이 제거되어 있는 치즈나 요구르트 등과 같이 발효된 유제품과 젖당의 함량이 적은 우유를 섭취하도록 한다.

(3) 올리고당

올리고당은 기능성 당류로 3~10개의 단당류로 구성되어 있으며, 이당류와 다당류 사이에 있는 당류를 통틀어 말한다. 올리고당은 유제품과 유아식품 등의 가공 제품, 이를테면 음료수, 과자류, 캐러멜, 초콜릿, 쿠키, 케이크, 빵, 과일 통조림, 아이스크림, 잼, 젤리, 푸딩, 요구르트 등에 사용한다. 콩류에 있는 올리고당은 식이섬유와 함께 사람의 소화효소로는 소화되지 않으며 박테리아에 의해 분해되어 가스 등을 만든다. 설탕과 비슷한 단맛을 가진 저에너지 감미료인 올리고당과 장내 세균 중 유익한 세균인 비피두스균은 장내 유해균의 증식을 억제하고 소화 흡수와 연동운동을 촉진, 항염증작용 기능을 유지하여 대장의 건강을 좋아지게 한다.

(4) 다당류

포도당이 10개 이상 연결되어 있는 것을 다당류라고 하며 보통 3,000개 이상의 단당류로 구성되어 있어 다당류를 복합 탄수화물이라 한다. 다당류는 소화되기 쉬운 다당류와 사람이 소화하기 어려운 다당류인 식이섬유로 구분되며, 다당류는 에너지의 저장 형태이거나 식물 구조를 형성하는 물질로 녹말, 글리코젠, 섬유소가 있다.

① 식이섬유

식이섬유는 구강의 저작작용을 자극하여 타액과 위액 분비를 촉진하고 위장에 포만감을 주며 체중 조절을 도와 비만을 예방한다. 한국인 영양소 섭취기준(2015)에 의하면 식이섬유는 19세 이상 성인 여자의 충분섭취량은 20 g, 남자는 25 g이다. 성장기 어린이나 저체중인 성인에게는 에너지 영양소의 흡수율 저하뿐 아니라 미량 영양소인 비타민과 무기질의 흡수를 저하시키므로 너무 많은 양의 섭취는 바람직하지 않다.

식이섬유는 사람의 체내 소화효소로는 분해되지 않는 고분자 화합물로 수용성과 불용성 식이섬유로 나눈다. 수용성 식이섬유는 물에 녹거나 팽윤되며 대장에서 박테리아

표 2-4 식이섬유소가 건강에 미치는 영향 및 급원 식품

종류	작용	급원 식품
불용성 식이섬유	• 소화관 내의 체류시간을 단축하여 변비와 치질 방지 • 대변 양 증대	• 현미, 채소 및 과일 껍질, 콩류, 푸른 완두콩, 종실류, 견과류, 밀기울, 통밀 전곡류
수용성 식이섬유	• 혈중 콜레스테롤 수준 저하 • 포도당 흡수 지연	• 사과, 보리, 브로콜리, 귀리 시리얼, 귀리, 오렌지, 감자, 당근, 자몽

자료 : Judith E. Brown, Nutrition Now, 2nd ed., WEST/Wadworth.

에 의해 발효되고, 당질, 콜레스테롤, 무기질 같은 영양 성분들의 흡수를 지연시키거나 방해하는 효과가 있다. 불용성 식이섬유는 물에 녹지 않으며 대장에서 미생물에 의해서도 분해되지 않고 배설되므로 배변량과 배변 속도를 증가시키는 생리작용을 돕는다. 최근 우리나라에서는 식이섬유가 체중 관리를 위한 건강식품으로 인식되면서 큰 시장을 형성하고 있다.

② 식이섬유와 대장암 예방

대장의 외벽이 작은 주머니 형태로 돌출된 것을 게실이라 하며 게실에 염증이 생긴 것을 게실염이라고 한다. 주로 대장에 게실을 많이 가지고 있는 게실증을 볼 수 있는데 이는 대부분 식사 습관이나 변비 때문에 발생한다.

식이섬유를 너무 적게 섭취하면 분변의 양이 적고 단단하다. 일반적으로 동양인의 대장은 서양인보다 평균적으로 0.5미터 정도 길고 장의 상태도 서양인에 비해 부드럽다고 한다. 예전과 달리 곡류와 채식 위주의 식이섬유가 풍부한 식사에서 서구처럼 육류와 지방식 위주의 식단으로 식습관이 변화하면서 동양인의 장은 음식물 찌꺼기와 함께 노폐물이나 독소에 오랫동안 노출되어 변비와 치질, 아랫배의 거북함 등을 호소하는 빈도가 높아졌다. 우리 체내의 분변물이 식이섬유에 의해 대장을 통과하는 시간이 단축되면 발암물질이 대장세포와 접촉할 수 있는 기회가 감소되므로 식이섬유는 대장암 예방에도 효과적이다.

③ 글리코젠

동물 근육에 들어 있는 저장형 다당류로 근육에 에너지를 공급하며 포도당으로 구성되어 있다. 에너지가 충분한 상태에서 여분의 포도당은 간과 근육에서 글리코젠 형태

로 저장된다. 성인의 경우 간에 약 100 g, 근육에 약 250 g의 글리코젠이 저장되어 있으나, 체내에 저장할 수 있는 지방의 양에 비하면 적은 양이다.

3) 탄수화물의 기능

(1) 탄수화물과 광합성

자연의 녹색식물은 생명 보존을 위해 이산화탄소와 물, 그리고 태양 에너지를 이용하여 탄수화물의 기본단위인 포도당을 만들어 낸다. 우리의 주식인 쌀은 광합성 과정을 통해서 만들어지는 대표적인 탄수화물 식품이다.

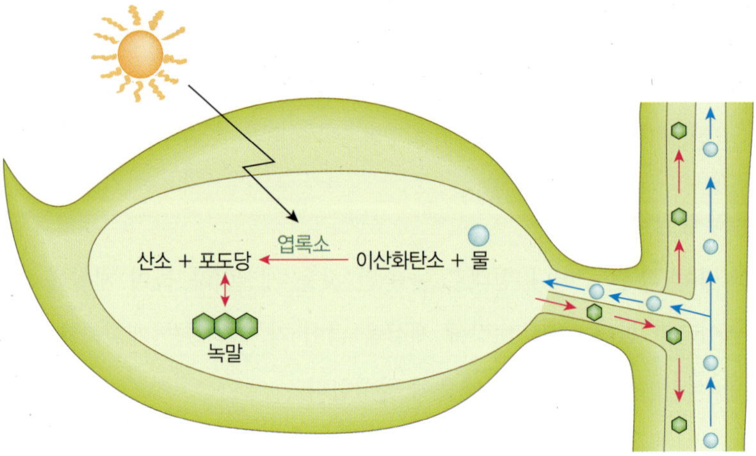

그림 2-3 태양에너지와 탄수화물 생성

(2) 고열량·저영양 식품

열량은 높으면서 영양가가 낮은 식품을 최소영양식품foods of minimal nutritional value이

표 2-5 단순당이 많이 함유되어 있는 식품

식품군	식품 종류
곡류	케이크, 달콤한 과자, 파이류, 설탕 입힌 플레이크, 약과, 꿀떡
우유류	가당 요구르트, 가당연유, 초코우유, 바나나우유, 딸기우유
과일류	과일 통조림류
기타	유자차, 모과차 등 달콤한 차류, 사탕, 꿀, 젤리, 초콜릿, 잼, 엿, 양갱, 설탕껌, 조청, 물엿, 시럽

자료 : 대한영양사협회

라고도 하며 탄산음료, 사탕 및 빙과류 등이 이에 속한다. 특히, 단순당이 많이 함유되어 있는 식품은 열량이 높으므로 많이 섭취하지 않도록 주의해야 된다.

(3) 탄수화물과 에너지원

탄수화물은 1 g당 4 kcal 에너지를 공급하며, 우리 몸의 적혈구, 뇌세포, 신경세포는 주로 포도당을 에너지원으로 이용한다.

(4) 균형식과 체단백질 보호

건강을 유지하기 위해서는 하루에 섭취하는 탄수화물, 지질 및 단백질의 에너지 균형, 즉 탄수화물 65%, 단백질 15%, 지질 20%이 중요하다. 적절한 양의 탄수화물을 섭취하면 단백질이 분해되어 포도당 합성에 쓰이는 것을 방지하며, 체단백질의 손실을 막아 몸에 있는 체단백질을 보호한다.

(5) 체중 조절과 케톤체

체중 조절을 위해 굶는 경우를 볼 수 있는데 우리 몸은 적절한 양의 탄수화물을 공급받지 못하면 지방 대사가 정상적으로 이루어지지 않는다. 숨 쉴 때마다 우리 몸에서 만들어진 케톤체 때문에 아세톤 냄새가 나고 식욕이 떨어지며, 속이 메스껍고 머리가 아프며 쉽게 피로해진다.

(6) 글리코젠 저장과 비만

체내에서 사용되고 남은 탄수화물은 글리코젠의 형태로 간과 근육에 저장되거나, 지방으로 전환되어 체지방으로 체내에 쌓이게 된다. 따라서 에너지가 높은 고탄수화물 식품을 지나치게 많이 먹으면 체지방이 증가하여 비만이 되기 쉽다.

(7) 운동과 젖산

젖산은 3탄당으로 대표적인 피로물질이다. 지나친 신체 운동과 스트레스를 많이 받으면 인체는 산소 소모량이 늘어난다. 이로 인해 젖산을 분해할 산소가 부족해지면서 분해되지 않은 젖산이 축적된다. 젖산이 많아지면 근육이 뭉치면서 뻐근하거나 결리는 증상이 나타난다. 체내에 젖산이 쌓이면 피로해지므로 심한 운동보다는 가벼운 유산소 운동이나 스트레칭, 적절한 휴식과 수면으로 피로를 풀어 주어야 면역체계도 강화된다.

피로하면 단 음식을 섭취하게 되는데 이는 스트레스가 생기면서 부신에서 코티솔이라는 호르몬 분비를 증가시켜 초콜릿, 아이스크림 같은 단 음식을 찾기 때문이다. 그렇다고 단 음식을 많이 먹게 되면 비만 가능성이 높아지므로 유의하여야 한다.

(8) 키틴

게 및 새우를 비롯한 갑각류의 껍질과 오징어 등 연체동물의 골격 성분인 키틴chitin은 생물의 외피를 이루는 물질이다. 키토산chitosan은 게와 새우 껍질에 들어 있는 키틴을 인체에 흡수가 쉽도록 가공한 새로운 물질이다. 키틴은 분자량 100만 이상의 천연 다당류로 소화 흡수가 되지 않는 동물성 식이섬유이며 식물성 섬유소와 유사한 구조를 갖는다. 키틴은 식이섬유와 마찬가지로 열량이 없으며 지방이나 유해 금속을 흡착하는 성질을 가지고 있다. 그러므로 새우를 먹을 때 머리에서 꼬리까지 모두 먹는 것이 좋다. 새우에 있는 키틴 성분이 소화를 돕기 때문이다.

(9) 인공감미료와 열량

최근 커피나 탄산음료 등 가공식품 소비가 늘면서 당의 섭취가 증가하고 있는데, 이른바 설탕 첨가제(콘시럽, 결정성 과당, 포도당, 과당, 고단위 맥아당, 벌꿀, 젖당, 맥아당, 당밀, 시럽, 자당, 이성질화당, 과일주스 농축액)를 많이 섭취하게 되면 열량에 영향을 준다. 예를 들면 인공감미료인 사카린은 오히려 열량 섭취량을 증가시켜 살을 찌게 할 수 있다. 단것을 먹으면 인체는 많은 열량이 들어올 것이라 예상하여 대사를 준비하는데, 사카린을 먹으면 단맛은 느끼지만 막상 열량이 들어오지 않아 소화 시스템이 혼란을 일으키게 되어 대사율이 떨어지기 때문이다(예 : 다이어트 콜라).

2. 지질

1) 콜레스테롤의 기능과 건강

(1) 콜레스테롤의 기능

콜레스테롤cholesterol은 우리 몸에 나쁜 성분으로 알려져 있지만 실제로는 인체에 없어서는 안 되는 필수 물질이다. 콜레스테롤은 지질의 한 종류로 세포의 막을 만드는 데 필요한 물질이고 뇌와 신경세포의 주요 구성 성분이며, 지방의 소화를 돕기 위해 분비되는 담즙산의 원료이기도 하다. 또 에스트로겐이나 프로게스테론, 테스토스테론 등 스테로이드계 호르몬의 전구물질이다. 사람의 피부에 존재하는 7-다이하이드로콜레스테롤은 햇볕을 받으면 비타민 D로 전환되고, 버섯에 존재하는 에르고스테롤은 햇볕에 의해 비타민 D로 전환되기도 한다.

우리 몸 안에는 식품으로부터 섭취한 콜레스테롤만 존재하는 것이 아니라 간에서 합성된 콜레스테롤도 존재한다. 콜레스테롤을 너무 적게 섭취하면 간에서 합성되어 균형을 맞추며, 너무 많이 섭취하면 소장에서 흡수율이 떨어지고 간에서도 적게 합성된다. 하지만 지속적으로 콜레스테롤의 섭취가 많아지면 혈액 내 콜레스테롤의 함량이 높아진다. 특히 육류 등 동물성 식품에 많이 들어 있는 포화지방산은 체내에서 콜레스테롤의 합성을 촉진하여 혈중 콜레스테롤의 농도를 높인다.

(2) 콜레스테롤과 건강

콜레스테롤은 혈액 내 지단백질lipoprotein에 의하여 혈관을 통해 이동하여 우리 몸의 여러 조직으로 운반된다. 지단백질은 지질과 단백질의 복합체이다. 지단백질 중 저밀도 지단백질LDL은 조직으로 콜레스테롤을 운반하여 심혈관계 질환에 걸릴 위험도를 증가시키는 경향이 있는 반면, 고밀도 지단백질HDL은 조직의 콜레스테롤을 간으로 운반하거나 체외로 배설시키는 긍정적인 역할을 한다.

몸 안에 너무 많은 양의 콜레스테롤이 존재할 경우 혈관 내에 축적되어 동맥경화를 일으킨다. 심장으로 공급되는 관상동맥에 이러한 현상이 나타나면 혈액 및 산소 공급의 부족으로 가슴에 통증(협심증)을 일으킬 수 있으며, 심할 경우 심장마비(심근경색)를 일으켜 사망의 요인이 될 수 있다. 일반적으로 건강한 사람의 평균 총콜레스테롤 함량은 120~220 mg/dL이며, HDL 콜레스테롤 값은 40~70 mg/dL 정도이다. 총콜레스테롤이 230 mg/dL 이상일 때 고위험군으로 분류한다.

(3) 식품 중의 콜레스테롤 함량

버섯에는 에르고스테롤이 들어 있지만 곡류, 콩류, 과일, 채소 등 식물성 식품에는 콜레스테롤이 들어 있지 않으며 달걀, 육류, 어패류, 유제품 등 동물성 식품에만 콜레스테롤이 들어 있다. 콜레스테롤이 많이 들어 있는 식품으로는 달걀노른자, 간, 버터 등이 있으며, 세계보건기구에서는 하루에 300 mg 이하를 섭취하도록 권장하고 있다. 이

표 2-6 식품에 들어 있는 콜레스테롤 함량

(단위 : mg/100 g)

식품명	목측량	콜레스테롤(mg)
우유	1컵	24
치즈(체다)	30 g	30
버터	15 g	31
쇠고기	90 g	74
돼지고기	90 g	73
닭가슴살	90 g	72
참치	90 g	60
달걀(큰 것)	1개	212
쇠간	90 g	338
소의 뇌	90 g	1,696

자료 : Agricultural Research Service, USDA, 2016.

는 달걀 한 개 반 정도에 들어 있는 양이다. 식품에 들어 있는 콜레스테롤의 함량은 표 2-6과 같다.

(4) 콜레스테롤 섭취를 감소시키는 식사요법

혈중 콜레스테롤 함량을 증가시키는 요인으로는 인종, 성별 등 유전적 요인과 환경적 요인이 있다. 환경적 요인으로는 음주, 흡연, 운동, 식사 등의 영향이 큰 것으로 알려져 있다. 혈중 콜레스테롤의 함량을 낮추는 방법으로는 약물치료요법, 운동요법 및 식사요법 등이 있다.

- 당뇨병, 갑상샘기능저하증, 신부전증 등이 고지혈증의 원인이 될 수 있다. 약물치료요법에서는 이러한 요인들을 치료하기 위해 지질 강하 약물을 복용한다.
- 혈중 콜레스테롤 농도에 영향을 미치는 것으로 알려진 음주, 흡연을 금하고, 규칙적이며 적절한 운동을 한다.
- 약물치료요법과 식사요법이 병행될 때 그 효과가 더욱 커지며, 식사요법만으로도 콜레스테롤 저하 효과를 얻을 수 있다.

식사요법으로는

- 식이섬유가 많이 들어 있는 전곡류를 섭취한다.

- 과일과 채소를 많이 섭취한다.
- 생선을 많이 섭취한다.
- 간이나 달걀과 같이 콜레스테롤 및 포화지방산이 많이 들어 있는 동물성 식품의 섭취를 제한한다.

2) 오메가-3 지방산과 건강

(1) 오메가-6 지방산과 오메가-3 지방산

지방산은 지질의 중요한 구성물질로, 이중결합을 갖지 않는 포화지방산과 하나 이상의 이중결합을 가지는 불포화지방산으로 나뉜다. 포화지방산이란 탄소 사슬에 수소 원자들이 포화되어 있는 상태를 말한다. 불포화지방산에는 이중결합이 하나로 이루어진 단일 불포화지방산MUFA과 2개 이상의 이중결합으로 이루어진 다가 불포화지방산PUFA이 있다. 동물성 지방은 포화지방산을 많이 함유하여 상온에서 고체인 반면에, 식물성 지방은 불포화지방산을 많이 함유하여 상온에서 액상의 기름 형태를 띤다.

① 오메가-6 지방산

지방산의 탄소 사슬에는 카복실기와 메틸기가 양 끝에 붙어 있다. 메틸기로부터 여섯 번째 탄소에서 이중결합이 시작되는 지방산을 오메가-6 지방산이라고 한다. 리놀레산(C18:2)은 18개의 탄소로 구성되어 있고 이중결합이 두 개 있으며, 첫 번째 이중결합이 여섯 번째 탄소에서 나타나는 오메가-6 지방산이다. 리놀레산은 해바라기씨유, 옥수수유, 대두유 등에 많이 들어 있다. 아라키돈산(C20:4)은 20개의 탄소로 구성되어 있고 네 개의 이중결합을 가지고 있으며, 육류나 생선에 많이 들어 있다.

② 오메가-3 지방산

메틸기로부터 세 번째 탄소에서 이중결합이 시작되는 지방산을 오메가-3 지방산이라고 한다. 들깨, 호두, 아마씨 등에 많이 들어 있는 리놀렌산(C18:3)은 오메가-3 지방산에 속한다. 고등어, 숭어, 정어리, 참치 등 등푸른 생선에는 에이코사펜타엔산EPA(C20:5)과 도코사헥사엔산DHA(C22:6)이라는 오메가-3 지방산이 풍부하게 들어 있다. EPA나 DHA는 리놀렌산으로부터 합성될 수 있지만 합성속도가 느리기 때문에 등푸른 생선으로 섭취하는 것이 바람직하다.

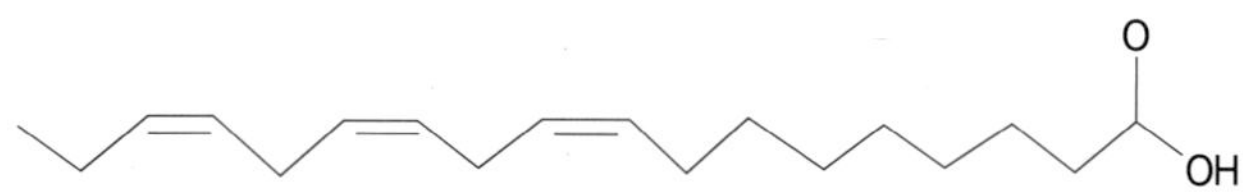

알파-리놀렌산

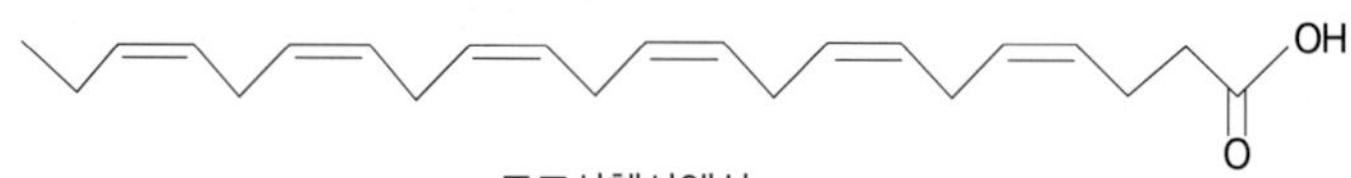

도코사헥사엔산

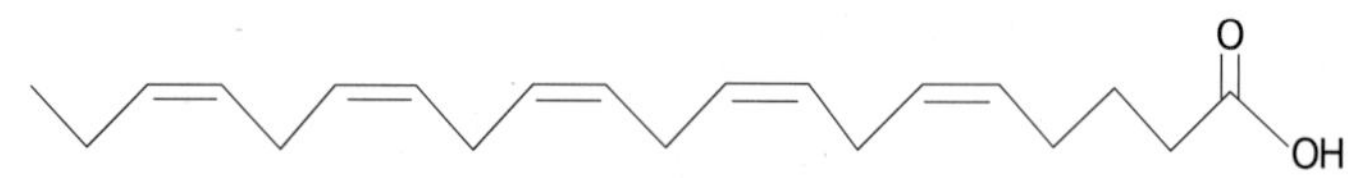

에이코사펜타엔산

그림 2-4 오메가-3 지방산의 구조

③ 필수 지방산

필수 지방산이란 우리 몸을 성장시키고 유지하는 데 꼭 필요한 성분이지만 체내에서 합성되는 양이 적어 식품으로부터 섭취해야 하는 지방산이다. 필수 지방산은 세포막 형성에 필요한 물질을 공급하며, 프로스타글란딘(호르몬 유사물질)의 합성을 돕고, 시력 기능에 관여할 뿐만 아니라 면역력을 강화하는 역할을 한다. 오메가-6 지방산인 리놀레산, 오메가-3 지방산인 리놀렌산이 필수 지방산이다.

(2) 오메가-3 지방산과 건강

오메가-3 지방산이 주목을 받게 된 것은 1979년 Dyerberg와 Bang이 그린란드 에스키모인을 대상으로 실시한 역학조사 결과 에스키모는 지질의 섭취량이 많은 데 비하여 심장 질환에 적게 걸린다고 보고한 후부터이다. 그들은 에스키모의 혈액 지방산 조성을 분석한 결과 오메가-3 지방산인 DHA, EPA 함량이 높았으며, 이는 등푸른 생선을 많이 섭취하기 때문이라는 점을 확인했다.

현대인은 오메가-6 지방산을 지나치게 많이 섭취하는 반면 오메가-3 지방산의 섭취량은 부족한 편이다. 우리나라에서도 식생활이 서구화됨에 따라 오메가-6 지방산의 섭취는 늘어나고 오메가-3 지방산의 섭취는 줄어들고 있다. 오메가-6/오메가-3(ω 6/ω 3)의 섭취 비율은 모유의 조성을 근거로 하여 4 : 1~10 : 1 정도가 바람직하다.

• 오메가-3 지방산은 혈소판의 응집을 억제하고 중성지방의 수준을 감소시켜 심혈관

계 질환의 위험을 감소시킬 가능성이 있다.

- 오메가-3 지방산이 부족하면 관절염과 같은 염증성 질환이 악화될 가능성이 있다.
- DHA는 태아와 유아의 두뇌 발달과 관련이 있으며, 시각세포의 정상적인 발달과 기능을 위해 필요하다.

(3) 오메가-3 지방산이 풍부한 음식

오메가-3 지방산은 고등어, 숭어, 정어리, 연어와 같이 주로 깊은 바다에서 잡히는 등 푸른 생선과 들깨에 많이 들어 있으며, 쇠고기, 돼지고기, 달걀에는 매우 적은 양이 들어 있다.

표 2-7 식품에 들어 있는 오메가-6와 오메가-3 지방산의 비율 (단위 : %)

식품	지질	오메가-6	오메가-3	ω6/ω3
옥수수	1.0	65.2	0.9	72.4
강낭콩	2.2	27.9	44.7	0.62
대두	17.8	56.7	8.7	6.5
호두	68.7	59.7	9.8	6.09
들깨	45.4	14.0	63.1	0.20
달걀	11.2	12.6	0.5	25.2
닭고기	14.1	21.3	1.8	11.8
돼지 등심	16.1	10.1	0.4	25.2
소 등심	15.9	3.6	0.3	12.0
숭어	4.7	4.3	28.2	0.15
정어리	13.8	3.9	28.2	0.13
멸치	6.0	3.2	33.6	0.10
고등어	16.5	2.6	30.2	0.09
갈치	5.9	2.5	17.2	0.15
연어	8.4	1.7	26.5	0.06
뱀장어	17.1	2.4	15.3	0.16

자료 : 농촌진흥청 농촌자원개발연구소, 2017.

3) 트랜스 지방

(1) 트랜스 지방의 성질

불포화지방산은 이중결합을 갖지 않는 포화지방산에 비해 화학적으로 불안정하여 공기 중의 산소와 결합하여 산화되며 각종 산화물을 생산한다. 이러한 산화반응은 빛, 금속이온, 온도 등에 의해 촉진된다. 이중결합이 많은 지방산일수록 산화되기 쉽다.

불포화지방산의 이중결합은 시스*cis* 형태로 되어 있어 약간 꺾인 구조를 하고 있다. 트랜스 지방trans fat은 이중결합이 트랜스*trans* 형태로 되어 있으며, 일직선 구조를 이루고 있어 차곡차곡 쌓일 수 있다. 자연계에 존재하는 대부분의 불포화지방산은 이중결합의 형태가 시스 형태인데, 시스 형태는 트랜스 형태보다 더 불안정하다.

불포화지방산이 많이 들어 있는 식용유에 수소를 첨가시키면 지방의 산화를 방지하고 물성이 액체에서 고체로 변화되어 사용하기가 편하다. 이 과정에서 식용유에 함유된 불포화지방산의 일부가 포화지방산으로 전환되며, 나머지 불포화지방산은 부분적으로 이중결합의 모양이 시스형에서 트랜스형으로 바뀌게 된다. 또한 식품을 기름에 튀기거나 가열할 때에도 트랜스 지방이 형성될 수 있다. 트랜스 지방은 불포화지방산임에도 불구하고 체내에서 대사될 때 포화지방산처럼 작용하여 혈중 콜레스테롤의 함량을 높인다.

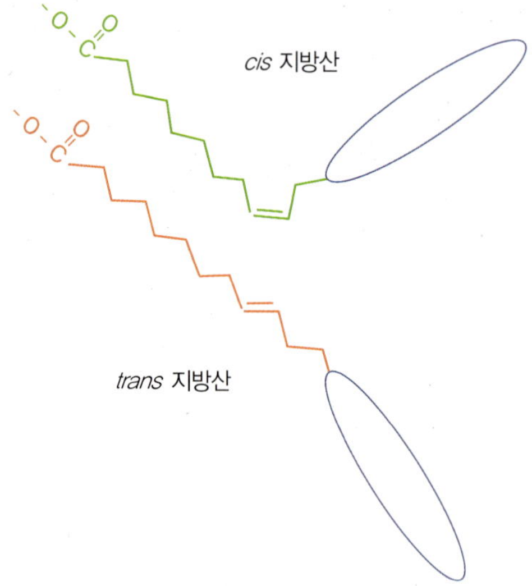

그림 2-5 *cis*-, *trans*- 지방산의 구조

(2) 트랜스 지방의 생리 효과

트랜스 지방의 유해성에 대해서는 아직도 논란이 계속되고 있다. 트랜스 지방의 섭취는 동맥경화를 일으킬 위험을 증가시켜 심장 질환을 유발한다. 즉, 관상동맥 질환의 위험 인자인 저밀도 지단백질LDL을 증가시키고, 몸에 이로운 고밀도 지단백질HDL을 감소시켜 혈관을 좁힌다. 또 체중을 증가시켜 비만을 일으킨다. 인슐린 저항성(방해하는 성질)을 높일 가능성이 있으며, 체내 염증반응을 증가시켜 여러 가지 질환의 위험 인자가 될 수 있다.

(3) 트랜스 지방의 섭취 제한

세계보건기구에서는 성인의 하루 트랜스 지방의 섭취량을 총칼로리의 1% 이내로 제한할 것을 권장하고 있다. 이는 하루 섭취 에너지가 2,000 kcal라고 한다면 약 2.2 g 정도가 된다. 주요 식품 중 트랜스 지방의 함량은 표 2-8에 나타내었다.

표 2-8 식품에 들어 있는 트랜스 지방 함량 (단위 : g/100 g)

식품	지방산 함량	식품	지방산 함량
쇼트닝, 마가린	14.4	도넛	4.7 (0.74%)[1)]
식용유지	1.0	햄버거	0.4
비스킷류	2.6 (0.05%)[3)]	피자	0.4
초콜릿 가공품	2.1 (0.07%)[3)]	프라이드 치킨	0.2 (0.1%)[1)]
스낵류	0.5 (0.04%)[3)]	감자튀김	2.0
전자레인지 팝콘	11.0	튀김류	0.3
팝콘	0.1	마요네즈	불검출
빵류	0.6	커피프림	불검출
케이크류	2.5 (0.19%)[2)]		

[1)] 2007년 결과 [2)] 2011년 결과 [3)] 2012년 결과

자료 : 식품의약품안전처, 국내 유통 가공식품 트랜스 지방 함량 모니터링 결과, 2006.

트랜스 지방은 마가린이나 쇼트닝 등에 많으며, 햄버거, 도넛, 피자, 케이크, 비스킷류 등에도 들어 있다. 특히 전자레인지용 즉석 팝콘에 많이 들어 있는 것으로 조사되었다. 우리나라는 2007년 12월부터 가공식품에 지방, 포화지방산, 트랜스 지방의 함량을 표시하고 있으며, 트랜스 지방 저감화 사업을 꾸준히 추진하고 있다.

4) 패스트푸드와 슬로푸드

(1) 패스트푸드의 문제점

피자, 햄버거, 치킨, 도넛, 감자튀김 등 패스트푸드는 간편하고 신속하게 먹을 수 있다는 장점이 있지만 음식문화 및 영양면에서 많은 문제점을 안고 있다. 패스트푸드는 열량의 비율이 높고 당분, 포화지방산 및 트랜스 지방, 나트륨의 함량도 높은 반면에, 비타민 등 다른 영양소의 함량은 낮아 영양소 섭취에 불균형을 초래할 수 있다. 칼로리의 과잉 섭취는 비만에 이르게 할 수 있으며, 당뇨병 환자의 경우 혈당치를 급격하게 상승시킬 수 있다.

(2) 슬로푸드 운동

패스트푸드는 전 세계에 규격화되고 표준화된 맛과 음식문화를 제공하여 수천 년 동안 이어져 내려온 지역의 전통적 음식문화를 사라지게 하고 있다. 패스트푸드의 세계화에 정면으로 도전하기 위해 시작된 슬로푸드 운동은 식문화 운동의 하나로, 1986년 이탈리아 로마에서 맥도날드 개업에 반대하는 Petrini에 의해 처음 시작되었다. 이후 스위스, 독일, 미국, 프랑스 등에 생긴 슬로푸드 운동 본부를 통해 전 세계로 확산되었다.

슬로푸드 운동은 자기 지역에서 생산되는 자연식품을 소비하자는 운동이다. 1990년대 유럽을 뒤흔든 광우병 파동으로 식품 안전 문제가 사회적 관심거리가 된 후로 단순한 음식 차원을 넘어 생물학적 다양성, 유전자재조합식품의 반대, 농업의 세계화 반대, 식품의 안전성 확보와 함께 슬로시티, 슬로 운동을 추구하는 데 이르고 있다.

슬로푸드 운동은 음식문화를 개선하여 삶의 질을 높이자는 운동이다. 슬로푸드 운동은 그 심볼 마크부터 느림을 상징하는 달팽이이다. 바쁜 생활 속에서 주변 자연에서 얻을 수 있는 음식의 재료에 대해 생각해 보고 시간과 정성을 들여 음식을 만들고, 식사를 할 때는 여유를 갖고 음식의 맛을 음미하면서 즐겁게 먹음으로써 여유 있는 삶을 되찾자는 것이다. 패스트푸드가 지구촌 구석구석까지 파고들어 음식의 맛이 획일화되어 가고 있는 상황에서 슬로푸드 운동은 미국의 《타임》지가 선정한 '가장 좋은 아이디어 80가지'에 선정될 만큼 세계적인 관심을 끌고 있다.

3. 단백질

단백질protein은 '으뜸가는 것' 또는 '제일가는 것'이란 뜻의 그리스어 'proteos'에서 명칭이 유래하였으며, 우리 몸에서 수분을 제외한 체중의 약 50%를 차지하는 필수 영양소이다. 신체를 구성하는 근육, 효소, 호르몬, 항체 등은 단백질로 구성되어 있으며, 모든 생물은 생명을 유지하기 위하여 단백질을 필요로 한다. 아울러 신체의 조직을 유지하고 감염으로부터 보호하기 위해서도 적당량의 단백질은 필요하다. 단백질은 여러 가지 식품에 들어 있지만 육류, 어류, 알류, 유제품, 콩류에 많이 함유되어 있다. 여기에서는 단백질의 종류와 기능에 대하여 알아보기로 한다.

1) 단백질의 일반 특성

모든 단백질은 탄수화물이나 지질과 달리 탄소, 수소, 산소 이외에 질소를 포함하는 고분자물질이며, 그밖에 황, 인, 철, 코발트, 요오드를 함유한 것도 있다. 이 중에서 질소는 반드시 식품으로 섭취해야 한다. 체내에 존재하는 단백질은 체중의 약 16% 정도이며, 이 체조직 성분은 지질이나 수분 등으로 대신할 수 없다.

열량소로서의 단백질은 탄수화물과 같은 1 g당 4 kcal의 에너지를 생성한다. 탄수화물이 대사되어 최종 산물인 물과 이산화탄소가 그대로 배설될 수 있는 반면, 질소를 포함하는 단백질은 불완전 연소물인 요소가 되어 배설되기 위해서는 요소 합성의 대사 과정을 거쳐야 하므로 에너지가 소모되는 비효율적이고 비경제적인 영양소이다.

(1) 단백질의 구성단위

체내의 단백질을 구성하는 기본단위 물질은 아미노산으로 약 20개의 아미노산이 펩타이드 결합으로 연결되어 있다. 아미노산은 체내 합성 여부에 따라 필수 아미노산과 비필수 아미노산으로 나눈다.

체내에서 합성하지 못하거나 필요량보다 적게 합성되는 아미노산을 필수 아미노산이라 한다. 체내 단백질이 합성될 때 필수 아미노산 가운데 어느 한 가지라도 결핍되거나 불충분하면, 섭취된 단백질은 성장과 신체 유지를 위하여 충분한 기능을 발휘하지 못하고 체내 단백질의 합성이 원활하게 이루어지지 못해 신체가 약해질 수 있으므로 반드시 식품으로 섭취해야 한다. 체내에서 충분히 합성될 수 있는 아미노산은 비필수 아미노

표 2-9 아미노산의 분류

구분	종류
필수 아미노산	히스티딘, 아이소루신, 루신, 라이신, 메싸이오닌, 페닐알라닌, 트레오닌, 트립토판, 발린
비필수 아미노산	알라닌, 아르지닌, 아스파라진, 아스파트산, 시스테인, 글루탐산, 글루타민, 글리신, 프롤린, 세린, 타이로신

노산이라 하는데, 이것 또한 충분한 단백질 공급을 위해 중요하다(표 2-9).

단백질은 육류, 어류, 달걀 같은 난류, 우유 및 치즈 등의 낙농 제품, 콩류 등에 많이 포함되어 있다. 동물성 단백질과 콩류 등은 필수 아미노산의 함량이 높은 질 좋은 단백질 급원 식품으로 필수 아미노산을 충분히 공급해 단백질 합성 효율을 높임으로써 생체의 성장과 유지를 돕는다.

(2) 단백질의 종류

단백질의 영양가는 식품에 함유된 단백질을 구성하는 아미노산의 종류와 양에 따라 완전 단백질과 불완전 단백질로 구분한다. 완전 단백질은 모든 필수 아미노산을 충분히 함유하고 있어 정상적인 성장을 돕고 체중을 증가시키며 생리적 기능을 돕는 단백질로, 우유의 카세인과 락트알부민, 달걀의 오브알부민, 콩의 글리시닌, 보리의 에데스틴, 밀의 글루테닌과 글루텔린 등이 있다. 불완전 단백질은 식품에 함유되어 있는 단백질의 아미노산 조성이 한 가지 또는 그 이상의 필수 아미노산이 결핍되어 있거나, 정상적인 성장과 생명 유지를 위해 양적으로 충분히 함유되어 있지 못한 단백질이다. 육류의 콜라겐, 밀의 글리아딘, 보리의 호데인, 옥수수의 제인 등이 해당된다.

(3) 단백질의 상호 보충 효과

단백질 합성을 위해서는 필수 아미노산이 모두 필요하다. 그러나 식품 속의 단백질에는 일부 필수 아미노산이 들어 있지 않거나 적게 들어 있는 것이 많다. 단백질에 함유된 아미노산 중에서 아미노산 표준 구성에 비하여 가장 비율이 낮은 아미노산을 제한 아미노산이라고 하는데, 불완전 단백질은 필수 아미노산이 부족하여 인체의 성장과 유지에 효율적으로 쓰이지 못하므로 제한 아미노산을 보충해 주어야 한다. 따라서 완전 단백질과 함께 섭취하거나 제한 아미노산의 종류가 다른 불완전 단백질을 같이 섭취하면 단백질 합성에 필요한 필수 아미노산을 충분히 섭취할 수 있어 단백질의 질이 좋아진다. 이런 효과를 단백질의 상호 보충 효과라고 한다.

단백질의 상호 보충 효과는 두 개 이상의 식물성 단백질을 섭취하거나, 동물성 단백질을 함께 섭취하면 단백질의 질과 이용 효율을 높일 수 있다. 한 끼 식사에서 여러 식품의 단백질을 동시에 섭취하면 같은 식품 속의 단백질뿐 아니라 다른 식품 속의 단백질도 필수 아미노산을 상호 제공하게 되어 체내에서 단백질 합성에 필요한 아미노산을 서로 보충할 수 있다. 예를 들면 밥과 소량의 고기나 생선, 빵과 우유와 같이 단백가가 낮은 곡류에 소량의 동물성 단백질을 섞어 먹으면 상호 보충 효과가 있다. 또 콩류를 포함한 몇 종류의 식물성 단백질을 혼합해 먹어도 상호 보충 효과가 있는데, 콩밥의 경우에는 메싸이오닌이 제한 아미노산이고 라이신이 적절하게 들어 있으며, 쌀에는 라이신이 제한 아미노산이고 메싸이오닌이 적절하게 들어 있으므로 쌀과 콩을 함께 섭취하면 단백질의 질이 더욱 좋아진다.

(4) 단백질의 기능

① 신체 조직의 구성 성분

단백질은 결합조직, 인대, 모발, 손톱, 발톱, 치아 등 인체를 구성하는 주요 성분이며, 혈액 응고 인자, 혈중 운반 단백질, 시각 색소, 세포막 등에 필요하므로 신체 조직의 성장과 유지에 매우 중요하다. 일단 만들어진 세포는 수명을 다하고 나면 분해되어 배설되므로 새로운 세포의 합성을 위해 매일 식품으로 단백질을 섭취해야 한다. 성인의 경우 노쇠하여 분해된 조직을 보수하는 데에만 단백질이 사용되므로 단백질의 필요량은 많지 않으나, 조직 생성이 활발한 성장기와 임신 및 수유기에는 단백질 필요량이 높아진다.

② 생명 활동 조절과 항상성 유지

단백질, 아미노산, 폴리펩타이드 등은 인슐린, 글루카곤, 성장 호르몬, 갑상샘 호르몬 등의 구성 성분이 된다. 호르몬은 체내에서 외부 환경에 적응하여 일정한 항상성 유지에 필요한 생체반응을 조절하는 역할을 하는데, 혈압이나 혈당이 일정하게 유지되는 것을 예로 들 수 있다.

③ 체내 생화학적 반응 촉매

단백질은 각종 효소의 구성 성분으로, 효소는 유기 촉매로 생체 내에서 반응 속도를 빠르게 이끌어 준다. 섭취한 식품으로부터 유리된 단백질, 탄수화물, 지질 등을 소화시키는 것은 소화효소이다. 이외에도 에너지를 만들어 체온을 유지하거나 숨을 쉬는 것, 뼈와 근육을 만드는 것, 다친 부위를 치유하는 역할 등도 대사효소를 통해 이루어진다.

④ 질병 방어

단백질은 질병에 대한 저항력을 갖게 하는 항체를 구성하는 물질이며 면역반응에 참여하는 세포들의 주요 구성 성분으로, 적당량의 단백질을 섭취하지 않으면 질병을 예방하기 위한 충분한 항체를 체내에서 합성하지 못한다. 혈액 응고에 관여하는 단백질은 상처가 났을 때 출혈을 멈추게 하는 작용을 한다. 따라서, 단백질 섭취가 충분하지 못하면 면역작용이 활발하게 이루어지지 않기 때문에 전염병에 치명적일 뿐만 아니라 암, 순환기 질환 등이 악화되기도 한다.

⑤ 단백질의 수분 조절

단백질은 체액의 균형을 유지시킨다. 혈장 단백질인 알부민과 글로불린은 체내 수분의 평형을 돕는데, 알부민과 글로불린은 분자량이 커서 혈관을 빠져나가지 못하므로 혈관 내 삼투압을 조직보다 높게 유지시켜 대부분의 수분을 혈관에 머무르게 한다. 따라서 혈관 내 삼투압이 높으므로 조직으로 빠져나갔던 수분이 혈관으로 돌아와 부종이 일어나는 것을 방지할 수 있다. 그러나 단백질 섭취가 부족하면 혈중 단백질 농도가 낮아져 혈액의 수분이 조직으로 이동하여 손과 발에 부종이 나타난다(그림 2-6).

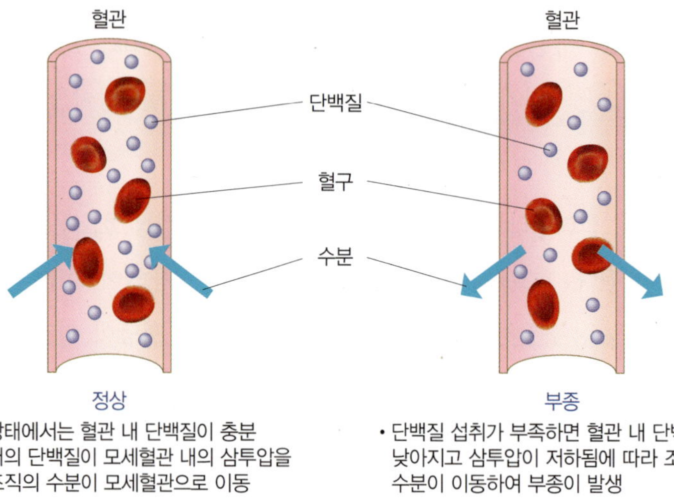

그림 2-6 단백질의 수분 평형

⑥ 산-알칼리 평형 유지

체액은 항상 약알칼리성인 pH 7.4 정도를 유지하고 있으며, pH 0.2만 벗어나도 채내 대사에 이상 증상이 나타난다. 단백질을 구성하는 아미노산은 산성인 카복실기와 염기성인 아미노기를 모두 가지고 있는 양성 물질이다. 체액이 알칼리성이 되면 산성으로, 산성이 되면 알칼리성으로 작용하는 완충작용에 의해 체액을 중성 내지 약알칼리로 유지시킨다(pH 7.35~7.45). 즉, 우리 몸이 일정한 혈중 pH를 유지하도록 하는 일종의 완충제로 작용한다.

⑦ 에너지 급원

탄수화물이나 지질과 마찬가지로 단백질도 에너지를 공급한다. 단백질 1 g은 4 kcal의 열량을 발생하며, 체내에서 단백질이 공급하는 에너지는 2~5% 정도이다. 대부분의 세포에서는 우선적으로 탄수화물이나 지질이 에너지원으로 사용되나, 탄수화물 섭취가 부족하거나 과다한 운동으로 에너지원이 부족해지면 단백질은 포도당으로 전환되거나 중간 대사물질로 전환되어 에너지원으로 사용된다. 단백질은 다른 에너지원과는 다르게 사용 후에 노폐물이 발생하므로 이를 제거하기 위해 간과 콩팥에서 암모니아 배설을 위한 대사가 필요하여 비효율적인 에너지원이라 할 수 있다.

⑧ 혈당 공급

뇌와 적혈구는 에너지원으로 포도당을 사용하지만 탄수화물이 부족할 경우 단백질을 포도당으로 전환하여 일정한 혈당을 유지하는 역할을 한다.

⑨ 산소 및 영양소 운반

혈중 단백질인 헤모글로빈은 산소를 운반하고 그밖의 혈중 단백질들은 영양소 등을 운반한다. 세포막의 단백질들은 세포에 필요한 영양분을 세포 안으로 끌어들이고, 세포 안에서 발생한 노폐물은 밖으로 밀어내어 영양분과 노폐물의 이동에 관여한다. 또한 세포막의 단백질을 통한 이온의 이동은 신경 전달에도 중요한 역할을 한다.

⑩ 나이아신의 합성

필수 아미노산인 트립토판은 체내에서 나이아신으로 전환된다. 트립토판이 제한 아미노산인 옥수수 단백질을 장기간 섭취하게 되면 펠라그라에 걸린다. 펠라그라는 피부병, 설사, 우울증의 증상을 보이며 심하면 사망하기도 한다(그림 2-7).

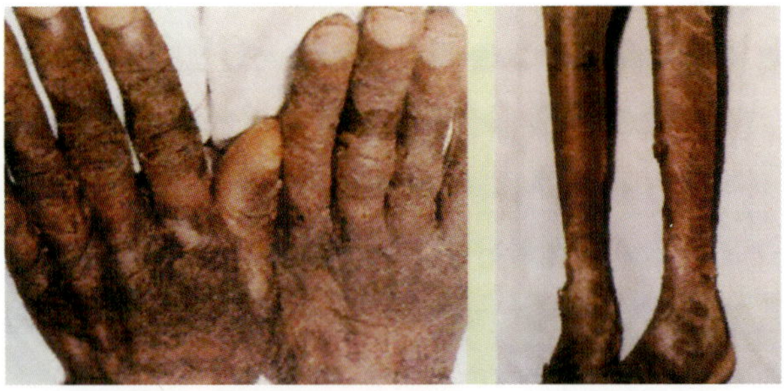

그림 2-7 펠라그라에 걸린 환자의 모습

(5) 질소 평형(균형)

질소 평형이란 섭취한 질소량과 배설된 질소량이 같은 경우를 말하며, 신체가 필요로 하는 단백질 고유의 기능을 수행하기 위해서는 충분한 양의 단백질이 매일 공급되어 질소 평형이 유지되어야 한다. 건강한 성인은 새로운 조직의 증가가 일어나지 않기 때문에 질소 평형이 잘 유지된다. 성장기 어린이나 질병에서 회복된 직후이거나 임신한 경우에는 조직을 형성하기 위하여 섭취하는 질소량이 배설된 질소량보다 많아서 양(+)의 질소 평형 상태를 보인다. 수술 직후나 화상, 열병, 기아 등으로 단백질 섭취가 부족한 경우에는 배설된 질소량이 섭취한 질소량보다 많으므로 음(−)의 질소 평형 상태가 나타난다.

(6) 단백질의 소화 및 흡수

① 소화

모든 체내의 조직들은 그 자체가 단백질로 되어 있으므로 이들 조직을 소화 분해시키지 않고 식이로 섭취한 단백질만을 분해해야 하므로 단백질의 소화는 복잡하다.

입 구강에는 단백질의 소화효소가 없으므로 침과 혼합되어 저작작용에 의해 분해된다.

위 가스트린에 의해 위의 주세포에서 펩시노겐(pepsinogen)의 분비가 촉진되어 위액 내 염산의 작용에 따라 펩신으로 전환되어 활성을 갖는다. 펩신은 단백질 중 특정한 펩타이드 결합 부분을 가수분해하는데, 펩신에 의해 단백질이 프로테오스proteose와 펩톤peptone으로 분해되며 펩신의 최적 pH는 1.5~2.0이다. 단백질은 위에서는 일부만 소화되며, 죽 모양의 미즙chyme 형태로 유문을 통해 십이지장으로 내려간다.

소장 소장에서는 알칼리성인 췌장액과 담즙이 분비되어 pH 6.5~7.5로 상승하며 펩신의 작용이 억제된다. 음식물이 없을 때는 위나 소장 자체의 소화를 막기 위해 단백질 분해효소들은 모두 불활성인 전구물질 상태로 분비되고, 단백질이 소화기관 내에 들어오면 활성화된다.

소장으로 배출된 췌장액과 소장액에 있는 단백질 분해효소들은 소장 내에서 단백질을 다이펩타이드와 아미노산으로 가수분해시킨다. 췌장에서는 트립시노겐trypsinogen과 키모트립시노겐chymotrypsinogen, 프로카복시펩티데이스procarboxypeptidase가 불활성 형태로 분비된다. 소장에서 분비된 엔테로키네이스enterokinase는 트립신의 전구물질인 트립시노겐을 트립신trypsin으로 활성화시키며, 활성화된 트립신은 다른 단백질 분해효소들을 활성화시킨다. 이러한 효소들의 작용을 받아 단백질은 점차 분자량이 작은 폴리펩타이드polypeptide를 거쳐 다이펩타이드dipeptide로 분해되며, 이때 아미노산도 일부 유리되어 나온다. 다이펩타이드는 소장에서 분비되는 다이펩티데이스dipeptidase에 의해 아미노산으로 최종 분해되며, 일부는 다이펩타이드 상태로 흡수되기도 한다.

② 흡수

단백질의 소화산물인 아미노산과 다이펩타이드는 확산을 통해 소장 점막세포 내로 흡수된다. 점막세포 내에서 다이펩타이드는 아미노산으로 분해된 후 모세혈관으로 운반되고, 문맥을 통해 간으로 이동하여 다른 조직으로 운반된다. 단백질의 흡수율은 90% 이상이며 동물성 단백질이 식물성 단백질보다 흡수율이 높다.

(7) 단백질의 섭취와 건강

단백질은 필수 영양소로 체내에서 주요한 기능을 수행하므로 섭취가 부족하면 체단백질 분해, 면역 기능 저하, 빈혈 등의 증상이 나타나 우리 몸이 정상적인 기능을 발휘하지 못하며, 이는 어른보다 어린이에게 흔하게 발생한다. 건강을 위해서는 일반적으로 체중 1 kg당 1 g 이하의 단백질이 권장되며, 총에너지 섭취량의 15% 정도를 매일 단백질로 섭취하도록 하고 이 중에서 1/3 이상을 동물성 단백질로 섭취할 것을 권장한다.

① 단백질 결핍증

단백질 결핍증은 성인의 경우 단시간의 결핍으로 증상이 나타나지 않고 장기간 결핍이 이어져야 한다. 초기 단백질 부족 증상으로는 체중 감소와 피로, 초조감 등이 나타난다. 단백질 결핍증은 성인보다 어린이에게서 많이 나타나는데 대표적 질병으로 콰시오커kwashiorkor와 마라스무스marasmus가 있다(그림 2-8).

콰시오커 전 세계적으로 저개발 국가에서 단백질 결핍 시 흔히 볼 수 있는 증상으로, 에너지는 겨우 섭취하고 단백질이 상당히 부족한 상태의 성장기 어린이에게 주로 나타난다. 대표적 증상으로는 성장이 지연되어 머리와 배만 커지고 팔, 다리가 말라 심한 경우 앉거나 걷지 못하게 된다. 단백질 섭취 부족으로 체액의 균형이 맞지 않아 부종이 심하며 머리카락의 변색, 피부염이 발생하고, 감염과 질병에 대한 민감도가 증대된다. 또한 간에서 합성된 지질이 단백질의 부족으로 간 밖으로 운송되지 못하고 간에 축적되어 지방간이 생기기도 하며, 간세포가 사멸하고 섬유조직이 증식하여 간의 기능이 저하된다. 신경계의 이상으로 신경질적이 되며 나중에는 무감각해진다.

콰시오커는 원인을 확인하여 영양소를 공급하면 완치될 수 있다. 가장 효과적인 방법은 환자에게 탈지분유를 제공하는 것으로, 심한 경우에도 2~3주 내에 건강한 상태로 회복된다. 다른 고단백질 식품인 콩가루, 두유, 생선가루도 양질의 단백질 급원이다.

마라스무스 그리스어로 '소모한다'는 뜻으로, 이유기와 유아기에 에너지와 단백질이 함께 부족한 기아 상태일 때 나타난다. 체지방이 거의 없어 뼈와 가죽만 앙상하며, 근육도 거의 없고 힘도 없는 모습이다. 콰시오커에 비해 심하게 마른 증상이 나타나 얼굴과 몸에 살이 없어 애늙은이 같은 형상이 된다. 부종은 일어나지 않으며 피부, 모발, 간 기능은 정상으로 나타나지만, 적절한 식사요법이 없으면 감염에 의해 사망하는 경우가 많다.

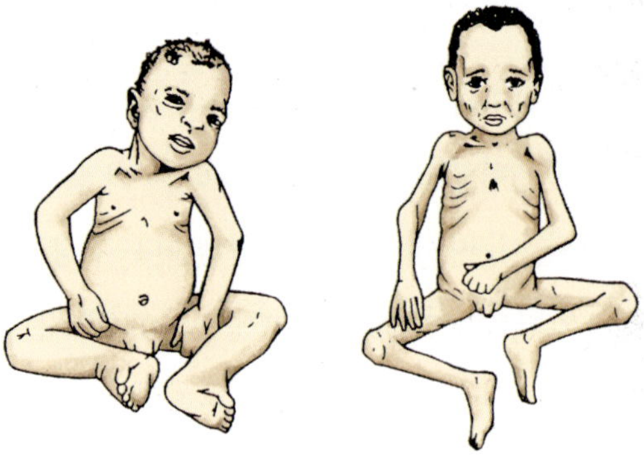

그림 2-8 단백질 결핍 증상의 예

② 단백질 과잉증

필요 이상의 단백질 섭취가 인체에 해로운지에 대해서 단정하기는 어렵다. 그러나 단백질을 과잉 섭취하는 경우, 여분의 단백질이 글리코겐이나 지방으로 전환되어 체내에 축적되므로 체중이 증가하고 체온 증가, 혈압 증가, 피로감이 있을 수 있다. 단백질이 에너지원으로 연소될 때 아미노기가 떨어져 나와 생성되는 암모니아는 신체에 해로울 수 있으므로 요소 형태로 전환되어 콩팥을 통해 소변으로 반드시 배설되어야 한다. 이때 요소 및 질소 노폐물 배설이 증가하여 콩팥에 부담을 주므로 당뇨 및 콩팥 질환자는 단백질을 너무 많이 먹지 않는 것이 좋다. 동물성 단백질에 많이 들어 있는 산성의 황 함유 아미노산 대사물질이 중화되는 과정에서 소변을 통한 칼슘의 손실이 증가하여 골다공증에 걸리기 쉽다. 또한 칼슘 섭취 부족, 운동 부족, 과음, 흡연 등과 관련하여 골다공증이 나타날 위험이 있다.

단백질을 과잉 섭취하는 경우, 식이섬유의 부족과 함께 단백질 가열 시 발생하는 발암물질로 인해 결장암의 발병 빈도가 높게 나타날 수 있다. 단백질이 풍부한 고기에는 지방 성분도 많아서 갈비 등을 많이 먹으면 비만이 되기 쉽고 고지방식으로 인한 심장혈관 질환, 암 등의 위험 요인이 될 수 있다.

(8) 단백질 급원 식품

단백질은 동물성 식품과 식물성 식품에 골고루 들어 있지만, 곡류나 채소류에 비해 우유, 치즈, 요구르트 등과 같은 유제품, 각종 생선류와 어패류, 달걀·오리알·메추리알·타조알 등의 알류, 쇠고기·돼지고기·닭고기·오리고기·양고기·말고기 등 육류, 콩류 이외에도 콩을 가공한 두유·두부·장류·비지·콩나물·녹두빈대떡 등의 콩 관련 식품, 땅콩·호두·아몬드·잣 등의 견과류 등에 많이 함유되어 있다.

4. 비타민

비타민은 앞서 배운 탄수화물, 지질, 단백질처럼 우리 몸에서 에너지를 생성하는 근원적인 역할은 할 수 없으나, 이들이 에너지를 만드는 데 없어서는 안 되는 필수 영양소이다. 즉, 아무리 많은 열량 영양소를 섭취한다고 하더라도 비타민을 적절하게 섭취하지 않으면 우리 몸에서 에너지를 만들 수 없다. 이와 같이 비타민은 생명을 유지하고 성장에 관여하는 등 인체의 정상적인 대사를 위하여 반드시 섭취하여야 하는 필수 영양소이다.

대부분의 비타민은 우리 몸에서 합성되지 않는다. 일부 합성되는 비타민도 그 양이 몸에서 필요로 하는 만큼 충분하지 못하므로 반드시 식사를 통해 공급받아야 한다. 인체가 필요로 하는 비타민의 양은 소량이다. 그러나 식품에 들어 있는 비타민은 식품별로 한정적이고 그 양도 매우 소량이므로 여러 식품을 다양하게 섭취하지 않으면 체내에 필요한 비타민을 골고루 섭취할 수 없다. 아쉽게도 현대인은 잦은 외식, 가공식품 및 정제 식품의 섭취 등 식생활 패턴이 비타민 결핍증을 초래하기 쉬운 형태이다. 여기에서는 비타민의 생리 기능, 결핍증, 급원 식품 등에 대하여 살펴보기로 한다.

비타민은 용해성에 따라 지용성 비타민과 수용성 비타민으로 나눌 수 있으며, 이에 따라 고유한 특성을 가지고 있다(표 2-10).

표 2-10 지용성 비타민과 수용성 비타민

구분	지용성 비타민	수용성 비타민
종류	비타민 A, 비타민 D, 비타민 E, 비타민 K	• 비타민 B군(비타민 B_1, 비타민 B_2, 나이아신, 비타민 B_6, 비타민 B_{12}, 엽산, 판토텐산, 바이오틴) • 비타민 C
용해성	지방에 용해	물에 용해
저장성	지방 조직에 저장	저장이 잘 안 됨
결핍증	결핍증이 비교적 천천히 나타남	결핍증이 비교적 빨리 나타남
과량 섭취	대부분 체내 축적	필요량 이상은 대부분 소변으로 배설

1) 지용성 비타민

지용성 비타민은 식품의 지방이나 기름 부분에 있으며 소화 흡수 과정도 지방과 동일하다. 따라서 지방의 흡수 또는 대사가 정상적으로 이루어지지 않으면 지용성 비타민도 비슷한 효과가 나타난다. 지용성 비타민은 소량만이 소변으로 배설되고 대다수는 담즙을 통하여 배설된다. 과잉 섭취한 경우에는 상당량이 체내에 저장 또는 축적될 수 있으므로 장기간에 걸쳐 지나치게 많은 양의 지용성 비타민을 섭취하면 과잉증이나 독성이 나타날 수 있다. 그러나 현대인에게 나타나는 지용성 비타민의 과잉증이나 독성은 식품을 통한 섭취 때문이 아니라 무분별한 영양 보충제의 섭취로 나타나는 경우가 많다.

(1) 비타민 A

과거 우리나라 사람들의 비타민 A 섭취량은 상당히 부족하였다. 경제 발전으로 섭취량이 다소 상승하였으나 2018년 '국민건강영양조사' 결과에 의하면 우리나라 국민의 비타민 A의 영양소 섭취기준에 대한 섭취비율은 남자 59%, 여자 58%로 모든 영양소 중 가장 낮게 나타나 여전히 비타민 A 부족이 우려되는 상황이다. 비타민 A는 비타민 A 활성형과 비타민 A 전구물질로 구분된다. 비타민 A 활성형인 레티놀retinol은 동물성 식품 속에 존재하며 체내에서 바로 비타민 A 활성을 나타낸다. 비타민 A 전구물질은 주로 오렌지색 식물성 식품에 존재하는 여러 가지 카로티노이드carotenoid로, 식품으로 섭취된 후 체내에서 비타민 A로 전환된다. 체내에서 활성이 가장 높은 카로티노이드는 베타-카로틴이며, 그 활성도는 레티놀의 2배이다. 베타-카로틴은 비타민 A의 전구물질 역할 외에 암을 예방하는 효과도 있는 것으로 알려져 있다.

비타민 A의 생리 기능은 시각 기능, 상피세포 유지, 정상적인 성장, 항암작용 등이 있다. 어두운 곳에서 사물을 보는 것은 간상세포가 담당하는데 이때 간상세포는 로돕신을 필요로 한다. 로돕신은 망막의 간상세포에서 레티놀의 산화 형태인 레티날과 단백질인 옵신이 결합하여 만들어진다. 로돕신은 빛의 양이 적은 곳에서 사물을 감지하는 데 필수적이므로 어두운 곳에서 시각 기능을 유지하기 위해서는 비타민 A가 반드시 필요하다. 만약 비타민 A 섭취가 부족하여 로돕신이 충분하게 합성되지 못하면 어두운 곳에서 사물을 보는 것이 어렵게 되는데 이를 야맹증이라고 한다.

비타민 A는 세포 분화 과정에 상당 부분 관여한다. 비타민 A 섭취가 부족하여 결핍에 이르면 우리 신체의 표면이나 소화기, 혈관의 내벽을 덮고 있는 상피세포의 분화에 지장이 생겨 형태 파괴 및 각질화, 분비 기능이 상실되어 박테리아에 쉽게 감염된다. 따라서 비타민 A는 상피세포의 유지 및 성장 발달에 꼭 필요한 영양소이다. 성장기 어린이에게 비타민 A가 결핍되면 골격 이상 및 성장 지연이 나타날 수 있다. 이외에도 비타민 A는 항산화 및 암 발생 억제 효과가 있다.

비타민 A가 결핍되어 나타나는 가장 흔한 증상은 야맹증과 안구건조증이며, 어린이

세포 분화 미성숙 세포를 특정 기능을 가진 세포로 발달시키는 과정

의 경우 비토 반점Bitot's spot이 나타나기도 한다. 이외에도 피부 이상, 성장 부진, 면역 기능 약화 등이 나타날 수 있다. 비타민 A 권장 수준의 20~100배를 몇 차례에 걸쳐, 또는 권장 수준의 10배를 수년에 걸쳐 섭취할 경우에는 오심, 구토, 현기증, 시력 불선명, 체중 감소, 간경화, 피부 질환 등의 과잉증이 나타날 수 있다.

비타민 A의 급원 식품으로는 레티놀의 경우 동물의 간, 어유(魚油), 달걀, 연어 등 동물성 식품에 풍부하게 들어 있다. 카로티노이드는 녹황색 채소, 당근, 감귤, 녹색 채소 등 식물성 식품에 많이 함유되어 있다. 우리나라 국민의 비타민 A 주요 급원 식품은 간이나 어유와 같은 동물성 식품보다는 채소류, 과일류, 해조류 등의 식물성 식품이다.

(2) 비타민 D

뼈의 대사 및 구조 유지에 필수적인 비타민 D는 자연식품에 아주 소량 함유되어 있다. 그러나 다행스럽게도 비타민 D는 체내에서 합성될 수 있는데 피부 밑에 있는 7-데하이드로콜레스테롤이 자외선 자극을 받아 비타민 D_3로 합성될 수 있다. 피부에서 합성된 비타민 D와 식품으로 섭취한 비타민 D는 모두 간과 콩팥을 거쳐 활성형 비타민

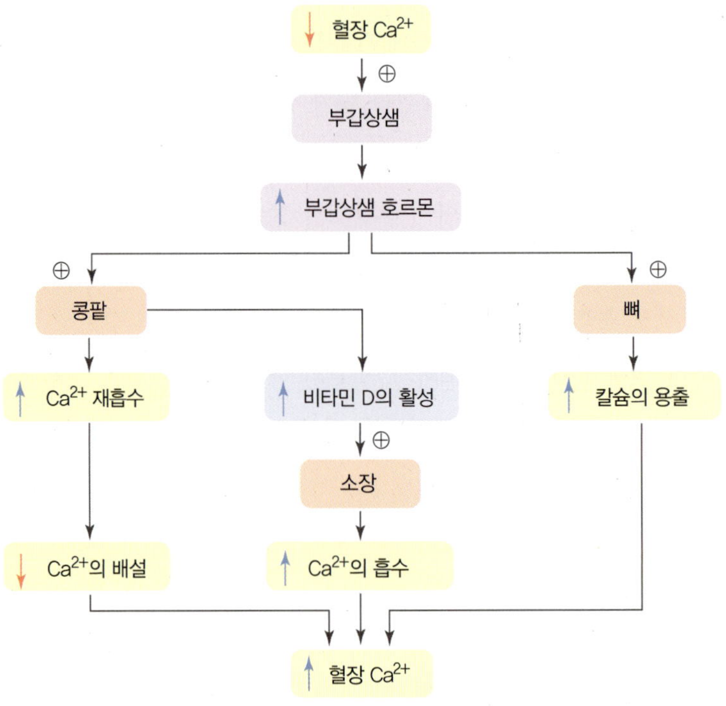

그림 2-9 비타민 D와 칼슘의 항상성

D의 형태로 전환되어 생리 기능을 수행한다.

비타민 D의 주된 생리 기능은 칼슘의 항상성 유지이다. 칼슘 농도가 낮을 때 비타민 D는 소장에서 칼슘 결합 단백질 합성을 촉진하여 칼슘의 흡수를 증가시킨다(그림 2-9). 이외 비타민 D는 세포의 증식과 분화 조절에 관여하여 유방암이나 결장암, 전립선 암의 발생을 억제한다는 보고가 있다.

뼈 건강을 위해서는 무엇보다도 칼슘의 섭취가 중요하다. 그러나 안타깝게도 우리나라 국민들의 칼슘 섭취 비율은 한국인 영양소 섭취 기준 대비 가장 낮은 영양소이다. 성장기의 청소년들은 칼슘 섭취량이 부족하면 뼈 성장에 큰 지장이 생긴다. 이런 경우 햇빛을 통한 비타민 D 합성은 뼈를 건강하게 하는 좋은 방안이 될 수 있다. 그러나 우리나라 청소년들은 체육 활동과 같은 외부 활동 시간이 절대적으로 부족한 실정이다. 성인과 어린이 역시 자동차, 컴퓨터 등의 발달로 야외 활동이 부족하며, 야외 활동을 한다고 해도 자외선 차단제를 사용하기 때문에 비타민 D의 합성은 저해된다.

칼슘을 충분히 섭취할 뿐만 아니라 비타민 D가 충분히 공급되어야만 뼈가 튼튼하게 형성될 수 있다. 만약 비타민 D의 섭취가 부족하면 뼈의 석회화가 잘 이루어지지 않아 구루병, 골연화증, 골다공증이 발생할 수 있다(그림 2-10). 반면 비타민 D를 과잉 섭취하면 고칼슘혈증, 콩팥 및 심혈관계 손상, 구토감, 허약, 어린이 성장 저해 등의 증상이 나타날 수 있다.

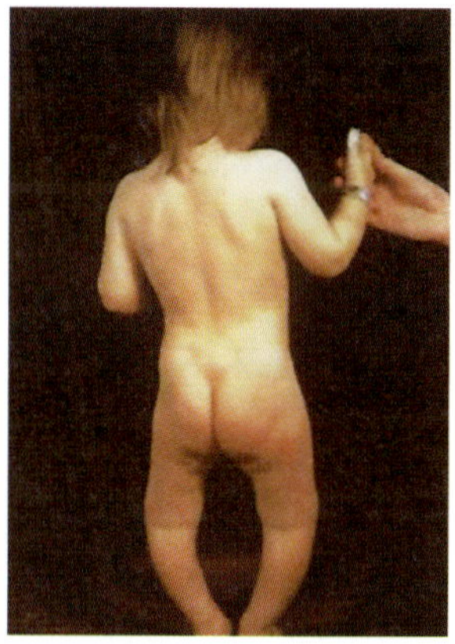

그림 2-10 구루병

비타민 D는 효모, 버섯, 버터, 간유, 달걀 등에 제한적으로 소량 함유되

tip 피부색에 따른 비타민 D 합성 정도

비타민 D 급원 식품이 다양하지 않아서 식품을 통해 필요한 비타민 D를 모두 섭취하기는 매우 어렵다. 따라서 햇볕을 쬐어 비타민 D를 합성하는 것은 비타민 D를 공급하는 데 매우 중요한 과정이다. 햇볕을 쬐어 비타민 D가 합성될 때, 피부색에 따라 합성 정도가 달라진다. 이는 피부 밑에 있는 멜라닌 색소가 자외선이 피부 밑으로 침투하는 것을 방해하기 때문으로, 피부색이 검은 사람은 흰 사람보다 더 오랜 시간 햇빛을 쬐어야 한다.

구루병 비타민 D 섭취가 부족한 어린이에게 주로 발생하며, 칼슘 등의 무기질이 뼈에 충분히 축적되지 못하여 뼈가 약해지고 휘어지는 등의 변형이 나타나는 질환

골연화증 어른에게 발생하는 구루병으로, 임신부나 다산 여성에 주로 발생

골다공증 중년기 이후 골질량 감소로 나타나는 뼈의 병적 상태. 특히 폐경기 이후 여성 호르몬 에스트로겐 분비 감소는 강력한 위험 인자

어 있다. 자연계에는 비타민 D의 급원 식품이 부족하기 때문에 우유와 시리얼 등에 비타민 D를 강화하고 있다. 시중에는 비타민 D의 건강상의 이점을 강조하며 비타민 D 강화식품이 많이 판매되고 있다. 그러나 강화식품의 비타민 D 함유량을 확인하지 않고 섭취할 경우 과잉증이 유발될 수 있으므로 강화식품뿐 아니라 자연식품을 통한 비타민 D 섭취량도 주의 깊게 모니터링해야 한다.

(3) 비타민 E

비타민 E가 결핍된 식이를 먹은 숫쥐의 생식 기능에 문제가 생긴다는 사실이 밝혀지면서 비타민 E를 토코페롤(자손을 낳는다)이라 명명하였다. 비타민 E는 각기 다른 활성을 갖는 8개의 천연 화합물이 있으며 그중 알파-토코페롤의 활성이 가장 크다.

비타민 E의 생리적 기능은 항산화이다. 비타민 E는 쉽게 산소와 결합하므로 산화에 관여하는 산소와 먼저 결합함으로써 다른 물질의 산화를 방지하는 항산화 기능을 한다. 세포막의 인지질에 함유된 다가 불포화지방산은 세포 내의 자유라디칼free radical에 의해 쉽게 산화되는데, 이때 알파-토코페롤은 반응성이 강한 자유라디칼과 먼저 결합하여 지방이 산화되는 과정을 중단시키고, 자유라디칼을 제거하여 세포막을 안정화시킨다. 비타민 E의 항산화 기능을 통해 노화, 용혈성 빈혈, 암 등의 만성 질환을 예방할 수 있다.

비타민 E 결핍증은 흔하지 않으나 미숙아의 경우 정상적으로 비타민 E가 축적되는 임신 마지막 달을 채우지 못하여 결핍증을 보일 수 있다. 성인의 경우 여러 가지 이유로 지방 흡수가 잘 되지 않을 때 비타민 E 결핍증이 나타난다. 비타민 E가 부족하면 적혈

tip 체내 항산화 시스템

우리의 몸은 에너지를 생성하는 과정에서 많은 산화반응을 일으킨다. 즉, 산화반응은 체내에서 일어나는 정상적인 대사반응이다. 인체에 유입된 산소 중 아주 적은 양은 불완전한 상태(활성산소)로 존재하다가 화학적으로 반응성이 큰 유해 물질로 전환되는데 이를 자유라디칼이라고 한다. 자유라디칼은 체내 지방, 단백질, DNA를 산화시켜 암 등의 질병을 일으키나, 다행스럽게도 우리 몸은 자유라디칼을 제거할 수 있는 항산화 시스템을 가지고 있다.

항산화 시스템은 식세포, 글루타싸이온 과산화물 분해효소 등의 각종 효소 시스템, 파이토케미칼과 항산화 영양소 등으로 구성된다. 항산화 영양소에는 비타민 E, 비타민 C, 셀레늄 등이 있다. 일상생활 중 스트레스, 과격한 운동, 과식, 인스턴트식품의 섭취, 음주, 흡연, 자외선, 방사선, 화학물질 등에 많이 접하면 자유라디칼이 많이 생성된다. 그렇게 되면 우리 몸은 항산화 시스템에 대한 요구가 높아진다. 이런 경우 항산화 영양소가 들어 있는 식품을 자주 먹으면 건강을 지키는 좋은 습관이 된다.

구 막이 손상되어 용혈성 빈혈이 나타날 수 있으며, 신경섬유 형성에 장애가 생겨 신경 장애를 일으킬 수 있다. 비타민 E는 비교적 안정한 물질로 다른 비타민에 비해 독성이 거의 없다.

비타민 E는 식물성 기름, 밀의 배아, 땅콩, 아스파라거스, 아몬드, 버터 등에 다량 존재한다.

tip 어떤 영양소의 섭취가 증가할 때 비타민 E의 섭취량을 늘려야 할까?

다가 불포화지방산이다. 다가 불포화지방산 섭취량이 증가하면 이들의 산화 방지를 위해 비타민 E 섭취량도 함께 늘려야 한다. 다행스럽게도 다가 불포화지방산이 많은 식물성 기름에는 비타민 E도 다량 함유되어 있어 기름의 산패를 막을 수 있다.

(4) 비타민 K

지용성 비타민 중 가장 늦게 발견된 비타민 K는 덴마크 학자에 의해 '혈액 응고에 관여하는 인자'로 밝혀졌다. 혈액 응고에 관여하는 단백질인 트롬빈의 전구물질 '프로트롬빈'이 체내에서 합성되는 과정에서 비타민 K가 보조효소로 관여한다. 프로트롬빈은 평상시에는 혈액 내에서 불활성 상태로 존재하지만, 일단 혈관의 손상으로 출혈이 일어나면 여러 인자에 의해 활성화되어 혈액 응고에 관여한다.

비타민 K는 급원 식품이 풍부하고 장내 미생물에 의해 합성되며 조리 과정 중에 거의 파괴되지 않으므로 결핍증은 흔하게 나타나지 않는다. 그러나 간 기능이 정상적이지 못하여 프로트롬빈 합성에 지장이 생기거나, 지방 흡수에 문제가 생겨 비타민 K의 흡수가 잘 이루어지지 않으면 혈액 응고시간이 지연될 수 있다. 비타민 K는 지용성 비타민이지만 체내에서 빨리 배설되므로 과잉증은 잘 나타나지 않으며, 순무, 시금치, 양배추, 콜리플라워 등의 채소류와 대두유 등에 풍부하게 함유되어 있다.

2) 수용성 비타민

수용성 비타민은 체내 에너지 대사 및 여러 가지 화학반응에 관여한다(그림 2-11). 수용성 비타민은 물에 잘 용해되므로 지용성 비타민보다 쉽게 체외로 배설되어 과량 섭취로 인한 과잉증 위험은 거의 없다. 대부분의 수용성 비타민은 가열 조리, 알칼리 등의 조건에서 잘 파괴되며 조리 중에 사용한 물에 용출되므로 저장 상태나 조리법 선택

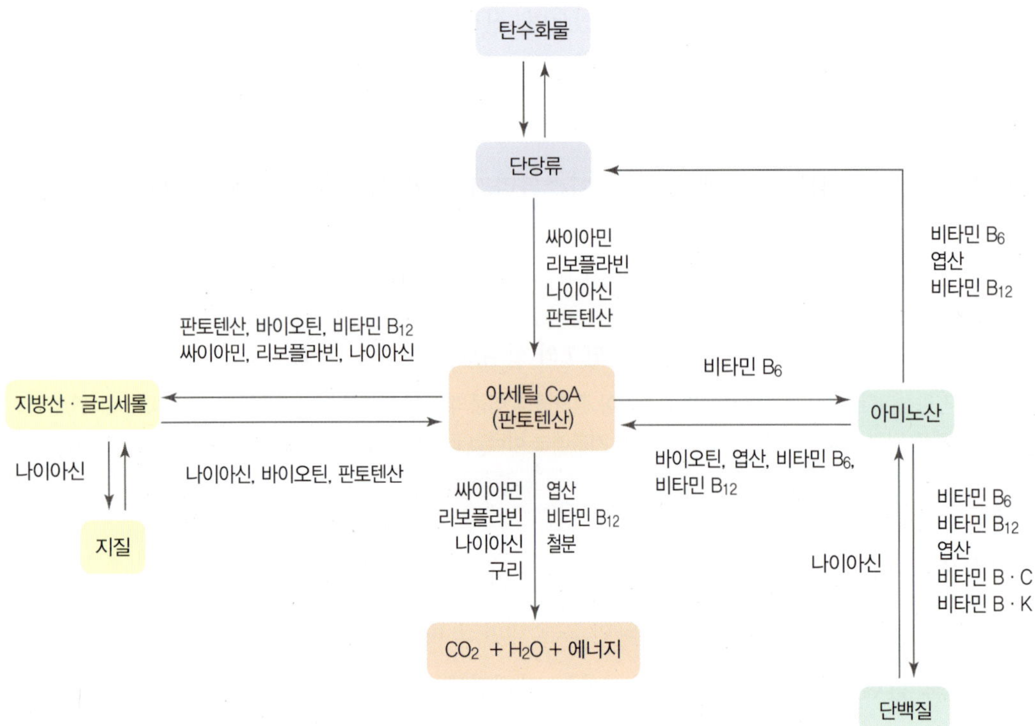

그림 2-11 에너지 대사와 비타민

에 주의하여야 한다. 일반적으로 과일이나 채소, 곡류는 비타민이 풍부한 식품이다. 그러나 과일이나 채소는 식품의 신선도가 떨어지면 비타민의 함량도 감소된다. 곡류는 도정 과정에서 많은 양의 바티민이 손실될 수 있으므로 도정 정도가 낮은 식품을 섭취하는 것이 효율적인 비타민 섭취방법이다. 수용성 비타민을 과잉 섭취했을 때에는 필요량 이상은 소변으로 배설되므로 하루 섭취할 양의 1/3을 매 끼니마다 섭취하는 것도 수용성 비타민의 낭비를 막는 지혜로운 방법이 될 수 있다.

수용성 비타민은 비타민 B 복합체와 비타민 C로 구분할 수 있다.

(1) 비타민 B_1

비타민 B 복합체 중 가장 먼저 발견된 비타민 B_1thiamin은 황을 함유하고 있어 싸이아민thiamin(thio + vitamin)이란 화학명이 붙여졌다. 새로 구입한 종합비타민제의 병뚜껑을 열었을 때 풍기는 독특한 냄새가 바로 황을 함유한 싸이아민 때문이다.

싸이아민은 열량 영양소로부터 에너지를 만드는 대사 과정에서 보조효소 기능을 한다. 특히 탄수화물(당질) 대사에 주로 관여하므로, 곡류와 같은 탄수화물 섭취량이 증가하면 싸이아민의 섭취량도 늘려야 한다. 싸이아민은 신경조직에 에너지를 공급하는 기능을 담당하며, 신경전달물질인 아세틸콜린이나 카테콜라민의 합성과 분비에 관여한다.

싸이아민 결핍 증상은 백미를 주로 먹거나 장기간 알코올을 과량 섭취한 사람의 신경계, 소화계, 심혈관계에서 주로 나타난다. 알코올 중독일 경우 식사량이 크게 줄기 쉬운데 이 때문에 싸이아민 섭취량이 부족하거나, 알코올 자체가 싸이아민의 흡수를 방해하여 결핍증이 유발된다. 따라서 술을 즐겨 마시는 사람은 특별히 싸이아민 섭취에 신경을 써야 하며, 대표적인 싸이아민 결핍 증상은 각기병이다.

tip 각기병 종류에 따른 증상

- 건성 각기 : 말초신경계 마비로 사지의 감각, 운동 및 반사 기능에 장애가 나타나며 다리 근육이 약해지고 무감각해짐.
- 습성 각기 : 싸이아민 결핍이 지속되어 심근이 약화되고 심장 비대 등으로 인한 심부전 또는 부종이 나타남.

싸이아민은 돼지고기, 배아, 콩류, 견과류 등에 풍부하게 함유되어 있다. 백미를 선호하는 한국인에게 쇠고기보다 돼지고기의 섭취를 권장하는데, 이는 돼지고기의 싸이아민 함량이 쇠고기보다 높기 때문이다. 우유 및 유제품, 채소 및 과일류, 유지류의 싸이아민 함량은 매우 낮다. 싸이아민은 수용성이어서 쉽게 물에 용출되며 열에 의해서도 많은 양이 파괴될 수 있으므로 조리 시 주의가 필요하다.

(2) 비타민 B_2

리보플라빈riboflavin(비타민 B_2)은 조리할 때 사용하는 열에는 강하나 자외선에는 민감하여 쉽게 파괴된다. 리보플라빈의 주된 급원인 우유를 고온 살균하여 불투명한 재질의 포장 용기에 담는 것은 바로 리보플라빈의 이런 특성 때문이다.

리보플라빈은 체내에서 산화·환원 반응의 보조효소 역할을 담당하여 탄수화물, 단백질, 지질의 3대 열량 영양소에서 에너지를 만드는 대사 과정에 필수적이다.

리보플라빈의 결핍증은 다른 수용성 비타민의 결핍증과 동시에 나타나는 경우가 많다. 1970년대에는 전체 인구의 7% 정도가 리보플라빈 결핍증인 구순구각염에 노출되었으나, 우유 섭취가 증가하면서 결핍증은 크게 감소하였다. 리보플라빈의 주된 결핍증은 입 주변이 헐고 염증이 생기거나 입가가 찢어지는 구순구각염, 혀가 붓고 쓰라린 설염, 빛을 보면 심하게 눈이 부시고 시력이 흐려지는 광선 공포증, 성장 지연 등이다.

리보플라빈은 우유, 쇠간, 육류, 달걀 등에 많이 함유되어 있다.

(3) 나이아신

풍토병이라 생각했던 펠라그라가 나이아신niacin 결핍에 의한 것임이 밝혀지고, 아미노산 중 트립토판이 나이아신의 전구물질이라는 사실이 알려지면서 펠라그라 치료는 한결 쉬워졌다. 싸이아민, 리보플라빈과는 달리 나이아신은 알칼리, 열 및 광선에 비교적 안정하다.

나이아신은 리보플라빈과 함께 체내에서 산화·환원 반응의 보조효소 역할을 담당하여 열량 영양소에서 에너지를 만드는 대사 과정에 필수적인 영양소이다. 필수 아미노산 중 트립토판 60 mg은 체내에서 나이아신 1 mg으로 전환되기 때문에 나이아신의 섭취가 부족하더라도 트립토판을 충분하게 섭취하면 나이아신 결핍증은 나타나지 않는다. 이 과정에는 반드시 비타민 B_1, 비타민 B_2와 비타민 B_6가 필요하다.

오랫동안 나이아신 또는 트립토판이 부족한 식사를 하면 펠라그라의 증상인 피부염, 설사, 정신 질환, 심하면 사망까지 나타날 수 있으며, 그외에도 짜증, 허약감, 어지럼증, 식욕 부진이 나타날 수 있다.

육류, 특히 간, 두유, 땅콩, 생선 등은 나이아신의 좋은 급원이다. 반면 효모, 가금류, 콩류, 우유는 나이아신의 함량은 낮으나 트립토판의 함량이 높다.

tip 나이아신을 약으로 섭취할 때에는

나이아신은 심장병 환자들의 혈청 콜레스테롤 수준을 낮추는 약리 활성을 가지고 있다. 약리 효과를 위해 고농도의 나이아신을 복용하는 경우에는 임상 전문가와 반드시 상의하여 섭취량을 결정하여야 한다. 임의대로 고농도의 나이아신을 섭취할 경우에는 피부 홍조, 가려움증, 메스꺼움 등의 부작용이 나타날 수 있다.

tip 수용성 비타민 중 비타민 B_1, 비타민 B_2, 나이아신의 공통점

대부분의 수용성 비타민이 에너지 대사에 관여하는데 특히 비타민 B_1, 비타민 B_2, 나이아신 등은 더 적극적으로 에너지 대사 과정에 관여한다. 따라서 에너지 섭취가 증가하면 원활한 에너지 대사를 위해 이들 비타민의 섭취량도 함께 늘려야 한다.

(4) 비타민 B_6

싸이아민, 리보플라빈, 나이아신은 전반적인 에너지 대사에 관여하는 데 비해, 비타민 B_6pyridoxine는 주로 단백질 대사에 관여한다. 따라서 단백질 섭취량이 증가하면 비타민 B_6 섭취량도 함께 늘려야 한다. 주된 단백질 급원 식품인 육류에는 단백질 대사에 필수 조건인 비타민 B_6도 풍부한데, 이는 우리가 영양을 공급받기 위해서 영양 보충제보다는 식품을 섭취해야 하는 이유를 보여 주는 좋은 예이다.

비타민 B_6는 단백질 및 아미노산 대사에 관여하는 보조효소로 작용하며, 헤모글로빈의 헴 합성 과정에도 관여한다. 그리고 신경 및 면역계의 정상적인 기능에 관여한다. 비타민 B_6가 임신 초기의 입덧, 차멀미 등의 구토 증상을 완화시키는 데 효과적이었다는 연구 발표가 있어 이들 증상을 완화시키기 위해 비타민 B_6 함유량이 많은 식품을 활용하기도 한다.

비타민 B_6의 섭취가 부족하면 피부염, 설염, 우울증, 정신 혼란, 경련, 두통이 나타날 수 있다.

비타민 B_6는 동식물 식품에 풍부하며, 특히 단백질 함량이 많은 생선, 돼지고기, 닭고기는 좋은 급원식품이다.

(5) 엽산

엽산folate은 초록색 잎을 뜻하는 라틴어에서 유래되었다. 유래에서 알 수 있듯이 엽산의 가장 좋은 급원은 짙푸른 잎채소이다. 우리의 일상식에는 잎채소를 활용한 반찬이나 국이 많으므로 전통적인 식사에서 엽산이 부족한 경우는 거의 없다. 다만, 산성 용액, 열, 광선에 의해 쉽게 파괴되므로 저장 또는 조리 시 손실되기 쉽다.

엽산은 세포 내 핵산 합성에 관여하여 인체의 세포 분열 및 성장 인자로 작용하며, 정상적인 적혈구 분열 및 성숙에 관여한다. 또 호모시스테인으로부터 메싸이오닌을 합성하는 과정에도 관여한다.

엽산이 결핍되면 핵산 합성에 문제가 생기고 적혈구의 세포 분열과 성숙이 제대로 이루어지지 않아 거대적아구성 빈혈이 발생하게 된다. 임신 초기에 엽산이 결핍되면 태아

호모시스테인 동맥경화증을 유발하는 물질. 체내에서 호모시스테인은 메싸이오닌으로 전환되는데 이 과정에 비타민 B_6, 엽산, 비타민 B_{12}가 관여함. 만약 이 비타민들이 부족한 식이를 섭취하는 경우에는 혈액 중의 호모시스테인의 농도가 높아져서 동맥경화, 심장병의 발병률이 높아질 수 있음

의 신경관 손상, 전신마비, 뇌수종 및 지능 장애 등 기형아 발생 위험이 증가한다. 이런 위험도를 낮추기 위해서 임신기 여성의 엽산 섭취를 강조한다. 흔히 임신을 인지했을 때에는 이미 임신 초기를 지나친 경우가 많으므로, 엽산 보충은 임신기로 국한할 것이 아니라 가임 기간으로 그 범주를 확대하는 것이 합리적이다.

엽산은 간, 효모, 육류 및 달걀, 시금치·근대·상추·브로콜리 등의 짙푸른 채소류, 오렌지주스 등에 풍부하게 함유되어 있다.

(6) 비타민 B_{12}

비타민 B군 중 가장 늦게 발견된 비타민 B_{12}cobalamin는 코발트를 함유하고 있는 거대한 분자이며 매우 특별한 방법으로 흡수된다. 비타민 B_{12}가 소장에서 흡수되기 위해서는 내적 인자intrinsic factor가 필요하다. 내적 인자는 위 점막에서 분비되는 단백질로, 비타민 B_{12}와 결합하여 비타민이 흡수되는 회장까지 안전하게 이동시키는 기능을 담당한다.

비타민 B_{12}는 핵산 합성 및 세포 분열, 적혈구 형성, 메싸이오닌 합성 등 인체에서 주요한 생리 기능을 담당한다. 엽산은 세포 내 핵산 합성 및 세포 분열에 관여하는데 이 과정에서 비타민 B_{12}가 절대적으로 필요하다. 따라서 비타민 B_{12} 역시 핵산 합성, 세포 분열 및 성장 인자로 작용한다. 또한 정상적인 적혈구 분열 및 성숙 과정, 호모시스테인으로부터 메싸이오닌으로 전환되는 과정에 엽산과 함께 관여한다.

비타민 B_{12}가 부족하면 엽산 대사에 지장을 초래하여 적혈구의 세포 분열과 성숙이 제한된다. 이로 인해 거대하고 미성숙한 적혈구가 형성되어 거대적아구성 빈혈이 발병한다. 비타민 B_{12} 섭취량이 많더라도 위의 기능이 저하된 노인 또는 위 절제 환자에게서 빈혈 증세 및 신경 손상이 나타날 수 있다. 이는 위에서 내적 인자가 정상적으로 분비되지 않아 비타민 B_{12}의 흡수가 저하되어 결핍증이 나타난 것이다. 이런 경우에는 식이나 보충제를 통한 경구 복용보다는 주사를 통한 비타민 B_{12}의 보충이 효과적이다.

비타민 B_{12}는 육류, 간, 생선, 우유, 유제품, 달걀과 같은 동물성 식품에 풍부하며 식물성 식품에는 거의 들어 있지 않다. 따라서 채식주의자는 비타민 B_{12} 결핍 문제가 나타날 수 있으므로 신경 써야 한다.

(7) 비타민 C

대부분의 동물은 체내에서 비타민 Cascorbic acid를 합성할 수 있으나 예외적으로 사람과 원숭이는 합성할 수 없다. 따라서 사람은 반드시 음식을 통해 비타민 C를 섭취하여야 한다. 과일과 채소에 풍부한 비타민 C는 고온, 자외선, 알칼리 및 금속에 의해 파괴되기 쉽다. 예를 들면 식품을 자른 단면이나 주스에 들어 있는 비타민 C는 공기 중의 산소에 의해 쉽게 파괴된다. 또 조리하는 물에 의해 다량 손실되므로 가급적 가공하지 않은 과일이나 채소를 그대로 먹는 것이 비타민 C 섭취에는 효과적이다.

비타민 C의 생리 기능은 우선 항산화작용을 꼽을 수 있다. 수용성 환경에서 비타민 C는 우선적으로 산화되어 다른 물질의 산화를 방지한다. 활성산소를 제거하여 세포를 보호하며, 산화된 비타민 E를 재생시키는 역할을 한다. 또한 콜라겐 합성에도 관여한다. 조직 세포를 단단하게 결합시키는 단백질인 콜라겐은 뼈, 연골, 치아, 결합조직, 피부에 많이 함유되어 있다. 그 외에도 비타민 C는 도파민, 노르에피네프린, 세로토닌 등 신경전달물질의 합성과 철의 흡수를 촉진시킨다.

비타민 C가 부족하면 콜라겐 합성에 방해를 받아 신체의 결합조직이 변화된다. 증세가 악화되면 괴혈병이 발생하는데 초기에는 잇몸 출혈 및 염증이 나타나며, 심하면 관절이 붓고 골격 통증, 골절 등을 동반할 수 있다.

비타민 C는 감귤류, 토마토, 감자, 풋고추, 배추, 열무, 딸기, 수박, 키위 등 과일과 채소에 풍부하다.

tip 비타민과 무기질을 보충제 형태로 섭취할 때의 주의 사항

첫째, 단일 보충제보다는 종합비타민 보충제 또는 종합무기질 보충제, 종합비타민 · 무기질 보충제를 섭취하는 것이 좋다. 일반적으로 단일 비타민 보충제 또는 단일 무기질 보충제에는 영양소의 양이 다량 함유되어 있어서 오랫동안 복용하면 독성이 유발될 수 있다.

둘째, 1일 영양소 섭취기준을 초과하지 않는 범위에서 섭취한다.

셋째, 유효 기간을 확인한 후 복용한다.

넷째, 건강기능식품 인증 마크가 있는 것을 골라야 한다. 건강기능식품은 식품의약품안전처에서 과학적 근거를 평가하여 인정받은 기능성 원료로 만든 제품으로 건강식품, 자연식품, 천연식품 등의 제품과는 엄연히 다르다. 반드시 제품에 표기된 건강기능식품 인증 마크를 확인해야 한다.

다섯째, 먹는 방법을 확인해야 한다. 일반적으로 비타민은 식사 중간이나 식후 바로 섭취하는 것이 좋다.

그러나 영양 보충제보다는 가급적 균형 잡힌 식사를 통해서 비타민과 무기질을 섭취하는 것이 바람직하다. 식품에는 비타민과 무기질 외에 파이토케미칼과 같은 생리활성물질뿐 아니라 많은 영양소들이 함유되어 있다. 이들은 서로 상호작용하여 기능을 향상시킨다. 또한 다소 과다하게 섭취하더라도 비타민 · 무기질 과잉증이 발생되지 않는다. 즉, 영양소 급원으로 가장 좋은 것은 식품이다.

5. 무기질

앞에서 설명한 탄수화물, 지질, 단백질, 비타민 등의 영양소는 탄소, 수소, 산소, 그리고 질소 등이 결합하여 구성된 영양소인 데 비해, 무기질은 단일 원소 그 자체가 영양소이다. 무기질은 우리 몸에서 합성되지 않는 영양소이다. 따라서 반드시 식품으로 섭취하여야 하는 필수 영양소이다. 생태계에서 무기질은 새로이 생성되지 않을 뿐 아니라 사라지지도 않는다. 땅에 있던 무기질은 물에 녹은 채로 식물이나 동물 또는 사람에게 옮겨가고, 사람은 이것들을 섭취함으로써 무기질을 공급받는다. 식물, 동물 또는 사람이 죽게 되면 생명체를 구성하였던 유기물은 모두 사라지지만 무기질은 다시 자연으로 돌아간다.

무기질은 다른 영양소와 달리 흡수율이 상당히 낮은 편이며, 함께 섭취한 식품에 들어 있는 다른 영양소나 성분이 무기질의 소화 흡수 과정에 영향을 미친다. 예를 들면 철은 비타민 C와 함께 섭취하면 흡수율이 증가하는 반면, 식이섬유나 피트산과 섭취하면 흡수율이 감소한다. 따라서 무기질 급원 식품을 선택할 때에는 함유된 무기질의 양뿐 아니라 흡수되는 정도도 고려하여 선택하여야 한다.

우리 몸을 구성하고 체내의 다양한 생리 기능 조절 유지에 중요한 역할을 하는 무기질은 그 필요량에 따라, 1일 필요량이 100 mg 이상인 다량 무기질과 100 mg 미만인 미량 무기질로 분류된다. 다량 무기질에는 칼슘, 인, 마그네슘, 나트륨 등이, 미량 무기질에는 철, 아연, 구리, 요오드, 플루오린(불소), 셀레늄 등이 있다. 여기에서는 여러 가지 무기질의 생리 기능, 과잉증 및 결핍증, 급원 식품에 대하여 살펴보기로 한다.

1) 다량 무기질

(1) 칼슘

우리 몸에 가장 많이 함유되어 있는 무기질은 칼슘이다. 그러나 칼슘은 한국인에게 부족하기 쉬운 영양소로, 2018년 '국민건강영양조사' 결과에 의하면 칼슘의 영양소 섭취기준에 대한 섭취 비율이 남자 74%, 여자 63%로 무기질 중 가장 낮게 나타났다. 칼슘의 급원 식품은 한정되어 있을 뿐만 아니라 흡수율도 상당히 낮아서 청소년이나 성인은 20~40% 정도이고, 체내 요구량이 증가하는 성장기 어린이는 75%, 임신기는 60%

로 상승하지만 노년기가 되면 20% 이내로 다시 감소한다. 여성의 경우 폐경이 되어 에스트로겐 분비가 중단되면 칼슘의 흡수율은 급격히 감소한다. 칼슘의 흡수는 다른 식이나 여러 종류의 조절 호르몬에 의해 영향을 받는다. 위산, 비타민 D, 젖당 등은 섭취된 칼슘을 가용화하여 흡수를 촉진시키는 반면, 과량의 인, 타닌산, 식이섬유 등은 불용성의 염을 만들어 칼슘의 흡수를 저해시킨다.

tip 칼슘의 흡수를 증가시키는 요인

위산, 비타민 D, 1 : 1의 식이 칼슘과 인의 비율, 부갑상샘 호르몬, 젖당, 포도당, 비타민 C, 에스트로겐

칼슘의 흡수를 방해하는 요인

칼슘 대비 과량의 인, 철, 아연, 폐경, 노화, 타닌산, 과량의 식이섬유, 운동 부족, 스트레스

체내 칼슘의 99% 이상이 골격과 치아의 구성 성분이다. 골격 및 치아는 단백질 기질에 칼슘과 인산 등 무기질이 침착되어 형성된다. 체내 칼슘의 1% 정도는 혈액에 존재하면서 다양하고 중요한 생리 조절 기능을 담당한다. 생리 조절 기능을 위해 혈액 중 칼슘은 일정한 농도로 항상성이 유지되며, 이를 위해 부갑상샘 호르몬, 칼시토닌, 비타민 D와 같은 호르몬들이 관여한다. 우선 혈액 중 칼슘은 근육 수축 및 이완에 관여한다. 운동력 향상을 위해 마시는 스포츠 음료에 칼슘 이온이 들어 있는 이유가 바로 이것 때문이다. 또한 혈액 중 칼슘 이온은 출혈 시 혈액 응고에 관여하는 단백질인 트롬빈의 활성화에 관여한다. 따라서 칼슘이 결핍되면 혈액 응고가 지연될 수 있다. 마지막으로 칼슘이온은 신경세포 내로 유입되어 신경전달물질의 방출을 돕는다.

과량의 칼슘을 장기간 섭취하게 되면 다른 무기질의 흡수를 저해할 수 있고, 결석이 잘 생기는 사람이 과량의 칼슘을 섭취하면 콩팥 결석 위험도가 높아질 수 있다. 반면 칼슘을 부족하게 섭취하면 구루병, 골연화증, 골다공증이 유발될 수 있다. 또한 혈액 중 칼슘이온 농도가 부족하면 근육이 계속적으로 신경 자극을 받아 경련이 나타나기도 하는데 이를 '칼슘 경직', 즉 테타니tetany라고 한다.

우유, 치즈, 요거트 등의 유제품은 칼슘의 함량도 높고, 칼슘의 흡수를 돕는 비타민 D, 젖당 등도 많이 함유되어 있어서 칼슘 급원으로 좋은 식품이다. 뼈째 먹는 생선, 해

조류, 두부 또한 좋은 급원 식품이다. 일반적으로 멸치는 소금, 간장, 설탕 등을 넣어 간간한 밑반찬 형태로 조리한 후 섭취하는데 이런 조리법은 칼슘을 공급하는 좋은 방법이 아니다. 소금에는 칼슘의 흡수를 방해하는 나트륨이 다량 들어 있기 때문이다. 녹색 채소, 콩류, 곡류도 칼슘의 함량이 높은 식품이지만 옥살산oxalic acid과 식이섬유 같은 칼슘의 흡수를 방해하는 요인이 들어 있으므로 이를 고려하여 선택해야 한다.

tip 성장이 완료된 어른도 매일 우유를 마셔야 할까?

그렇다. 어른들도 매일 우유를 마셔야 한다. 뼈는 만들어지면 그 상태가 영원히 유지되는 것이 아니다. 혈액과 뼈 사이에 칼슘이 지속적으로 이동하면서 뼈가 분해되고 동시에 새로운 뼈가 생성된다. 따라서 새로운 뼈로 대치되기 위해서 성인도 매일 우유를 마셔 지속적으로 칼슘을 공급해 주어야 한다.

tip "꼬부랑 할머니가 꼬부랑 고갯길을 꼬부랑 꼬부랑 걸어가고 있네~"

〈꼬부랑 할머니〉는 과거 우리나라의 경제가 어려웠던 시절을 대변하고 있다. '꼬부랑 고갯길'은 도로 건설이 미비했던 당시의 사회상이 반영되었고, '꼬부랑 할머니'는 부족한 영양 섭취 상태를 드러낸 것이다. 이 동요가 만들어진 시절에는 우유 및 유제품이 널리 보급되지 못하여 칼슘 섭취량이 절대적으로 낮았다. 특히 여성들은 잦은 임신과 출산, 오랜 기간 동안의 수유, 그리고 폐경기 이후 급격한 골질량 감소로 골다공증이 발생하는 경우가 많아서 당시 허리가 구부러진 '꼬부랑 할머니'는 거리에서 흔히 볼 수 있었다.

tip 골다공증의 예방과 치료

뼈에 가득히 칼슘을 채우는 일은 중요하다. 그러기 위해 우선 충분한 양의 칼슘을 섭취해야 하며, 비타민 C와 비타민 D도 부족하지 않게 섭취해야 한다. 단백질과 인의 섭취량은 너무 많지 않게 하며, 적당한 근육 운동이 필요하다. 폐경기 후에 에스트로겐 요법이 골다공증 예방 및 치료에 활용되기도 한다.

뼈에 최대의 칼슘을 저장 가능한 시기는 30대 초반까지이다. 이 시기에는 지속적인 칼슘의 공급이 필요하다. 지금 우리 뼈는 어디까지 와 있을까?

(2) 인

인은 칼슘과 함께 골격과 치아를 구성하는 중요한 성분으로, 인체 내에서 여러 가지 중요한 기능을 수행한다. 인은 다양한 음식에 함유되어 있으며, 특히 가공식품에 다량 함유되어 있어 최근의 식생활 관점에서 보면 섭취 부족보다는 과잉 섭취가 우려되는 영양소이다.

인의 생리 기능을 살펴보면 체내에 존재하는 인의 85%가 칼슘과 결합하여 골격과 치아를 구성한다. 또한 ATP의 구성 요소로 에너지의 저장 및 이용에 관여하며, 신체 구성 성분으로 DNA, RNA 등 핵산 및 모든 세포막의 기본체인 인지질을 구성하는 필수 요소이다. 이외에도 비타민 및 효소 활성화에 기여하며, 체내의 산·염기 평형을 조절하는 중요한 완충작용을 한다.

견고한 골격과 치아를 형성하기 위해서는 무엇보다도 칼슘의 효율적인 흡수가 중요하다. 식품의 인 함량은 칼슘의 흡수에 크게 영향을 끼치므로 이를 고려하면 식이 중 칼슘과 인의 비율은 1 : 1일 때 가장 이상적이고 1 : 2 범위까지는 비교적 안정하다. 그러나 칼슘 대비 인의 섭취량이 2배 이상 증가하면 칼슘의 흡수를 방해하여 골격 손실을 유도할 수 있다.

학교에서 우유 급식을 활성화하여 우리나라 청소년들의 체격은 상당히 증가하였으나, 골절 빈도는 잦은 것으로 나타났다. 이는 정책적인 우유 공급으로 칼슘 섭취량은 증가하였으나, 탄산음료 및 가공식품의 지나친 섭취로 인산을 과잉 섭취하기 때문에 나타난 결과이다. 인산의 과잉 섭취가 칼슘의 결핍을 초래했음을 확인할 수 있다.

앞서 설명하였듯이 인은 단백질과 곡류 등 모든 식품에 들어 있으며, 특히 가공식품과 탄산음료에 많이 함유되어 있다. 따라서 건강한 골격을 위해서는 충분한 양의 칼슘 섭취와 더불어 가공식품과 탄산음료의 절제가 반드시 필요하다.

(3) 마그네슘

체내 존재하는 마그네슘 중 50~60%는 칼슘, 인과 함께 골격이나 치아를 형성한다. 마그네슘은 신경을 안정시키고 근육의 긴장을 이완시키므로 마취제나 항경련제 성분으로 사용하기도 한다. 그 외에 여러 효소의 보조제와 활성제 또는 ATP와 관련된 대사에서 보조효소로 사용된다.

마그네슘 결핍증은 흔히 나타나지 않으나, 섭취가 부족하거나 체외로 다량 방출되면 신경이나 근육에 심한 경련이 나타날 수 있다.

엽록소를 가진 식물성 식품, 즉 녹색 채소는 마그네슘의 좋은 급원이며 코코아, 견과류, 대두에도 다량 함유되어 있다. 전곡류에도 많은 양의 마그네슘이 함유되어 있으나 곡류 껍질에 있는 피트산은 마그네슘의 흡수를 방해한다. 따라서 전곡류의 경우 마그네슘의 급원으로는 효율성이 낮은 식품이다.

(4) 나트륨

식품에 짠맛을 내는 소금의 주된 물질인 나트륨은 인체의 생명 유지에 반드시 필요한 영양소이다. 그러나 현대의 식생활에서는 지나치게 많이 섭취하고 있어 이로 인한 고혈압, 위암 같은 질병의 발생 위험이 높아지고 있다. 2018년 '국민건강영양조사'에 의하면

tip 나트륨 섭취를 줄이는 방법

첫째, 가공식품, 통조림, 반조리식품, 양념에 재운 고기보다는 신선한 식품을 사용한다.
둘째, 식초나 허브 등의 향신료 또는 다양한 저나트륨 양념을 사용한다.
셋째, 가공식품을 사용할 때에는 영양표시를 확인하여 저나트륨 식품을 사용한다.

영 양 성 분

1회 제공량 1개(60g)
총 5회 제공량(300)

1회 제공량당 함량		* %영양소 기준치
열량	240kcal	
탄수화물	13g	4%
당류	2g	
단백질	15g	25%
지방	14g	28%
포화지방	6g	40%
트랜스지방	0g	
콜레스테롤	125mg	42%
나트륨	230mg	12%
칼슘 12mg		2%

* %영양소기준치: 1일 영양소기준치에 대한 비율

라면 한 봉지에 2,000 mg의 나트륨이 들어 있다면, 이를 소금으로 환산하면 얼마나 될까?

나트륨의 양은 소금의 40%이다. 즉, 소금의 양은 나트륨 양의 2.5배수와 동일하다. 따라서 라면 한 봉지에 함유된 나트륨의 양이 2,000 mg(2 g)이라면 여기에 2.5를 곱한 값인 5 g이 라면 한 봉지에 들어 있는 소금의 양이다.

자료 : 식품의약품안전처

나트륨의 영양소 섭취기준에 대한 섭취 비율은 남자 202%, 여자 140%로, 남자가 여자보다 더 많이 섭취하고 있으며 남녀 모두 영양소 중 가장 많이 섭취하는 것으로 나타났다.

나트륨의 생리 기능을 살펴보면 칼륨과 함께 세포 내 삼투압을 조절하고, 산과 염기의 평형 유지에 관여한다. 또한 칼슘과 함께 신경을 자극하고, 근육에 전기화학적 자극을 전달함으로써 정상적인 근육의 흥분과 과민성을 유지하여 근육 수축에 기여한다.

오랜 기간 많은 양의 나트륨을 섭취하면 고혈압과 부종이 나타날 수 있다. 지나친 나트륨 섭취가 위암 및 위궤양 발생을 증가시켰다는 연구 결과도 있었다. 나트륨은 일반적으로 대부분의 식품에 함유되어 있으므로 결핍증은 아주 드물다.

소금은 나트륨의 주된 급원이므로 된장, 고추장, 간장 등에 다량의 나트륨이 함유되어 있다. 나트륨은 식물성 식품보다는 동물성 식품에 더 많이 들어 있다. 이외에도 식품 가공 중에 사용하는 안정제, 방부제, 팽창제, 발색제, 베이킹파우더에도 많은 양의 나트륨이 함유되어 있으므로 가공식품을 많이 섭취하면 짠맛을 느끼지 않더라도 많은 양의 나트륨을 섭취하는 결과를 초래한다.

2) 미량 무기질

(1) 철

생명 유지에 중요한 기능을 수행하는 철은 흡수율이 10~15%로 매우 낮은 편이며, 임신기, 수유기, 성장기에 섭취가 부족하면 철 결핍성 빈혈이 발생할 수 있다. 체내에 존재하는 철의 70% 정도는 헤모글로빈 형성에, 5%는 근육 마이오글로빈 형성에 사용된다. 헤모글로빈은 적혈구의 주된 성분으로 산소를 운반하는 기능을 담당하며, 마이오글로빈은 근육 조직에 산소를 일시적으로 저장하는 기능을 한다. 철은 이외에도 에너지를 만드는 과정, 신경전달물질이나 콜라겐 합성과 면역 기능 유지에 관여한다.

철 섭취가 부족하면 헤모글로빈 합성이 정상적으로 이루어지지 않아 크기는 작고 혈색소 양이 부족한 적혈구가 생성되어 저색소성 소구성 빈혈이 발생한다. 철 결핍성 빈혈은 급격한 성장으로 혈액량과 근육이 증가하는 시기인 영유아기와 사춘기에 많이 발생하는데 이 시기에 철 결핍성 빈혈이 발생하면 신체 발달뿐 아니라 학습 능력도 저하될 수 있다.

철은 크게 헴철과 비헴철로 구분할 수 있다. 헴철은 헤모글로빈과 마이오글로빈에 결합되어 있는 철로 육류 및 어패류, 가금류 등에 들어 있는 반면, 비헴철은 채소, 곡류 등 식물성 식품에 주로 함유되어 있다. 동물성 식품 중 달걀이나 우유에 들어 있는 철은 비헴철이다. 비헴철의 흡수율은 10%로 헴철의 1/2에 불과하며, 식이 중에 들어 있는 여러 요인들에 의해 영향을 많이 받는다.

철의 가장 좋은 급원 식품은 육류, 어패류, 가금류 등의 헴철이다. 종류에 따라 철 함량에 차이는 있지만 곡류와 콩류는 비헴철임에도 주식으로 이용되고 있는 식품이어서 절대적인 철의 섭취량은 많다. 철 함량과 흡수율이 낮은 음식으로는 우유와 유제품을 꼽을 수 있다. 영아는 태어날 때 간에 일정량의 철을 저장하고 태어난다. 그러나 생후 6개월이면 저장하였던 철이 고갈되어 음식을 통해 공급받아야 한다. 따라서 적절한 시기에 이유식을 통해 철을 공급받지 못하고 모유 또는 우유만 섭취할 경우 영아 빈혈이 발생할 수 있다.

tip 철의 흡수를 증가시키는 요인

헴철, 육류 · 어류 · 가금류 등, 비타민 C, 위산, 임신 · 수유 · 성장기, 저장 철의 양 저하

철의 흡수를 방해하는 요인

식물성 식품의 피트산 · 옥살산 · 식이섬유, 위산 분비 저하, 커피와 차의 타닌산 등의 폴리페놀 성분, 다른 무기질, 저장 철의 증가

tip 철 결핍성 빈혈 환자에게 철과 함께 보충하면 좋은 무기질

구리는 철의 흡수와 이동을 돕고 저장된 철이 헤모글로빈 합성 장소로 이동하는 데 관여하여 헤모글로빈 합성을 돕는다. 따라서 철 결핍성 빈혈 환자는 철이 함유된 음식뿐 아니라 구리가 풍부한 쇠간, 돼지간, 견과류, 콩류, 굴, 패류 등의 해산물과 버섯, 곡류의 배아 등을 섭취하는 것이 빈혈 회복에 효과적이다.

(2) 요오드

미역이나 김, 다시마, 파래 같은 해조류에 많이 함유된 요오드는 체내의 갑상샘 호르몬을 합성하는 주된 성분이다. 갑상샘 호르몬은 체내 대사율을 조절하고 성장 발달을 촉진할 뿐 아니라 체온 조절에도 관여한다.

식품이 아닌 보충제를 통해 요오드를 과다 복용하면 갑상샘기능항진증이나 바세도

우씨병이 발생할 수 있으며, 이로 인해 기초대사율이 증가하여 자율신경계 장애가 일어날 수 있다. 요오드 결핍은 갑상샘의 기능을 저하시키는데 오랫동안 요오드 섭취가 부족하면 갑상샘이 비대해지는 단순 갑상샘종이 생길 수 있다. 단순 갑상샘종을 방치하면 기관지가 눌려 호흡 곤란 증세가 나타난다. 이런 경우 요오드를 공급하면 비대해진 갑상샘은 본래의 모습으로 되돌아간다. 임신기에 요오드 섭취가 부족하면 태아의 뇌 발달에 지장을 초래하며, 정신박약, 성장 지연, 왜소증 등의 영아가 태어날 수 있다.

(3) 아연, 플루오린, 셀레늄

아연은 여러 효소의 구성 성분으로 인체의 주요한 대사 과정을 조절하고 세포막 구조와 기능을 정상적으로 유지시키며, 면역력 유지와 핵산 합성에 관여한다. 아연이 부족하면 성장 지연, 왜소증, 상처 회복 지연, 식욕부진 등이 나타날 수 있다. 아연의 주요 급원으로는 육류, 간, 굴, 게, 새우와 같은 동물성 식품 등이 있다.

플루오린(불소)은 산에 대한 치아의 저항성을 증가시켜 충치 예방에 효과를 나타내며 골다공증의 발생을 저하시킬 수 있다. 따라서 플루오린이 결핍되면 충치가 쉽게 발생하고 골다공증 위험도가 높아진다. 그러나 성장기에 지나치게 공급하면 치아의 변색을 가져올 수 있으므로 주의해야 한다. 플루오린의 주된 급원으로는 해조류, 고등어, 정어리, 연어 등이 있다.

셀레늄은 항산화 효소인 글루타싸이온glutathione 과산화효소의 구성 성분으로 작용하여 세포를 산화적 손상으로부터 보호한다. 또한 과산화물을 우선적으로 파괴하는 역할을 담당하여 비타민 E를 절약할 수 있다. 셀레늄의 주요 급원으로는 육류, 어류, 내장류, 패류, 종실류, 견과류 등이 있다.

tip 외국 여행 시 구매한 무기질 보충제를 지속적으로 복용해도 될까?

무기질 보충제는 일반적으로 토양 속 무기질 함량이 반영된다. 예를 들면 우리나라 토양에는 요오드가 부족하지 않지만 미국이나 캐나다의 태평양 연안 북서부, 중앙아메리카, 남아메리카의 산간 지방은 요오드 함량이 부족하다. 그래서 한때 이 지역 주민에게서 갑상샘종이 많이 발생하였으나, 1960년대 '요오드가 첨가된 소금'이 등장하면서 갑상샘종은 사라졌다. 즉, 토양에 따라 지역마다 보충해야 될 무기질의 종류와 양이 달라질 수 있다는 것을 의미한다. 따라서 우리나라 풍토에 적합하지 않은 무기질 보충제를 지속적으로 섭취하는 것은 바람직하지 않다.

6. 물과 현대인의 음료문화

3월 22일은 UN이 정한 세계 물의 날World Water Day이다. 우리 주위에 당연한 듯 존재하는 물을 식품의 주요 구성 성분으로 인지하고 건강에 미치는 영향을 이해한다면 물에 대한 인식이 제고될 수 있다. 이 단원을 통해 체내 영양소로서의 물의 역할, 식품에서의 역할, 식문화로서 물의 역할을 이해하는 계기가 되었으면 한다. 또한 물의 기능에 대해 객관적이고 균형 잡힌 관점을 갖출 수 있도록 관련 지식을 제공하고, 현대인의 음료문화의 변화에 대해서도 서술하기로 한다.

1) 체내에서 영양소로서 물의 기능

(1) 물의 구조

수소 2원자와 산소 1원자가 공유결합하고 있는 물 분자(H_2O)는 산소 원자를 중심으로 104.5°의 각도로 구부러져 있다. 전기적으로 산소 원자는 음성을, 수소 원자는 양성을 띠며, 전자 분포의 불균형으로 물은 극성polarity을 띠게 된다(그림 2-12).

물 분자의 산소 원자(δ^-)는 인접한 수소 원자(δ^+)와 전기적으로 끌어당기는데 이를 수소결합hydrogen bonding이라 한다. 하나의 물 분자는 보통 4개의 다른 물 분자와 수소결합을 형성할 수 있다. 수소결합의 결합 에너지는 3~8 kcal/mol로 공유결합의 에너지와는 비교할 수 없이 약하지만, 이 수소결합이 수분의 고유한 물리적 기능성과 생리적

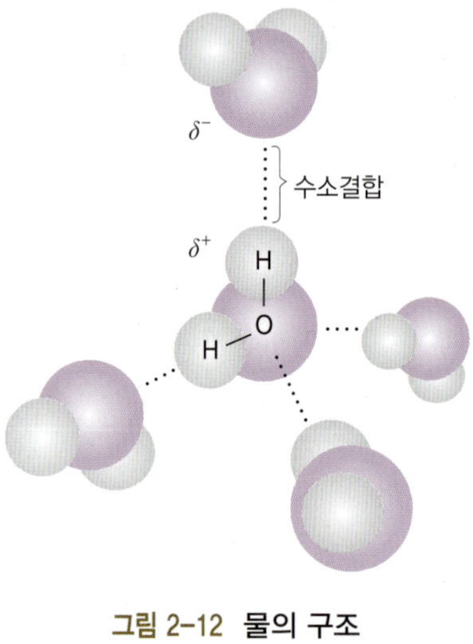

그림 2-12 물의 구조

기능성을 갖게 하는 데 가장 중추적인 역할을 한다.

물과 분자량이 비슷한 물질과 비교해 보면 물의 특별한 성질을 이해하기가 쉽다. 물의 녹는점 또는 어는점은 0℃이고 끓는점은 100℃이므로 물이 액체로 존재하는 온도는 0~100℃로, 유사한 분자량을 지닌 다른 물질에 비해 상당히 넓은 온도 범위에서 액체로 존재한다. 예를 들어 메탄은 분자량이 16으로 물의 18과는 큰 차이가 없으나, 끓는점이 -161.5℃이고 어는점은 -183℃이므로 액체로 존재하는 구간의 온도 차는 21.5℃에 불과하다. 이는 메탄을 액체에서 기체로 변화하는 데 필요한 에너지가, 물을 액체에서 기체로 변화시키는 데 필요한 에너지보다 훨씬 작다는 의미이다. 이러한 차이가 수분을 특별하게 만든다. 또한 수소결합을 하는 물의 표면장력은 다른 액체에 비해 상당히 크기 때문에 물보다 밀도가 큰 물체들도 물에 떠 있을 수 있다. 소금쟁이가 물 위를 걸어 다니는 것도 물의 표면장력이 크기 때문에 가능한 것이다. 물은 전기적으로 극성을 띠므로 극성 물질에 대한 용해도도 높다.

(2) 체내에서 물의 역할

물은 체중의 55~65%로 인체에서 가장 많은 함량을 차지하는 영양소이며, 이 중 약 40%는 세포 내에, 20%는 조직 내에, 5%는 혈액 내에 존재한다. 체내에서 물은 혈액, 림프액, 세포액, 소화액, 오줌, 눈물, 땀 등의 형태로 존재한다. 체내 수분 함량은 조직에 따라 다르며 사람의 연령, 성별, 체지방 함량 등에 따라서도 차이를 보인다. 사람을 포함한 동물은 성장기 때가 성인보다 수분 함량이 높다. 남자의 경우 체중의 약 60%, 여자는 약 55%를 수분이 차지하며, 같은 성별 및 연령에서는 체지방 함량이 많을수록 상대적으로 수분 함량이 감소한다. 마른 남성의 경우 체중의 약 70%가 수분이나 비만인 남성은 이보다 훨씬 적은 약 42%의 수분을 보유한다.

물은 세포의 모양을 유지하고 대사작용이 원활히 진행되도록 도와준다. 대사 과정에 필요한 영양분의 용해, 흡수, 운반 및 발생한 노폐물의 체외 배설, 온도 유지를 위해 체내의 열을 발산시키며, 혈액이 약알칼리성을 유지하는 데 필요한 전기 분해의 매체가 된다.

(3) 수분과 갈증

사람은 하루에 약 2.75 L 정도의 수분을 호흡, 땀, 소변 및 대변의 형태로 배출하므로 이 정도의 수분을 매일 섭취해야 한다. 적절한 수분을 섭취하지 못하면 몸속에 노폐물과 독소가 쌓여 질병의 원인이 되며, 체내 수분의 10%를 손실하면 생리적 이상 등의 위험이 증가하고 20% 이상을 손실하면 생명 유지가 어려워진다. 따라서 체내 수분의 항상성을 유지하기 위해 수분의 배설량과 섭취량은 균형을 이루어야 한다.

사람의 콩팥은 수분 조절 기능이 있어 체내 수분이 부족하면 소변 배설량은 감소하고 반대의 경우에는 수분 배설량이 증가하게 된다. 물은 체내에 저장되지 않으므로 과다하게 섭취된 수분은 소변 등 배설을 통해 조절된다. 보통 소변으로 약 62%, 땀으로 약 8%, 대변으로 약 4%, 그 밖에 피부와 폐를 통해 약 28%가 배설된다. 반면에 물은 음료로 약 60%, 식품 형태로 약 30%, 대사수metabolic water 형태로 약 10% 정도를 섭취하게 된다. 섭취된 수분은 대부분 대장에서 인체 내로 흡수되나 일부는 위나 소장에서 흡수되기도 한다. 기온이 높거나 운동을 많이 하여 땀으로 수분이 많이 배출되면 소변량은 감소하게 된다.

체내에 수분량이 부족하면 혈액 내의 나트륨 농도가 증가하면서 갈증을 느끼게 되어 수분 섭취를 유도한다. 또한 신진대사 과정 중 발생하는 노폐물인 암모니아 농도가 증가함에 따라 독성이 증가하여 갈증을 느끼게 한다. 혈장 수분의 함량이 10% 감소하거나, 혈장 삼투압이 1~2% 증가하면 혈장 내 수분 함량의 저하로 침의 생성량이 감소하여 입이 마르고 갈증을 느끼게 된다.

2) 식품에서 물의 역할

대체로 식품은 다량의 수분을 함유하고 있다. 식품 내의 수분은 섭취했을 때 체내에서 흡수 및 수분 항상성 유지에 관여할 수 있는 자유수와, 이와는 반대로 체내 신진대사 과정에 참여하지 않는 결합수가 있다. 보통 수분이라 하면 자유수를 말하며, 결합수는 극히 일부가 존재한다.

식품에서 물의 역할을 이해해야 하는 이유는 식품의 안전성 및 안정성, 소비자의 건강과 직접적인 관계가 있기 때문이다. 식중독균의 생성이나 특정 유해 화합물의 생성은 모두 물의 함량 변화와 유의적 관계가 있다.

대사수 체내에서 유기 영양소의 대사 과정(주로 산화 과정) 중 발생하는 수분. 포도당은 함량의 60%, 녹말은 56%, 단백질은 42%, 지질은 108%의 수분이 생성

(1) 자유수와 결합수

자유수free water는 식품을 건조시키면 쉽게 제거되고 0℃에서 어는 보통의 물이며, 식품에서 수용성 탄수화물, 수용성 단백질, 염류, 수용성 비타민 등을 용해하는 용매로 작용한다. 반면 결합수bound water는 −40℃에서도 얼지 않으며 식품의 구성 성분과 수소결합을 통해 단단하게 결합되어 있어 용매로 작용하지 않는 수분이다.

수분, 특히 자유수는 물과 친한 친수성 식품 성분과 수소결합으로 결합하여 식품 성분이 퍼지게 만들거나 부드러운 성질을 유지하며 젤gel 현상을 갖도록 도와준다. 저장 기간이 오래된 요구르트나 두부, 잼 등에서 고체로부터 수분이 이탈하여 수분이 증가하는 현상을 볼 수 있다. 이와 같이 물과 친하지 않은 물질로부터 수분이 점차 이탈하는 현상을 시너레시스syneresis라고 한다.

식품의 자유수 함량을 조절함으로써 미생물의 성장, 다양한 화학반응 속도, 건조 및 동결 등의 식품 가공 과정이 가능하다.

(2) 수분활성도

수분활성도water activity, aw란 일정 온도에서 순수한 물의 수증기압에 대한 식품에서의 수증기압의 비율로, 간략히 설명하면 식품에서 증발 가능한 수분 함량을 말한다. 식품 내 수분의 자유도를 간접적으로 표현하는 방법으로, 보통 식품의 수분활성도는 1 미만이다. 수분활성도가 0에 가깝다는 것은 증발할 수 있는 수분의 함량이 매우 적다는 것을 뜻한다.

수분활성도의 값이 높을수록 미생물이 활용 가능한 수분이 많은 것이므로 미생물의 생장이 용이하다. 따라서 수분활성도를 활용하면 미생물의 성장을 예측할 수 있다. 보통 세균은 0.91, 효모는 0.88, 곰팡이는 0.80, 내건성 곰팡이는 0.65, 내삼투압성 효모는 0.60의 최저 수분활성도에서 생장할 수 있다. 이는 상대적으로 수분 함량이 낮은 식빵에 세균보다는 곰팡이가 주로 발생하는 이유를 설명해 준다.

(3) 수분과 냉동식품

냉동 기술의 발전과 냉동고의 보급으로 동결 상태의 가공식품이 개발되어 식생활 깊숙이 자리 잡고 있다. 냉동 피자, 냉동 육류, 냉동 채소 등 거의 모든 농축수산물의 원료가 냉동 형태로 가공되어 소비자의 선택을 기다린다.

식품을 급속하게 냉동fast freezing시키면 다수의 작은 얼음이 균일하게 분포하나 느린 속도로 완만히 냉동slow freezing시키면 소수의 큰 얼음알갱이가 불균일하게 분포하게 된다. 완만 냉동시킨 식품은 해동할 때 세포 조직이 파괴되어 물이 발생하는 드립drip 현상이 나타나고 원래의 조직감을 찾기 어렵다. 반면 급속 냉동시킨 식품은 해동할 때 조직의 파괴가 미세하고 조직감 복원이 쉬워 완만 냉동식품보다 품질과 상품성이 좋다. 따라서 가능하면 냉동식품을 제조할 때에는 냉동 속도를 빠르게 하는 것이 좋다.

3) 현대인의 음료문화

(1) 음용수로서의 물의 조건

물에는 수소와 산소가 공유결합된 물 분자 이외에 산소, 이산화탄소와 같은 기체, 구리나 철, 칼슘과 같은 금속이온이 염이나 산화물 형태로 녹아 있다. 이들 중 중금속이나 유해 유기물은 정수 과정에서 걸러져야 음용이 가능하다. 물에 존재하는 고형 성분의 함량에 따라 물에 의한 빛의 산란scattering 정도가 달라지며, 고형 성분이 많을수록 산란이 심하게 일어난다. 혼탁도를 측정하는 기기를 비탁계nephelometer라고 하며, 우리나라에서는 혼탁도가 0.5 NTUnephelometric turbidity unit 이하인 물을 수돗물로 공급하도록 하고 있다.

물에는 주로 칼슘과 마그네슘 이온 등이 포함되어 있으며 이들 이온의 농도를 측정하여 270 ppm(mg/L)을 초과하면 경수hard water, 60 ppm 이하인 물은 연수soft water라고 한다. 마시는 물의 기준은 약 300 ppm 이하이다.

물은 심층 용출수, 병 포장 음용수, 탄산음료수, 플루오린 함유수, 광천수, 증류수, 천연수, 샘물, 우물물 등으로 구분할 수 있다. 우리나라는 자연 상태의 물과 이를 처리한 수돗물, 먹는 샘물 및 약수터, 샘터, 우물 등의 공동시설 먹는 물로 법에 의해 구분하고 있다.

일반적으로 좋은 음용수란 미네랄(주로 칼슘)이 100~200 mg으로 적당량 포함된 약알칼리성(pH 7.5)의 무색, 무취의 상태를 말한다. 미네랄이 제거된 증류수는 생리적으로 유해한 것으로 보고되었다. 아침에 일어나서 물 2컵, 식사 30분 전에 1컵, 잠자기 전에 1컵 정도의 수분 섭취가 건강에 좋다고 알려져 있다.

드립(drip) 현상 식품이 얼었다 녹으면서 세포에서 물이 빠져나올 때 물만 빠져나오는 것이 아니라 식품 내의 각종 영양 성분까지 함께 빠져나오는 현상. 영양 손실은 물론 조직감의 변화도 초래

(2) 현대인의 음료 문화

식사 중 차를 함께 음용하는 문화를 가진 경우 후식으로 따로 마시는 경우보다 차 문화가 다양하게 발달되어 왔다. 영국의 경우 차와 식사의 조화를 고려한 티타임이 발전하였으며, 중국에서는 기름진 음식과 함께 우롱차나 보이차 등을 즐겨 마신다. 근래 한국에서는 커피 소비가 꾸준히 증가하는 반면, 다도와 같은 전통 차 문화는 감소하는 추세를 보이고 있다.

(3) 음료의 종류

① 청량음료

청량음료는 탄산가스와 함께 맛과 향 성분을 추가한 발포성 음료이며 탄산음료, 과실 및 채소 음료, 유산균 음료, 혼합 음료, 스포츠이온 음료, 전통 음료까지 이 범위에 포함된다. 이 중 탄산음료는 콜라 탄산, 투명 탄산, 과즙 탄산, 영양 탄산, 과일 착색 탄산 등이 있다.

콜라는 1886년 미국의 약제사인 Pemberton이 콜라 열매의 추출물을 주원료로 만든 탄산음료이다. 주원료는 물, 설탕, 캐러멜, 카페인, 인산, 라임주스, 바닐라이며 이밖에 1%의 제조 비법은 비밀로 알려져 있다. 콜라의 검은색은 캐러멜에서 유래한다.

사이다cider는 원래 유럽에서 사과를 원료로 만든 발효 술의 명칭인데, 한국에서는 구연산과 감미료, 탄산가스를 넣고 색소를 넣지 않은 탄산음료의 명칭으로 사용하고 있다.

이온 음료는 1965년 미국에서 개발된 삼투압성 음료로, 물보다 흡수율이 3~4배 빠르도록 제조된 약알칼리성 음료이다.

② 커피

커피는 커피나무 열매 속 2개의 씨앗을 볶아 물로 추출하여 제조한 음료이다. 커피나무의 원산지는 아프리카의 에티오피아이며, 커피를 음료로 마시기 시작한 것은 13세기 말 아라비아 지역에서였다. 이후 17세기에 인도, 네덜란드, 프랑스 등에 의해 유럽과 아메리카로 전파되었다. 커피 생산국은 라틴아메리카군과 아프리카군으로 나뉘며 약 8 : 2의 생산량 비율을 보인다. 커피 품종은 70%가 아라비카종이며, 인스턴트용은 로부스타종과 리베리카종 등을 주로 사용한다.

커피는 원두를 배전roasting(볶음 공정), 분쇄grinding, 추출brewing하는 공정이 필요하며, 특히 배전 공정에 따라 커피 특유의 맛과 향이 결정된다. 커피의 맛은 카페인의 쓴맛, 타닌의 떫은 맛, 신맛과 단맛의 복합적인 화합물에 의해 유도된 맛으로, 전체적인 맛은 원두의 상태, 추출에 사용되는 물의 수질, 볶음 조건, 추출 시간 및 온도 등에 좌우된다. 경도가 약한 연수를 85~95℃로 끓여 음용하는 것이 좋다고 알려져 있다.

커피의 음용과 건강에 관한 다양한 연구가 보고되어 있다. 커피에는 393종 이상의 화학물질이 존재하는 것으로 알려져 있으며, 대표적인 화합물은 카페인caffeine, 타닌tannin, 당sugar 및 여러 종류의 방향족 화합물aromatic compounds이다. 특히 카페인은 중추신경계 자극 및 집중력 향상, 심장 기능 촉진, 소화기관이나 혈관 같은 평활근smooth muscle의 이완, 이뇨작용, 위산 분비 자극, 체지방 분해 촉진 등과 관련이 있다. 커피가 인체에 미치는 영향은 개인에 따라 차이가 있으나 단기간에 고농도의 카페인(600~1,000 mg)을 섭취하면 불면, 불안, 흥분, 떨림, 심박 수 증가를 유발할 수 있다. 치사량은 사람의 kg 무게당 170 mg 정도로, 이는 한자리에서 커피 80~100잔을 마시는 수준이다.

③ 차

녹차는 상록활엽수인 카멜리아 시넨시스*Camellia Sinensis* 나무의 어린잎을 따서 가공 후 물로 추출하여 음용하는 음료이다. 약 5,000년 전 중국에서 기원하였으며 우리나라는 가야 지방에서 재배하기 시작하였다고 한다. 찻잎을 가공하는 방법에 따라 덖음 차, 찐 차, 반 발효차, 완전 발효차로 나눌 수 있으며, 발효될수록 백차, 녹차, 청차, 우롱차, 홍차, 황차, 흑차 등과 같이 색으로 구별한다. 한국의 전통차는 찻잎을 열 번쯤 볶아낸 덖음 차를 의미한다. 일본의 녹차는 찐 차이고, 우롱차는 반 발효차, 홍차는 완전 발효차이다.

차의 맛을 결정하는 주요 요소는 차의 품질과 우려내는 물의 수질, 온도, 우려내는 시간, 차 그릇 등이다. 일반적으로 연수로 70~95℃에서 3~5분간 우려내며 어린잎을 사용하는 고급차일수록 저온에서 침출하는 것이 좋다.

세계적으로 약 40개국이 차를 생산하며 이 중 75%가 홍차이다. 우리나라는 전라남도 지역에서 많이 재배하고 있다. 커피 음용 인구가 증가하면서 상대적으로 차를 음용하는 인구는 감소하는 실정이다.

차의 건강 기능성은 플라보노이드를 포함하는 폴리페놀 성분에 주로 기인한다. 항암, 고혈압 및 동맥경화의 예방 효과, 항당뇨, 해독작용, 충치 예방 및 구취 제거 효과, 항염성과 항균성, 변비 개선, 천식에 효과가 있는 것으로 보고되었다.

④ 기능성 음료

기능성 음료란 건강 기능성을 목적으로 제조된 음료로 체내 항상성 유지를 비롯한 질병 예방과 치료에 도움이 되는 음료를 통칭한다. 「식품공전」에는 기능성 음료가 음료 유형으로 포함되어 있지 않으며, 「건강기능식품 기준 및 규격」에는 액상 제형으로 표시되어 있다. 비타민 음료, 에너지 음료, 식이섬유 음료, 다이어트 음료, 음용 식초류, 과일 또는 채소 주스류, 인삼 및 홍삼 음료 등 건강 기능성에 대한 소비자의 관심을 끄는 제품들이 개발되고 있다. 이외에 숙취 해소 음료, 고카페인 함유 탄산음료인 소위 에너지드링크가 시장에 도입되어 정착하였다.

4) 기타

물의 건강 유익성에 대한 임상 및 경험적 근거는 많으나 상대적으로 과학적 근거는 부족한 편이다. 음료에 녹아 있는 다양한 화학물질이 건강 기능성과 음료문화를 결정하므로 물 자체의 역할을 확대 해석 및 고평가하는 것은 경계해야 한다.

(1) 물과 건강에 관한 기사

현재 시중에서 판매되고 있는 물은 미네랄 함량 차이, 원료 유래 차이, pH 차이를 이용하여 다양한 이름과 해양 심층수·탄산수·알칼리수 등의 이른바 기능수로 세분화되어 있다. 신문이나 방송에서 이들 기능수에 대한 정보를 꾸준히 제공하고 있다. 그런데 특정 원인에 의해 발생하는 현상을 물로 해결하기에는 논리적 비약이 있고 합당성이 부족한 경우가 많으므로 이들 기사는 일반적인 상식선에서 이해하는 것이 바람직하다.

> 흡연자에겐 산소수, 피로 회복엔 탄산수, 신진대사 촉진을 위한 알칼리 이온수, 미네랄 부족을 보충해 주는 해양 심층수, 다이어트로 칼슘이 부족한 여성은 칼슘 강화 물이 추천된다고 한다.
>
> 먹는 시기는 아침에 일어나 물 한 잔을 공복일 때 마시는 게 좋다. 취침 시 배출되는 수분을 보충하기 위해서이다. 10~15℃ 사이의 약간 미지근한 물이 좋으며 이는 장 운동을 촉진해 배변을 돕는다. 취침 전에도 마찬가지의 이유로 물 한 잔을 마시

tip 설사 환자나 콜레라와 같은 탈수 환자가 물을 많이 먹어야 하는 이유는?

체내의 수분 함량이 부족해져 물의 항상성 균형이 깨졌으므로 이를 맞추기 위해서이다.

고 잔다. 식사 30분 전 물을 마시면 식욕이 억제되어 다이어트에도 좋으며, 식사 중에 마시는 물은 위산과 침을 중화시켜 소화력이 떨어질 수 있기에 가급적 삼간다. 과자를 먹은 뒤 몸에서 설탕이 분해될 때 칼슘이 많이 소실되므로 이때 물을 마시면 좋다. 술을 마신 뒤에도 물을 마셔야 하는데 이는 음주 뒤 생성되는 독성물질(아세트알데하이드)의 빠른 배출을 돕는다. 목욕 전후에도 물을 꼭 마신다.

물을 마실 때는 한꺼번에 많은 양을 마시기보다는 자주, 그리고 천천히 마시는 것이 바람직하다. 하루 10컵가량 마시면 1.5 L 정도를 섭취하게 된다.

– 2012. 7. 9. w일보

(2) 이온수기 사용 시 주의 사항

전해 환원반응에 의해 생성되는 알칼리수는 식품의약품안전처(이하 식약처)로부터 위장 개선 효과를 인정받았으며, 이온수기는 식약처에서 의료용 물질 생성기로 승인받은 가정용 의료기기이다. 이외의 효능에 대해서는 과학적으로 검증된 것이 없으며, 만병통치약으로 인식되어서는 곤란하다. 다음은 식품의약품안전처에서 발표한 이온수기 사용 시 주의 사항이다.

- pH 범위가 중성(pH 7) 부근에서 소량을 마시기 시작하여 점차 pH와 음용량을 늘인다. 만약 신체 이상이 있을 경우 음용을 중지한다.
- 하루 500~1000 mL(컵으로 3~5잔 사이)가 적당하며 상온에서는 밀폐용기에 담아 1일 이내, 냉장 보관 시에도 3일 이내에 마시는 것이 바람직하다.
- 알칼리 이온수가 약의 효능에 영향을 미칠 수 있기에 약과 함께 마시지 않는다.
- 콩팥에 장애가 있거나 신부전증, 칼륨 배설 장애 등의 콩팥 질환이 있거나 무산증 환자는 마시면 위험하다.

(3) 수돗물 보급

사람들의 평균수명이 증가한 이유 중 하나는 수돗물의 보급에 기인한다. 도시가 발달하고, 인구 밀집 지역이 늘면서 우물이나 개천, 강물은 더 이상 안전하지 않으며 수인성 전염병도 많이 발생하였다. 1840년대 영국 맨체스터 시민의 평균수명은 26세밖에 되지 않았는데 그 이유는 수도가 없어 개울물을 그대로 마시다가 수인성 전염병인 콜레라 등이 널리 퍼졌기 때문이다.

– 서울특별시 아리수 홍보관

일부 학자들은 미네랄이나 pH, 가스의 분포 여부, 물 분자의 크기 여부에 대한 과학적 신뢰성이 부족하다는 근거로 다양한 음용수 종류의 필요성을 인정하고 있지 않다. 시간과 온도에 따라 산소나 이산화탄소의 용해도가 달라지고, 물 분자 크기에 의한 생리 활성 기여 가능성도 과학적 근거가 부족하다고 판단하고 있다. 물(음용수)에 신비한 능력을 부여하고자 하는 일반인, 또는 소비자들이 있는데 이는 과학적 근거보다는 맹목적인 데가 있는 편이다. 특히 상대적으로 다른 성질에 의해 발생하는 물의 여러 현상에 주관적인 의미를 부여하는 경향이 있다. 과학적 사고는 재현성과 객관성이 담보되어야 함을 명심해야 한다.

tip 외국에서 판매되는 생수의 라벨

구체적인 미네랄 함량이 표시되어 있다. 즉 ppm 단위로 칼슘, 마그네슘, 나트륨, 염소, 탄산수소 이온이 분석되어 있다. 좋은 음용수는 미네랄이 없는 상태가 아니라 적절하게 균형을 이룬 상태이다.

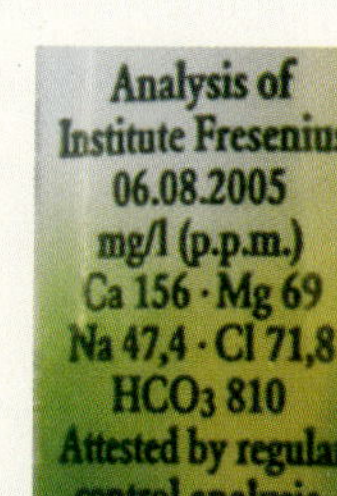

연습문제

1 다음 중 소화되기 쉬운 영양소가 아닌 것은?
① 탄수화물 ② 동물성 단백질 ③ 지방 ④ 식이섬유 ⑤ 식물성 단백질

2 다음 중 혈당지수가 가장 높은 식품은?
① 라면 ② 탄산음료 ③ 우유 ④ 당면 ⑤ 햄버거

3 다음은 식이섬유를 설명한 내용이다. 틀린 것은?
① 가용성 식이섬유는 혈중 콜레스테롤의 수준을 저하시킨다.
② 가용성 식이섬유는 무기질 같은 영양소의 흡수를 방해한다.
③ 위장의 포만감을 주며 칼로리는 발생되지 않는다.
④ 불용성 식이섬유는 대장 내의 미생물에 의해 분해되어 활용된다.
⑤ 섬유소는 구강 내 저작작용을 자극하고 침의 분비를 촉진시킨다.

4 다음 식품의 성분 중 키틴 성분이 잘 흡착하고 결합하는 것은?
① 유해 금속 ② 탄수화물 ③ 우유 단백질 ④ 달걀흰자 ⑤ 비타민 C

5 콜레스테롤의 체내 기능과 지나치게 많이 섭취했을 때 인체에 나타나는 증상에 대해 서술하시오.

6 트랜스 지방의 유해성에 대해 서술하시오.

7 패스트푸드(fast food)의 장단점에 대해 서술하시오.

8 질소 균형을 양(+)으로 유지해야 하는 사람들은?

9 단백질 소화효소의 전구물질인 펩시노겐, 트립시노겐, 카이모트립시노겐을 각각 활성형인 펩신, 트립신, 키모트립신으로 활성화시키는 효소는?

10 두 가지 식품을 섞어서 음식을 만들었을 때 단백질의 상호 보충 효과가 나타나는 예를 쓰시오.

11 단백질의 과잉 섭취 시 나타나는 증상에 대해 서술하시오.

12 비타민 D와 같은 지용성 비타민에 대한 설명으로 적절한 것은?
① 결핍 증세가 빨리 나타난다. ② 가열조리 과정에서 쉽게 파괴된다.
③ 주로 소변으로 배설된다. ④ 과도하게 섭취하면 과잉 증상이 나타날 수 있다.

13 노화가 진행되고 있는 부모님께 권할 항산화 비타민으로 적당한 것은?
① 비타민 A – 비타민 D ② 비타민 E – 비타민 C
③ 비타민 K – 비타민 B_1 ④ 비타민 D – 엽산

14 각기병이 종종 발생하는 수민이는 어떤 식습관에 영향을 받는 것일까?

① 고기를 너무 적게 먹는 식습관　② 녹말을 너무 많이 먹는 식습관

③ 채소를 너무 많이 먹는 식습관　④ 지방을 너무 많이 먹는 식습관

15 시금치와 같은 푸른 잎채소에 풍부한 영양소로, 세포분열 속도가 증가하는 임신부 또는 수유부에게 보충하면 좋은 비타민은?

① 비타민 B_1　② 비타민 B_6　③ 엽산　④ 비타민 B_{12}

16 여러 가지 이유로 오랜 기간 채식만 섭취했다면 부족할 수 있는 비타민은?

① 비타민 B_1　② 비타민 C　③ 엽산　④ 비타민 B_{12}

17 폐경한 여성 골다공증 환자가 칼슘 보충을 목적으로 여러 식품을 섭취하고 있다. 이때 효과적인 칼슘 흡수를 위해 함께 먹으면 좋은 성분은?

① 비타민 C　② 식이섬유　③ 타닌　④ 옥살산

18 다음 무기질 중 일반적인 우리나라 식생활에서 가장 부족한 무기질은?

① 칼슘　② 마그네슘　③ 칼륨　④ 나트륨

19 우리나라의 음식은 생선자반, 젓갈 등 소금을 이용한 저장식품이 많다. 이런 소금 절임 음식을 오랫동안 과다하게 섭취하면 나타날 가능성이 있는 질환은?

① 열사병　② 고혈압　③ 당뇨병　④ 간질

20 비타민 E 작용을 보완하고 과산화물 생성을 막아 주는 무기질은?

① 칼슘　② 철　③ 요오드　④ 셀레늄

21 칼슘이 혈액 내에 일정한 농도로 있을 수 있도록 돕는 비타민은?

① 비타민 A　② 비타민 B_1　③ 비타민 C　④ 비타민 D

22 식품을 건조하는 경우와 다시 흡습시키는 경우 수분활성도와 식품의 수분 함량에 차이가 있다. 이러한 현상을 무엇인가?

23 수분활성도에 대한 설명으로 옳은 것은?

① 식품이 나타내는 수증기압을 그 온도에서 순수한 물의 최대 수증기압으로 나눈 것이다.

② 순수한 물의 수증기압을 그 온도에서 식품이 나타내는 수증기압으로 나눈 것이다.

③ 식품 속의 수분 함량을 % 함량으로 표시한 것이다.

④ 미생물이 활발히 번식할 수 있는 수분 함량을 표시한 것이다.

24 수분이 유사한 크기의 다른 물질에 비해 상대적으로 높은 녹는점과 끓는점을 갖는 이유는?

25 **대동강 물을 판 봉이 김선달의 이야기는 최근의 물을 사서 먹는 환경을 선견지명으로 풍자한 것이 아닌가 한다. 시중에 다양한 음료가 판매되면서 물의 기능성에 대한 관심도 높아지고, 물병의 패션화로 개성을 표현하기도 한다. 서울시에서 음용화를 위해 만든 수돗물의 브랜드명은?**

26 **물의 연수, 경수에 대한 설명 중 틀린 것은?**

① 연수와 경수는 칼슘, 마그네슘 등 미네랄 함량에 따라 결정된다.

② 경수는 미네랄 함량이 높은 물을 말한다.

③ 정수를 거친 수돗물은 경수이다.

④ 경수를 너무 오래 음용하면 체내에 결석이 생기는 부작용이 있을 수 있다.

27 **식물에 정수된 물을 주면 정수하지 않은 물을 줄 때보다 잘 자라지 않는다. 그 이유는?**

정답 및 풀이

1. ④ 2. ④ 3. ④ 4. ①

5. 콜레스테롤은 지질의 한 종류로 세포의 막을 만드는 데 필요한 물질이며, 뇌와 신경세포의 주요 구성 성분이다. 또한 스테로이드계 호르몬의 전구물질이며, 햇볕에 의해 비타민 D로 전환되기도 한다. 우리 몸에 너무 많은 양의 콜레스테롤이 존재할 경우 혈관 내에 축적되어 동맥경화를 일으킬 수 있다. 심장으로 공급되는 관상동맥에 이러한 현상이 나타나면 혈액 및 산소 공급의 부족으로 가슴에 통증(협심증)을 일으킬 수 있으며, 심할 경우 심장마비(심근경색)를 일으켜 사망의 요인이 된다.

6. 트랜스 지방의 유해성에 대해서는 논란이 계속되고 있다. 트랜스지방의 섭취는 동맥경화를 일으킬 위험을 증가시켜 심장 질환을 유발한다. 즉, 관상동맥 질환의 위험 인자인 저밀도 지단백(LDL)을 증가시키고, 몸에 이로운 고밀도 지단백(HDL)을 감소시켜 혈관을 좁게 만든다. 체중을 증가시켜 비만을 일으키며, 인슐린 저항성(방해하는 성질)을 높일 가능성이 있고, 체내 염증반응을 증가시켜 여러 가지 질환의 위험 인자가 될 수 있다.

7. 패스트푸드는 간편하고 신속하게 먹을 수 있다는 장점이 있지만 음식문화 및 영양면에서는 많은 문제를 안고 있다. 패스트푸드는 열량의 비율이 높고, 당분, 포화지방산 및 트랜스 지방, 나트륨의 함량이 높은 반면, 비타민 등 다른 영양소의 함량은 낮아 영양소 섭취에 불균형을 초래한다. 특히, 칼로리의 과잉 섭취는 비만에 이르게 할 수 있으며, 당뇨병 환자의 경우 혈당치를 급격하게 상승시킬 수 있다.

8. 질병 치료 후 회복기 환자, 훈련 중인 운동선수, 사춘기 청소년 등

9. 염산, 엔테로키네이스, 트립신
위액인 펩신의 전구물질인 펩시노겐은 위산인 염산에 의해 펩신으로 전환된다. 소장에서 분비된 엔테로키네이스는 트립신의 전구물질인 트립시노겐을 트립신(trypsin)으로 활성화시키며, 활성화된 트립신은 다른 단백질 분해효소(키모트립시노겐)들을 활성화시켜 키모트립신으로 만든다.

10. 쌀과 콩류, 밥과 고기나 생선, 빵과 우유
식물성 단백질에 부족한 필수 아미노산은 동물성 단백질에 많이 들어 있어 식물성 식품을 섭취할 때 동물성 식품과 함께 섭취하면 부족한 필수 아미노산을 보완할 수 있다.

11. 요소의 배설 증가로 콩팥에 부담이 된다. 소변으로 칼슘의 배설이 증가한다. 체지방의 축적이 증가한다.

12. ④ 13. ② 14. ② 15. ③ 16. ④

17. ① 18. ① 19. ② 20. ④ 21. ④

22. 히스테리시스(hysteresis)

23. ①

24. 수소결합 때문이다.

25. 아리수

26. ③ 수돗물은 정수를 해서 미네랄 함량이 낮은 연수이다.

27. 정수기 물에는 일반 식수에 들어 있는 칼륨, 마그네슘, 칼슘, 철 등 미네랄의 함량이 적기 때문이다.

MEMO

CHAPTER 3

건강과 식품

1. 다이어트 식품

현대인들은 대부분 실내에서 컴퓨터를 이용하여 일을 하거나 책상에 앉아 있는 시간이 많고 걷는 거리가 짧아서 신체 활동량이 매우 적은 편이다. 식생활의 서구화로 고열량 음식 섭취가 증가하면서 비만이 사회적 문제로 대두되고 있다.

2018년 '국민건강영양조사' 결과에 따르면 우리나라 만 19세 이상(2015년 추계인구로 연령 표준화) 성인의 34.6%가 비만으로 나타났다(2016년은 34.8%). 고도비만(체질량지수 30 이상) 발생 빈도는 2006년 2.8%에서 2016년 5.3%로 지난 10년간 약 2배로 증가하였으며, 2030년에는 인구의 9%가 고도비만이 되어 현재의 2배 수준이 될 것으로 예측하고 있다[1]. 특히, 남자 아동과 청소년의 비만율은 OECD 평균인 25.6%를 넘어선 수준으로 청소년의 고도 비만율 역시 매년 증가하는 추세이다.

비만은 당뇨, 고혈압 등 질병의 발생 위험을 증가시키고 각종 암을 유발하며 사망 위험을 증가시키는 위험한 질병이다. WHO는 비만을 대장암, 자궁내막암, 난소암, 전립선암, 신장암, 유방암, 간암과 담낭암 등을 유발하는 주요 요인으로 꼽았다.

최근에는 비만의 예방과 미용에 관한 관심이 높아지면서 체중 조절을 위한 다이어트 식품에 대한 관심도 늘어나고 있다. 그런데 무엇인가를 먹어서 살을 뺀다는 것은 기본적으로 매우 모순된 생각이다. 왜냐하면 비만이란 섭취하는 에너지와 소비하는 에너지의 불균형으로 발생하며 에너지의 섭취를 줄이면 된다는 것은 누구나 아는 사실이다. 또한 각 식품은 고유의 영양과 에너지를 함유하고 있어서 이것을 어떻게 균형 있게 선택해 섭취하느냐도 매우 중요하다.

비만은 식사요법과 운동요법, 행동수정요법 등을 통해 개선해야 하지만 이런 방법은 시간과 많은 노력을 필요로 하고 실천이 쉽지 않기 때문에 다이어트 식품에 대한 관심과 이용이 점차 증가하고 있다. 여기에서는 다이어트 식품의 개념과 종류, 이용에 대해 알아보기로 한다.

1) 다이어트 식품이란?

다이어트는 일상의 음식물이나 규정식, 식이요법, '(환자에게)규정식을 주다'라는 의미와

[1] 관계부처 합동, 국가 비만관리 종합대책, 2018.7.

함께 '당분이나 염분 등의 특정 성분을 조정한 특수 영양 식품'으로 사전적 정의가 되어 있으나, 일반적으로는 살을 뺀다는 의미로 사용한다. 다이어트 식품이란 통상적으로 체중 조절을 위해 섭취하는 모든 식품들을 뜻하지만, 「식품위생법」에서 정의하는 식품의 유형은 아니며 단순히 체중 감량이 아니라 체지방 감소 효과가 있는 것을 의미한다.

「식품공전」에서 관리하는 특수용도식품, 그리고 「건강기능식품법」에서 관리하는 건강기능식품 등이 체중 감량용 식품으로 판매되고 있다. 특수용도식품 중에는 체중 조절용 조제식품이 있는데, 이는 '체중 조절이 필요한 사람을 위해 식사의 일부 또는 전부를 대신할 수 있도록 필요한 영양소를 가감하여 조제된 식품'을 말한다.

표 3-1 체중 조절용 조제식품의 기준 및 규격

제조 · 가공 기준	(1) 한 끼 식사의 전부 또는 일부를 대신하기 위하여 1회 섭취할 때에 비타민 A, B_1, B_2, B_6, C, 나이아신, 엽산, 비타민 E를 영양소 기준치의 25% 이상, 단백질, 칼슘, 철 및 아연을 영양소 기준치의 10% 이상이 되도록 원료 식품을 조합하고 영양소를 첨가하여야 한다. 다만, 특정 인구군을 대상으로 하는 제품의 경우 해당 인구군의 한국인 영양소 섭취기준을 기준으로 할 수 있다. (2) 하루 식사 모두를 대신하는 조제식품은 800 kcal 이상 1,200 kcal 이하를 제공하여야 하고, 이 제품을 하루 3~4회 나누어 매회 식사를 대신할 수 있도록 하면서 1회에 제공되는 열량이 하루 총열량의 1/3~1/4 정도가 되어야 한다. 하루 식사 중 1~2회를 대신하는 조제식품은 1회 섭취할 때 200 kcal 이상, 400 kcal 이하를 제공하여야 한다. 다만, 열량 기준은 제품에 표시된 섭취방법에 따라 적용할 수 있다.
규격	(1) 수분(%) : 10.0 이하(분말, 과립, 고형의 건조 제품에 한한다). (2) 조단백질(g) : 표시량 이상이어야 한다. (3) 비타민류 : 표시량 이상이어야 한다〔다만, 비타민 A(μg), B_1(mg), B_2(mg), B_6(mg), C(mg), 나이아신(mg), 엽산(μg), 비타민 E(mg)에 한하여 적용한다〕. (4) 무기질류 : 표시량 이상이어야 한다〔다만, 칼슘(mg), 철(mg), 아연(mg)에 한하여 적용한다〕. (5) 대장균군 : 음성이어야 한다. (6) 바실루스 세레우스 : 1 g당 100 이하(단, 장류를 원료로 사용하는 제품은 1 g당 1,000 이하)

자료 : 식품의약품안전처, 식품의 규격 및 기준, 2012.

당분 함량을 줄인 저칼로리 식품에는 설탕 대신 인공감미료나 환원 말토스, 솔비톨 등을 사용할 수 있다. 건강기능식품의 일종인 고혈압 예방을 위한 무가염 식품이나, 당뇨병 환자용 무가당 식품도 다이어트 식품의 일종이라 할 수 있다. 최근에는 저칼로리 면류와 저지방유 및 저지방 요구르트 외에도 다양한 무가당, 칼로리 제로 제품들이 시판되고 있다.

2) 다이어트 기능이 있는 식품 소재와 기능

국내에서 체지방 감소 기능이 있다고 인정된 건강기능식품을 표 3-2에 나타내었다. 체지방 감소에 도움을 주는 것으로 알려진 식품 소재로는 가르시니아 캄보지아 껍질 추출물, 공액리놀레산(유리지방산, 트라이글리세라이드), 그린마테 추출물, 녹차 추출물, 대두 배아 추출물 등 복합물, 레몬밤 추출물 혼합 분말, 중쇄지방산 함유 유지, 콜레우스

표 3-2 다이어트 건강기능식품의 종류와 기능

종류	지표 성분	식품 소재	건강기능식품
가르시니아 캄보지아 추출물	HCA (Hydroxy Citric Acid)	인도 남서부에서 자생하는 열대 식물인 '가르시니아 캄보지아' 열매의 껍질 부위를 사용하며, 껍질에는 기능 성분인 hydroxy citric acid가 약 10~30% 함유되어 있음	• 가르시니아 캄보지아 열매의 껍질에서 추출 • 탄수화물에서 지방으로의 합성을 억제하여 체지방 감소에 도움을 줌
공액리놀레산	CLA (Conjugated Linoleic Acid)	• 반추동물이 섭취하는 리놀레산으로부터 미생물에 의해 합성됨 • 육류나 유제품에 주로 존재하며 식물성 유지에도 소량 존재	• 홍화유 중에 천연적으로 존재하는 리놀레산을 화학적으로 변형하여 제조 • 과체중 성인의 체지방 감소에 도움을 줄 수 있음 • 1일 1.4~4.2 g
히비스커스 등 복합 추출물	키토산, L-carnitine, (+)-allo-hydroxycitric acid lactone	히비스커스는 아시아와 아프리카 등지에서 자라는 식물로, 꽃을 말려서 차로 만들어 먹거나 샐러드, 카레 등의 요리 재료로 사용	• 분변을 통해 스테롤을 배출시켜 콜레스테롤을 감소시킴 • 체지방 감소에 도움을 줄 수 있음
그린마테 추출물	Chlorogenic acid, Triterpene saponin	마테는 남미 지역에서 녹차로 이용되며 마테의 클로로겐산, 사포닌, 폴리페놀 성분은 매우 낮은 수준	체지방 감소에 도움을 줌
대두 배아 열수 추출물 등 복합물	다이드제인, 제니스테인, 글리시테인, L-carnitine	대두 배아	• 대두 배아를 열수로 추출한 추출물과 L-카니틴을 혼합 • 지방산 산화 촉진으로 체지방 함량을 감소시킴
식물성 유지 다이글리세라이드	Diglyceride	식물성 유지	식후 혈중 중성지방이나 체지방 증가가 적을 수 있음
중쇄지방산 함유 유지	MCFA (Medium Chain Fatty Acid)	유지	다른 식용유와 비교하였을 때 체지방 증가가 적을 수 있음
녹차 추출물	카테킨	녹차	• 체지방 감소에 도움을 줄 수 있음 • 활성산소를 막는 항산화작용 효과 • 카테킨으로 0.3~0.5 g/day
레몬밤 추출물 혼합 분말	레몬밤 추출물 혼합 분말	레몬밤	• 체지방 감소에 도움을 줄 수 있음 • 레몬밤 추출물 혼합 분말로 1,380 mg/day 섭취

포스콜리 추출물, 히비스커스 등 복합 추출물, 깻잎 추출물, L-카니틴 타르트레이트, 식물성 유지 다이글리세라이드 등이 있다.

이들 각 식품 성분들이 체지방 감소에 도움을 주는 메커니즘에 따라 다음과 같이 세 종류로 분류하고 있다.

(1) 당과 지방의 소화·흡수 방해로 체지방 감소에 도움을 주는 것

식품 성분 중 어떤 것은 우리가 섭취한 당이나 지방이 체지방으로 전환되어 저장되는 것을 막는 역할을 한다. 음식은 소화 과정을 거쳐 분해된 후에야 에너지원으로 쓰이는데, 식이섬유 등을 함유한 건강기능식품은 당과 지방의 소화를 돕는 효소를 방해하거나, 소장에서의 흡수를 어렵게 하여 섭취 에너지를 줄이는 역할을 한다. 따라서 체지방으로 합성될 수 있는 여분의 에너지를 줄여 체지방 감소에 도움을 준다.

① 알긴산

알긴산alginic acid은 미역이나 다시마 등의 해조류에 많이 포함되어 있으며 장의 연동작용을 도와 변의 배출을 원활하게 하여 변비를 예방한다. 특히 저칼로리로 장내에서 스펀지와 같은 작용을 하여 포만감을 느끼게 함으로써 음식물의 섭취를 줄이고, 장내 유해 금속이나 콜레스테롤을 흡착하여 제거하는 기능도 한다.

② 키토산

키토산chitosan은 게, 새우와 같은 갑각류와 곤충에서 단백질과 복합체를 이루어 껍질의 성분으로 존재하는데, 혈중 콜레스테롤 수치를 낮추고 콜레스테롤과 지방의 흡수를 방해하여 배설을 증가시켜서 지방간 발생 및 체중 증가를 억제한다.

③ 글루코솔

글루코솔glucosol은 바나바 잎에서 추출한 성분으로 혈당치를 감소시키는 작용이 발견되었으며, 많은 임상실험을 거쳐 그 효능과 안전성이 입증되었다.

④ 크롬

무기질 크롬chromium, Cr은 인슐린의 기능을 강화해 정장작용과 더불어 당의 대사를 좋게 하고 지질의 대사를 촉진시키며 콜레스테롤 수치나 중성지방을 정상적으로 만들어 준다.

(2) 지방의 합성을 방해하여 체지방 감소에 도움을 주는 것

우리가 섭취하는 에너지 중 쓰고 남은 것은 간에서 다시 지방산으로 합성된다. 합성된 지방산은 신체 각 부위의 지방 세포에 저장되어 체지방이 된다. 공액리놀레산 등을 함유한 건강기능식품은 남은 에너지를 지방으로 합성하는 과정을 방해하여 체지방 감소에 도움을 줄 수 있다.

① 공액리놀레산

공액리놀레산CLA은 홍화씨에서 추출한 리놀레산linoleic acid으로 천연 상태로 존재하는 리놀레산에 화학적 방법을 이용하여 변형, 생산한 것이다. 지방 세포의 지단백질 가수분해효소 활성lipoprotein lipase activity 저해로 지방산의 유리를 감소시키고 카니틴 아실기전달효소carnitine acyltransferase 활성을 증가시켜 아세틸-CoA가 미토콘드리아로의 흡수 증가로 β-산화를 증가시켜 체지방을 감소시킨다.

(3) 지방 분해를 촉진하여 체지방 감소에 도움을 주는 것

음식으로 섭취하거나 몸에 축적되어 있던 지방은 세포에서 베타산화작용β-oxidation에 의하여 에너지원으로 쓰인다. 이 과정에서 카니틴, 지방 분해효소 등 특정 물질이 필요하다. 히비스커스 등 복합 추출물, 가르시니아 캄보지아 등을 함유한 건강기능식품은 이 특정 물질을 조절하여 지방을 에너지로 쓰는 것을 촉진한다. 즉, 지방의 분해를 촉진하여 체지방을 줄이는 데 도움을 준다.

① 가르시니아 캄보지아 껍질 추출물

탄수화물에서 지방으로 합성되는 것을 억제하여 체지방 감소에 도움을 준다. 탄수화물을 과량 섭취하면 체내에서 지방으로 전환되어 축적되는데, 가르시니아 캄보지아 *Garcinia cambogia* 껍질 추출물에 있는 하이드록시시트르산hydroxy citric acid, HCA은 탄수화물이 지방으로 전환될 때 사용되는 효소ATP-citrate lyase의 활성을 억제하여 지방의 합성을 방해함으로써 체중과 체지방량을 감소시킨다.

② 히비스커스 등 복합 추출물

히비스커스 등 복합 추출물의 구성 성분인 키토산, 키토올리고당, 히비스커스 추출물,

베타산화작용(β-oxidation) 지방산이 에너지를 내기 위해 아세틸-CoA로 분해하는 것으로 세포의 미토콘드리아에서 일어남

L-카니틴의 상호작용으로 지방 흡수를 방해하고 지방의 분해를 원활하게 하여 체지방 감소에 도움을 준다. 히비스커스 등 복합 추출물에 포함된 키토올리고당은 소장에서 흡수를 어렵게 하여 분변으로의 배출을 돕고, L-카니틴은 세포에서 지방의 분해를 촉진시킨다. 따라서 체지방으로 합성될 수 있는 여분의 에너지를 줄이고 지방 분해를 촉진시켜 체지방 감소에 도움을 준다.

③ 녹차 추출물[2)]

녹차에서 추출한 카테킨catechin은 폴리페놀 화합물의 일종으로 '차카테킨'이라는 식품 첨가물로 허용되어 있다. 카테킨은 활성산소를 제거하여 항산화작용을 돕고 항염증, 항암, 콜레스테롤 저하 등에 도움을 준다.[3)] 경증의 비만인이 녹차 추출물을 섭취했을 경우 폴리페놀이 신경 말단에서 분비되는 노르에피네프린을 분해시키는 카테콜-오-메틸기 전달효소catechol-O-methyltransferase, COMT의 작용을 억제함으로써 cAMPcyclic AMP를 증가시키고 열 발생thermogenesis을 촉진한다.[4)] 이렇게 녹차 추출물 성분이 에너지 소모를 증가시켜 지방을 분해하고 체지방을 감소시킨다.

3) 다이어트 식품산업과 시판 다이어트 제품들

우리나라의 건강기능식품 시장 규모[5)]는 2018년 기준으로 생산액이 1조 7,287억 원에 달하고, 전체 생산액 중 국내 판매 금액은 2조 3,962억 원(95.0%), 수출액은 556억 원(5.0%)이었다. 이 중 다이어트 관련 건강기능식품의 시장(체지방 감소)은 2019년 기준 156억 원으로 개별 인정형 제품 전체 판매액의 3%[6)]에 해당하는 것으로 보고되고 있다.

현재 국내에서 유통 중인 체중 조절용 조제 식품의 형태는 물에 타 마시는 분말 제품류(셰이크믹스), 시리얼, 과자류(바), 면류와 음료류가 있다.

---

2) 식품의약품 안전처 · 식품안전나라, 고시형 기능성 원료-녹차추출물, 2020년 04월 17일 접속, https://www.foodsafetykorea.go.kr/portal/healthyfoodlife/functionalityView05.do?menu_grp=MENU_NEW01&menu_no=2657

3) 식품의약품 안전처, 식품안전나라, 2020년 04월 17일 접속, https://www.foodsafetykorea.go.kr/portal/board/boardDetail.do?menu_no=3115&bbs_no=bbs164&ntctxt_no=21447&menu_grp=MENU_NEW03

4) 박용우, 체중조절에 사용되는 건강기능식품의 근거중심 처방, 가정의학회지, 2003; 24, 409-415.

5) e나라지표, 건강기능식품 생산현황, 2020년 03월 09일 수정. 2020년 04월 17일 접속, https://www.index.go.kr/potal/stts/idxMain/selectPoSttsIdxMainPrint.do?idx_cd=3051&board_cd=INDX_001

6) 한국건강기능식품협회, 2019 건강기능식품 시장현황 및 소비자 실태조사, 2019.

그림 3-1 시판 중인 다이어트 식품류

표 3-3 현재 시판되고 있는 다이어트 제품들

제품 형태	제품명
1. 분말 제품류(셰이크믹스)	허벌라이프, BDlab 쉐이크믹스, 자연한끼, 공류보감, 생기발랄, 김소형 본다이어트, 슬림S다이어트, 맞춤효소, 건국 슬림원 등
2. 시리얼류	스페셜K, 라이트업, BDlab 곡물시리얼 등
3. 바(bar)류	칼로리바란스, 닥터유 스키니바, 요고요고 다이어트바, 다이어트 매직 바, 소이조이, 바른 다이어트바, BDlab 과일바 등
4. 과자류	켈로그 곡물이야기, BDlab 곡물쿠키, 다이어트 현미 쿠키, 치아시드 다이어트 쿠키 등
5. 면류	미인국수 275, BDlab 쌀국수, 봄비, 컵누들 등
6. 음료류, 차류	펫다운, 마테차, 몸이가벼워지는물 워터플러스, 식이섬유 체감S차, 에스라이트 런타임, 레몬다이어트포 등

시판 다이어트 제품류

1. 분말 제품류(셰이크믹스)

허벌라이프
(한국허벌라이프)

- 체중 조절용 조제 식품으로 신체의 주요 구성 성분이자 에너지 공급원인 단백질을 비롯한 16가지 비타민과 무기질, 그리고 허브 성분을 비롯한 식이섬유를 균형 있게 함유
- 1회 제공량당 10 g의 단백질과 90 kcal의 열량으로 건강한 체중 조절이 가능

영 양 성 분
1회 제공량: 2스푼 (25g)
총 30회 제공량 (750g)

1회 제공량 당 함량		%영양소기준치
열량	90kcal	
무유 200ml와 함께 섭취시	230kcal	
저지방우유 250ml와 함께 섭취시	203kcal	
탄수화물	11g	3%
식이섬유	2.4g	10%
당류	8g	
단백질	10g	17%
지방	1g	2%
포화지방	0g	0%
트랜스지방	0g	
콜레스테롤	없음	-
나트륨	160mg	8%
비타민A	225μgRE	32%
비타민B_1	0.375mg	38%
비타민B_2	0.36mg	30%
비타민B_6	0.5mg	33%
비타민B_{12}	1.5μg	150%
비타민C	30mg	30%
비타민D	1.24μg	25%
비타민E	5.034mgα-TE	50%
나이아신	5mgNE	38%
엽산	150μg	60%
판토텐산	2.5mg	50%
비오틴	75μg	250%
칼슘	105mg	15%
아연	3.75mg	31%
철	4.5mg	30%
인	166mg	24%

※%영양소기준치: 1일 영양소기준치에 대한 비율

원재료명 및 함량: 분리대두단백42.1%, 과당, 카제인나트륨(우유), 귀리식이섬유, 결정셀룰로오스, 프렌치바닐라향(합성착향료), 구아검, 염화칼륨, 제이인산칼슘, 카놀라오일, 액상레시틴(대두), 카제인탄산마그네슘, 카라기난, DL-메티오닌, 분말레시틴, 비타민C, 이산화규소, 천연바닐라향, 꿀분말, 감귤펙틴, DL-α-토코페릴아세테이트, 푸마르산제일철, 비오틴, 니코틴산아미드, 파파야열매분말, 산화아연, 판토텐산칼슘, 유성비타민A지방산에스테르, 브로멜라인, 파파인, 엽산, 비타민D_3, 비타민B_6염산염, 비타민B_1질산염, 비타민B_2, 비타민B_{12}

반품및교환: 구입처

원산지: 미국

유통기한(월/일/년까지): 밑면에 표시

판매가격: 51,500 원

본 제품은 허벌라이프 인터내셔널 아메리카사의 기술로 개발된 제품입니다.

수입 및 판매원: 한국허벌라이프(유), 서울시 강남구 논현동 86-8, 전화: 1588-7577
제조원: NBTY Manufacturing, 5115 East La Palma Avenue, Anaheim, CA 92807, U.S.A. ©2011 HERBALIFE

(계속)

큐원 BDlab 쉐이크믹스
(삼양사)

- 곡물 셰이크믹스 : 8가지 비타민과 3가지 무기질, 가르시니아 캄보지아 추출물 함유(2.50%). 치커리 식이섬유를 넣어 식이섬유가 풍부. 보리, 현미, 멥쌀, 옥수수, 누룽지가 들어 있어 고소한 맛을 냄
- 녹차 셰이크믹스 : 8가지 비타민과 3가지 무기질, 가르시니아 캄보지아 추출물 함유(2.50%). 치커리 식이섬유를 넣어 식이섬유가 풍부. 프락토 올리고당을 사용했으며, 국내산 보성녹차를 함유

속이 든든한 곡물 쉐이크 영양성분

열량	탄수화물	식이섬유	당류	단백질	지방	포화지방	트랜스지방	콜레스테롤	나트륨
135 kcal	24 g	5 g	5 g	12 g	0 g	0 g	0 g	0 mg	200 mg
-	7 %	20 %	-	20 %	0 %	0 %	-	0 %	10 %

속이 든든한 녹차 쉐이크 영양성분

열량	탄수화물	식이섬유	당류	단백질	지방	포화지방	트랜스지방	콜레스테롤	나트륨
140 kcal	25 g	5 g	7 g	10 g	1 g	1 g	0 g	0 mg	190 mg
-	8 %	20 %	-	17 %	2 %	7 %	-	0 %	10 %

2. 시리얼류

켈로그 스페셜K
(농심 켈로그)

쌀로 도톰하게 구워 만들어 고소하고 바삭한 식감. 한 끼 제공량(40 g)에 지방 함량이 0.2 g으로 저지방이며, 체중 조절 조제 식품으로 단백질 함량이 높고, 12가지 비타민과 미네랄이 들어 있어 균형 잡힌 영양 섭취가 가능

스페셜 K 1회 제공량(40g)에는...

열량	탄수화물	당류	단백질	지방	포화 지방산	트랜스 지방	콜레 스테롤	나트륨
152kcal	31.6g	8g	6g	0.2g	0g	0g	0mg	280mg
	10%		10%	0.4%	0%		0%	14%

% 영양소 기준치

! %수치는 켈로그 스페셜 K 1회 제공량을 먹었을 때, 일일 영양소 기준치의 몇%를 섭취할 수 있는 지를 나타낸 수치입니다.

포스트 라이트업
(동서식품)

밀가루 대신 통쌀을 주원료로 사용하여 바삭하게 구웠으며 풍부한 단백질과, 다이어트에 도움이 되는 식이섬유, 가르시니아 캄보지아 추출물을 첨가하여 균형 잡힌 영양 섭취가 가능. 다이어트를 원하는 여성에 적합한 체중 조절용 시리얼

Light Up의 영양소 [1회 제공량 ¾컵 (40g) 당]

열량	탄수화물	식이섬유	당류	단백질	지방	포화지방	트랜스지방	콜레스테롤	나트륨	철분	아연	칼슘
148kcal	31g	2g	8g	6g	0.4g	0g	0g	0g	230mg	2.20g	2.30g	92g
-	9%	8%	-	10%	1%	0%		0%	12%	15%	19%	13%

*%는 1일 영양소 기준치에 대한 비율을 나타냅니다.

3. 과자류(바)

칼로리바란스
(해태제과)

균형 잡힌 영양 섭취 및 날씬한 체형을 원하는 여대생 및 젊은 직장인을 위한 영양 간식(체중 조절용 조제 식품). 아침 식사를 거르기 쉬운 직장인, 학생에 결핍되기 쉬운 비타민, 무기질 등 필수 영양소가 포함된 특수영양식품. 특히 BCAA(루신, 아이소루신, 발린) 등 필수 아미노산이 보강된 다이어트 식품

영양성분 (76 g)	L-발린 10 mg	L-로이신 20 mg	L-이소로이신 10 mg	칼륨 100 mg (3 %)	칼슘 250 mg (36 %)	인 70 mg (10 %)	철분 2.4 mg (16 %)	아연 1.2 mg (10 %)
	비타민A 210 μg RE (30 %)	비타민B1 0.3 mg (30 %)	비타민B2 0.36 mg (30 %)	비타민B6 0.45 mg (30 %)	비타민C 25 mg (25 %)	비타민E 3 mg α-TE (30 %)	나이아신 3.9 mg NE (30 %)	엽산 75 μg (30 %)

권장섭취량 및 섭취방법 : 본제품 1case를 우유등과 섭취 *( )안의 수치는 1일 영양소기준치에 대한 비율임

영 양 성 분 76 g
76 g당 함량 : 열량 325 kcal, 탄수화물 53 g(16 %) • 당류 17 g, 단백질 6 g(10 %),
지방 10 g(20 %) • 포화지방 7 g(47 %) • 트랜스지방 0 g,
콜레스테롤 35 mg(12 %), 나트륨 290 mg(15 %)
*( )안의 수치는 1일 영양소기준치에 대한 비율임

(계속)

닥터유 스키니바
(오리온)

1회 제공량에는 11가지 비타민과 미네랄, 풍부한 식이섬유가 함유되어 있으며, 열량도 99 kcal로 부담 없이 즐길 수 있음

영양성분 1회 제공량 : 1봉지(28 g)

1회 제공량당 함량:열량99 kcal,탄수화물18 g(5 %)·식이섬유5 g(20 %)·당류6 g·당알콜3 g,단백질4 g(7 %),지방2.9 g(6 %)·포화지방1.0 g(7 %)·트랜스지방0 g,콜레스테롤0 mg(0 %),나트륨115 mg(6 %),칼슘42 mg(6 %),철분0.80 mg(5 %),아연0.50 mg(4 %),비타민A98 μgRE(14 %),비타민B1 0.17 mg(17 %),비타민B2 0.18 mg(15 %),비타민B6 0.21 mg(14 %),비타민C15 mg(15 %),나이아신2.10 mgNE(16 %),엽산60 μg(24 %),비타민E1.50 mgα-TE(15 %)( )안의 수치는 1일 영양소기준치 비율임.

켈로그 곡물이야기
(농심켈로그)

• 자연이 키운 귀리 : 양질의 단백질과 식물성 불포화지방산, 비타민 B, 칼슘, 식이섬유가 들어 있는 베타-글루칸이 함유된 통귀리와 잘 구운 검은콩으로 제조. 국내산 벌꿀도 함유

1회 제공량 1Pack 36g 총 6회 제공량 216g	1회 제공량 36g 당	저지방 우유 200ml + 1회 제공량 36g
열량(kcal)	158	240
탄수화물(g)	24 (7%)	34 (10%)
식이섬유(g)	0.5 (2%)	0.5 (2%)
당류(g)	9	19
단백질(g)	4.5 (10%)	10.5 (23%)
지방(g)	5.0 (10%)	7.0 (14%)
포화지방산(g)	2.3 (15%)	3.5 (23%)
트랜스지방(g)	0	0
콜레스테롤(mg)	0 (0%)	9 (3%)
나트륨(mg)	150 (8%)	206 (10%)

비타민		
비타민 A (μgRE)	165 (25%)	185 (28%)
비타민 B_1 (mg)	0.27 (25%)	0.35 (32%)
비타민 B_2 (mg)	0.3 (25%)	0.42 (35%)
나이아신 (mgNE)	3.5 (25%)	5.1 (36%)
비타민 B_6 (mg)	0.35 (25%)	0.43 (31%)
비타민 C (mg)	25 (25%)	25 (25%)
비타민 D_3 (μg)	1.25 (25%)	1.25 (25%)
비타민 E (mg α-TE)	2.5 (25%)	2.5 (25%)
엽산 (μg)	100 (25%)	100 (25%)

무기질		
철분 (mg)	1.7 (12%)	1.7 (12%)
아연 (mg)	0.95 (12%)	1.75 (22%)
칼슘 (mg)	84 (12%)	346 (49%)

( ) 한국인 영양섭취기준 %(성인여성 20~49세)

켈로그 곡물이야기
(농심켈로그)

• 자연이 키운 호박과 고구마 : 국내산 고구마와 단호박을 사용, 식이섬유와 단백질, 비타민 B가 풍부한 통밀을 함유

1회 제공량 1Pack 36g 총 6회 제공량 216g	1회 제공량 36g 당	저지방 우유 200ml + 1회 제공량 36g 당
열량(kcal)	160	242
탄수화물(g)	25 (8%)	35 (11%)
식이섬유(g)	1 (4%)	1 (4%)
당류(g)	8	18
단백질(g)	4.5 (10%)	10.5 (23%)
지방(g)	4.9 (10%)	6.9 (14%)
포화지방산(g)	2.2 (15%)	3.4 (23%)
트랜스지방(g)	0	0
콜레스테롤(mg)	0 (0%)	9 (3%)
나트륨(mg)	180 (9%)	286 (14%)

비타민		
비타민 A (μgRE)	165 (25%)	185 (28%)
비타민 B_1 (mg)	0.27 (25%)	0.35 (32%)
비타민 B_2 (mg)	0.3 (25%)	0.42 (35%)
나이아신 (μgNE)	3.5 (25%)	5.1 (36%)
비타민 B_6 (mg)	0.35 (25%)	0.43 (31%)
비타민 C (mg)	25 (25%)	25 (25%)
비타민 D_3 (mg)	1.25 (25%)	1.25 (25%)
비타민 E (mg a-TE)	2.5 (25%)	2.5 (25%)
엽산 (μg)	100 (25%)	100 (25%)

무기질		
철분 (mg)	1.7 (12%)	1.7 (12%)
아연 (mg)	0.95 (12%)	1.75 (22%)
칼슘 (mg)	84 (12%)	346 (49%)

( ) 1일 영양소 기준치에 대한 비율임(20~49세 성인여성)

4. 면류

미인국수 275
(농심)

버섯(5%)과 한천(2.5%)을 함유하고, 각종 비타민과 단백질, 철, 칼슘 등을 강화시켜 영양 밸런스를 맞춤. 1회 제공량(1용기)당 열량은 275 kcal

큐원 BDlab 쌀국수
(삼양사)

8가지 비타민과 3가지 무기질, 가르시니아 캄보지아 껍질 추출물(HCA) 0.4%, L-카니틴 0.2%를 함유. 면은 국내산 쌀 44.7%가 들어 있음. 기름에 튀기지 않았으며, 국내산 멸치 분말(4.37%)을 사용하여 맑고 시원한 국물 맛이 특징

마음이 따뜻해지는 담백한 쌀국수 1회 제공량 69.7 g / - 표는 기준치 없음 / % 는 1일 영양소 기준치에 대한 비율임

열량	탄수화물	당류	단백질	지방	포화지방	트랜스지방	콜레스테롤	나트륨
235 kcal	53 g	4 g	6 g	0 g	0 g	0 g	0 mg	1210 mg
-	16 %	-	10 %	0 %	0 %	-	0 %	61 %

(계속)

5. 음료류		
펫다운 (CJ제일제당)		• 1일 1병, 운동과 함께 음용하는 건강기능식품 • 원재료 및 함량을 살펴보면 가르시니아 캄보지아 추출물(미국산,HCA 60% 이상), 니코틴산아마이드(나이아신 99% 이상), 정제수, 자몽 과즙 농축액(이스라엘산), 자일리톨, 대두 가공품 분말, 합성착향료(혼합 과일향), DL-사과산, 대두 식이섬유 분말, L-카니틴, 연잎 혼합 추출물, 수크랄로스(합성감미료), 캐러멜 색소, 효소 처리 스테비아, 규소 수지(소포제) 등

4) 다이어트 식품 이용 시 문제점

(1) 과대광고와 잘못된 정보 전달

다이어트 식품의 소비가 증가하면서 이와 관련한 소비자 피해 보고 사례도 크게 증가하고 있다. 한국소비자원에 따르면 상당수의 판매업자들이 다이어트 식품의 체중 감량 효과를 사실과 달리 과장 광고하거나, 때로는 판단력이 약한 미성년자들을 대상으로 판매하는 경우가 있다고 한다. 식품의약품안전처는 일반 식품을 다이어트 효과가 있는 것처럼 광고 및 판매하는 쇼핑몰 등 2,170건을 점검하고 그 중 373건을 적발하였는데, 그 내용을 살펴보면 체험기를 이용하여 소비자를 기만하는 광고(150건), 일반 식품의 다이어트 효능·효과 표방 광고(150건), 붓기 제거, 해독 효과 등 객관적 근거가 미흡한 광고(73건) 등이었다.

(2) 영양 불균형으로 인한 건강 문제

다이어트 식품으로 알려진 각종 제품들이 유행하면서 이를 이용하는 소비자들의 건강에 문제를 일으키는 경우도 있다. 최근 언론 매체와 온라인 쇼핑몰에서는 커피에 버터와 코코넛오일을 넣어서 아침식사를 대신하는 '방탄 커피' 제품이 관심을 끌고 있다. 그러나 이는 '저탄수화물 고지방(저탄고지) 다이어트'의 일종으로, 이러한 식사는 일시적으로 포만감을 주고 식욕을 억제하는 효과를 나타낼 수는 있지만, 장기적으로 지속할 때는 포화지방을 과다 섭취하게 되어 콜레스테롤 수치가 증가함으로써 동맥경화, 혈관 손상, 심혈관 질환 등 심각한 건강 문제와 영양 문제를 일으킬 수 있다.[7]

[7] 식품의약품안전처 보도자료, 다이어트 표방 식품 · 화장품 광고점검 결과 발표, 2019.8.7.

tip 체중 조절용 조제식품 이용 시 주의사항

- 섭취하기 전에 먼저 본인의 비만도를 확인하고, 감량 목표와 기간을 세운 후 이용하는 것이 바람직하다.
- 체중 조절용 조제 식품은 일반적으로 저열량 식품으로 하루 식사 중 한 끼 이상은 과일, 채소, 육류 등 다양한 식품을 포함한 일반 식사로 할 것을 권장한다. 이는 하루 식사의 전부를 체중 조절용 조제 식품으로 섭취할 경우 우리 몸에 필요한 열량 및 영양 부족을 초래할 수 있기 때문이다.
- 충분한 열량과 영양 공급이 필요한 성장기 어린이, 임신 · 수유부 또는 질병 치료 중인 환자는 섭취를 자제해야 한다.
- 체중 조절용 조제 식품의 섭취만으로 체중 감량을 해결하기는 어려우며, 반드시 꾸준한 식사 조절과 운동을 병행해야 한다.

2. 디톡스 식품

1) 독성물질

독성toxin이 있는 물질을 제거하여 무해한 환경으로 만드는 것을 무독화 또는 디톡스detoxification라고 한다. 현대인들은 음식뿐만 아니라 기호식품이나 공해 등을 통해서도 의도하지 않은 상태에서 유도된 유해 물질을 끊임없이 섭취하고 있다. 예를 들어 우리가 먹는 식품 중 지나치게 가열하여 생성되는 발암 유발 가능성 물질인 라이시노알라닌lysinoalanine, 감자튀김에서 발견되는 아크릴아마이드acrylamide, 탄 고기나 육가공 제품, 기름류에서 발견되는 벤조피렌benzopyrene, 다환 방향족 탄화수소polycyclic aromatic hydrocarbon, PAH와 같은 물질들과 더불어 농사를 지으면서 사용한 농약이 남아 식품과 함께 유입되는 잔류 농약, 폐광이나 오염된 폐수에서 이행되는 중금속 성분 등이 있다.

또 식품 가공 중 사용하는 식품첨가물이 기준보다 많이 함유되거나 또는 가공식품만을 주로 섭취하여 하루 섭취 가능한 양보다도 지나치게 많이 섭취한 식품첨가물, 포장지로부터 유입되거나 또는 포장 재료를 만들기 위해 사용한 용매 성분들, 담배 같은 기호식품을 통하여 흡입되는 유해한 가스 성분(일산화탄소, 시안가스, 다이옥신, 니코틴, 타르색소, 폴로늄 등)들, 새 아파트의 벽지나 장판지에서 나오는 폼알데하이드, 과음한 알코올, 자동차 매연을 통해 흡인하는 공해물질들, 부작용이 있는 약 성분들도 경우에 따라서는 독으로 작용할 수 있다(표 3-4).

뿐만 아니라 미생물에 오염되어 식중독균을 포함한 식품, 독소를 내놓는 곰팡이에 오염된 식품, 발암물질을 만들어 내는 미생물에 오염된 식품들도 생명을 위협하는 요소이다. 외부로부터 유입되는 미생물 외에도 체내 장내 세균이나 정신적으로 받게 되는 스

표 3-4 식품을 통하여 접하는 유해 물질과 생성 요인(미생물 제외)

유해 물질의 생성 요인	유해 물질(독성 물질)	함유 식품
가공, 제조 공정	라이시노알라닌 아크릴아마이드 벤조피렌	농축 우유, 커피 프림 감자튀김 올리브유 등 기름류
조리 과정	라이시노알라닌	달걀 프라이, 구운 소시지
농사	잔류 농약	채소류, 고추
유통 과정 오염	푸사리움 독소 톨루엔(포장용기) 환경 호르몬	옥수숫가루 과자류
환경	방사능물질, 다이옥신 중금속	생선류, 육류 가공품 곡류(폐광 근처), 채소
기타	니코틴, 일산화탄소, 폴로늄 폼알데하이드 매연 물질	담배 번데기 통조림 새집증후군, 자동차

트레스 등에 의해서 우리 몸의 건강 상태는 악화될 수 있다.

이러한 독성물질의 특성을 이해함으로써 디톡스화하는 과정을 모색하는 방법을 찾아내는 것은 매우 중요한 일이다.

2) 독소 성분의 제거

만일 우리 몸을 디톡스화하지 못하고 독소가 몸에 쌓이도록 내버려 둔다면 어떻게 될까? 몸에 독소가 축적되도록 내버려 둔다면 우선 겉으로 나타날 수 있는 현상으로는 피부 탄력이 저하되고 피로감을 느끼며 스트레스를 받게 됨은 물론 이것이 원인이 되어 질병으로 발전할 수도 있다. 좀 더 구체적으로 살펴보면 지방의 분해 기능을 저하시켜 에너지 대사가 원만히 이루어지지 못하고, 뇌에도 영향을 끼쳐 정신적으로 안정감이 저하되며 짜증이 늘어난다. 비만의 원인 중 하나인 독소 배출이 원활하지 못하면 외모뿐만 아니라 외적, 내적 건강에도 위험이 따른다. 독소가 쌓이면 혈액이 탁해지고 몸이 잘 붓게 되며, 변비가 생기고 피부 노화 현상이 촉진된다.

이처럼 우리는 매일 유해한 물질을 마시고 먹고 흡입하지만, 체내에서는 이를 무독화시켜 건강한 삶을 유지하기 위한 생리적 작용과 노력이 이루어진다. 즉, 항상성 원리에 의해 인체 스스로 디톡스화하려는 노력을 지속한다. 이런 자생적 노력에 더하여 적극적으로 유해 물질을 제거하는 방법을 시도한다면 좀 더 효과적일 것이다. 그렇다면 어떠한 방법들이 있는지 살펴보기로 하자.

먼저 어떤 방법들이 있는지 크게 구분하여 보면,

첫째, 유해 물질은 가능한 한 빠르게 몸 밖으로 배출한다.

둘째, 유해 물질을 분해시키거나 결합하여 작용하지 못하게 한다.

셋째, 운동을 통하여 혈액 순환을 증가시키고 땀을 흘려 배출한다.

넷째, 즐거운 마음가짐을 가져 스트레스를 제거한다.

다섯째, 침을 이용하여 유해 물질을 무력화한다.

이들 방법이 뚜렷하게 구분되지 않고 복합적인 형태로 나타나는 경우도 있다. 예를 들면 분해되면서 결합하거나 분해 또는 사멸될 수도 있다. 여하튼 다양한 형태로 무독화가 이루어지고 있으며, 여기에서는 나름대로 큰 범주로 구분하여 설명하고자 한다.

(1) 유해 물질의 배출

체내에서 이용되고 남은 노폐물이나 배설물이 체내에 오랜 시간 체류하면 여러 가지 반응을 일으켜 오히려 유독한 증세를 키울 수 있다. 따라서 가급적 빠른 시간 내에 몸 밖으로 배출하는 것이 무엇보다 중요하다. 대변을 통한 배설이 원활하게 이루어지지 못하여 고생하는 변비는, 단순히 답답한 정도가 아니라 대변이 대장 내에 체류하는 시간이 길어지면서 장내 유해 세균들의 활동으로 나이트로소아민, 암모니아, 페놀, 인돌, 메탄올 등 냄새가 독한 가스가 발생한다. 이들 가스는 발암성이 매우 강한 물질이기도 하다. 유해 물질이 몸 밖으로 빠져나오기 전 혈액이나 체내 기관으로 재흡수가 될 수도 있으며, 이런 경우 사람들은 침울하고 성미가 급해지며 집중력이 떨어질 뿐만이 아니라 때로는 우울증과 정신 이상으로 발전할 수도 있다.

체내에서는 신속한 배설이 우선적으로 이루어져야 하는데 이를 위해 대변을 만드는데 도움이 되는 과일이나 채소를 즐겨 먹는 것이 좋다. 몸에서 칼로리화되지 못하여 아무 쓸모없는 영양소라고 여겼던 식이섬유가 중금속이나 나쁜 물질, 예를 들면 체내의 노폐물이나 건강에 부정적인 역할을 하는 물질들과 결합하여 체외로 배설시키는 역할을 한다. 보통 이들 유해 물질은 대변의 형태로 배설된다. 대변은 단순히 소화되지 못한 물질의 배출 외에 유해 물질을 체외로 배설시키는 운반체 역할도 하므로 우리 몸을 디톡스시키는 데 매우 중요한 역할을 한다.

식품 중에서는 마늘과 양파가 체내 독소 제거에 도움을 준다. 마늘에 들어 있는 황 성분들과 알리신 등이 체내 섭취된 수은과 같은 중금속 성분들과 먼저 결합하여 체내 효소들이 중금속과 결합하는 것을 사전에 방지하는 효과를 나타낸다. 독소의 해독 과정에서 활성산소가 덜 생기게 함으로써 발암을 유발하는 활성산소의 양을 최소화하는 데도 기여한다. 양파의 퀘세틴 성분도 항산화 효과가 뛰어나며 체내 중금속, 니코틴 등을 흡착해 몸 밖으로 배출시킨다.

망고, 파인애플도 체내 독소 제거에 도움을 주는데 수분, 당분, 섬유질이 풍부한 열대 과일은 독소를 흡착하고 배출시켜 주는 역할을 돕는다.

대변의 양은 주로 식물성 식품 재료에 의해 좌우되기 때문에 육류를 많이 섭취하는 서양인은 대변의 양이 적고 체내에서 체류하는 시간이 긴 데 반해 곡류나 채소, 과일을 많이 섭취하는 동양인은 상대적으로 체내 체류시간이 짧음에도 불구하고 대변의 양도 많다. 장의 길이는 서양인이 4~5 m인 반면 동양이나 아프리카 사람들은 7m 이상으로 상대적으로 길다.

변의 한 종류인 숙변은 어떤 의미에서는 항상성을 유지하려는 목적으로 생긴 것이지만 이것 또한 노폐물 중 단백질이나 지방 등으로 구성되어 있다. 따라서 숙변과 대변으

tip 디톡스 식품 재료들

- 미역, 다시마 등 해조류 : 끈끈한 점액성 물질인 알긴산은 식이섬유의 일종으로 소화, 흡수가 안 되고 배설된다. 배설되면서 중금속, 잔류 농약, 환경호르몬, 발암물질 등과 결합하여 몸 밖으로 배출시킨다.
- 마늘, 양파 : 양파와 마늘의 황 성분은 체내에 축적된 수은과 결합하여 몸 밖으로 배출시킨다. 또 체내에 침입한 세균과 바이러스에 대한 항균력도 갖고 있다.
- 녹차, 모과차와 오미자차, 구기자차, 옥수수차 : 카테킨, 섬유소 등은 중금속이나 다이옥신과 결합하여 이들의 체내 흡수를 억제하고 배출시켜 준다.
- 녹즙 : 베타카로틴, 비타민 C 등 항산화 성분이 유해한 활성산소의 작용을 억제한다. 노폐물이나 독소, 활성산소 등을 제거하거나 이들의 배설을 촉진한다.
- 굴, 전복 : 아연이 많이 들어 있어 납과 서로 경쟁을 하기 때문에 납의 흡수를 억제시킨다.
- 클로렐라 : 매우 작은 녹조류 클로렐라는 납의 독성을 완화하고 체내 카드뮴의 축적을 억제하는데, 주요 성분인 엽록소와 섬유소, 단백질과 비타민 등이 납과 카드뮴의 체외 배설을 돕는다.

로부터 발생하는 독소가 장 점막에서 흡수되어 간으로 운반될 수 있으며 이로 인해 간의 해독력이 떨어지고 간 본래의 기능 중 하나인 혈액 속 노폐물을 처리하여 배출하는 일이 원활하지 못할 수도 있다.

최근 우리나라 사람들의 육류 섭취량은 크게 증가하고 있다. 육류는 체내에 머무는 시간이 길고 상대적으로 소화가 더디게 일어난다. 이는 육류를 소화시키는 효소의 생산이 제한되기 때문이다. 효소에 의한 가수분해가 제대로 이루어지지 못하다 보니 장에 오랜 시간에 걸쳐 머물게 되고 그러다 보니 고기류가 분해되면서 생성되는 유해 가스들이 몸 밖으로 빠르게 빠져 나가지 못해 장내에는 상처가 생기고 염증이나 용종이 생겨 암을 유발하는 악순환이 이어진다.

육류를 주로 먹는 서양 사람들은 소화가 더디게 이루어지는 육류 때문에 게실증 diverticulosis에 많이 걸린다. 게실증이란 대변이 장에 오래 머물러 부패하면서 가스를 발생함으로써 장내 압력을 높이고 이로 인해 점막에 조그만 함몰과 염증이 생기는 병으로, 배가 아프고 혈변을 보며 심한 경우 장에 구멍이 나기도 한다. 대장암이나 담석, 동맥경화, 위장병, 심근경색, 치질의 발병 원인 중 숙변도 포함된다.

숙변이 가득 차 있는 사람의 아랫배는 뭔가 딱딱한 덩어리가 만져지고 옆구리 쪽이 결리듯 아픈데, 이는 숙변으로 생성된 유해 가스가 다시 장으로 흡수되어 나타나는 증세이다. 육류 섭취량을 줄이고 식물성 채소와 과일의 섭취를 늘리는 것이 몸속 무독화를 위해 매우 중요한 조치이다. 서양인들이 최근 채소나 과일 섭취를 강조하는 이유도 바로 이런 점 때문이다. 오랜 시간에 걸쳐 체내에 머무르는 분해산물들을 가능한 빨리 배설시키기 위해서는 이를 운반해 주는 매개체가 필요하고, 그 역할을 식이섬유가 한다는 사실을 알게 되어 이를 실천에 옮기고자 채소나 과일을 많이 섭취하려는 경향을 보인다.

식이섬유가 채소나 과일에만 존재하는 것은 아니다. 미역이나 다시마, 톳, 파래, 김, 우뭇가사리, 한천 등 해산물에도 많이 함유되어 있으며 한국인은 오래전부터 이런 해조류들을 많이 섭취해 왔다. 또 김치와 더불어 나물류에도 식이섬유가 풍부한 것으로 알려

tip 바람직한 디톡스 식단

비타민과 미네랄이 풍부한 현미밥이나 잡곡밥에 미역국과 김, 그리고 아미노산, 글루타싸이온 등이 풍부한 두부, 삶은 달걀, 닭가슴살 위주로 식사를 준비한다면 유해 물질의 제거 및 활성산소의 활동을 억제할 수 있는 디톡스 식단이 된다.

져 있으며, 동양인들이 즐겨 먹는 콩과 콩 발효식품도 풍부한 식이섬유를 함유하고 있다. 이처럼 우리의 전통 식품에는 식이섬유가 풍부하여 식이섬유의 섭취가 부족해 생기는 질병으로부터 자유로웠으나, 최근 급격하게 증가하고 있는 육류의 섭취와 인스턴트식품을 비롯한 패스트푸드의 섭취 등으로 식이섬유가 풍부한 음식의 소비가 크게 감소했다.

(2) 유해 물질의 무독화 전환

유해 물질을 분해시키거나 독성을 띠지 않는 다른 물질로 전환시켜 유독성을 제거하는 방법이다. 그림 3-2에 나타낸 것과 같이 간은 해독작용을 수행하는 핵심 기관이다. 매일 혈액을 여과하면서 각종 노폐물과 유독 물질을 걸러내는 작용을 한다. 그중에는 혈액 내 세균, 내독소endotoxin, 항원-항체 복합체 및 기타 독성물질을 제거하는데, 혈액이 간을 통과하면서 독성물질이 제거되고 담즙 형태로 배출된다. 간은 콜레스테롤이나 지용성 독성물질을 함유한 담즙을 생성하고 분비시키는데 독성물질이나 노폐물이 포함된 담즙을 만들어 장으로 보내면 장에 있는 식이섬유가 이를 흡수하여 체외로 배설시킴으로써 디톡스 작용을 한다. 식이섬유가 부족하면 독성물질이 체내로 다시 흡수되거나, 장내 세균에 의해 또 다른 독성물질이 생성되어 더욱 유해한 물질로 변하게 된다.

간에서 독성물질들을 1차 중간 물질로 전환시키고 다시 무독화한 물질로 바꾸어 준 다음 대변이나 소변으로 배출하게 되는데, 이 과정에서 효소나 영양물질, 비타민, 무기

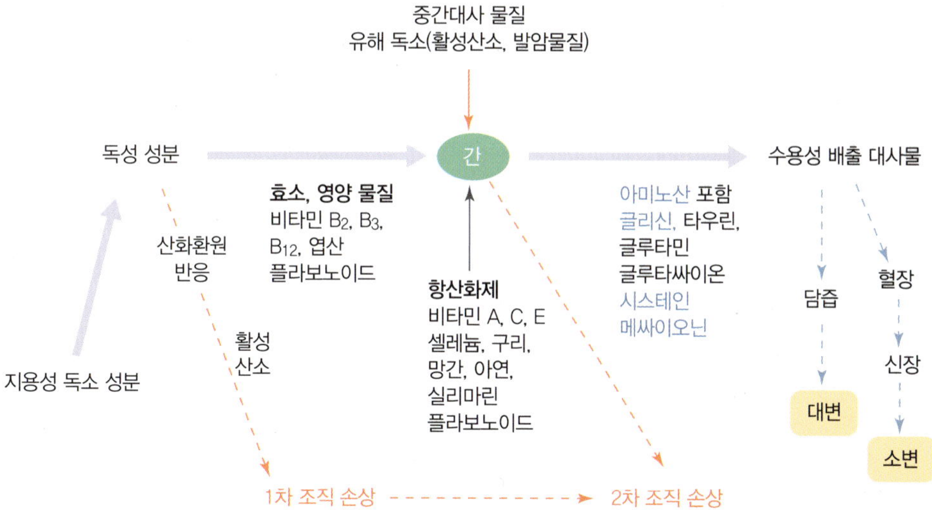

그림 3-2 간의 해독작용

질, 항산화 물질 등이 필요하게 된다.

그리고 효소에 의한 분해(단계 I, II)를 통하여 해독작용이 이루어지는데 그 과정 중 하나를 소개하면 다음과 같다.

① 1단계 해독 과정

사이토크롬 P450 계열 효소는 50~100 종류의 다양한 효소로 구성되며 각 효소들은 특정 형태의 화학물질을 해독시킨다. 해독시키는 방식은 직접 중화시켜 신장을 통해 배설하거나, 또는 화학적으로 더 큰 활성을 가진 중간물질로 전환시켜 두 번째 과정에서 다른 효소들에 의해 처리할 수도 있다. 그러나 만일 두 번째 과정에서 활성이 큰 중간물질을 처리하지 못하면 독성의 정도는 더욱 커지게 된다. 사람에 따라 사이토크롬 P450 효소의 활성 차이 때문에 해독시키는 능력에 차이를 보일 수 있다.

독성물질 —(P450)→ 부패 + 자유라디칼 (유해 물질) —(글루타싸이온)→ 글루타싸이온 다이설파이드 (무해 물질)

이러한 해독 단계에서 독성물질이 해독될 때마다 또 다른 유해 물질이 생성되는데 그것이 바로 자유라디칼free radical이다. 지방이 산패되는 과정에서 생성되는 물질이기도 한 자유라디칼은 글루타싸이온과 반응하여 글루타싸이온을 글루타싸이온 다이설파이드glutathione disulfide로 산화시킨다. 만일 체내에 유해한 독성물질이 많으면 많을수록 자유라디칼이 다량으로 생성되므로 해독시키는 데 필요한 글루타싸이온이 부족하게 된다. 1단계에서 만들어진 활성화된 중간물질을 다음 단계에서 제거하지 못하면 활성화된 중간물질의 독성은 더 강화되면서 쌓여 여러 가지 문제가 발생한다.

간에서 피를 만드는 조혈 기능이나 유해 물질을 해독하는 기능을 유지하는 데 없어서는 안 되는 성분이 바로 글루타싸이온이다. 이 물질이 부족해지면 여러 가지 간의 기능도 떨어진다.

현재 글루타싸이온은 임신 중독, 약물 중독의 해독제, 알레르기, 눈 피로의 치료약으로 쓰인다. 양파에 글루타싸이온 유도체가 많이 들어 있어 이들 유도체 성분이 간에서 활동하는 효소들의 활성화를 돕는다. 양파를 먹으면 술에 취하지 않는다거나 숙취가 없어진다고 하는 것은 글루타싸이온 유도체가 간의 해독 기능을 활발히 돕기 때문이다. 눈의 각막에서는 글루타싸이온의 소비가 많은데 이 또한 부족하면 각막이나 수정체가 흐려져 백내장을 일으키는 원인이 되기도 한다. 글루타싸이온은 중금속 같은 독성물질에 붙어서 소변이나 담즙으로 배설된다. 과일이나 채소를 통해서 섭취한 글루타싸이온이 암을 예방하는 효과도 있다.

글루타싸이온 + 중금속 (유해 물질) → 글루타싸이온 – 중금속 (무해 물질) → 소변 배출

글루타싸이온이 풍부한 식품으로는 강낭콩, 대두, 팥, 두부, 삶은 달걀, 닭가슴살, 양파, 과일, 채소 등이 있다.

그림 3-3은 우리 몸에 치명적인 다이옥신 같은 유해 물질이 세포막 안으로 흡수되지 않도록 식이섬유가 선제적으로 결합함으로써 디톡스화하는 것을 가상적 모델로 나타낸 것이다.

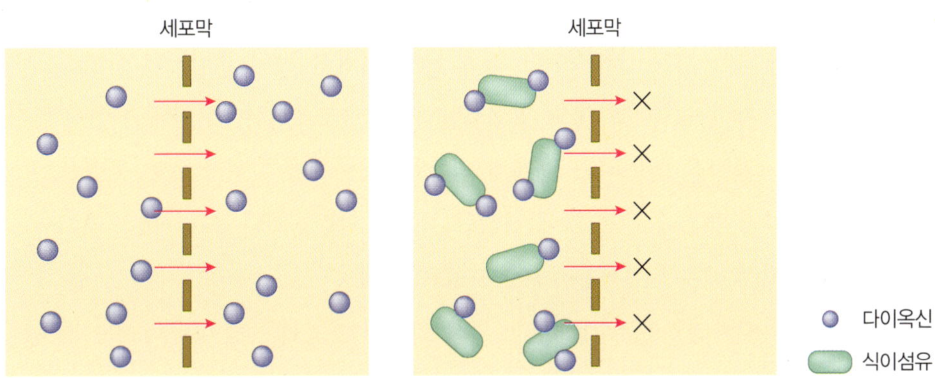

그림 3-3 가상적인 다이옥신과 식이섬유의 결합에 따른 세포막의 투과 효율

(3) 운동을 통한 디톡스

세 번째 독소 제거방법은 운동이다. 운동을 하고 나면 혈액 순환이 활발해지고 몸속 노폐물이나 유해한 독소 성분이 땀이나 소변을 통해서 배출된다. 독소나 노폐물을 몸 밖으로 잘 배출하려면 몸의 움직임이 많은 역동적인 운동보다 요가나 스트레칭같이 신체 구석구석 모든 근육의 움직임이 필요한 운동이 좋다. 이와 같은 근육 운동은 근육 내에 쌓인 노폐물이 빠르게 배설될 수 있도록 혈액 순환이 빨라지게 하고, 운동 중에

흘리는 땀을 통하여 노폐물이나 독소 성분이 빠져나가기도 한다.

운동으로 땀을 흘리는 대신 사우나에서 편안하게 땀을 흘리는 경우 피부에 대한 자극이 심하여 피부 노화를 유발할 수 있을 뿐 아니라 독소 성분보다는 우리 몸에 필요한 수분과 미네랄이 빠져나갈 수 있어 바람직한 방법이 아니다. 반면 운동을 통해 땀을 흘리면 노폐물과 분해산물 또는 독소 등이 땀과 함께 체외로 빠져나가게 된다. 땀을 많이 흘려 독소를 제거하는 경우에도 반드시 충분한 물을 섭취해야 한다.

체내의 독소를 제거하는 방법으로 물을 많이 마시는 것도 중요하다. 몸에 수분이 부족하면 몸속 노폐물과 독소가 이동 경로를 통해 신속하게 이동하지 못하고 체내에 쌓이게 된다. 수분은 체내에서 이동하는 물질의 매개체 역할을 하기 때문에 매개체가 부족하면 자연히 이동하는 물질의 이동 속도도 느려지게 된다.

더운 여름에 등산이나 격렬한 운동을 하면 갑작스럽게 많은 양의 땀을 흘리게 된다. 이런 경우 소변을 보지 않더라도 땀으로 많은 양의 수분이 몸 밖으로 빠져나가는데, 문제는 소변과 함께 밖으로 나가야 하는 유해 물질들이 빠져나가지 못하고 체내에 쌓여 더욱 농축되는 효과를 가져오는 것이다. 요로 결석은 땀을 많이 흘리는데 소변은 보지 못하는 상황이 반복되어 일어날 수도 있으므로 평소 수분을 많이 섭취해 두어야 한다. 수분은 단순히 노폐물을 운반하는 매개체 역할만 하는 것이 아니라 유해 물질을 희석시키는 효과도 있기 때문에 물을 많이 섭취하는 것이 바람직하다. 특히 땀을 많이 흘리면서 운동을 하거나 더운 여름에는 더욱 그러하다.

운동은 스트레스를 해소하는 데에도 도움이 되므로 스트레스로 인해 발병하는 질병을 예방하는 데에도 도움이 된다.

(4) 즐거운 마음으로 스트레스를 제거

스트레스는 신체적·심리적 평형 상태에 동요를 일으키는 모든 자극을 가리키며, 외적 요소와 내적 요소 모두에 의해 일어난다. 직접적으로 의식이 되는 스트레스가 있는 반면에 의식되지 않으면서 지속적으로 작용하는 스트레스도 있다. 스트레스는 반드시 부정적인 면만을 의미하지 않으며 긍정적 의미의 스트레스도 존재하나, 여기에서는 부정적 요소의 스트레스를 어떻게 무독화시키는가에 대하여 알아보기로 한다.

스트레스는 어떤 유해 물질이 아니라 시스템의 변화라고 볼 수 있으며, 그것은 자율신경계의 조화로운 움직임이 지속되지 못하는 현상을 말한다. 결국 변화무쌍한 삶은 끊임없이 발생하는 스트레스의 연속이라고 할 수 있다. 스트레스에 노출되어 있다는 것은 곧 정신적으로나 육체적으로 건강에 많은 영향을 받고 있다는 말이다. 이러한 스트레스가 건강과 어떤 관련이 있는지 살펴보기로 한다.

스트레스가 가해지면 몸에서는 민감하게 반응을 보이는데 일단 근육이 긴장하고 혈압이 오르며 심장 박동 수가 증가하면서 온몸에서 아드레날린이라는 호르몬이 분비되어 혈액을 통해 전신으로 전달된다. 그렇게 되면 전신의 기관들은 비상사태로 돌입하게 되고, 주위의 위험으로부터 자신을 보호하거나 인체에 필요한 원동력을 제공한다. 몸을 갑자기 움직이거나 이동하려고 할 때, 감정을 표출하는 등의 활동에도 필요한 에너지가 순식간에 공급된다. 몸이 적절한 긴장감을 유지하면 크게 문제가 되지 않으나 이런 자극이나 변화가 지속적으로 전달되면 체내 변화에 대응하는 능력이 떨어지고 건강에 해로운 결과들이 축적되면서 정신적인 부분뿐만 아니라 육체적인 면에서도 쉽게 건강을 잃을 수 있다. 부정적인 스트레스를 반복해서 받게 되면 몸에서는 자율신경계와 신경내분비계가 지나치게 활성화되어 적절한 신체 반응을 하지 못하는 상태가 되는데, 이는 면역계에도 영향을 미쳐 감염성 질환이나 암의 위험성에 노출되어도 스스로 극복하고 해결할 수 있는 상태를 넘어서기 때문에 건강이 악화되고 만다.

스트레스가 지속적으로 가해질 경우 이에 대한 반응 정도가 점차 느려지고 항상성이 무너지면서 신체적·정신적 질병으로 이어질 수 있다. 대표적인 질환으로는 관상동맥 질환, 고혈압, 위궤양, 십이지장궤양, 불임, 불안 장애, 우울증, 수면 장애 등이 나타난다.

스트레스를 예방하기 위해서는, 자신의 마음 자세를 바로잡아 스트레스를 조절하는 것은 물론 식생활까지도 바꾸려는 노력이 필요하다. 스트레스에 의한 신체적 영향을 스스로 조절할 수 있도록 하기 위해서는 신체의 상태를 최상의 컨디션으로 유지해야 한다. 우선 숙면으로 충분히 휴식을 취하여 다음날 활동을 위한 에너지를 공급해 줄 수 있도록 준비한다. 수면이 부족하면 다음날 자신의 능력을 발휘하기가 어렵고 그렇게 되면 또 다시 스트레스를 받게 된다.

음식을 선택하는 것도 중요하다. 예를 들면 초콜릿은 당 성분이 많이 포함되어 있어 스트레스에 대한 저항력을 떨어뜨리므로 이러한 식품들은 자제하는 것이 좋다. 흔히 스트레스를 극복하기 위하여 단 음식이나 인스턴트식품을 많이 먹는데 먹는 것으로

스트레스를 해소하려는 접근법은 바람직하지 못하다. 또 알코올이나 카페인, 담배 등도 스트레스를 풀어 주기보다는 오히려 스트레스 반응을 증가시킬 수 있으므로 절제해야 하는 음식들이다. 스트레스가 증가하고 있다고 판단되면 체내에서는 비타민이나 미네랄 등의 소모량이 많아지므로 이들 영양소를 충분히 섭취하는 것이 바람직하다. 스트레스를 해소하는 데 도움이 되는 음식으로는 비타민 C가 풍부한 딸기, 키위, 귤, 시금치, 우유, 사과, 오렌지주스, 양배추 등 신선한 과일, 신선한 채소, 녹차, 맑은 물, 생선, 저지방 육류, 현미 등이며, 마늘의 주성분인 알리신도 흥분된 상태를 진정시키고 스트레스를 해소시켜 준다. 특히 마늘은 불면증을 개선시켜 주고 비타민 B_1과 서로 궁합을 이뤄 피로 회복 효과도 탁월하며 혈중 콜레스테롤을 낮춰 혈액을 맑게 해 주므로 스트레스를 극복하는 데 큰 도움이 될 수 있다.

스트레스를 푸는 가장 좋은 방법 중에 하나는 즐거운 마음을 갖는 것이다. 긍정적인 마음은 긴장감을 극복하고 무엇보다도 마음의 여유를 갖게 하며 몸과 마음을 이완시켜 줌으로써 스트레스를 유발한 요인들을 잠시나마 잊게 한다. 스트레스를 정면으로 부딪쳐 해결하기보다는 일단 비켜서서 휴식을 취하며 생활하다 보면 마음의 여유를 가질 수 있고 삶을 관조할 수 있게 되어, 결국 스트레스를 풀어가는 지혜로운 방법임을 깨닫게 된다. 이메일을 보지 않거나 SNS를 잠시 끊기만 해도 어느 정도 스트레스를 줄일 수 있다. 끊임없이 쏟아지는 수많은 정보로 괜한 걱정까지 하게 되는 요즈음, 잠시 전화기를 끄고 좋아하는 음악을 듣는다든지 가벼운 잡지나 수필집을 읽으며 즐거운 마음을 갖는 것도 하나의 방법이 된다.

스트레스가 없는 삶을 살기는 어렵다. 하지만 즐거운 마음가짐을 통하여 인생과 삶에 낙관적 견해를 가질 수 있다면 이는 스트레스로 인한 나쁜 영향을 줄여 나가는 데 도움이 될 것이다.

(5) 침을 이용하는 방법

마지막으로 유해 물질을 디톡스화하는 데 침을 이용하는 방법이 있다. 우리가 먹는 음식 중에서 불을 이용하여 가열 처리해서 먹는 경우 맛은 있을지 모르나 오히려 많은 질병을 일으키는 원인이 되는 것도 사실이다. 지나친 가열 처리가 바람직하지 못한 독성물질, 예를 들면 다환 방향족 탄화수소, 라이시노알라닌, 벤조피렌, 아크릴아마이드,

나이트로사민 등 유해 물질을 만들어 낸다. 그래서 최근 자연 그대로를 섭취하는 방식으로 생식을 선택하는 사람이 늘고 있다.

음식을 섭취하는 것 못지않게 중요한 것은 어느 정도까지 소화 흡수하여 영양 성분을 이용하느냐 하는 것이다. 소화 과정의 첫 번째 단계가 바로 씹는 동작이다. 침을 섞어 가며 저작 활동을 하는 동안 침 속에 들어 있는 프티알린ptyalin이라는 아밀레이스amylase 계통의 효소가 녹말을 맥아당으로 분해한다. 또 침 속에는 파로틴parotin이라는 호르몬도 들어 있다.

우리가 섭취한 음식 중에는 몸에 유익한 것만이 있는 것이 아니라 해로운 것들도 있는데 침 성분 중에는 이를 퇴치하는 능력이 있어 유해한 물질을 무독화시키기도 한다. 민간요법 중에 벌에 쏘이거나 곤충에 물리거나 또는 뾰루지 같은 것이 생기면 침을 발라 주곤 하는데 이것은 마치 동물들이 싸우고 난 후 살점이 뜯기고 상처가 난 곳을 계속 핥아 주면서 오염이 되지 않게 하는 모습과 같다. 침이 독을 없애 준다는 사실을 인간은 오랜 경험으로 알고 있었던 것이다.

일본 도시샤대학의 니시오카 교수는 침의 효능을 알아보기 위하여 다음과 같은 실험을 수행하였다. 발암물질에 침을 섞어 시험관에 일정 시간 방치한 후 발암물질의 유해 정도를 조사한 결과, 30분이 지난 후에는 발암물질의 독성이 80~100%가 소멸된다는 사실을 알아냈다. 이어서 식품첨가제, 농약, 유독성 곰팡이 등 무심히 먹게 되는 유해물질에 대해서도 같은 실험을 진행한 결과 발암물질의 경우와 마찬가지로 유해성이 상당히 감소되는 결과를 보여 주었다.

침 속에 효소가 포함되어 소화에 도움이 된다는 정도의 정보를 뛰어넘어 이러한 효능이 있다는 사실을, 동양에서는 체험을 통해 알아 왔는데 이를 과학적으로 증명해 준 셈이다. 이처럼 침이 제독작용을 하므로 음식을 오래 씹으면 씹을수록 많은 침이 나오

tip 파로틴

침 속의 호르몬 파로틴을 추출한 오카라 박사는 인간이 노화하는 것은 침샘 호르몬이 결핍되기 때문이라고 주장한다. 예를 들어 어린이와 노인을 비교해 보면 쉽게 알 수 있듯이 나이가 들어감에 따라 점차 침의 분비량은 감소한다. 정신적으로나 육체적으로 피로가 심한 경우 입안이 마르는 것을 경험한 적이 있을 텐데 이는 침샘에서의 침의 분비가 젊음과 직접 관계가 있다는 반증이라 주장한다.

고 이것이 식품의 안전성을 확보하여 건강에 좋다. 침 속의 파로틴이라는 호르몬은 사람이 늙는 것을 더디게 해주어 몸이 젊어지고 피부 노화가 억제되는 효과를 제공한다.

음식을 천천히 씹으면서 많은 침이 나오도록 유도하는 것은 디톡스를 위해 바람직한 일이다. 선조들은 음식 없는 저작을 통하여 치아가 서로 맞닿도록 하였다고 한다. 이를 고치叩齒라고 하는데 이의 뿌리를 튼튼하게 하기 위해 윗니와 아랫니를 자주 마주치는 행위이다. 이렇게 하면 많은 양의 침이 나오고, 뇌 기능이 향상되며 침을 마심으로써 면역력을 높이는 효과도 있다고 한다.

tip 단식의 효과

물은 며칠만 안 마셔도 생명을 유지하기 어렵고, 음식은 한 달 정도 먹지 않는다면 체력이 바닥나 생명까지 위험해질 수 있다. 그런 이유 때문에 사람들은 단식이 위험하다고 생각하지만 야생의 동물들을 보면 단식도 생을 이어가는 하나의 방법이라는 사실을 깨닫게 된다. 동물은 아프면 한동안 아무것도 먹지 않고 조용히 안정을 취함으로써 체력을 회복한다. 몸이 스스로 극복할 때까지 내버려 둔다. 이렇게 먹지 않는 것이 병을 치유하는 특효약의 역할을 한다. 병이나 상처를 치료하는 원동력인 혈중 백혈구는 디톡스(단식) 때와 열이 날 때 활발해진다고 한다. 단식을 하는 동안 몸 안의 장기는 휴식을 취하게 되고 휴식을 통해 체내에서 정화작용이 일어나, 인체는 영양분 공급이 끊긴 상태에서 몸 안에 과잉 축적된 에너지를 소모함으로써 숙변이나 독소물질 등이 제거된다. 따라서 단식이 현대인이 앓고 있는 각종 원인 불명의 질환이나 체질 불균형으로 인해 발병하는 지병을 치유하거나 호전시킬 수도 있다.

단식은 단기간에 효과를 볼 수 있는 디톡스 방법이기는 하지만, 사람에 따라서 또는 접근하는 방법에 따라 몸에 무리가 되거나 해가 될 수도 있다. 또 체내 세포에 손상을 입힐 수도 있으므로 전문가의 지도를 받는 것이 바람직하다.

3. 장내 미생물과 변 관리

장은 소화기계를 이루는 주요 장기 중의 하나로 소장과 대장으로 구분한다. 장은 외부에서 유입된 물질들이 접촉하는 장소이며, 장 점막에는 음식물, 병원균 등 외부에서 유입된 물질과 장내 미생물 간의 상호작용이 이루어진다. 인체에 공존하는 다양한 미생물의 약 70% 이상이 장내 미생물이다. 장내 미생물은 복잡한 미생물 균총을 이루며, 상호 공생 관계를 유지하면서 숙주인 인간의 신체 기능에 영향을 미친다. 정상적인 상태에서 장내 미생물은 경쟁과 상리 공생에 의해 숙주와 일정한 상태를 유지하지만, 섭취하는 음식, 약물, 프로바이오틱스, 스트레스, 기후 같은 외부 요인과 장내 미생물 균총 간의 관계에서 발생하는 내부 요인에 의해 장내 미생물의 불균형이 발생할 수 있다.

건강한 장은 장 고유의 기능인 음식물의 소화, 흡수, 배설의 기능이 원활하고, 장내 유익 미생물과 유해 미생물의 균형이 적절하게 유지되는 상태를 말한다. 매일 배설하는 대변은 미생물의 분포 상태로 자신의 건강 상태를 가장 정직하게 드러내는 바로미터가 된다. 섭취한 음식 중 소화 흡수되지 않은 물질을 단순히 배출되는 것이 아니라 대변을 통하여 신체의 무독화를 추구할 수도 있다. 평소 자신이 어떤 상태의 변을 보고 있는지 조금만 관심을 가져도 자신의 몸에서 일어나는 다양한 변화를 예측할 수 있으므로 건강을 관리하는 데에 도움이 된다. 나아가 좋은 변을 보기 위한 노력도 가능하다. 어떤 음식을 먹어야 좋은 변을 볼 수 있는지 고민해 보아야 한다.

1) 장내 미생물

장내 미생물 균총은 연령에 따라, 사람에 따라 다르다. 일반적으로 태아 때에는 무균 상태로 존재하다가 분만 과정에서 모체로부터 전달받아 장내 미생물 조성이 형성된다. 이후 식이에 따라 미생물 균총의 다양성은 증가한다. 일반적으로 생후 1년간은 비피두스균이 풍부하게 존재하다가 이유기를 지나면 젖산균(유산균)과 바실루스*Bacillus*의 비율이 증가하고, 2~3세가 되면 장내 미생물이 다양해지면서 성인의 장내 조성과 비슷해진다. 건강한 성인의 장내 미생물 균총은 고유의 조성을 이루며 크게 변하지 않고 안정된 상태를 유지한다. 그러나 식이 및 환경적 요인의 변화는 장내 미생물 조성에 변화를 가져온다. 예를 들어 고기와 지방이 많은 음식을 자주 섭취하는 대장은 박테로이데스균*Bacteroides*이, 저지방이나 채식을 주로 섭취하는 대장은 프레보텔라균*Prevotella*이 차지하는 비율이 높다. 섭취된 식이의 영양 성분에 따라 장에서 발생하는 가스의 종류도 달라진다. 질소와 황이 많은 음식을 먹은 경우 지독한 냄새를 풍길 수 있다. 따라서 배출되는 대변의 가스 성분으로 섭취한 식이의 조성을 추정해 볼 수 있으며, 대변의 미생

tip 프로바이오틱스와 프리바이오틱스

프로바이오틱스는 우리말로 유익균을 뜻하며, 유해균의 생성을 억제하기 위해 면역반응을 향상시키는 등 건강에 도움을 주는 미생물이다. 식품의약품안전처에 고시되어 있는 프로바이오틱스는 19종이며, 그중 *Lactobacillus*와 *Bifidobacterium*을 주로 사용한다.

프리바이오틱스는 프로바이오틱스의 증식에 도움이 되고 성장을 촉진시키는 물질이다. 일반적으로 장내에서 소화되지는 않지만 프로바이오틱스에 의해 이용이 가능해지는 이눌린, 프락토올리고당, 라피노스, 이소말토올리고당과 같은 다당류를 의미한다.

물 조성을 분석함으로써 건강 상태를 체크할 수도 있다. 실제로 과거 왕의 건강을 챙기던 어의들이 이러한 방법으로 임금님의 건강 상태를 파악하였다. 이런 판단이 가능했던 것은 그만큼 변 냄새가 정직하다는 뜻이다.

(1) 장내 미생물과 면역력

'사람의 체질이 다르다'라는 말을 하는데 체질이 차이가 나는 것은 어떤 이유일까? 유전적 요인일 수도 있고 오랜 생활에 익숙해져 버린 식습관의 차이로 체내와 장내 미생물의 조성이 달라져서 생길 수도 있다.

사람의 장에는 대략 500여 종 100조 마리 이상의 미생물이 존재한다. 익숙한 비피두스균이나 젖산균 등과 같이 유익한 미생물이 있는가 하면 반대로 식중독균 또는 병원성 균으로 알려진 가스괴저균, 포도상구균, 대장균을 비롯하여 면역력이 떨어지면 병을 일으키는 기회 감염 미생물도 있다. 유익 미생물과 더불어 장에 서식하는 정상 미생물 균총은 주로 장의 활동을 돕고 변비나 설사를 예방할 뿐만 아니라 체내 면역력을 향상시켜 여러 가지 질병을 예방한다.

장의 기능을 활성화시키는 것은 장내의 여러 미생물이 모여 군락을 이루고 서로 공생하는 미생물 균총이다. 미생물 균총은 장내에 항상 존재하는 유익한 미생물과 해로운 미생물이 균형 잡힌 상태, 즉 마치 화학반응의 평형과도 같은 상태를 말한다.

아무리 튼튼한 장이라 해도 심한 중노동에 시달리면 결국 모든 반응과 작용이 둔화될 수밖에 없다. 과식이나 과음은 물론이고 스트레스가 계속 쌓이거나, 또는 유해 중금속이나 농약, 그리고 과다한 양의 식품첨가물이나 항생제 등이 지속적으로 축적되면 장내 환경은 부정적인 방향으로 움직여 나빠질 수밖에 있다. 그러면 미생물 균총의 균형은 깨져 버리고 만다. 제아무리 우수한 장이라 해도 정상적인 장의 기능은 기대할 수가 없게 된다(그림 3-4).

가지각색의 미생물들이 함께 균형을 이루고 있다가 특이한 음식을 먹거나 식중독균 같은 세균이 들어오면 환경에 변화가 생기면서 균형이 깨지고 다시 균형을 유지하려는 노력이 펼쳐진다. 항상성을 유지하려는 것은 우리의 의지에 의한 것이 아니라 자연스러운 생리적 현상이다.

만일 병원균이 몸 안으로 침투하여 들어오면 몸에서는 자체적으로 방어 시스템이 작

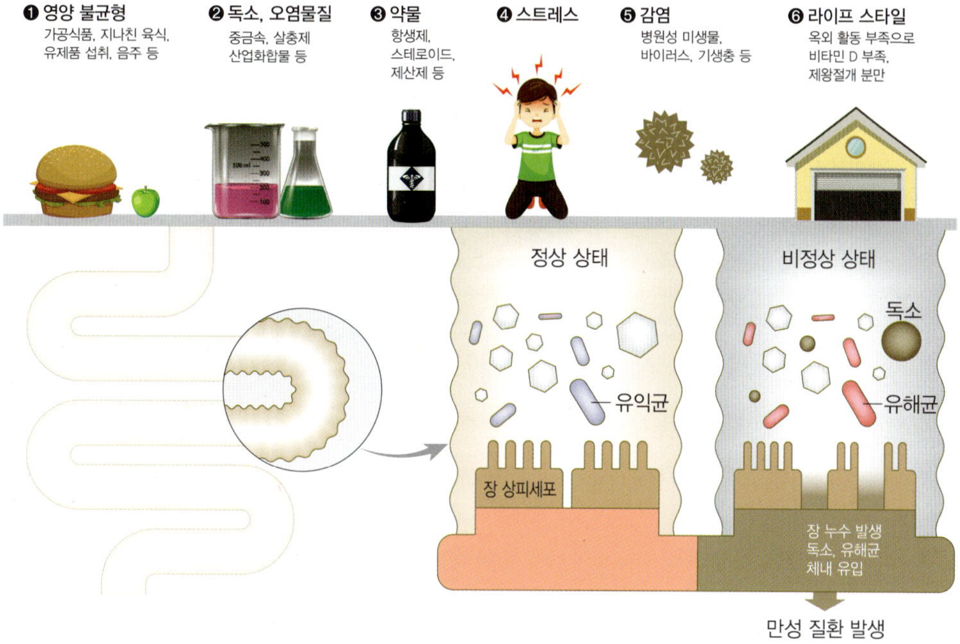

그림 3-4 외부 환경과 장내 미생물의 불균형

자료 : https://www.gfhealthmall.com/bbs/board.php?bo_table=gf&wr_id=43

동한다. 그러나 콜레라균이나 식중독균과 같은 경우 균의 수가 급작스럽게 증가되면 우리 몸은 가능한 빠른 시간 내에 이들 병원균이나 식중독균을 몸 밖으로 배출한다. 이를테면 장을 심하게 움직여서 수분이 대장 안에서 흡수될 겨를도 없이 나쁜 미생물들과 함께 바로 몸 밖으로 내보낸다. 이와 같이 설사를 통하여 장 안에 있던 병원균들이 몸 밖으로 빠져나가면 유해 미생물과 유익한 미생물 간의 균형이 새롭게 조성되고 다시 건강한 상태로 면역력을 회복할 수 있게 된다.

면역력이 약한지 강한지는 장의 건강이 좌우하는데, 그 이유는 장이 신체의 면역력을 담당하고 몸 전체의 상태를 결정하는 주요한 기관이기 때문이다. 장 속에는 수없이 많은 미생물이 살고 있는데 몸에 좋은 작용을 하는 미생물과 나쁜 작용을 하는 미생물이 함께 존재하면서 건강하고 면역력이 좋은 사람은 해로운 미생물의 수를 유익한 미생물보다 낮게 유지하여 몸을 보호하고 안정적인 상태를 유지할 수 있도록 만든다. 하지만 전반적으로 면역력이 약하고 장의 면역력 기능이 상실되어 있다면, 유해 미생물의 수가 이로운 미생물보다 상대적으로 많아지고 유해 미생물과 유익한 미생물 간의 균 분포 균

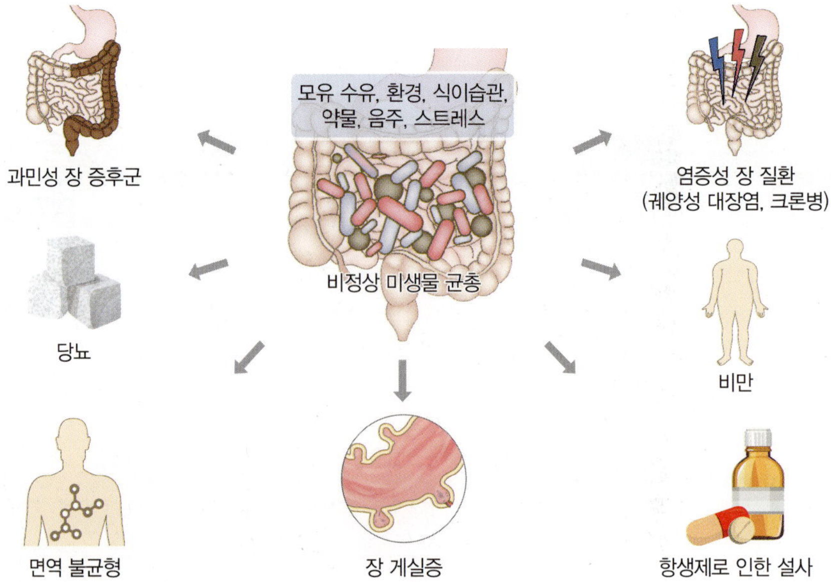

그림 3-5 장내 미생물의 불균형으로 인한 질환

형이 깨져 장의 상태가 나빠져서 영양 성분의 흡수도 제대로 이루어지지 않고 각종 면역 질환이 발생한다(그림 3-5).

오늘날에는 잘 알려지지 않은 질병까지 다양한 질병들이 많아서 건강을 유지한다는 것이 참으로 어렵다. 이 많은 질병을 한 번에 해결할 수 있는 방법은 자신의 면역력을 높이는 일이다. 그 이유는 감기나 아토피 같이 흔한 질병부터 코로나바이러스나 신종인플루엔자와 같이 우리를 위협하는 심각한 질환에 이르기까지, 이 모든 것을 이겨내려면 면역력을 키워 스스로 극복하고 치료하는 것이 가장 현명한 방법이기 때문이다.

면역 체계에 이상이 생겨 면역력이 떨어지기 시작하면 질병에 걸리기 쉽고 몸의 회복력도 약해진다. 면역력이란 바로 '외부로부터 들어온 병원균에 저항하는 힘'으로 병이나 상처로부터 자신의 몸을 지켜 건강한 상태를 유지하기 위한 능력을 말한다. 우리가 살고 있는 주변 환경은 각종 공해물질과 중금속, 잔류 농약 등 화학물질에 노출되어 있으며, 잘못된 식생활 습관과 스트레스 등의 이유로 면역력이 저하되기 쉬운 환경에 놓여 있다. 그러므로 면역력을 높이기 위한 노력이 필요하고, 근본적인 원인과 해결책을 찾아 이를 극복하기 위한 새로운 방법도 모색해야 한다.

(2) 장내 미생물과 가스

장내에 가스가 차면 더부룩하게 느껴지고 불편하다. 개인마다 차이는 있으나 일반적으로 하루에 배출하는 가스의 양은 대략 0.5~1.5 L에 이른다. 방귀 횟수도 하루 평균 8회 정도이지만 심한 경우 20회가 넘는 사람도 있다. 사람들이 가스를 배출하는 가장 중요한 요인은 섭취한 음식이다. 섭취한 탄수화물, 단백질이 당과 아미노산으로 분해되어 흡수되는 과정에서 완전히 소화되지 않은 일부 영양소가 장내 미생물들에 의해 발효되면 가스가 생성된다. 장내에서 생성되는 가스는 주로 이산화탄소, 수소, 메탄가스이며, 소량이지만 독한 냄새를 내는 황 함유 화합물도 있다. 황 함유 성분은 대부분 우유나 달걀 같은 고단백 음식을 섭취할 때 발생하는 가스 성분으로 달걀의 썩은 냄새와 유사하다.

고기류는 소화되는 데 시간이 오래 걸려 체내에 머무르는 시간이 길다. 이런 경우 장내 미생물들의 작용에 의해 고약한 냄새가 많이 나는 인돌, 스케톨 성분들이 만들어진다.

단백질 외에도 장내 가스와 관련이 깊은 음식으로는 라피노스나 스타키오스와 같은 올리고당이 많은 콩 관련 음식이 있다. 이들 올리고당은 유익균 증식에 도움을 주지만 소장에서 소화가 잘 되지 않으므로 장내 미생물들에 의해 발효되면서 가스가 생성된다. 가스 유발 인자라고 불리는 이들 성분은 땅콩에도 함유되어 있다. 밀가루 음식인 국수나 빵, 감자 또는 감자튀김, 옥수수 등 복합당질의 음식들도 완전히 소화, 흡수되지 않으면 장내 미생물들에 의해 가스가 만들어지는 원인물질이 된다.

콜라나 사이다 같은 탄산음료, 과당이 많이 함유된 일부 주스, 이성질화당을 첨가한 음료, 막걸리처럼 식이섬유가 많은 음식들도 장내 가스를 유발하는 음식이다. 막걸리의 경우 최근 가스를 유발하는 미생물을 철저히 배제시켜 제공함으로써 트림이 생성되는 것을 최소화한 제품이 소개되기도 하였다. 젖당불내증으로 젖당 분해효소가 부족한 사람들은 우유나 우유가 함유된 음식을 섭취하면 바로 설사를 하는데 설사 외에 배에 가스가 차는 증상도 생긴다.

이처럼 가스가 많이 생길 때 약을 복용하거나 스트레스를 제대로 관리하지 못하면 장내 미생물의 균형을 회복하기가 어려운 상황이 될 수도 있다. 장내 미생물의 균형이 깨지면 이런 가스들이 많이 생성되고 심지어는 이들 가스가 다시 장의 벽을 통하여 재흡수되어 다른 질병이나 신체의 불편함을 초래할 수 있다. 이처럼 장내 미생물들이 만

tip 노폐물 덩어리, 숙변

장의 길이는 식물성 식품을 주로 먹는 동양인이 서양인보다 길고 구불구불한 데다가 섬모가 나 있어 노폐물 덩어리가 잘 쌓이는데 이 노폐물을 숙변이라고 한다. 뱃속에서 발생하는 가스의 원인 중 하나가 바로 숙변인데 장 속에 오래 머무는 숙변은 장내 미생물과 만나 일산화탄소 등의 가스 배출과 잦은 트림을 유발한다. 변의 배설이 원활하지 않아 숙변의 양이 많아지면 변비가 생기고 장의 주름마다 변이 남아서 여러 질병의 원인이 된다. 숙변으로 인해 발생하는 독소가 혈액을 따라 각 장기로 퍼지게 되면 소화 장애, 두통과 같은 다양한 증상을 유발한다. 여성의 경우 기미, 여드름과 같은 피부 트러블을 일으키기도 한다.

들어 내는 불필요한 가스는 가능한 한 빨리 몸 밖으로 배출하는 것이 바람직하며, 나아가 이런 원리를 조절하여 가스 발생을 최소화하는 노력도 중요하다.

(3) 장내 미생물의 이로운 작용

인체 세포 수의 3~10배, 또는 그 이상의 많은 미생물이 장내에 살면서 다양한 외부 자극으로부터 우리 몸을 보호하는 중요한 역할을 담당한다. 건강과 장내 미생물과의 연관 관계는 갈수록 다양하게 증명되고 있다. 건강의 척도, 나아가 건강한 장의 척도는 장내 미생물의 조성과 유익한 미생물의 비율에 의해 결정된다.

장내 미생물은 항상 인체에 존재하면서 소장에서 분해되지 않은 상태로 대장으로 넘어오는 음식 소화물과 장기에서 순환되는 물질을 대사작용을 통하여 영양 성분이 혈액으로 흡수될 수 있도록 돕기 때문에 건강에 대한 영향력은 매우 큰 편이다. 인체와 미생물 집합으로 이루어진 균총은 서로 공생 관계에 있으나 경우에 따라서는 해로운 작용을 하는 균총도 있고, 한 종류의 균주가 유익한 작용과 해로운 작용을 모두 하는 것도 있다. 장내 미생물의 유익한 작용으로는 다음과 같은 것이 있다.

① 호르몬, 비타민, 효소를 합성

성호르몬은 난소, 부신 그리고 고환에서 만들어지는데 이들 외에 장내 미생물도 성선자극호르몬, 여성호르몬, 남성호르몬 등을 생성하는 데 관여한다. 장내 미생물 중에는 비타민 K, 비타민 B_{12} 같은 비타민을 만드는 데 관여하는 것도 있다.

비타민 K는 혈액을 응고시키는 데 매우 중요한 역할을 하며 장내 미생물에 의하여 합성된다. 그러나 한약제나 항생제를 계속 복용하면 비타민 K를 만들어 내는 장내 미생물이 생장에 위협을 받아 비타민 K를 만들어 내지 못하여 비타민 K 결핍증이 나타나기도 한다. 신생아의 장은 미생물이 제자리를 잡지 못하여 일종의 무균 상태이므로 비타민 K를 합성할 수가 없으므로 장내 미생물이 공급되어 어느 정도 분포될 때까지는 외부로부터 비타민 K를 공급받아야 한다.

장내 미생물이 만드는 효소의 종류는 많고 다양하다. 특히 간이 좋지 않은 사람은 간에만 신경을 쏟을 것이 아니라 장내 미생물들이 충분히 활동할 수 있는 환경을 만들어 주는 것이 중요하다.

② 콜레스테롤 대사에 관여

섭취한 음식물 중 콜레스테롤은 장내 미생물에서 생산하는 콜레스테롤 환원효소cholesterol reductase에 의하여 약 50%는 코프로스타놀coprostanol로 전환되어 배설된다. 코프로스타놀은 체내에서 소화 흡수력이 약한 편이다.

③ 혈당치, 혈압을 조절

장내 미생물은 혈당을 조절하는 데에도 일부 관여하는 것으로 확인되었다. 그뿐만 아니라 장내 미생물이 만드는 물질 가운데는 혈관을 수축시켜 혈압을 올리는 작용을 하기도 하고, 이와 달리 혈관을 확장시켜 혈압을 내리는 작용을 하는 등 혈압을 조절하는 데 영향을 미치기도 한다.

④ 단백질을 합성

단백질은 전혀 공급하지 않고 단지 탄수화물만 먹은 경우 체내에서는 필수 아미노산의 부족으로 단백질을 도저히 만들어 낼 수 없는 환경임에도 단백질을 만들 수 있다는 사실이 알려진 바 있다. 예를 들어 뉴기니 고지에 살고 있는 파푸아족의 주식은 96%가 고구마, 즉 탄수화물인 데도 근육과 골격이 발달되어 있어 과학자들을 놀라게 한 적이 있다. 왜냐하면 탄수화물은 탄소, 산소, 수소로 구성되어 있어 여기에 질소나 황이 가해지지 않으면 근육의 근본이 되는 단백질을 합성할 수 없기 때문이다. 파푸아족이 탄수화물을 주식으로 섭취하고도 단백질을 합성할 수 있었던 것은 장내 미생물 가운데 질소를 고정하는 것이 있었기 때문이다. 이 장내 미생물이 공기 중의 질소를 공급받아 단백질을 만들어 냈던 것이다.

⑤ 충치 예방에도 유용

충치 예방을 위해서는 양치질이 가장 유효하다. 이외에 충치의 원인균이라 할 수 있는 스트렙토코쿠스 무탄스*Streptococcus mutans*균의 증식을 억제하는 미생물로 엔테로코쿠스 페슘*Enterococcus faecium*이 장내에 서식하여 충치를 예방하는 데에 도움을 준다.

⑥ 침입한 외래 균에 대한 방어 및 면역

장내에 서식하는 정상적인 균총은 외부에서 침입한 미생물을 저지하고 길항물질을 생산하여, 외부에서 침입한 미생물들의 증식을 억제하거나 이들 균의 증식을 둔화시킨다. 이와 같은 방법으로 유익한 미생물의 면역 능력을 키워 침입 균에 저항하는 능력을 강화시키는 효능을 나타낸다. 이와 같은 능력을 보여 주는 것 중 하나가 바로 비피두스균*Bifidobacterium*이다.

⑷ 장내 미생물의 균형을 유지하는 방법

장내 미생물의 균형을 유지하여 면역력을 확보하기 위해서는 패스트푸드나 인스턴트 식품에 치우친 식습관은 피하는 것이 좋다. 이런 음식은 장내의 유익한 미생물이 살아남기 힘든 환경을 만들기 때문에 섭취를 줄여야 한다. 또 비피두스균과 젖산균 등 장내 미생물의 번식을 향상시키기 위해 올리고당을 먹어야 한다는 다양한 의견들이 제기되고 있다. 모두 나름의 이유가 있겠으나 무엇보다도 근본적인 것은 장내 미생물의 분포가 정상적인 분포를 유지하는 것이 중요하다. 정상적인 분포라 함은 장내 미생물들의 평형이 이루어진 상태에서 이로운 미생물들의 활동이 보다 활발한 상태를 말한다. 미생물이라고 하면 무조건 박멸해야 하는 것이라 생각하는 현대인의 지나친 청결주의도 바람직하지 못한데 이런 경우 오히려 장내 미생물 전체가 줄어드는 원인이 된다.

유해한 미생물의 수가 늘어나면 장내 면역세포는 유해한 미생물을 인지하고 신속하게 이들을 퇴치할 수 있는 살균성 활성산소를 분비해 유해한 미생물을 죽이고 제거하려 한다. 이러한 면역 메커니즘과 더불어 이로운 미생물들로 하여금 항균물질을 합성하게 해 유해 미생물 제거를 도움으로써 추가적 면역 증강력을 보인다. 평상시에는 해로운 미생물에 대한 감염이 적고, 이로운 미생물이 많기 때문에 이로운 미생물에 대한 공격을 회피하지만 면역력이 약화되면 이로운 미생물에 대한 공격이 활발해진다. 또한 약해진 면역력은 장세포의 해로운 미생물의 제거 능력을 떨어뜨려 변비와 설사를 비롯한 여러 가지 심각한 염증 질환 등이 발병한다. 해로운 미생물의 수가 폭발적으로 증가하여 이로운 미생물에 대한 무차별 공격으로 전환되면 그때는 유익한 미생물들이 담당해 왔던 면역력 보조 기능 등이 상실되어 장 건강이 나빠지고 면역력도 약화되고 만다. 따라서 장내 미생물의 분포 및 평형 상태가 잘 유지되도록 조절하는 것은, 면역력을 유지하고 건강 상태를 지속한다는 측면에서 매우 중요하다. 장내 미생물을 늘리는 데에는 다음과 같은 방법이 있다.

① 식습관이나 환경

장 속의 미생물 중에는 인체에 유용한 비타민을 만들어 주기도 하지만 어떤 미생물들은 유독한 성분을 생성하여 해를 입히기도 한다. 하지만 이런 미생물들은 서로 공생하면서 균형 잡힌 유기체를 유지해 나간다. 두 무리 중 한 무리에 해당하는 장내 미생물들의 활동이 왕성해지는 것이 식습관이나 환경을 통해서 고정될 수 있고, 경우에 따라서는 마치 유전인 것처럼 선천적으로 물려받을 수도 있다.

최근 분석 기술의 발달로 장내 미생물의 유전 정보가 밝혀져 이들의 조성에 대한 연구가 활발해졌으며, 그 결과 식습관은 장내 미생물 조성에 큰 영향을 미치는 것으로 알려졌다. 예를 들어 일란성 쌍둥이라 하더라도 식습관에 따라 장내 미생물의 조성이 달라지는데 이는 비만과 연관이 있다. 비만인 사람의 장내 미생물을 무균 생쥐에 주입한 결과 비만한 생쥐로 변하는 데 영향을 끼친다. 이는 식습관에 따른 환경적 요인이 장내 미생물 조성에 미치는 영향을 보여 준다. 만약 짜게 먹는 식습관을 가진다면 장내 미생물도 해당 환경에 적합한 조성으로 구축될 수밖에 없다. 몸을 건강하게 유지하고자 한다면, 또는 체형을 마른 방향으로 유도하고자 한다면 몸이 마르게 유도하는 미생물들이 비만을 유도하는 미생물들보다도 상대적으로 많이 분포하는 환경을 만들어 주기 위해 지속적으로 노력하는 자세가 필요하다. 미생물 수의 균형을 조절하는 것이 오랜 시간을 거쳐야 하는 것처럼 한번 균형이 깨지면 이를 복구하는 데도 많은 노력과 시간이 필요하다.

장내 미생물이나 효소들이 이처럼 비만에 영향을 미친다는 사실을 확인해 보고자 인위적으로 장내 미생물을 없애 버린 실험쥐에 서구 스타일의 고지방 식사를 먹여도 비만에 걸리지 않았다. 오히려 근육 단백질의 합성을 촉진하는 효소와 지방 분해를 유도하는 효소의 활동이 증가하였다. 이것을 보면 살이 찌는 것을 도와주는 장내 미생물이 하나도 없는 상태에서는 결코 살이 찌지 않는다는 것이다. 장내 미생물이 있는 상태에서는 비만을 유도하는 미생물들이 적은 분포일지라도 근육 합성도 억제하고 지방 분해

tip 마이크로바이옴(microbiome)

마이크로바이옴은 특정 환경에 존재하는 미생물들의 수많은 유전자 정보를 총칭하기도 하고, 이를 이용하여 추정한 특정 환경의 미생물 조성을 의미하기도 한다. 휴먼 장관 마이크로바이옴은 인체 장관에 존재하는 미생물들의 수많은 유전 정보를 이용한 장관에 살고 있는 미생물의 조성이다. 최근 휴먼 장관 마이크로바이옴을 이용하여 인체의 다양한 생명 현상 또는 질병과의 상관 관계를 밝히기 위한 연구가 활발히 진행되고 있다.

도 억제해 결국 비만을 유도했다고 볼 수 있다.

식습관은 오랫동안 내려온 집안의 식습관과도 연관이 있을 수 있고, 또는 각자 나름대로의 생활 패턴이 장내 미생물의 분포가 정착되도록 도왔을 것이다. 그러나 앞에서 살펴본 바에 의하면 비만을 극복하기 위해서 이제부터는 식습관을 완전히 바꿔 버려야 할 것이다. 비만을 좋아하는 미생물들이 더 많은 부분을 차지하지 못하도록 자신이 좋아하는 음식을 과감히 포기할 수 있어야 장내 환경이 바뀔 수 있다.

우리 조상들은 명절이나 계절이 바뀔 때면 평소 잘 먹지 않던 음식을 먹거나 씁쓰름한 음식을 상에 올렸다. 다 이유가 있는 상차림이었다. 싫어했던 음식, 손이 가지 않던 음식들과도 이제는 친해져야 한다. 선택하는 식품의 종류나 식품군을 다양하게 바꾸어 건강을 유지할 수 있도록 해야 한다. 식습관을 확립해 나간다는 것은 어떤 의미에서는 지루한 싸움이기도 하다.

② 항생제 활용

가능한 항생제를 먹지 않도록 한다. 항생제는 유해 미생물과 더불어 장내 유익한 미생물들도 대부분 죽여 버린다. 유해한 미생물을 죽이는 것은 괜찮지만 유익한 미생물까지 손상시키면 결국 몸의 저항력이 떨어진다.

우리는 병을 치료할 목적으로 항생제를 복용한다. 현재 우리나라 사람들의 항생제 노출은 매우 심각할 정도로 향후 어떤 질병도 치료되지 않는 상태가 될 수도 있음을 우려하는 지경에 이르렀다. 항생제는 몸에 해가 되는 미생물들을 죽일 목적으로 먹지만 정상적인 미생물, 다시 말하면 유익한 미생물들도 죽일 수 있다. 항생제가 정상적인 장내 미생물을 죽임으로써 알레르기성 천식 증상을 심하게 할 수 있다는 연구 보고가 있으며, 캐나다 밴쿠버대학 연구팀의 쥐를 대상으로 한 연구 결과에 따르면 스트렙토마이신과 반코마이신 같은 항생제가 생 초기 알레르기성 천식 증상의 발병 위험을 높이고 증상을 심하게 할 수 있는 것으로 나타났다. 많은 종류의 항생제에 노출된 아이들에게 알레르기성 천식이 발병할 위험이 높다는 것은 이미 잘 알려진 사실이며, 이 연구 결과를 통해 입증된 셈이다. 여기서 언급한 생 초기는 바로 건강한 면역계를 구축하는 데 있어서 결정적 시기를 말한다.

③ 모유

건강한 면역계를 구축하는 일은 어려서부터 해결되어야 하는 문제이며, 모유를 먹고 자라는 것이 섭취된 영양의 흡수와 체내 면역계 발달을 돕는다는 사실은 바로 체내 건강에 이로운 미생물 성장과 관련이 있다. 연구 결과 모유를 먹으면 설사가 줄고 독감과 호흡기 감염 위험이 낮아지며 알레르기와 제1형 당뇨병, 다발성 경화증 및 기타 질환의 향후 발병 위험을 낮추는 것으로 나타났다. 모유를 먹는 것이 장내 미생물 환경을 건강하게 만들어 이들 질환 중 일부 예방에 간접적인 도움이 되는 것으로 알려졌다. 미국의 듀크대학 연구팀은 《Current Nutrition & Food Science》 저널에서 밝힌 연구 결과에서 왜 모유를 먹여 아이를 키우는 것이 분유를 먹이는 것보다 감염과 각종 질병으로부터 아이를 보호하는 데 효과적인지 규명하면서 우유와는 달리 모유가 체내 이로운 바이오필름의 건강한 군집화를 촉진한다고 하였다.

④ 젖산균

소변과 대변은 서로 비슷한 것으로 알고 있지만 대변은 음식물이 분해, 흡수되고 남은 찌꺼기와 가스, 장내 미생물 및 체내에서 생성된 노폐물 등 여러 가지 분비물 등으로 되어 있는 반면에, 소변은 방금 전까지도 혈액의 형태로 몸속을 돌던 것으로 대변과는 달리 혈액이 신장에서 걸러진 후 뇨관을 통해 방광에 머물렀다가 배출되는 것이기 때문에 혈액보다도 깨끗하다. 건강한 사람의 소변은 완전히 무균 상태인 데 반하여 대변에는 각종 미생물들이 우글거리는 상태로 이로운 미생물과 더불어 유해 미생물도 존재한다. 유익한 미생물 중 하나인 젖산균은 젖산(유산)을 만들어 낸다. 장내에서 자주 발견되는 젖산균은 락토바실러스*Lactobacillus*, 스트렙토코쿠스*Streptococcus*, 비피도박테리아*Bifidobacteria* 세 가지 종genus이다. 젖산균이 생성하는 젖산의 pH를 떨어뜨려 유해 미생물의 성장을 억제하고, 이들을 통해 장내 미생물의 균형을 유지하는 기능을 하며 장내 찌꺼기를 분해하여 배설을 돕는다. 섬유소 분해 과정 중 생리활성물질을 생성하며 이것이 장운동을 촉진시킨다.

젖산 발효음식인 김치나 요구르트 등은 정장작용을 통해 도움을 줄 수 있다. 젖산균 음료의 경우 대부분 pH가 낮은 위에서 젖산균이 죽기 때문에 장까지 안전하게 내려가기 위해서는 젖산균에 이중의 벽을 쌓아 강한 산에 노출되더라도 이중벽이 조금씩 벗겨지면서 젖산균은 손상되지 않도록 할 수 있다. 이런 미세캡슐 기술은 특허를 통하여 기술 확보가 되어 제품에 활용되고 있다. 최근 연구에 따르면 살아 있는 젖산균뿐만 아니라 이미 죽어 버린 젖산균도 장내 건강 및 면역 증진에 도움을 준다는 보고들도 있다. 젖산균이든 젖산균이 죽어 버린 것이든 몸에 유용하므로 젖산 발효식품을 통하여 장내 미생물의 균형을 유지해 나갈 수 있다.

⑤ 기타

충분한 수면을 취하거나 과식보다는 소식을 통하여 몸이 스스로 추스를 수 있는 환경을 제공하는 것도 중요하다. 일반적으로 낮시간 동안 활동할 때는 아무래도 근육 활동을 많이 하게 되며, 활동이 활발한 부위 쪽으로 먼저 혈액을 공급한다. 과식하였을 때도 마찬가지로 위 주변에 혈액을 보내 소화에 전념할 수 있도록 한다. 그러나 잠자는 시간이나 굶어서 소화시킬 필요가 없을 때에는 혈액을 공급하여 활동을 지원할 필요가 없으므로 상처 난 부위의 세포를 치유하거나 피로물질이 쌓인 조직의 노폐물을 정화하는 데 혈액을 공급하기 때문에 스트레스를 받지도 않거니와 면역 기능도 보완되어 장내 미생물의 균형이 정상적인 방향으로 움직이게 된다. 즉, 유해한 미생물이 많이 생길 수 있는 요인이 차단되어 해로운 미생물 세균이 증식하기가 어려워지는 것이다.

이외에도 음주량을 줄이는 것이 바람직하다. 과음을 하게 되면 간의 해독작용을 위해서 많은 혈액이 필요한 것은 물론, 알코올로 인하여 장내 미생물들이 살아가는 환경이 망가지게 되고 그로 인해 아랫배가 차가워진다. 배 주위의 체온이 내려가면 설사를 자주 하고, 독한 냄새의 방귀를 많이 뀐다. 술은 장내 미생물들이 환영하는 물질이 아니다. 항생제와 마찬가지로 장내 미생물들이 싫어하는 물질 중의 하나이다. 음주 후 배가 차거나, 음식을 먹다가 체한 경우도 마찬가지인데 무엇보다도 배를 따뜻하게 하여 장내 유익한 미생물들이 활동할 수 있는 환경을 만들어 주는 것이 좋다. 배가 따뜻하면 유익한 장내 미생물이 서식하기 편하다. 배가 아플 때 배를 따뜻하게 해주면 배의 통증이 괜찮아지는데 이는 일종의 뜸 치료를 받는 것과 다름없다.

2) 대변의 특성

(1) 구성분

대변은 수분이 70%를 차지하고 9~15%가 장내 미생물로 인체에 유익한 비피두스균도 포함되며 대장균*E.coli*, 황색포도상구균*Staphylococcus aureus* 등의 식중독균이나 콜레라균과 같은 병원성 세균들이 포함되기도 한다. 그 외에 소화되지 않은 음식물 찌꺼기, 장벽에서 떨어져 나온 세포, 소화액으로 장 점막에서 생성된 노폐물 덩어리 등으로 구성되어 있으며, 미량이지만 독성물질이나 중금속 등도 포함된다.

수분은 몸의 상태나 섭취한 물질에 따라 차이가 있는데 수분의 양이 40~60% 정도밖에 안 되면 변이 굳어져서 배변하기 어려워 변비가 되고, 반대로 수분이 80% 이상으로 많으면 묽은 상태로 설사를 한다.

(2) 대변의 색과 냄새

건강한 변은 대체로 황갈색에 적당한 굳기를 가졌으며 지독한 냄새가 나지 않지만, 일반적으로 느끼지 못하는 질병이 몸에 생기거나 익숙하지 않은 음식을 섭취하면 변의 색깔과 냄새만으로도 건강에 이상이 있음을 예상할 수 있다(그림 3-6). 예를 들어 검정색이나 검붉은색의 변, 회색이나 흰색을 띠는 변, 냄새가 아주 지독한 변, 가는 변, 물에 뜨는 변, 그리고 상한 음식이나 기름진 음식을 먹고 복통이나 설사를 하는 것 등 다양하다.

대변은 정직해서 그날그날 섭취한 음식물에 따라, 그리고 인체의 건강 상태에 따라 아주 특이한 색깔을 띤다. 건강한 상태라면 노란색이나 황갈색을 띠지만, 특이 성분을

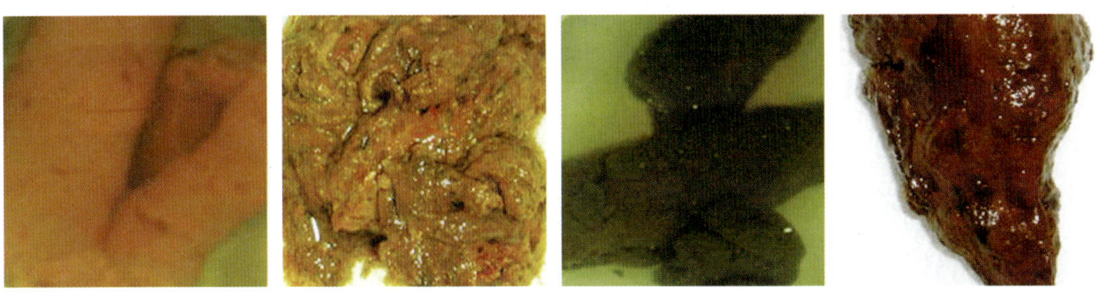

황금색의 바나나 모양, 냄새가 약함. 건강한 변 | 약간의 설사형, 냄새 독함. 변보기 전 힘들고 어지럼증 약간 | 진한 녹색, 냄새 약간 독함. 변 보기 전 배가 더부룩하고 복부 팽창감 | 진한 고동색, 냄새 약간 독함. 가스가 찬 듯한 느낌

그림 3-6 다양한 변의 모습

섭취한 경우에는 녹색을 띨 수 있으며 우유를 많이 마시면 하얀 빛을, 토마토나 딸기 등 붉은색 식품을 많이 먹으면 붉은 변이 나오는 경우도 있다. 평소와는 달리 검붉다거나 유난히 끈적거리는 변이 나온다면 위나 장에 이상이 생겼다고 의심해 볼 수 있다. 모든 검은색 변이 건강의 적신호를 나타내는 것은 아니다. 빈혈 치료를 위해 철분 제제를 복용하거나 육류를 많이 먹어도 검은 변을 볼 수 있다. 변 속에 음식찌꺼기보다 점액질이나 피가 많이 섞여 나오는 것이 며칠 계속 되면 진료를 받아 보는 것이 좋다.

매일 자신의 변을 관찰하면서 색이나 냄새, 형태, 굵기 등을 파악하는 것은 매우 중요하다. 오장육부 중 어느 부위가 기능이 좋지 않은지 그 가능성을 짐작할 수 있기 때문이다. 가늘고 길면서 푸른색을 띨 때는 간이 안 좋을 가능성이 높으며, 이런 경우에는 매운맛 성분의 음식은 피하는 것이 좋다. 붉은색이면서 파편처럼 흩어져 나올 때는 심장과 소장에 이상이 있는지 의심을 해야 하고 우선 심장의 부담을 줄이기 위해 짠 음식을 피한다. 누렇고 응집력이 없을 때는 위나 비장이 안 좋을 수 있으므로 신맛의 음식을 삼간다. 보통 설사나 콜레라 등 대장과 관계된 병에 걸려 있을 때도 변이 흰색을 띠는데 이때는 매운 음식을 먹는 것이 좋다. 대장균(예 : *E.coli* O157) 중에는 장의 벽을 뚫어 버릴 정도로 치명적인 세균이 있는데, 고춧가루나 고추장 속에 들어 있는 캡사이신 성분이 이런 균마저도 자라지 못하게 탁월한 항균 효과를 보이기 때문에 매운맛 성분을 섭취하는 것이 바람직하다.

변 냄새의 주범은 암모니아이다. 암모니아는 간 질환 환자의 변 냄새에서도 많이 나타나며 간성혼수를 일으킨다. 암모니아 외에도 달걀 썩는 듯한 냄새인 황화수소는 적은 양이면 두통 정도로 끝나지만 양이 많아지면 혼수 상태 또는 사망에 이르는 등 치명적인 가스 성분이다. 장내 미생물이 만드는 발암물질 중 하나인 페놀 성분은 물론, 양파가 썩는 듯한 악취를 풍기는 스케톨과 인돌은 암을 일으키는 원인이 되기도 한다. 또 쓰레기 매립지에서 오랜 시간이 지나면서 발생되는 메탄가스도 포함된다. 이런 성분들이 복합되어 참으로 감당하기 힘든 냄새 성분을 유발하게 된다.

변에서는 여러 가지 다양한 냄새들이 풍기는데 기숙사나 군대 같이 공동생활을 하면서 일정한 음식을 함께 먹고 생활하는 경우 다른 사람의 변 냄새에 상당히 둔감한 양상을 보인다. 이는 그만큼 다른 사람의 변과 거의 유사한 내용물을 배설함으로써 타인의 변 냄새에 큰 차이를 느끼지 못하고 익숙해져 있기 때문이다. 또 건강 위주의 식사

> **tip 육류 위주의 식생활과 대변**
>
> 육류 위주의 식생활을 하면 대변이 장에 머무르는 시간이 길어지면서 담즙산 등 독성물질의 분비가 촉진되어 장의 점막 세포가 손상되기 시작하고 나아가 대장 점막에 암을 유발하게 된다. 대장의 건강을 위해서 기름진 음식의 과다 섭취를 피하고 규칙적인 운동으로 정상 체중을 유지하며, 정제되지 않아 섬유질이 많은 곡류, 채소와 과일 등을 듬뿍 섭취하는 것이 바람직하다. 아울러 정기적인 검사를 게을리해서는 안 된다.

를 하여 변 냄새가 순한 탓도 있다. 하지만 외식이 잦아지고 육류 섭취의 빈도가 증가하면서 상황은 달라진다. 동물성 식품을 많이 먹게 되면 변의 냄새가 매우 역겨워진다. 이외에도 위염이나 위암과 같은 질병을 앓는 사람, 또 항생제와 같은 약을 많이 먹는 환자의 경우도 변의 냄새가 몹시 심하고 역할 수 있다.

변의 냄새는 사람 몸에서 나는 냄새와도 무관하지 않다. 스님들이 고기를 안 먹고 주로 채식을 하며 마늘도 먹지 않는데, 이는 산속의 짐승들을 만났을 때 평소 채식을 주로 하면 몸에서 풀 냄새 등 자연의 냄새와 별 차이가 없는 냄새가 나기 때문에 짐승들에 쉽게 노출되지 않지만, 육식을 하면 그 냄새가 독특하여 표적이 되기 때문에 일부러 피한 것이라고 한다. 나름 일리가 있는 이야기 같다.

이처럼 변에서 다양한 냄새가 유발되는 것은 먹는 음식에 따라서, 또는 장에 존재하는 미생물의 종류, 분포 상태 그리고 그 수에 따라 다르다. 저녁에 술을 많이 마시고 그 다음날 변을 보면 시큼한 술 냄새까지 풍겨 나온다. 또, 채식을 위주로 하는 사람의 변에서는 냄새가 미미하게 나는 데 비하여, 육식을 하는 사람의 변에서는 앞에서 언급한 각종 물질의 썩는 냄새가 지독하게 난다. 썩는 냄새나 독한 냄새들은 주로 동물성 단백질을 많이 섭취한 뒤 소화가 천천히 이루어지고 장내 체류시간이 길어지면 특히 많이 생성된다.

(3) 대변의 모양

대부분의 엄마들은 아기의 배변 상태를 보거나 냄새를 맡아보기도 하고, 모양을 살펴 아기의 건강 상태를 짐작한다. 그만큼 변의 모양, 냄새, 굳은 정도, 색깔에 따라 사람의 건강 정도를 어느 정도 파악할 수 있기 때문이다. 성인의 경우도 마찬가지이다. 그러면 건강한 변은 어떤 모양일까?

우선 노란 빛깔을 띤 바나나 모양으로 한 번에 쑥 나오는 변을 꼽을 수 있다. 어른들이 보는 변의 색깔이 검은 갈색인 반면, 아기의 변은 거의가 노란색을 띠고 있다. 스님의 변도 노란색을 띤다고 하는데, 육식보다는 채식 위주의 생활을 하기 때문으로 여겨진다. 물론 많이 걷고 바른 생각을 하는 삶의 방식도 영향을 끼쳤을 것이다.

변비나 설사처럼 변의 모양이 뚜렷한 경우도 있으나 변은 그 모양에 따라 특성이 다르기도 하다. 딱딱한 덩어리의 변, 토끼 똥처럼 동글동글하고 딱딱한 변, 바나나 모양으로 약간 구부러진 매끄러운 변, 무르게 반죽한 밀가루 모양의 변, 진흙처럼 끈적끈적한 모양의 변, 완전히 액체 같은 변 등 형태와 색깔을 보고 건강을 진단할 수 있다.

성인의 경우 육식을 많이 섭취하고 여러 가지 스트레스로 정신적으로 불안정한 경우 변이 검은 갈색을 띠는 경우가 많다. 반면, 매일 토끼 똥 모양의 변을 보는 사람은 장이 흥분해서 경련을 일으킨 결과로, 변이 아래로 잘 밀려 내려오지 못하기 때문에 토끼 똥 같은 변을 보게 된다. 위나 장에서 생기는 경련은 배에 가스를 차게 만들어 아프고 두통이 뒤따르기도 하며 힘을 주어도 변이 제대로 나오지 않는다.

변의 모양이나 굵기는 섬유소의 섭취량에도 많이 좌우된다. 난소화성 식이섬유는 변의 크기와 양에 영향을 미치는 인자로, 채소류를 많이 먹는 동양 사람의 변 굵기는 서양 사람에 비하여 굵은 편이다. 대변은 어느 정도 굵기를 가져야 장벽에 축적된 찌꺼기까지도 제거할 수 있어 청결한 장을 유지할 수 있다. 과일이나 채소의 섭취를 늘려야 하는 이유가 바로 이런 효과를 기대하기 때문이다. 이런 현상은 싱크대와 연결되어 있는 호스관을 보면 쉽게 알 수 있다. 오랫동안 청소를 하지 않고 방치하면 많은 찌꺼기들이 끼어서 관의 내경이 좁아지는 것과 마찬가지이다. 이럴 때 호스관 내벽을 말끔히 청소해 주면 하수도로 물이 잘 빠지는 것과 같이 사람의 장도 굵은 변을 보지 못하는 사람들은 장을 청결한 상태로 유지할 수가 없다. 결국 영양소의 흡수가 원활하지 못하여 각 조직에 영양 성분을 제대로 공급하지 못하니 건강을 유지하기가 어려워진다. 다이어트를 하는 사람의 경우 변의 양이 적어 배변을 통해 충분히 장을 청소해 주지 못하는 문제가 있으므로 이를 신경 써야 한다.

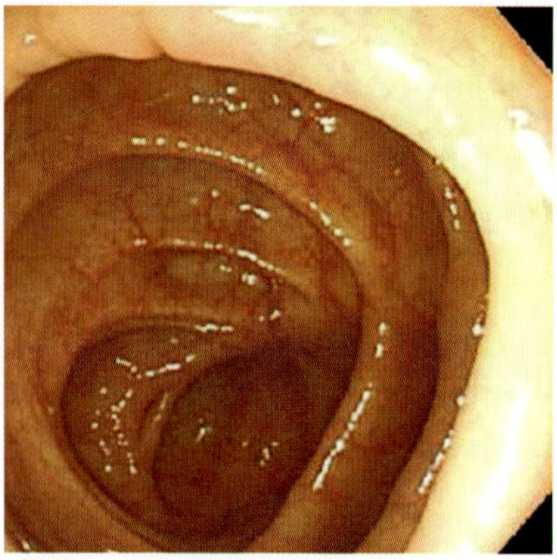

그림 3-7 깨끗하게 청소된 대장 안의 모습

대체로 체격이 마른 사람의 장이 건강하지 못한 경우를 많이 보이는데 이것은 장 관리를 제대로 하지 못한 탓이다. 따라서 변의 굵기와 더불어 크기(양)가 어느 정도 유지될 수 있도록 음식을 선택해야 그림 3-7에서 보는 바와 같이 장의 청소가 원활해지고 영양소의 섭취도 잘 이루어진다.

(4) 배변의 양과 횟수

배변의 양과 횟수는 어느 정도가 적당할까? 일반적으로 여성은 남성에 비해 배변량과 횟수가 적으며, 여성 호르몬의 작용 때문에 폐경 전의 여성은 횟수가 더 적은 편이다. 정상인도 운동을 심하게 하거나 스트레스가 쌓이면 대장에서 수분 흡수가 잘 안 되어 대변 양이 늘어나기도 한다. 미국인이 하루에 섭취하는 섬유질의 양은 30 g 정도이고 변의 양은 150 g인 데 비해, 아프리카 사람들은 하루에 보는 변의 양이 250 g쯤 되며, 감자와 고구마를 주식으로 하고 있는 파푸아뉴기니족은 1 kg 정도에 이른다는 보고가 있다. 부유한 선진국에는 변비 환자가 많고 가난한 후진국에는 변비 환자가 적게 나타나는 것도 바로 이런 식습관에서 유래한다.

일반적으로 하루에 300 g 정도의 배변이 적당하다. 이것은 일반 성인의 경우 직경이 2 cm 정도에, 길이가 30 cm가량으로 작은 바나나 2개 정도 크기에 해당된다. 하루에 한 번 정도 배변을 한다면 아주 건강하다고 볼 수 있다. 최소한 2~3일 이내에 한 번은 변을 보아야 하는데 너무 날짜 간격이 길어지면 과일이나 채소의 섭취를 늘리는 것이 바람직하다.

(5) 대변은 건강의 바로미터

대변의 냄새는 건강의 바로미터이다. 변을 볼 때마다 변의 냄새를 맡고 눈여겨 관찰하면 어느 정도 자신의 건강을 확인할 수 있다. 내 신체에 다른 이상이 없는지, 또는 몸 안에서의 장내 미생물들이 균형을 제대로 이루고 있는지 여부를 확인하는 방법이다. 다른 어떤 검사보다도 확실히 알 수 있는 방법이 아닌가 싶다.

우리가 먹은 음식이 변이 되어 나오는 것은 평범한 진리이다. 그렇기 때문에 건강을 유지하기 위해서 잘 먹는 일보다 잘 배설하는 일이 더 중요할지도 모른다. 배설이 정상적으로 이루어지지 못하면 몸에 이상이 생긴 것을 알려 주는 징표가 된다. 따라서 건강한지 여부는 일차로 변의 모양이나 색깔만으로도 충분히 확인할 수 있다.

대변은 결코 거짓말을 할 줄 모르는 우리 몸의 건강 지표이다. 건강한 사람의 변은 건강한 생활과도 관련이 있다. 대변이나 소변을 그저 단순한 배설물로만 간주하지 말고 주의 깊게 관찰하는 것이 건강을 유지할 수 있는 첫걸음이다. '똥을 잘 싸는 사람이 건강하다'는 이야기는 잘 알려진 사실이다. 잘 먹는 것 못지않게 잘 싸야 건강하다는 사실은 예나 지금이나 변함이 없다. 매일 변의 모양이나 색깔, 냄새 등을 유심히 관찰하다 보면 나 자신의 건강 상태를 바로 알 수 있다. 매일 자신의 변을 보고 냄새를 맡고 형태와 색깔을 기록한 다음 12시간 전에 자신이 먹었던 음식을 적어 자신의 건강 상태와 비교하면서 변일기를 쓰고 디지털카메라로 찍어 기록을 남겨 둔다면 어떤 의학기록부보다도 정확한 정보를 제공할 것이다. 술을 많이 먹은 다음날, 자신의 변이 이전 변의 모습과는 다른 형태를 띠고 있음을 알 수 있고, 또 주말에 집에서 식사를 하였을 때는 비교적 건강한 변의 모습을 볼 수 있는 데 반하여 외식으로 또는 간단하게 대충 식사를 하였을 때는 건강한 변의 모습과는 현격히 다르다는 것을 확인할 수 있을 것이다.

어디 그뿐인가, 컨디션이 좋지 않을 때는 여지없이 건강치 못한 변을 보게 된다. 자신이 먹은 음식이나 건강 상태에 따라 거짓말을 하지 않는 변의 모습을 보고 지속적으로 변을 관찰하는 등 관심을 쏟으며 생활 습관을 바꾸어 나가는 것이 바람직하다.

어떤 음식이 몸에 좋은지는 사실 대부분의 사람들에게 적용될 수 있는 것이지 반드시 나에게도 적용된다고 단정할 수는 없다. 내 몸의 체질, 유전자적 특성, 면역 체계 시스템, 컨디션 등에 따라 달라질 수 있다. 남들에게 좋다는 음식이 나에게는 건강한 음식이 아닐 수도 있으며 경우에 따라서는 고통을 안겨 주기도 한다.

우리 조상들이 오랜 세월에 걸쳐서 자연 속에서 음식 재료를 선택하면서 직접 먹어보고 독인지 아닌지를 판단하여 안전한 식품으로 받아들여 오늘에 이른 것처럼 자신의 변을 보고 나에게 맞는 음식인지를 확인하는 것은 중요한 일이며 그것이야말로 진정한 변 관리라고 할 수 있다.

tip 방귀의 양과 음식

방귀의 양은 장의 건강 상태와 관련이 있다기보다는 섭취한 음식의 종류와 관련이 있다. 예컨대 콩류, 유제품, 감자, 밀, 빵의 효모, 양배추, 매운맛이 나는 양파, 마늘, 파 등도 많은 양의 가스를 만들어 낸다. 탄산음료에 섞인 탄산도 영향을 미치므로 방귀의 양이 지나치게 많다고 생각되면 이와 같은 음식은 가급적 피하는 것이 좋다.

4. 식품과 알레르기

1) 알레르기의 정의

알레르기allergy라는 용어는 1906년 오스트리아 빈의 소아청소년과학자 Clemens von Pirequet이 처음 사용하였다. 인체는 내부에 존재하지 않는 물질은 모두 생체이물xeno-biotics로 판단하여 이물질이 몸 안으로 들어오면 이를 제거하기 위해 다양한 작용을 수행한다. 이와 같이 이물질이 특정 세포, 또는 면역세포에 의해 생성된 항체antibody나 세포 사멸세포 등에 의해 제거되는 것을 면역작용immune reaction이라 한다. 면역작용은 이물질로부터 우리 몸을 보호하는 긍정적인 작용을 말하는데, 특정 사람에게서 일반적으로 무해한 물질에 과도하게 면역작용을 일으켜 피부, 생체 내 국소 등에 염증이 생기거나 심한 경우 쇼크를 유발하는 등의 면역학적 과민반응hypersensitivity을 나타내는 경우가 있는데 이를 알레르기라고 한다. 알레르기를 일으키는 원인물질을 알레르겐allergen 또는 항원antigen이라 하며, 알레르겐으로는 음식뿐만 아니라 약품, 화장품, 꽃가루, 먼지, 가축의 털, 곤충 등 종류가 매우 다양하다.

식품 알레르기란 특정 식품을 섭취한 후에 발생하는 이상반응 가운데 면역계의 과민반응을 말하며, '식품 과민성'이라고도 한다. 식품 알레르겐은 식품 성분 중 일반적으로 10,000~70,000 dalton의 분자량을 갖는 당단백질로 산이나 열, 효소 등에 의해 잘 분해되지 않는 특징을 갖는다. 그러나 식품에는 구조적으로 매우 안정적이지만 알레르겐으로 작용하지 않는 분자들도 많으며, 구조적으로는 매우 불안정하지만 알레르겐으로 작용하는 단백질도 있다.

2) 식품 알레르기를 일으키는 식품

일반적으로 식품 알레르기는 성인보다는 소아에서 더 많이 발생한다. 대부분 출생 후 1~2년쯤 많이 발생한다. 소아의 식품 알레르기 유병률은 5~8%로 알려져 있고, 성인은 약 1~2%를 나타낸다. 소아의 유병률이 높은 이유는 위장관이 미숙하여 식품을 완전하게 소화하지 못하고 고분자물질을 그대로 섭취하기 때문이다. 일반적으로 5세가 되면 달걀, 우유, 밀, 대두에 의한 알레르기는 잘 일어나지 않게 되고, 성인이 되면 치유되는 경우가 대부분이지만 때로는 특정 식품에 알레르기를 계속 일으키기도 한다.

우리나라는 2004년부터 공산품에 대한 주요 알레르기 유발 식품 표시제가 법제화되어 시행되고 있으며, 2015년 4월 이후에는 식품의약품안전처가 고시한 「식품 등의 표시기준」에 따라 18종(이 중 1종은 식품첨가물)의 알레르기 유발 식품을 표시하고 있다. 난류(가금류에 한함), 우유, 메밀, 땅콩, 대두, 밀, 고등어, 게, 돼지고기, 복숭아, 토마토, 아황산류(이를 첨가해 최종 제품에 이산화황으로 10 mg/kg 이상 함유), 호두, 닭고기, 쇠고기, 오징어, 조개류(굴, 전복, 홍합 포함) 등이다. 소비자가 스스로 알레르기 유발 식품을 피할 수 있도록 18가지 알레르기 유발 식품을 식품 제조 과정에서 원료로 사용하였거나 같은 생산 라인을 이용한 경우 함유량과는 관계없이 해당 재료명을 반드시 식품 포장지에 표시하도록 규정하고 있다.

우리나라에서는 우유, 달걀, 콩, 땅콩 등이 알레르기를 잘 일으키는 식품으로 알려져 있다.

우유 유아의 2% 정도가 우유 알레르기를 보인다. 대부분 생후 6개월 이내에 발생하는데, 이는 신생아 초기에는 소화기계 기능이 미숙하여 알레르기 유발 성분에 더 민감하게 반응하기 때문이다. 우유 알레르기가 있는 유아는 산양유나 염소젖에도 예민하게 반응한다. 2~4세가 되면 대부분 자연 치유된다. 알레르기 정도는 가벼운 불편함에서 설사·구토·복통·소화불량 등의 소화기 장애, 천식·기침·코막힘과 같은 호흡기 장애, 습진 등 매우 다양하다.

달걀 달걀 알레르기도 주로 영유아에서 발견된다. 원인물질은 달걀흰자위의 단백질인 오보뮤코이드ovomucoid와 오보알부민ovalbumin으로 알려져 있다. 만 5세 이하이거나 가족력이 있는 경우, 아토피성 피부염을 앓는 어린이가 달걀 알레르기를 나타내기 쉽다. 주요 증상은 얼굴이 붉어지거나 입술, 얼굴, 목 등이 붓는다.

밀가루 밀가루에서 알레르기를 일으키는 물질은 글루텐gluten이며, 이는 보리, 귀리, 호밀에도 들어 있다. 다만 밀보다 호밀, 보리, 귀리의 알레르기 유발 능력이 떨어진다. 밀 알레르기는 주로 어린이에게서 나타나고 성인이 되면 대부분 치유된다. 밀 알레르기가 있으면 글루텐이 포함되지 않은 곡류를 선택하여 섭취해야 한다.

견과류 땅콩, 호두, 아몬드 같은 견과류도 알레르기를 일으킬 수 있다. 땅콩에는 아글루티닌agglutinin이라는 알레르기를 유발하는 독성 성분이 있다. 땅콩 알레르기는 어린이와 성인 모두에서 일어나며, 미국에서 발생하는 아나필락시스anaphylaxis(과민증)로 인한 사망 원인의 대부분을 차지한다.

콩 콩도 알레르기를 일으키는데, 그 증상은 여드름, 두드러기, 비염, 천식, 아토피, 결막염, 설사, 가려움증 등 다양하다. 콩 알레르기가 있으면 콩을 포함하는 식품인 된장, 간장, 청국장, 두부 등의 콩 가공품과 콩나물, 콩가루 등은 물론이고 콩기름으로 튀긴 음식에도 민감한 반응을 보인다. 3살이 지나면 대부분 자연 치유된다.

과일 사과, 살구, 바나나, 체리, 키위, 멜론, 복숭아, 파인애플, 자두, 딸기, 배, 토마토 같은 과일도 알레르기를 일으킬 수 있으나, 매우 드물고 증상도 가벼운 편이다. 알레르기와 관련된 과일을 피하거나 조리해서 먹는 것이 예방법이다. 대개 알레르기 유발 성분이 껍질에 분포하므로 껍질을 벗겨 내거나 오래된 과일은 먹지 않는 것도 예방하는 방법 중의 하나이다.

해산물 조개, 새우, 게, 랍스터, 문어, 오징어, 낙지, 고등어, 꽁치 등 바다에 서식하는 패류, 갑각류, 연체류, 어류 등이 알레르기의 원인이 되기도 한다. 해산물 알레르기는 어린이와 성인 모두에서 나타나며, 흰살생선보다는 고등어, 정어리, 꽁치 같은 등푸른생선이 더 잘 일으킨다.

표 3-5 식품 알레르기 유발 식품별 대체 식품

식품	피해야 할 식품	대체식품
달걀	달걀, 달걀가루, 도넛, 케이크, 쿠키, 마요네즈, 달걀이 들어간 식품(전, 튀김, 샐러드 등)	고기, 생선, 두부 등
우유	우유, 치즈, 버터, 아이스크림, 요구르트, 우유·분유가 들어간 제품	특수 분유, 고기, 멸치, 두부, 해조류 등, 충분한 칼슘 공급이 어려운 경우 칼슘제 섭취를 고려(전문가와 상의)
밀	밀가루 제품, 튀김옷, 과자, 크래커, 마카로니, 국수, 그레비소스, 간장, 핫도그, 소시지 등	쌀, 보리, 오트밀, 옥수수, 당면, 쌀떡 등
대두	간장, 데리야끼소스, 우스타소스, 참치통조림, 대두로 만든 시리얼 및 제품, 두유, 마가린 등	고기, 생선 등
견과류	땅콩, 호두, 아몬드 등의 견과류, 견과류가 들어간 사탕, 과자 등	견과류 외의 식물성 기름
어패류	생선, 갑각류(새우, 게 등), 통조림 생선, 조개류(조개, 굴 등), 가공 해산물	고기

자료 : 식품의약품안전처, 식품안전나라, 2016.

3) 식품 알레르기의 반응 형태

식품 알레르기는 알레르겐과 접촉 후 증상이 발현되기까지의 시간에 따라서 즉시형과 지연형으로 나눌 수 있다. 따라서 이 기간을 알아내야만 특정 음식에 대한 알레르기 반응을 가려낼 수 있다.

(1) 즉시형 알레르기

특정 식품을 섭취 후 수 분에서 수 시간 이내에 알레르기 또는 아나필락시스 증상이 나타난다. 따라서 환자나 보호자는 그 원인을 쉽게 알아낼 수 있다. IgE항체와 연관되어 있으며 피부반응검사 등으로 확인할 수 있다. 어린이들에게 흔하다.

(2) 지연형 알레르기

항원에 노출된 후 또는 음식 섭취 후 최소 몇 시간에서 최고 5일 후에 나타난다. 원인을 알아내기 힘든 경우가 많다. 음식 알레르기의 90% 이상은 지연형이며, 특히 아토피 환자에게 나타나는 음식 알레르기는 대부분 지연형이다. 지연형 알레르기는 성인과 어린이 모두 흔하게 나타난다.

4) 식품 알레르기의 증상

식품 알레르기는 증상이 다양하여 진단하기가 매우 어려운 경우가 많다. 주요 증상은 일반적으로 두드러기로 알려져 있으나 복통, 구토, 설사 등의 위장 증세와 아토피성 피부염, 천식, 편두통, 비염, 때로는 쇼크 등 여러 가지 증상을 나타낸다. 알레르기 증상이 즉시 나타나는 아나필락시스는 생명을 위협할 정도로 위험하다. 아나필락시스는 혈압을 낮추고 호흡기 장애가 심해 숨을 쉴 수 없어 즉시 치료를 받지 않으면 사망할 수도 있다.

(1) 소화기 증상

식품 알레르기 증상 중 가장 나타나기 쉬운 증상으로 식품과의 접촉 부위, 즉 입술, 혀, 구강 점막, 인후 등에 반응을 일으킨다. 입술이나 입 주위의 가려움증, 후두 부종 등이 흔한 증상이며, 위장관에 유입되면서 구토, 복통, 설사, 소화불량 등 위장 증세를 나타내기도 한다.

(2) 피부 증상

피부 증상은 소화기 증상 다음으로 많이 나타난다. 알레르겐이 혈액으로 들어가서 피부에 이르면 두드러기가 발생한다. 얼굴의 입 주위, 머리, 몸 등의 피부에 빨간 반점이 돋는다. 만성 증상으로 아토피성 피부염을 유발하기도 한다. 아토피는 원래 '이상한' 또는 '부적절한'이라는 뜻으로, 증상을 한마디로 표현한다면 '참을 수 없는 가려움'이라고 할 수 있다. '태열'이라 불리는 아토피성 피부염은 영유아기에 주로 발생하며, 심한 가려움증, 홍반과 인설(각질) 등의 특징적인 임상 소견을 가지는 만성 재발성 알레르기 피부 질환이다. 아토피성 피부염의 정확한 원인은 알려져 있지 않지만 면역학적 기능 이상이나 유전적 요인, 환경적 요인 등과 밀접하게 연관되어 발생한다.

(3) 호흡기 증상

호흡기 증상으로는 알레르기성 비염과 천식이 있다. 호흡기 증상은 대부분 가볍게 나타나지만, 생명을 위협하는 치명적인 아나필락시스도 일어난다. 아나필락시스의 증상은 수 초~2시간 이내에 이상한 기분, 답답함, 오심, 구토, 복통, 기침 등이 나타나며, 환자의 80% 이상에서 피부 증상을 동반한다. 아나필락시스를 일으키는 식품은 서양에서는 땅콩, 견과류, 우유, 패류, 생선 등이 흔하고, 우리나라에서는 메밀, 우유, 키위, 견과류, 갑각류 등이 흔한 것으로 알려져 있다. 식품 아나필락시스로 인한 사망은 기관지천식의 병력을 가진 환자에게서 일어날 수 있다.

5) 식품 알레르기의 진단과 치료

(1) 식품 알레르기의 진단

식품 알레르기 진단은 병력 조사, 식품 특이 IgE 항체검사, 피부 반응검사, 식품 제거 시험과 유발시험 등이 이용된다.

① 병력조사와 신체검사

식품 알레르기가 의심되는 환자를 대상으로 광범위한 병력조사를 실시하여 식품 알레르기와 단순한 유해 반응을 우선 감별한다. 병력조사에서는 증상을 유발시킨 식품의 명확한 종류와 섭취량, 섭취 후 증상이 유발될 때까지의 시간, 유발된 증상의 유형, 동일한 식품에 의한 과거 유사 증상의 발현 여부, 운동 또는 스트레스, 감기 등 기타 동반 요인의 유무, 동일 식품에 의한 마지막 증상과의 시간 간격 등을 상세히 조사하여야 한다. 조리에 사용한 기름이나 소스 등 식품 첨가제에 대한 문진도 이루어져야 한다. 진찰은 피부, 호흡기, 위장관에 대하여 시행하고 알레르기 징후를 확인한다. 식품 섭취 후 알레르기 증상이 즉시 나타나는 경우에는 병력조사만으로도 원인 식품을 찾아낼 수 있지만, 대부분의 경우 임상 증상이 다양하여 그 원인 식품을 찾아내기가 어렵다.

② 식품 특이 IgE 항체검사

혈액검사의 일종으로 혈청 속의 면역글로불린 E IgE 양을 측정한다. 알레르겐이 우리 몸에 들어오면 IgE라는 항체가 만들어진다. 알레르기 체질인 사람은 이 IgE 항체가 정상인에 비하여 많이 생산되어 혈액 내 IgE 항체가 높게 나타난다. 혈청 내 식품 특이 IgE 검사는 200종의 항원을 사용하기 때문에 많은 식품 항원에 대한 검사가 가능하다.

③ 피부 반응검사

피부 반응검사는 환자의 피부에 직접 식품 항원을 이용하여 피부반응을 검사하는 방법으로, 식품 추출액 소량을 환자의 팔이나 등쪽 피부에 떨어뜨린 후 작은 상처를 낸 뒤 피부에서 일어나는 반응을 측정하여 원인 식품을 판별한다. 피부 반응검사는 즉시형 반응을 나타내는 환자의 원인 식품은 쉽게 찾아낼 수 있지만, 지연형 반응을 일으키는 경우는 음성 반응을 나타내어 원인 식품을 찾아내지 못하는 경우도 있다.

④ 식품 제거시험과 유발시험

식품 제거시험은 의심되는 식품을 식단에서 일단 제거해 보는 검사방법이다. 우선 의심되는 식품을 1~2주 동안 섭취하지 않도록 한 후에 증상이 호전되는지 여부를 확인하고, 제거했던 식품을 다시 먹여 보아 동일한 증상이 다시 나타나는지를 확인하는 시험이다.

(2) 식품 알레르기의 치료

원인 식품으로 확인된 식품을 철저히 피하는 것이 식품 알레르기 치료 및 재발 방지의 가장 기본적이고 중요한 치료방법이다. 성공적인 제한식이를 위해서는 해당 식품이 주재료인 식품은 물론이고 양념이나 소스, 건강기능식품, 일부의 약물 등에 소량 포함된 경우도 제한하여야 하며, 교차반응이 있는 식품, 조리 기구를 공유한 음식 등도 주

표 3-6 제한식이 중 교차반응을 고려해야 하는 식품

알레르기 유발 식품	교차반응이 가능한 식품	교차반응의 정도(%)
땅콩	다른 콩류(완두콩, 대두 등)	5
호두	다른 견과류(캐슈너트, 헤이즐넛 등)	37
연어	다른 생선류(넙치, 참치 등)	50
새우	다른 갑각류(크랩, 랍스터 등)	75
밀	다른 곡류(보리, 호밀, 등)	20
우유	산양유, 소고기	92
사과, 배, 멜론	자작나무 꽃가루, 돼지풀 꽃가루 등	55
복숭아	사과, 체리, 자두, 배 등	55
키위, 아보카도, 바나나	라텍스	11

자료 : Korean Medical Association, Food allergy in children: focus on IgE-mediated food allergy, Journal of the Korean Medical Association 60(3): 242-248, 2017 Mar.

의하여야 한다. 교차반응이 일어날 수 있는 식품들은 표 3-6에 나타내었다.

어떤 식품이 알레르기를 일으키는지 알아보기 위해서는 그 식품을 아이에게 먹인 후 다른 새로운 식품은 먹이지 말고 4~7일 동안 기다려 본다. 기다리는 동안 해당 식품 한 가지만 계속 먹인다거나 많이 먹일 필요는 없다. 식품은 소량만 먹여도 알레르기를 일으키는지 여부를 알 수 있다. 기다리는 동안 새로운 식품뿐만 아니라 예전에 먹였던 다른 식품들을 먹여도 된다.

알레르기를 유발하기 쉬운 식품에는 달걀, 우유 등 영유아의 성장에 영양적으로 매우 중요한 것이 많이 포함되어 있다. 더구나 이들 식품이 가공식품에 포함되어 널리 유통되기 때문에 철저하게 제한하기는 매우 어렵다. 식품 식이제한은 반드시 원인으로 확인된 식품으로 국한하여야 하며, 진단이 모호한 상태에서는 다양한 식품을 제한하는 것도 금해야 한다. 또 모유 수유가 불가능한 영아의 우유 알레르기는 우유 단백 완전 가수분해물 등 적절한 대체식을 제공하여야 한다. 특히 한창 성장 중인 영유아의 경우 식품 알레르기를 유발할 수 있는 음식을 무작정 제외시키면 식습관이 나빠지거나, 성장 발달 장애를 비롯한 영양실조, 식사장애eating disorder 등의 부작용을 일으킬 수 있다. 따라서 식품 알레르기는 정확한 진단이 매우 중요하며 알레르기의 원인이 되는 식품을 제외하는 경우에는 대체 식품을 이용하여 영양상의 균형을 맞추는 것이 중요하다 (표 3-5 참조).

식품 알레르기를 예방할 수 있는 약물은 아직까지 개발되지 못하였으며, 증상이 발생한 경우 약물 치료가 필요하다. 항히스타민제는 두드러기, 혈관 부종 등 심하지 않은 증상 치료에 주로 사용하는 약물로, 항히스타민제를 투여한 후 임상 증상의 변화를 일정 시간 관찰하고 필요하면 추가 치료를 해야 한다. 아나필락시스의 발생과 같은 위급한 상황일 때는 에피네프린epinephrine을 근육 주사한다. 자가 주사용 에피네프린을 사용한 경우라도 주사 후에 곧바로 병원을 방문하여 경과를 관찰하여야 한다.

5. 스트레스와 건강

1) 스트레스의 정의

인간은 매일 수많은 물리적, 심리적 자극을 받으며 살아가고 있다. 이러한 자극에 의한 괴로움, 두려움, 불안감, 긴장 등 신체의 비특이적 반응을 스트레스라고 한다. 즉 스트레스란 개인의 심리적, 생리적 시스템의 항상성을 파괴하는 모든 자극, 조건, 그리고 사건 등을 일컫는다.

스트레스 반응은 스트레스 호르몬이 분비되어 우리 몸을 보호하려고 하는 반응으로, 지속되면 신체적, 정신적으로 다양한 증상이 나타난다. 스트레스는 감정 상태의 변화나 건강에 해를 끼치는 여러 가지 변화를 일으키며, 발한 증가, 나트륨의 불균형, 심장 박동 증가, 혈당 증가 등이 수반된다. 스트레스가 장기간 지속되면 암, 감염성 질환, 고혈압, 심장병, 당뇨, 과민성 대장증후군, 두통 등을 일으킬 수 있다.

2) 스트레스에 대한 생리적 반응

스트레스를 받으면 우리 몸의 항상성이 위협을 받게 된다. 우리 몸은 스트레스를 받으면 투쟁-혹은-도피fight or flight 반응이 유도되어 정면으로 싸우든가 아니면 회피하려고 한다. 이때 교감신경계의 하나인 부신수질(속질)을 자극하여 에피네프린이나 노르에피네프린norepinephrine 같은 카테콜아민catecholamine이 분비된다. 카테콜아민은 심장의 근육을 자극하여 심장 운동이 빨라지게 하고 혈압을 올리는 호르몬이다. 또한 글루카곤이라는 호르몬의 분비를 촉진하는데 이는 글리코겐의 분해를 촉진하여 혈당을 상승시킨다.

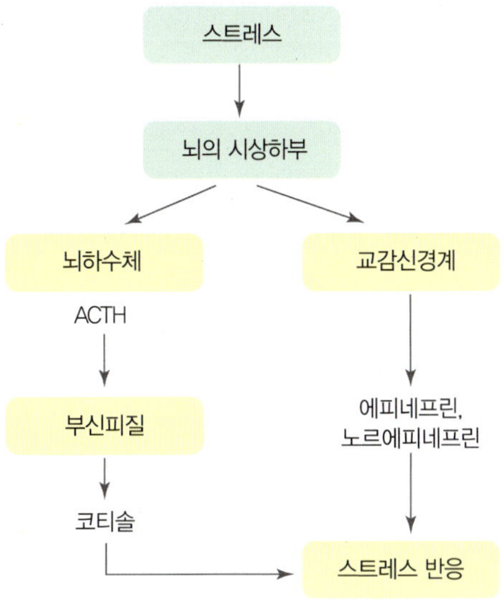

그림 3-8 스트레스 반응의 다이어그램

스트레스에 직면하면 뇌의 시상하부에서 뇌하수체를 자극하여 부신피질자극호르몬 adrenocorticotrophic hormone, ACTH을 분비하게 하고, 이 ACTH는 부신피질(겉질)에서 코티솔cortisol의 분비를 증가시킨다. 코티솔은 스테로이드계 호르몬으로 스트레스에 대처하는 반응과 관련이 있기 때문에 종종 스트레스 호르몬이라고도 부른다. 코티솔은 스트레스를 받았을 때 분비되는 호르몬인 동시에 스트레스로부터 우리 몸을 방어하는 호르몬이기도 하다. 즉, 에너지를 보존하고 교감신경 활성을 억제함으로써 스트레스를 진정시키는 기능도 있다. 하지만 코티솔이 지속적으로 지나치게 많이 분비되면 우리 몸에 여러 가지 해로운 작용을 한다. 근육, 뼈, 연결조직, 피부의 단백질을 분해시켜 아미노산을 만들고, 이 아미노산은 간으로 흡수되어 포도당(글루코스)을 만들어 혈당을 증가시켜 당뇨병을 유발할 수 있다. 지방 분해를 억제하면 지방이 축적되어 체중이 증가하게 되고, 면역 기능을 저하시켜 염증을 유발하기도 한다.

3) 스트레스와 관련된 질병

스트레스를 받으면 심장 박동이 빨라지고 복통, 설사, 두통, 피로감, 불면증, 혈압 상승, 변비, 식욕 감퇴, 바이러스 감염, 알레르기, 천식, 암 등을 일으킬 수 있다. 대인관계 장애, 초조, 불안, 약물 남용, 성적 저하, 업무 능력 저하 등이 나타나며, 음주와 흡연,

카페인을 과용할 가능성도 높아진다. 이러한 결과로 신체에 여러 가지 질환을 유발할 수 있다.

(1) 소화기 질환

스트레스를 많이 받으면 소화기관에 영향을 미쳐 위장 운동이 저하되고 위장으로 가는 혈류가 감소하여 소화불량이 된다. 적개심, 분노, 좌절감 등은 위산 분비를 촉진시키고, 수술이나 시험 같은 스트레스는 위의 산도를 높인다. 위산 분비가 많아지면 위염이 발생하기 쉽고 만성적인 위산 과다가 되며, 위궤양 발생 가능성도 커진다. 스트레스는 궤양성 대장염, 과민성 대장증후군 등을 일으킬 수 있다.

(2) 호흡기계 장애

스트레스는 기관지천식을 악화시키고, 과호흡증후군(숨을 가파르게 쉴 때 어지럽거나 기절하는 증세) 등 호흡기계 장애를 일으킬 수 있다.

(3) 내분비계 장애

스트레스는 호르몬의 비정상적 분비로 갑상샘 질환, 월경 전 증후군 등 내분비계 장애를 일으킬 수 있다. 췌장의 인슐린 분비를 억제하고 인슐린 저항성을 높여 당뇨병을 일으키는 요인이 된다.

(4) 심혈관계 장애

스트레스 자체가 고혈압, 관상동맥 질환, 심근경색, 부정맥, 협심증, 심부전증 같은 심혈관계 장애를 일으키는 것은 아니지만, 평소에 발병 요인이 있는 경우에는 질병을 촉발시킬 수 있다. 경쟁적이고 성취 지향적이며, 조급하거나 분노 및 적개심을 쉽게 느끼는 성격의 소유자는 심혈관계 장애를 일으키기 쉽다.

(5) 신경계 증상

수면 부족, 격렬한 운동, 과로, 약물 과다 복용, 카페인의 과다 섭취, 과음, 흡연 등이 두통의 유발 인자가 될 수 있다. 또 스트레스는 근육의 긴장에 의한 긴장성 두통과 뇌혈관의 수축과 이완에 의한 편두통의 중요한 유발 인자로 작용한다.

(6) **비만**

스트레스는 지속적인 과식과 음주 습관을 유발하여 비만을 초래할 수 있다. 만성적인 스트레스는 설탕이나 지방이 많이 들어 있는 식품의 섭취를 증가시켜 비만을 유발한다.

(7) **암**

스트레스가 암을 유발한다는 인과관계가 확실하게 밝혀지지는 않았지만 스트레스와 연관이 있다고 보고되고 있다. 만성적인 스트레스로 코티솔이 지속적으로 분비될 경우 면역체계에 필요한 단백질 합성을 방해하고, T-림프구나 자연살생세포의 활성을 저하시킨다. 감소된 림프구 기능은 면역력 저하와 비례하여 감염이나 암 발생을 증가시킬 수 있다.

(8) **정신적 증상**

스트레스는 신체 건강뿐만 아니라 정신 건강에도 큰 장애를 일으킨다. 기분이 나쁘거나 화가 났을 때, 혹은 우울할 때, 우리 몸에서는 스트레스 호르몬이 분비되어 불안, 우울, 분노, 신경과민, 자존감 저하, 좌절감, 죄책감, 짜증, 기억력 감퇴, 집중력 저하, 불면증 등 정서적 증상을 나타낸다.

4) 스트레스의 관리 및 예방법

신체가 건강할수록 스트레스에 잘 대처할 수 있으므로, 스트레스의 효율적 관리를 위해서는 건강한 신체가 요구된다. 피로를 예방하고, 신체의 저항력을 증진시킬 수 있는 생활 습관을 실천해야 한다. 특히 규칙적인 운동, 식이 조절, 금연, 알코올의 제한 섭취, 적당한 수면과 휴식, 여가 및 취미 활동 등이 스트레스를 낮춘다고 알려져 있다.

5) 스트레스와 식생활

1990년대 초 신체적, 정신적 스트레스가 개인의 식욕에 영향을 미쳐 식이 섭취량에 차이가 나타난다는 의견이 발표되었다. 스트레스를 받으면 과식이나 폭식을 하는 사람이 있는가 하면 어떤 사람은 식욕이 감퇴되어 식사량이 줄어든다. 스트레스를 받으면 식욕이 감퇴되는 것은 교감신경의 민감성에 따른 자연스러운 반응이다. 스트레스를 받으면 당분과 지방의 섭취가 증가하는 경향이 있는데, 특히 남성은 고기를 더 섭취하고 여성은 초콜릿이나 아이스크림의 섭취가 늘어나며 젊은이들은 군것질을 더 선호한다는 보고도 있다.

(1) 스트레스 해소 영양 요법

① 스트레스를 받으면 단백질의 소비가 늘어나므로 충분히 보충해야 한다. 생선과 같이 단백질이 풍부한 음식을 섭취한다.

② 현미나 통밀, 보리, 수수, 조, 메밀, 율무 등 도정하지 않은 전곡류는 비타민 B군이 풍부하여 뇌 신경계를 항진시키고 신진대사를 촉진한다.

③ 비타민 C는 항스트레스 비타민으로 알려져 있다. 비타민과 무기질이 풍부한 과일과 채소로 스트레스에 의해 소모된 비타민과 무기질을 보충한다.

④ 베타카로틴, 플라보노이드 등 생리활성물질은 활성산소가 세포를 파괴하는 것을 막아 주는 항산화 기능이 있다. 따라서 과일과 채소, 녹차와 적포도주 등 생리활성물질이 풍부한 음식을 섭취하는 것이 좋다.

⑤ 스트레스가 쌓이면 칼슘의 배설량이 많아진다. 칼슘이 부족하면 불안해지고 짜증을 내며 우울증에 걸리기 쉽다. 칼슘이 많이 들어 있는 우유 같은 식품을 섭취하도록 한다.

⑥ 당분과 지방이 많은 식품은 스트레스를 증가시키므로 섭취량을 줄인다.

⑦ 알코올은 신경을 일시적으로 진정시키지만 장기적으로는 건강에 역효과를 가져오므로 피한다.

⑧ 커피, 차, 콜라 등에 들어 있는 카페인은 뇌를 자극하고 혈관을 수축시켜 불안감과 스트레스를 악화시킨다.

6. 미용 식품

1) 미용 식품이란?

우리나라에 건강기능식품이 소개된 이후 관련 시장은 매년 10% 이상의 높은 성장을 이어오고 있다. 건강기능식품에 대한 일반 소비자들의 관심은 초기의 '자양 강장', '원기 회복' 등 전통적 기대에서 벗어나 서서히 특정 신체 기능의 향상으로 이동하고 있다. 특히 미용과 건강에 대한 관심 증대와 더불어, 건강한 아름다움은 내부에서 시작되어야 한다는 'inner beauty' 개념의 확산으로 먹을수록 피부가 고와진다는 이른바 '미용 식품beauty food'은 식품산업뿐 아니라 화장품 및 의약산업 분야에서도 많은 관심을 보이고 있다. 미용 식품은 아직까지 식품 관련 법규상 정의가 마련되지는 않았지만, 넓은 범위에서 건강기능식품 범주에 속하고 일반적으로는 '피부에 좋은 보조 식품으로 섭취하면 피부를 가꾸어 주는 식품'을 의미한다. 피부미용을 위해 기존에 사용하던 화장품과는 다르게 섭취를 통해 신체 안에서부터 피부를 가꾸어 주는 효능을 나타내어 일부에서는 '먹는 화장품'이라 부르기도 한다.

최근 미용 식품 분야는 매우 빠른 성장세를 보이고 있다. 일본과 유럽에서는 연평균 20% 이상의 높은 성장률을 보이고 있는 가운데 2016년 일본의 전체 기능성 식품 시장의 약 10%를 차지하였고, 미국은 전체 영양 보조 식품 시장의 5%를 점유하고 있는 것으로 보고되고 있다. 일본의 경우 '美白食品'이라는 별도의 시장이 형성되어 기존의 다이어트 식품과 대등한 수준으로 성장하고 있으며 이에 따라 다양한 원료와 제품이 선보이고 있다. 서양에서의 미용 식품은 nutraceuticals, beauty supplements, nutricosmetics 등 다양한 명칭으로 불리고 있으며, 식품의 형태만이 아니라 음료, 식이보충제 등의 제품으로 출시되고 있다. 현재까지 미용 식품은 대부분 피부 건강 및 기능 개선을 의미하고 있으나, 발모, 체중 조절 등의 방향으로 확산될 경우 현재보다 큰 시장이 형성될 것으로 예측하고 있다.

우선 해외에서 출시된 관련 제품을 살펴보면 Ferrosan에서 출시된 제품으로 라이코펜과 포도씨 추출물, 비타민 C와 단백질, 다당류를 이용하여 피부의 탄력과 보수력 증진 효능을 나타내는 제품이 있고, Olay에서 출시한 천연비타민 함유 제품, Nestle에서 라이코펜, 아이소플라본isoflavone, 비타민 C를 함유시켜 출시된 Inneov 등 다양하게 출시되면서 inner beauty에 기반한 미용 기능식품들이 본격적으로 시장에 등장하고 있다. 출시된 제품들은 대부분 한 가지 성분에만 의존하기보다는 미백과 피부 탄력 유지와 같은 피부 보호 기능을 나타내는 성분들의 적절한 조합을 통한 복합 성분으로 구성되어 있다. 이는 주름 생성과 색소 침착과 같은 피부의 변이가 단순한 과정이 아닌 여러 구조의 복합작용에 의한 과정임을 고려한 최적의 설계를 반영한 것이라 할 수 있다.

우리나라는 식품의약품안전처에서 인정한 피부 관련 건강기능식품의 원료로는 엽록소, 알로에, 베타카로틴, 스쾈렌 등이 있으나, 아직까지 이들 성분은 본격적인 피부미용을 목적으로 한다고 보기 어려운 실정이다. 그러나 국내 화장품 관련 업계를 중심으로 관련 제품들이 서서히 출시되고 있다. 대표적인 제품으로는 화장품 업계에서 출시된 V=B, 뷰트리, 멜라케어 등이 있으며, 식품 업계에서도 콜라겐collagen, 히알루론산, 비타민 및 글루코사민 등을 함유한 뷰티 푸드를 출시하고 있다.

2) 영양소와 피부

(1) 피부의 기능과 구조

피부는 인체의 최외부를 감싸고 있는 구조물로 심장, 폐 등과 같이 장기로 분류되며, 건강 유지에 매우 중요한 역할을 한다. 정상적인 성인의 경우 체중의 8~9%를 차지하고 있어 신체에서 가장 큰 장기로 분류할 수 있다. 피부는 인체 내부의 기능이 외부로 직접적으로 표출되는 부분이자, 외부 자극에 대응하는 가장 첫 번째 부위로서 생명 현상 유지에 중요한 기능을 담당하고 있다.

① 피부의 기능

피부는 인체 내에서 보습 기능, 보호 작용, 체온 조절, 분비 기능, 물질 합성, 지각 및 호흡 작용의 기능을 담당하고 있다.

보습 기능 신체의 60~75%를 이루고 있는 수분은 생명 유지에 가장 중요한 인자로 피부를 통한 수분의 손실과 침투 조절은 매우 중요한 기능이다. 피부의 보습 기능은 단백질 대사의 분해물인 천연 보습 인자와 지방 성분인 세라마이드, 그 외에 히알루론산, 콜라겐, 엘라스틴, 콘드로이틴 등의 친수성 고분자물질들에 의해 유지된다.

보호 작용 피부는 신체의 가장 바깥쪽에 위치하며 각종 물리화학적 자극에 대한 보호 기능을 담당한다. 피부 외곽의 각질층과 피하 지방층은 외부의 물리적 자극에 대한 보호 기능을 하고, 피부 조직에 존재하는 다양한 항산화물질과 멜라닌 색소 합성 등의 작용을 통해 자외선, 지질 과산화물 등에 의한 화학적 자극으로부터 신체를 보호하는 기능도 한다.

체온 조절 기능 인간은 항온동물로 적절한 체온 유지는 생명 유지에 필수적이다. 체온 조절 기능의 70%는 피부를 통한 대사 에너지의 발산 등을 통해 이루어진다.

분비, 물질 합성 기능 피부는 인체의 항상성 유지를 위해 다양한 물질을 합성하고 분비하는 기능을 담당하고 있다. 땀을 통해 체온, 체액의 농도와 pH를 조절하는 것이 대표적이며 피지의 합성과 분비를 통해 과도한 수분 증발 및 외부 물질의 침투를 방지하는 것도 이에 포함된다.

② 피부의 구조

피부는 표피, 진피, 피하 조직의 3층으로 이루어져 있으며, 각각의 층은 다시 여러 개의 층이 쌓여 전체 모양을 완성하고 있다. 우리가 일반적으로 피부라고 지칭할 때는 일반적으로 표피와 진피 부분을 말한다(그림 3-9).

표피는 피부 조직의 최외곽을 감싸고 있는 구조물로 표면부터 각질층, 투명층, 과립층, 유극층, 기저층의 5개 층으로 되어 있다. 표피의 두께는 손바닥같이 두꺼운 부위는 1.5 mm인 반면, 눈꺼풀처럼 얇은 부위는 0.1 mm일 정도로 부위에 따라 다르다. 각질층은 피부를 통한 수분 증발과 외부 이물질 침투를 막는 역할을 하며, 맨 아래의 기저층에서 생성된 새로운 세포가 밀려나오면서 각질화된 죽은 세포들이 쌓여 있는 구조이다. 일반적으로 새로 생성된 세포가 각질층까지 밀려와 각편으로 떨어져 나가는 데 약 28일가량이 소요되는 것으로 알려져 있다. 기저층에는 피부색에 영향을 주는 멜라닌 색소를 합성하는 멜라닌세포가 존재하며, 멜라닌 색소는 아미노산인 타이로신tyrosine이 축합된 물질로 외부의 자외선으로부터 피부와 인체를 보호하는 역할을 한다.

진피는 표피 아래에 존재하는 두꺼운 층의 조직으로 두께가 표피의 수십 배에 달하

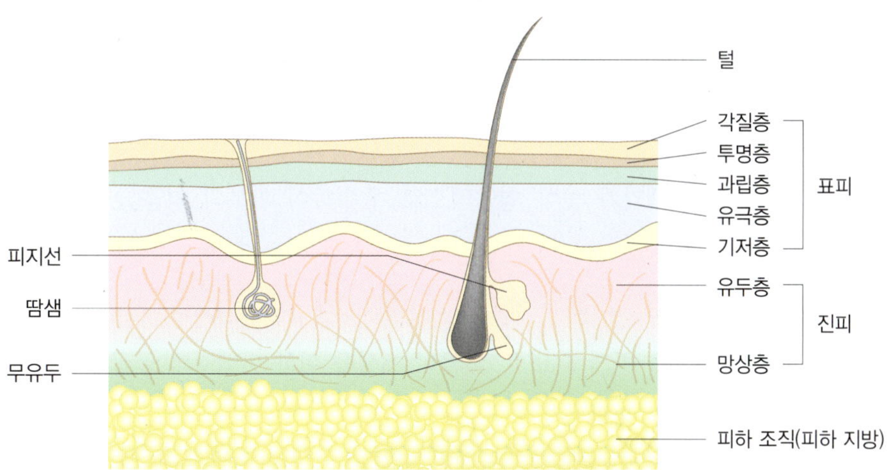

그림 3-9 피부의 구조

며 피부의 다양한 기능들과 관계 있는 부분이다. 진피층은 주로 피부의 탄력과 관련이 있는 결합섬유와 탄력섬유로 구성되어 있으며, 결합섬유는 신체 내부를 보호하나 노화가 진행됨에 따라 그 기능이 저하된다. 결합섬유는 주로 긴 섬유상의 콜라겐 단백질이 그물 같은 모양을 이루고 있으며 엘라스틴 단백질이 섞여 있어 피부의 탄력을 유지해준다. 탄력섬유도 노화 등의 영향으로 수분이 감소하고 기능은 약해진다. 진피층에는 콜라겐, 엘라스틴을 생성하는 섬유아세포fibroblast와 면역 기능을 나타내는 세포가 존재하여 피부의 구조와 기능 유지에 관여한다.

(2) 단백질과 피부

단백질은 모든 생물 조직의 주요 구성 성분으로 생명 유지를 위해 없어서는 안 되는 필수 영양소이다. 인체 구성 성분의 약 20%가 단백질로 수분을 제외하면 가장 중요한 성분이다. 단백질은 유기화합물로 탄소, 수소, 산소, 질소 등으로 이루어져 있으며, 인체의 다른 주요 성분인 탄수화물이나 지질과 다른 점이 바로 질소의 함유 여부이다. 체내에 흡수된 단백질은 소화 흡수의 대사 과정을 거쳐 아미노산으로 최종 분해되어 피부와 같은 신체 조직의 구성원으로 이용된다. 체내에서 이용되는 아미노산은 20종으로 그중 8종은 체내에서 합성이 되지 않아 반드시 식품으로 공급되어야 하는 필수 아미노산이다.

아미노산은 피부로 영양을 공급하고 세포를 부활시켜 주는 기능을 하며, 특히 피부 단백질의 변화와 재생에는 황을 함유하고 있는 아미노산인 시스테인, 시스틴, 메싸이오닌이 중요한 역할을 한다. 황을 함유하는 아미노산들은 달걀, 우유와 같은 동물성 단백질에 다량 함유되어 있으며, 시스테인은 건성피부의 재생에, 메싸이오닌은 지성피부의 정상화에 중요한 기능을 하는 것으로 보고되고 있다. 일반적으로 동물성 단백질은 식물성 단백질에 비해 단백가가 높아 영양적으로 우수하여 피부의 영양 공급에 좋으며, 신체 전체의 대사를 활성화시켜 피부 건강에 긍정적인 기능도 한다. 피부 조직은 신체의 최외곽에서 물리적 또는 화학적 자극에 대응하는 과정에서 조직의 대부분을 차지하는 단백질 성분이 손상을 받게 되므로, 이들의 재생을 위한 단백질의 공급은 피부 건강에 중요한 요인이라 할 수 있다.

(3) 지질과 피부

지질 성분은 단백질, 탄수화물과 함께 3대 영양소로 꼽힐 만큼 중요한 영양소로 열량원으로서의 역할 외에도 세포막, 호르몬 등의 형성과 체온 유지에 매우 중요한 기능을 한다. 지질을 이루는 구성원인 지방산 중에서 건강 유지에 반드시 필요하나 체내에서 합성하지 못해 식사로 공급해야 하는 성분을 필수 지방산이라 하며 리놀레산, 리놀렌산, 아라키돈산이 이에 포함된다. 이들 필수 지방산들은 피부 건강 유지와 재생에 중요한 작용을 하며, 특히 리놀레산과 아라키돈산은 피부 건강 유지에 큰 기능을 하고 있다. 식사를 통한 필수 지방산의 공급이 충분하지 못하면 습진성 피부염이 발생하고, 어린이의 경우는 성장 장애로까지 이어질 수 있다. 반면 지질의 과다 섭취는 비만 등의 문제뿐 아니라 피부에도 좋지 않은 영향을 끼친다. 과잉의 지질 성분은 체내에서의 피지 분비량 증가와 피지 조성에도 변화를 주게 된다. 피지는 피부의 일차적 보호막인데 피지의 조성 변화로 여드름 발생, 세균 감염 등 피부에 좋지 않은 영향을 주게 된다.

(4) 탄수화물과 피부

탄수화물은 주요한 에너지원으로 식생활에서도 매우 중요한 영양 성분이다. 우리가 섭취하는 대부분의 탄수화물은 체내 대사 과정에서 포도당과 같은 단당류로 전환되어 에너지원이나 신체 구성원으로 이용된다. 식사를 통한 탄수화물의 공급이 부족할 경우 신체의 에너지원으로 피부 조직의 단백질까지 이용되어 피부 조직이 손상된다. 반대로 과도한 탄수화물의 섭취 역시 피부에는 좋지 않은 영향을 미친다. 체내에 흡수된 과잉의 당분이 지방 성분으로 전환되면서 피지 분비가 증가하여 피부 조직에 염증 등의 증상이 나타난다.

3) 식품과 피부미용

(1) 미백 기능

피부의 색은 인종, 개인의 특성, 신체 부위에 따라 차이가 있으나, 건강이나 영양 상태에 따라서도 영향을 받게 된다. 피부 조직에 존재하는 색소 성분인 멜라닌은 태양광선 등 자연환경으로부터의 자극에 대응하기 위해 피부 조직에서 생성되는 일종의 단백질 물질이다. 피부 조직에 따라 멜라닌 색소가 다량 존재하는 부위는 좀 더 진한 색을 띠게 된다. 일반적으로 남성과 고령층에서 멜라닌 색소가 더 많이 생성된다. 멜라닌 색소는 표피 기저층에 위치하는 멜라노사이트라는 세포 내에서 타이로신이라는 아미노산을 원료로 합성된다(그림 3-10).

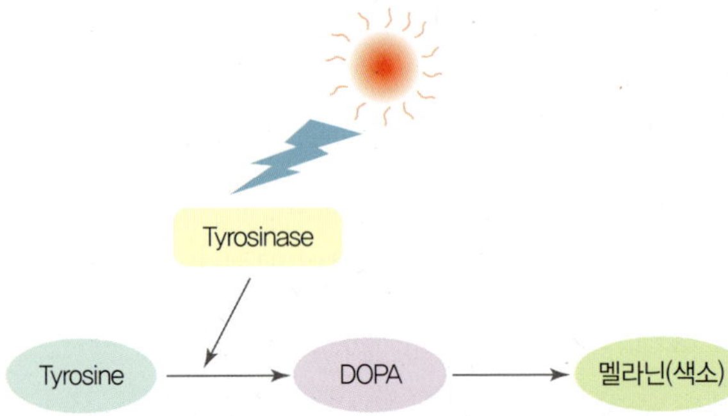

그림 3-10 자외선에 의한 피부의 색 변화

피부 조직에서의 멜라닌 합성은 외부에서 들어오는 자외선에 의한 세포 조직의 손상을 방지하기 위한 신체 방어 메커니즘의 하나이나, 지속적인 색소 침착은 기미, 주근깨, 검버섯 등으로 나타나게 되어 피부미용에는 좋지 않은 영향을 미친다. 이러한 멜라닌 색소의 합성에 관여하는 자극 인자 중 가장 큰 인자는 태양광선에 포함된 자외선 B(파장 290~320 nm)로, 태양광 중 특히 투과력이 높아 피부 조직 내의 유전자를 변형시키고 염증 반응 등을 유발시킨다.

미백작용은 미용 식품의 개발에 있어 가장 큰 기능이며, 화장품 개발에 있어서도 중요한 인자이다. 그러나 멜라닌의 합성은 매우 복잡한 과정이므로 생합성과 관련된 제어 인자들에 대한 연구가 진행 중으로 아직 완벽한 미백 효과를 기대하기는 어려우나, 대신 과도한 색소 침착을 방지하는 것을 주요 목적으로 하고 있다. 현재까지의 연구에서 밝혀진 바에 따르면 멜라닌 생합성은 여러 효소 촉매에 의한 타이로신의 산화, 중합 과정에 의한 것으로 알려져 있으며, 이들 효소 촉매의 작용을 저해하는 다양한 억제제의 작용으로 미백 기능을 얻을 수 있다. 또한 생성된 멜라닌 색소가 표피로 이동하는 것을 방해하여 미백 효과를 나타내는 성분들도 보고되고 있다. 대표적인 천연물 소재로는 알부틴, 코지산 등이 있으며, 우리가 일상적으로 섭취하는 식물성 식품에 함유된 식물 폴리페놀 성분들이 타이로신 산화효소의 작용을 저해하여 다양한 미백 효과를 보이는 것으로 입증되고 있다.

(2) 주름 개선

피부 조직의 진피에 존재하는 콜라겐, 엘라스틴과 같은 섬유성 단백질 성분들은 피부의 탄력을 유지하는 데 중요한 역할을 하고 있으나, 외부의 자극이나 노화 등의 인자에 의해 손상을 입게 되는데 이는 주름 생성의 주요 원인인 것으로 밝혀졌다. 주름의 생성은 노화작용의 하나로, 조직 파괴의 원인에 따라 정상적인 노화 과정인 내인성 노화와 과도한 자외선 노출에 의한 광노화 두 가지로 구분할 수 있다.

정상적인 노화 과정이 진행되는 경우 피부가 얇어지고 늘어지면서 주름살이 생성되는데 특히 노화에 따른 조직 내에서의 콜라겐, 엘라스틴 합성 속도의 저하가 함께 진행되어 피부의 탄력이 급격하게 감소하게 된다. 이와 비교되는 광노화는 자외선에 장기간 노출되어 나타나는 피부 조직의 노화 현상으로, 미용 식품 개발의 주요 목표라 할 수 있다. 광노화 과정은 정상적인 노화 과정이 반복적으로 누적되어 발생하는 것으로 피부 조직 전체에 불규칙한 색소 침착과 함께 조직의 탄력성이 급격히 줄어들어 매우 깊은 주름살을 생성한다. 정상적인 노화에 비하여 진피 내 콜라겐 구조의 변형이 심하고 양이 많이 감소하여 상대적으로 깊은 주름을 나타내게 된다. 피부가 자외선에 노출되면 진피를 구성하는 기질 단백질을 분해하는 효소들의 활성이 급격하게 증가하고, 이에 따라 콜라겐, 엘라스틴 등이 분해되면서 주름을 생성하게 된다(표 3-7).

따라서 미용 식품의 섭취를 통한 주름 개선은 크게 2가지 방법으로 나뉜다. 체내에서의 콜라겐 생합성 속도를 증가시키는 소재를 이용하는 것과, 콜라겐과 같은 진피 구성 기질 단백질을 파괴하는 분해효소의 활성을 저해하는 소재를 사용하는 방법이다. 전

표 3-7 내인성 노화와 광노화 피부의 비교

구분	내인성 노화	광노화
주름살	잔주름	굵은 주름, 잔주름
피부색	창백	불규칙한 색소 침착
피부건조증	경미	심함, 거친 피부
탄력성 감소	경미	매우 심함
색소성 질환	간혹 발생	증가
피부암	간혹 발생	증가

자에 해당하는 대표적인 식품 성분이 비타민 C이다. 비타민 C와 콜라겐 생합성의 관계는 과학적으로 증명되어 비타민 C 없이는 콜라겐의 체내 합성이 일어날 수 없음이 확인되었다. 즉 채소나 과일과 같은 비타민 C 함량이 높은 식품의 섭취가 주름 생성 방지에 효과적이다. 이러한 비타민 C의 주름 방지 활성은 코엔자임 Q_{10}, 토코페롤과 같은 항산화제를 함께 섭취하였을 때 더욱 효과가 높아진다. 후자에 해당하는 단백질 분해효소의 저해를 통한 주름 개선 효과는 콩류 식품에 다량 함유되어 있는 아이소플라본 성분과 녹차에 함유된 폴리페놀류 성분들의 효능이 널리 알려져 있다. 이들 성분들은 자외선 등의 외부 자극에 의해 활성화되는 분해효소의 작용을 방해함으로써 과도한 주름의 생성을 차단하는 효과를 나타낸다.

표 3-8 피부미용 개선과 관련된 대표적 기능성 식품

기능성 성분명	함유 식품
엽록소	해조류, 맥류약엽, 알팔파
스콸렌	상어 간유, 올리브유, 야자유
알로에	알로에 베라
베타카로틴	채소류, 해조류

7. 월경 전 증후군 및 두뇌 건강과 식품

1) 월경 전 증후군

건강한 가임 여성이라면 한 달에 한 번 생리를 하는데, 이로 인한 다양한 증세가 여성들을 괴롭힌다. 생리통dysmenorrhea과 생리 과다, 월경 전 증후군premenstrual syndrome, PMS 등이 그것이다. 이로 인해 피부 트러블, 생리가 불규칙하거나 몇 달씩 거르는 현상이 있음에도 대수롭지 않게 여겨 적절한 치료시기를 놓치거나 정신적 고통을 받는 경우가 있다. 여성이라면 본인의 생리 상태와 자궁 건강에 관심을 기울여야 한다.

(1) 월경 전 증후군의 증상

보통 월경이 시작되기 4~10일 전부터 가임기 여성의 약 70%가 다양한 신체적, 정서적 증상을 경험한다. 일반적으로 유방통, 두통, 부종 및 하복통 등의 신체적 증상과 우울함, 집중력 저하, 피로감 및 불안감 등의 정서적 증상들이 다양하게 동반된다. 이러한

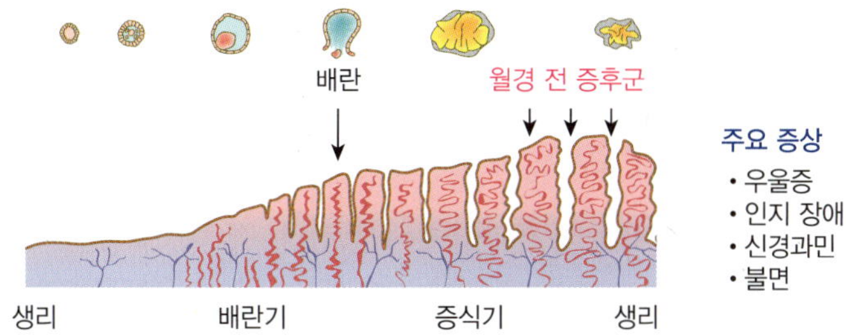

그림 3-11 월경 전 증후군

증세를 월경 전 증후군이라 하며, 월경 전 불쾌장애premenstrual dysphoric disorder, PMDD 또는 월경 전 우울증이라고도 한다. 증상이 심한 경우 치료를 받아야 한다.

tip 미국정신의학협회(APA)의 진단 기준

다음 10가지 증상 중 5가지 이상이 나타나면 월경 전 증후군을 의심할 수 있다.

1. 감정이 불안정해진다.
2. 계속 화가 나고 안절부절못한다.
3. 불안감과 긴장감이 지속된다.
4. 극심한 우울증이 나타난다.
5. 일상생활에 대한 흥미가 감소한다.
6. 쉽게 피로를 느끼고 기운이 없다.
7. 집중력이 심하게 저하된다.
8. 식욕 변화가 있어 평소보다 과식한다.
9. 잠이 쏟아지거나 불면증이 나타나기도 한다.
10. 유방통, 두통, 부종, 체중 증가가 나타난다.

tip Body Diary 월경 전 증후군 증상 체크하기

혹시 나도 월경 전 증후군? 지금 체크해 보세요!
월경 전 증후군 증상을 정확하게 파악하고 치료하는 데 도움이 된다.

신체적 증상		정신적 증상	
유방에 통증이 있다.		우울해진다.	
배에 가스가 차거나 불편한 느낌이 있다.		화가 난다.	
두통이 있다.		신경이 날카로워진다.	
손발이 붓는다.		불안감이 든다.	
		그냥 혼란스럽다.	
		혼자 있고 싶어진다.	

* 이 중에서 각 1개 이상의 이유로 인해 일상생활에 불편함이 있다면 월경 전 증후군이다.

자료 : 대한산부인과의사회

(2) 월경 전 증후군 완화 방법

월경 전 증후군이나 월경통의 정확한 원인은 알려져 있지 않지만 대부분 여성이 경험하는 증상과 통증이다. 현대 여성들은 활동량 부족으로 전신의 근육량이 감소하고 자궁의 기능도 떨어지므로 평소에 자기 관리가 필요하다. 월경통을 완화하기 위해서는 금연과 금주, 숙면과 휴식, 걷기와 같은 가벼운 운동을 하는 등 생활 습관을 개선하고, 수분 배출을 도와 부종을 막을 수 있도록 소금 섭취를 줄이며, 균형 잡히고 규칙적인 영양 섭취, 저지방 식이, 섬유소 섭취, 카페인 및 설탕 섭취를 제한하는 식이조절 등이 필요하다. 자신의 다이어리나 수첩에 월별 생리주기, 생리량, 스트레스 정도, 체중의 변화 등을 메모하는 등 생리 달력을 만들어 스스로 생리 패턴을 인지함으로써 여성 건강의 중요한 지표인 자궁을 튼튼하게 관리한다.

월경 전 증후군을 완화시키는 데에는 다음과 같은 방법이 있다.

- 세로토닌 재흡수 방해 인자serotonin reuptake inhibitor의 작용을 나타내는 항우울제antidepressants는 PMS 증상을 감소시킨다.
- 스위스 젤러사가 개발한 ZE-440은 한방 치료에서도 약초로 이용하는 순비기나무vitex & chaste tree 열매 추출액으로 PMS 증상을 완화시켜 준다. 임신 중이거나 구강 피임제를 복용하는 경우 두통, 복통, 피부 가려움, 반점이 생기는 부작용이 나타나므로 안전하지 않다.

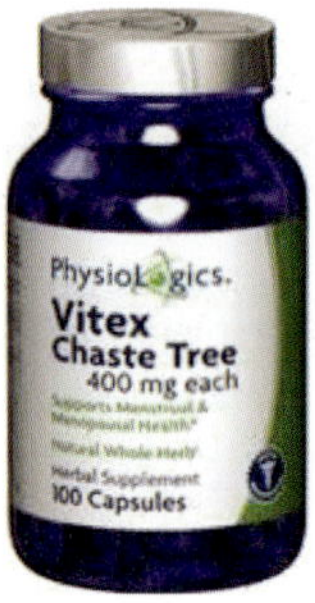

- 아프리카에서 원주민들이 이용하는 검은 노루삼 또는 승마의 일종인 black cohosh 추출물은 호르몬 활성에 영향을 주어 PMS 증상을 완화시킨다. 그러나 40 mg/day 이상을 복용해서는 안 되고 임신 중에는 부작용이 나타난다고 한다.

- 규칙적인 운동도 스트레스를 완화시킬 수 있으며, 편안히 앉아서 휴식 취하기, 눈을 감고 근육 이완시키기도 도움이 된다. 스트레스를 줄이는 방법의 하나로 숨을 쉬는 가벼운 동작을 하루에 15~20분씩 2회 정도 하는 것으로 PMS 증상을 완화시킬 수 있다.
- 마그네슘의 보충(200 mg/day)은 부종, 가슴 통증 및 복부 팽창, 복통을 완화시키고, 우유나 요구르트 또는 치즈 등의 유제품과 같이 칼슘이 풍부한 식품을 섭취하거나 칼슘 보충제(1,200 mg/day) 등은 짜증이 나거나 우울하고 불안한 PMS 신경 증세 완화에 도움이 된다.
- 커피를 마시지 않는 사람보다 하루에 8~10잔의 커피를 마시는 여성이 PMS 증상이 심하게 나타날 수 있으므로 카페인 섭취를 줄이는 것이 바람직하다.
- 비타민 B_6의 보충은 효과적이지 못하다. 특히 20 mg/day 이상 보충 시 손과 발이 저리고 마비되는 무감각한 현상의 독성 효과를 보이므로 100 mg/day 이상 보충하지 않는 것이 낫다.

tip 월경 전 증후군과 월경 전 불쾌장애의 예방 및 치료

- 채소나 과일, 생선 등을 충분히 섭취하고 짜고 단 자극적인 음식은 피한다.
- 금연하고 스트레스를 피함으로써 월경 전 증후군의 증상에서 어느 정도 벗어날 수 있다.
- 요가, 산책, 명상 등의 규칙적인 운동은 엔도르핀을 분비하여 정상적인 증상 개선에 도움이 된다.
- 장기간 지속되는 심한 증상의 치료를 위해서는 병원을 방문하여 적절한 치료와 약을 처방받는다.

2) 두뇌 건강과 식품

인간의 두뇌는 120억 개의 신경세포와 500억 개의 신경교세포로 이루어져 있으며, 말하고 움직이고 느끼고 배우고 생각하는 등 모든 신체 활동을 총괄하는 기관이다. 사람 뇌의 무게는 1,200~1,500 g 정도로 체중에서 1/40 정도를 차지한다. 두뇌는 생각하는 대뇌, 운동을 조절하는 소뇌, 그리고 생명을 유지하는 뇌간, 이렇게 주요 세 부분으로 이루어져 있다.

전뇌 가장 크고 또 가장 중요한 부위이며, 좌우로 구분되고 대뇌와 간뇌로 구성된다.

대뇌 우뇌와 좌뇌라는 두 개의 반구로 나뉜다. 대뇌는 뇌 전체의 약 80%를 차지하며 전두엽, 측두엽, 후두엽과 두정엽으로 구분되고 사람의 기억 활동에 가장 크게 관여하는 해마가 있다. 전두엽은 언어, 생각과 감정, 미세한 동작들을 조절하고, 측두엽은 소리의 인식과 기억 저장, 후두엽은 영상을 감지하고 진행하며, 두정엽은 온도, 압박, 고통 등을 감지 및 인식한다.

간뇌 시상과 시상하부로 구성되어 있으며, 시상은 뇌의 중심부에 위치하고 정보를 중계하는 역할을 한다.

소뇌 뇌에서 두 번째로 큰 부위이며 척수와 연결되어 있어서 평형을 유지하고 운동을 조정한다.

뇌간 생존에 필요한 필수 기능으로 심장 박동, 호흡, 혈압, 소화, 음식을 삼키고 토하는 등의 반사 활동을 조절하는 중심부이다.

(1) 우뇌와 좌뇌

감성의 뇌라고 부르는 우뇌는 주로 공간 인지력, 상상력과 직관에 따른 판단, 정서적

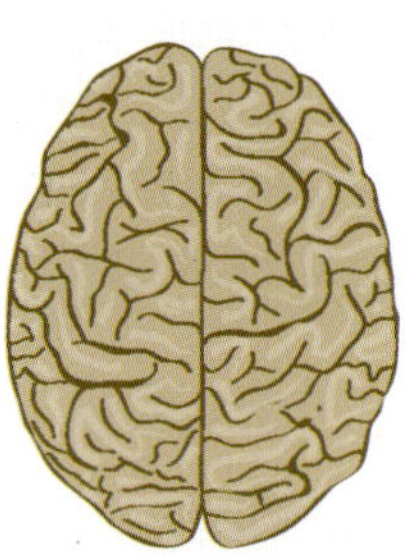

그림 3-12 좌뇌와 우뇌의 기능

표현, 음악 감상 등의 예술 분야에 대한 이해와 도면을 읽어 내는 기능을 가진다. 좌뇌는 논리적인 사고, 계산과 언어 능력 및 분석 능력 등의 기능을 한다(그림 3-12).

(2) 두뇌의 신경과 정보 처리

① 두뇌와 뉴런

두뇌의 주된 신경세포인 뉴런은 세포와 세포 사이에 특수화된 시냅스를 통해 자극을 전달한다. 이들 신경세포들의 정보 전달과 교환으로 뇌가 기능한다. 중요한 뇌세포인 뉴런은 다른 세포들과 달리 일단 형성된 후 손상되거나 한번 죽으면 재생되지 않는다. 태아기에 이미 세포분열 과정이 완료되어 다른 새로운 세포로 대치될 수 없다.

② 두뇌와 정보량

사람 두뇌의 정보량을 컴퓨터 저장량으로 나타내면 2×10^{18} 또는 2×10^{20} 바이트라고 한다. 두뇌는 수십억 개의 뉴런이라는 주세포 단위로 구성되어 있으며, 사고, 언어, 감정, 운동, 감각 기능 등을 비롯해 신경 내분비작용과 자율신경계에 의해 중재되는 모든 기능을 조절한다.

(3) 두뇌와 뇌전도

뇌에서 발생하는 특이한 리듬의 전압 변동을 뇌파 또는 뇌전도electroencephalogram, EEG라고 한다. 뇌파는 알파파, 베타파, 세타파로 되어 있으며, 일반적으로 눈을 감고 조용히 쉴 때나 수면 시에 알파파가 잘 기록된다.

(4) 뇌사와 식물인간

대뇌가 상하여 생각은 물론 느끼지도 못하고 말도 못하며 몸을 전혀 움직이지 못하나, 뇌간은 이상이 없어 호흡과 오장육부는 정상인 상태를 소위 식물인간이라고 한다. 반면 뇌사는 대뇌와 뇌간이 모두 상한 상태이다. 즉 대뇌만 상하고 뇌간에 이상이 없으면 식물인간, 대뇌와 뇌간이 모두 상하였으면 뇌사brain death로 판정한다.

요즘 죽음을 취하는 방식 중 적극적 안락사는 환자가 인위적으로 죽음을 좀 더 일찍 맞이하도록 약물 투여 등의 의학적 조치를 취하는 방식이나 이는 살인과 같은 행위로 윤리적으로 허용해선 안 된다는 게 대세이다. 소극적 안락사는 생명 연장을 위한 인위적 특별 조치를 취하지 않고 환자가 자연 그대로 죽음을 맞도록 하는 것이나 여전히 사

tip 우리나라의 안락사 법원 판결

우리나라는 안락사를 허용하는 법률은 없지만, 2008년 11월 28일 처음으로 존엄사(소극적 안락사)를 인정하는 법원 판결이 나왔다. 그 후 1, 2심을 거쳐 2009년 5월 21일 대법원의 첫 확정 판결에 따라 환자에게서 인공호흡기를 제거했다(2009다 17417 전원합의체 판결).

회적으로 논란의 여지가 있다.

(5) 두뇌 발달과 영양

두뇌의 전반적인 발달 시기는 동물에 따라 다르나 사람은 태아기부터 출생 직후 짧은 기간 내에 뇌의 발육은 거의 끝난다. 출생 후 두뇌는 신체 중에서 제일 먼저 성숙 단계에 들어간다. 근육이나 간 등의 조직들이 출생 후 성장을 시작하여 사춘기까지 지속되는 것과는 달리, 두뇌 발달은 출생 시 뇌의 DNA 함량이 성인의 약 50%에 불과하나 생후 1년이면 성인과 비슷해진다. 인간의 두뇌는 임신 기간 동안 대부분의 신경세포가 생성되고 출생 후 거의 2년 내에 대부분 완성이 되므로 임신 기간의 영양 상태는 태아의 두뇌 발달에 크게 영향을 미친다. 임신 중 영양 상태가 중요한 이유 중의 하나이다.

모유 모유를 먹은 유아는 두뇌 발달에 필요한 오메가 3계열 지방산인 DHA의 체내 함량이 높고, 우유를 먹은 유아에 비해 언어 능력과 지능지수가 높다. 이는 두뇌 발달

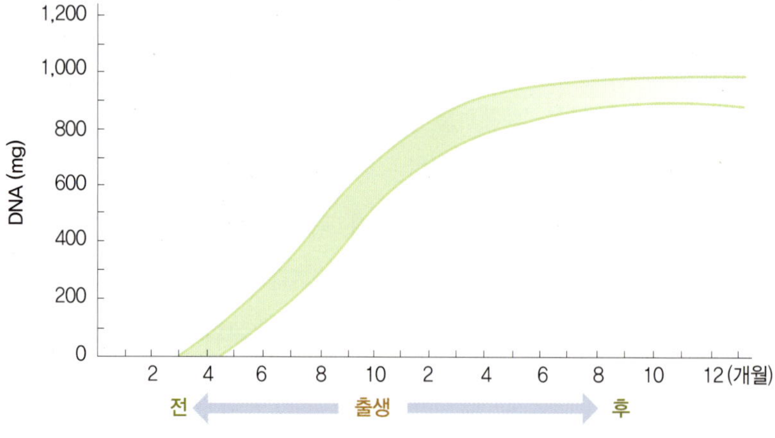

그림 3-13 태아와 어린이 두뇌의 DNA 증가량

자료 : 홍희옥 · 맹원재, 현대인의 식생활과 건강, 건국대학교출판부, 2018.

에 필요한 호르몬과 호르몬 촉진물질 등이 모유에 함유되어 있기 때문이다.

모유는 정상적으로 자란 어린이보다는 영양 결핍 상태에서 자란 어린이의 지능지수에 좀 더 영향력을 발휘하며, 태어날 때 저체중아로 태어난 아이의 출생 시 체중은 학습 IQ에도 영향을 미친다. 모유는 지능지수뿐만 아니라 감성지수를 높이고, 아기를 질병으로부터 보호한다. 또 부모의 사랑을 많이 받은 아이일수록 학습 능력과 기억력, 스트레스 반응에 중요한 역할을 하는 뇌 속의 해마 영역이 더 넓다.

3대 영양소 탄수화물, 지질, 단백질은 모두 생체의 에너지원이 될 수 있으나 다른 장기와는 달리 두뇌의 유일한 에너지원은 포도당이다. 따라서 포도당 공급이 원활하면 두뇌 활성화를 꾀할 수 있다. 평상시 혈당은 100 mL/dL이고 식사 후 시간이 경과하면 약간 저하한다. 혈당이 가장 격감하는 시기는 아침 식사 전으로, 혈당이 저하된 채 학교나 회사에 가게 되면 혈당을 100 mL/dL 수준까지 회복하는 것도 어렵고 뇌의 기능도 떨어진다. 포도당은 주의력과 집중력을 높이므로 운전하기 전에 아침 식사를 하면 사고율을 줄일 수 있다.

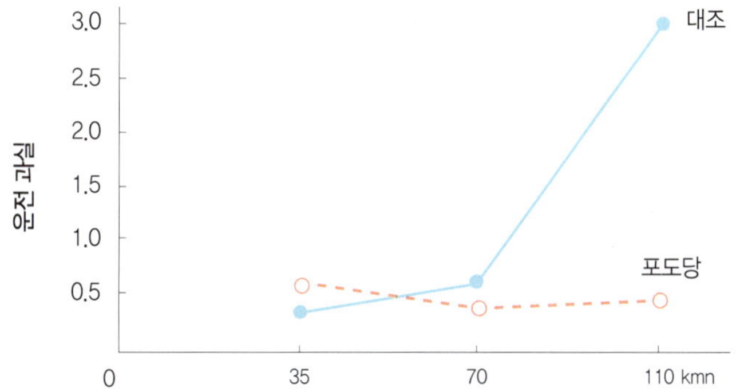

그림 3-14 포도당 투여와 운전 과실
자료 : 나카가와 하치로 지음, 김태호 옮김, 머리가 좋아지는 영양학, 아카데미서적, 2008.

비타민 두뇌의 기능 유지를 위해 매우 중요한 성분으로, 알코올중독이 되면 결핍 증상이 심화되어 뇌 기능에 치명적인 영향을 미치게 된다. 알코올의 남용은 대뇌의 혈류 이상을 가져오고, 대뇌의 혈관 수축으로 뇌 활동을 감소시킨다. 만성적인 알코올 남용은 인지 기능에 필수적인 비타민 B가 감소되어 기억력 장애와 새로운 기억의 저장 능력이 떨어진다.

세로토닌과 스트레스 신경전달물질인 세로토닌은 필수 아미노산인 트립토판에 의해 만들어지며, 두뇌의 원활한 활동뿐 아니라 편안한 잠과 스트레스를 잘 극복하는 데 필요한 물질이다. 필수 아미노산이 풍부한 단백질 식품의 섭취가 중요하다.

콜레스테롤 수준과 뇌세포 작용 콜레스테롤은 뇌세포를 형성하는 가장 중요한 물질 중 하나로 콜레스테롤이 부족하면 민첩성이 떨어지고 기억력이 감퇴되며 정신 질환에 걸리기 쉽다. 혈중 콜레스테롤 수치만 낮추면 건강한 것으로 잘못 판단하는 경우가 많은데 콜레스테롤 수치가 낮으면 두뇌의 세로토닌 수치도 낮아져 우울증, 불안 및 다양한 감정 질환을 일으킬 수 있다.

(6) 두뇌 활동 장애와 퇴행성 질환

① 주의력 결핍 과잉행동 장애

주의력 결핍 과잉행동 장애Attention Deficit Hyperactivity Disorder, ADHD는 아동기에 가장 일반적으로 나타나는 장애로, 지속적인 주의력 산만inattention 및 과다 활동hyperactivity, 충동성impulsivity을 특징으로 한다. 일반적으로 충동적 무절제 과다 행동이 나타나면서 소근육 운동이 떨어지고 학습장애를 보이며 정서적으로 불안정한 상태가 된다. ADHD는 조기에 발견하여 치료만 잘 받으면 정상적인 생활을 할 수 있다. 수영선수 마이클 펠프스, 미국의 부시 대통령, 존 F. 케네디 대통령, 시어도어 루스벨트 대통령, 독일 처칠 수상, 모차르트, 에디슨, 아인슈타인, 라이트 형제 등 세계의 역사를 바꿔 놓은 위대한 위인들도 ADHD를 앓았다고 알려졌다. 천재적인 영화감독 스티븐 스필버그, 배우 더스틴 호프만, 우피 골드버그도 ADHD였다.

ADHD로 병원을 찾는 소아, 청소년 가운데 80%는 남학생인 것으로 나타났다. 기초학력이 떨어지는 초·중학교 학생 5명 중 1명이 ADHD 등 정서 및 행동 발달 장애를 앓고 있는 것으로 조사되었다. 교육부에 따르면 초·중학교 1,045개교 재학생 가운데 국가학업성취도 평가 결과 기초학력 수준에 미달하는 학생의 20%가 ADHD 또는 우울증, 불안, 난독증 등과 같은 정신건강 장애를 앓고 있는 것으로 나타났다. 이해력과 기억력 부족 등 인지적 요인으로 기초학력이 떨어지는 학생 비율은 12%였고 나머지 68%는 학습 동기나 가정 환경과 같은 외적 요인이 작용하는 경우였다.

서울대병원(2012) 연구팀 결과에 의하면 우리나라 초등학교 3, 4학년 어린이 989명 중

ADHD로 진단된 아이들은 143명(16%)이며, 간접흡연에 노출된 어린이들이 주의력 결핍 과잉행동 장애나 학습 장애 위험성이 높았다고 한다.[8)]

표 3-9 정서 · 행동 장애 의심 초등학교 1 · 4학년생

연도	검사 학생(학교)	정밀 검진이 필요한 학생
2011	76만 6,957명(4,357개교)	8만 1,513명(10.6%)
2010	24만 2,055명(1,126개교)	3만 908명(12.8%)
2009	123만 6,159명(470개교)	2만 1,497명(17.0%)

자료 : 교육부, 2011.

표 3-10 초 · 중학교 학습부진 요인 현황

구분	초등학교(814개교)	중학교(231개교)
정서 · 행동 문제(ADHD, 우울, 불안 등)	20%	19%
인지적 문제(이해력, 기억력 부족 등)	13%	10%
기타 문제(학습 동기, 가정 환경 등)	62%	70%

자료 : 교육부, 2011.

전전두엽은 뇌에서 가장 진화된 영역으로 집중력, 판단 능력, 충동 통제 및 비판적 사고와 관련되어 있다. 균형 잡힌 식사는 도파민 수준에 긍정적 효과를 미치는 것으로 확인되었으며, ADHD의 주요 원인 중 하나로 음식 섭취가 꼽힌다. 따라서, 과잉행동 증상을 개선하는 데는 인공 향료나 색소가 없는 음식, 식품보존제, 조미료 및 카페인 등의 요소를 제거한 식품의 선택이 집중력을 높이고 알레르기를 줄이는 데 효과적이다.

tip 음악 치유

모차르트 음악을 듣는다. vol.34의 피아노 콘체르토가 포함된 C장조 No.21의 피가로와의 결혼과 돈 조반니 플루트 콘체르토 No.2 및 다른 콘체르토와 소나타 등 모차르트 음악을 들으면 집중력 기분 통제, 충동성 감소와 사회 적응 기술이 증가한다.

자료 : 다니엘 G. 에이멘 지음, 안한숙 옮김, 그것은 뇌다, 브레인월드, 2008.

8) http://news.sbs.co.kr/section_news/news_read.jsp?news_id=N1001235466

표 3-11 ADHD 진단 기준

주의력 결핍(Inattentive)	과잉행동/충동성(Hyperactive-Impulsive)
1. 부주의로 실수를 잘한다. 2. 집중을 오래 유지하지 못한다. 3. 다른 사람 말을 경청하지 못한다. 4. 과제나 시킨 일을 끝까지 완수하지 못한다. 5. 계획을 세워 체계적으로 하는 것을 어려워한다. 6. 지속적 정신 집중을 필요로 하는 공부, 숙제 등을 싫어하거나 회피하려 한다. 7. 필요한 물건을 자주 잃어버린다. 8. 외부 자극에 의해 쉽게 정신을 빼앗긴다. 9. 일상적으로 해야 할 일을 자주 잊어버린다.	1. 손발을 가만히 두지 못하고 앉은 자리에서 계속 꼼지락거린다. 2. 제자리에 있어야 할 때 마음대로 자리를 뜬다. 3. 안절부절못하거나 가만히 있지 못한다. 4. 집중하지 못하거나 활동에 조용히 참여하지 못한다. 5. 끊임없이 움직인다. 마치 모터가 달린 것처럼 행동한다. 6. 지나치게 말을 많이 한다. 7. 질문이 끝나기 전에 불쑥 대답한다. 8. 차례를 못 기다린다. 9. 다른 사람의 활동에 끼어들거나 방해한다.
진단 기준	• 위의 두 가지 진단 기준에서 6가지 이상의 증상이 6개월 이상 지속되는 경우 • 7세 이전에 증상이 나타난 경우 • ADHD의 증상이 복수의 생활 영역(학교, 가정, 직장 등)에 부정적 영향을 주는 경우 • 사회 활동, 학업, 업무 수행에서의 심각한 장애를 초래하는 명백한 증거 보유 • 증상이 전반적 발달 장애, 정신분열병 또는 기타 정신증적 장애의 경과 중에만 발생하는 것이 아니고, 다른 정신 장애를 동반하는 경우

자료 : 서울대병원 소아정신과 김봉년 교수, ADHD 진단 기준.

② 알츠하이머

알츠하이머Alzheimer's disease는 뇌에 있는 신경세포가 죽으면서 신경세포인 콜린 작동성 뉴런이 파괴되어 학습 능력이 떨어지고 기억력과 인지 능력이 감소하는 질병으로, 노인 인구가 증가함에 따라 심각한 사회문제가 되고 있다. 치매의 원인이 될 수 있는 요인과 뇌 손상 등을 방지하는 건강한 식생활과 생활 습관을 유지하는 것이 무엇보다 중요하다(표 3-12).

표 3-12 뇌세포작용 저해 요인과 두뇌 손상 방지 요소

뇌세포에 손상을 줄 수 있는 요소	신경원을 보호하는 치매 방지 억제제
• 태운 음식 • 담배와 과음 • 산화된 상한 기름 • 육체적 · 정신적 심한 충격 • 오존 파괴와 공해 • 방사선과 자외선 • 스트레스 • 중금속 • MSG	• 소식, 절식 • 지방산과 오메가-3, 오메가-6 • 비타민 E, 비타민 C, 비타민 D와 엽산 • 마그네슘, 셀레늄, 아연 등의 무기질 • 글루타싸이온이 들어 있는 수박, 토마토, 아보카도와 같은 과일 • 녹차, 적포도주, 가시오가피 나무의 뿌리(=자오가) • 마늘 • 햇빛 쬐기와 가벼운 운동

자료 : 강성종, 당신의 두뇌 안녕하십니까, 라이프사이언스, 2008.

(7) 두뇌와 범죄

두뇌 활동 이상으로 생기는 사이코패스 뇌Psychopath's Brain는 세로토닌이 부족하여 사소한 일에도 강한 공격적 성향을 드러내는 것으로 알려졌다. 사이코패스 뇌 구조는 다른 사람의 감정이나 의도를 이해하는 데 중요한 기능을 수행하는 부분이 손상되어, 감정이입이 잘 안 되고 두려움과 격정에 대한 반응이 약하며 죄책감이나 당혹 같은 감정이 일어나지 않는다. 또한 공포에 떠는 표정에 무감각하게 반응한다.

그림 3-15 사이코패스와 뇌반응

자료 : http://blog.naver.com/PostView.nhn?blogId=6338er&logNo=130082145692&srchid=IIM6Y70b200

(8) 두뇌와 사랑

뉴욕주립대 심리학자 Arthur Aron 박사는 강렬하고 정열적인 사랑에 빠지면 마약에 중독됐을 때와 동일한 뇌의 영역이 반응한다며, 사랑은 뇌에 마약 같은 역할을 한다고 하였다. 낭만적 사랑에 빠지면 세로토닌 수치가 낮아져 상대에 집착하고, 로맨스에 빠진 뇌는 중독·강박 장애를 겪을 때와 비슷하다. 최근 로맨틱한 사랑에 빠졌을 때 뇌의 반응과 화학물질이 나오는 부위에 대한 연구가 이루어졌는데, 사람이 열정적인 연애를 할 때는 그림 3-16에 나타낸 것과 같이 진한 붉은색 부분의 뇌가 반응한다. 또한 사랑은 고통을 줄여 주는 약제로 사랑하는 사람의 사진을 보면 보상중추가 작용한다. 보상중추는 음식물이나 성적 흥분이 일어날 때 활성화되는 영역이다. 물리적 통증이 가해질 때 연인의 사진을 보는 것만으로도 뇌의 보상중추가 작용하여 고통이 줄어든다고 한다.

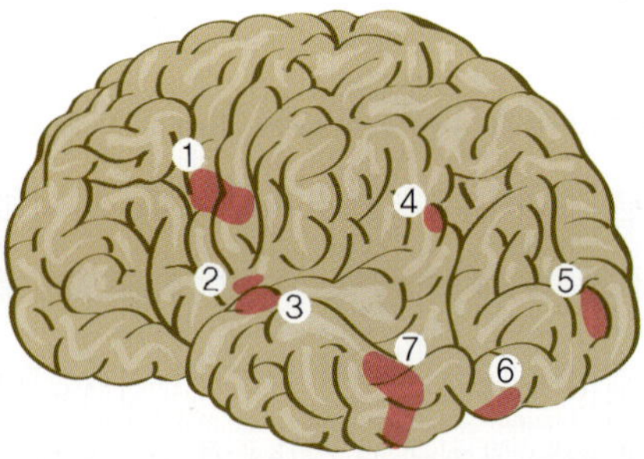

① 배측 중전두회
② 섬엽
③ 상측 두회
④ 각회
⑤ 후두피질
⑥ 후두측 두골피질
⑦ 복측 측두 부위

그림 3-16 열정적인 사랑에 관여하는 부위

자료 : http://kr.kpost.yahoo.com/s?s=eGAVVrmURcyxY3T822z34g/3cyz.AdM. 65UV4SLVRw2JY-4ZvXEzYw

tip 미인은 뇌가 먼저 알아본다. 뇌가 유독 아름다운 얼굴을 빨리 알아보는 이유는?

사람 뇌의 방추 이랑은 오직 얼굴만을 인식하는 영역으로 사물 인식과는 달리 눈, 코, 입 등의 얼굴 구성 요소를 따로따로 판단하는 것이 아니라 마치 한 묶음처럼 한꺼번에 인식한다. 결국 눈, 코, 입 등 얼굴의 구성 요소 간의 일정한 거리가 미인이냐 아니냐를 좌우하는 중요한 열쇠가 되는 셈이다.

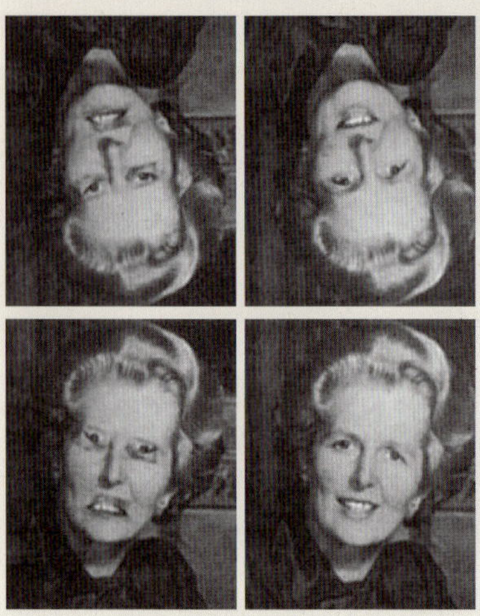

방추 이랑의 기능을 한눈에 알 수 있는 사진

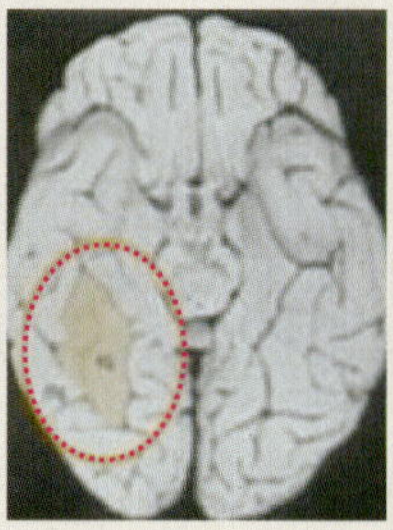

방추 이랑
뇌에서 얼굴 인식을 담당하는 부위

방추 이랑

자료 : KBS 과학카페 제작팀, KBS 과학 다큐멘터리 과학카페 VOL.1 인체와 건강, 예담, 2008.

(9) 남녀 두뇌의 정서 위치

남자는 정서적 영역의 위치가 주로 우뇌에 분포되어 있는데 이는 다른 두뇌 기능과 별도로 작동될 수 있음을 보여 준다. 반면 여자는 정서의 위치가 양쪽 뇌에 넓게 퍼져 있을 뿐 아니라 두뇌의 다른 기능과 함께 동시다발적으로 작동할 수 있다. 따라서 여자는 이성적인 문제를 토론하다가 정서적이 될 수 있다. 남자는 여자보다 우뇌가 발달하여 공간, 논리, 지각 지능이 빨리 발달하여 수학, 건축물, 퍼즐, 문제 해결 등에 능숙하

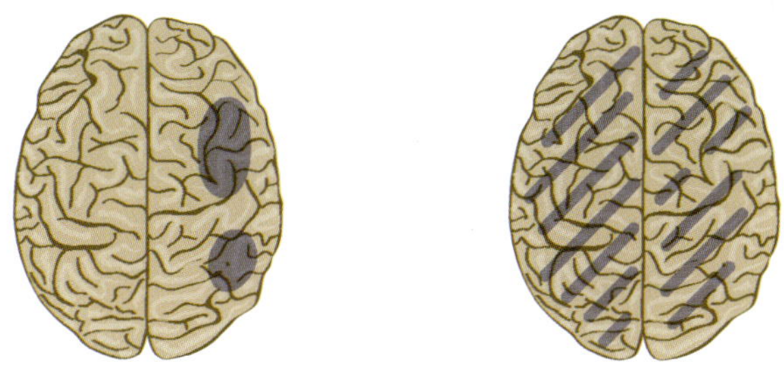

남자의 정서적 영역 위치 여자의 정서적 영역 위치

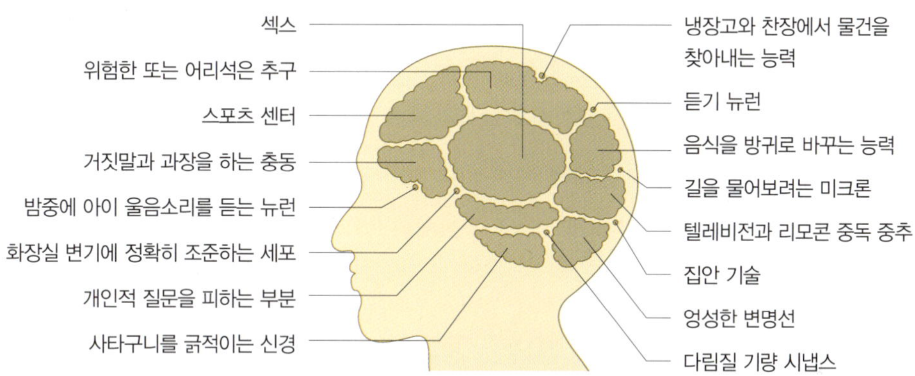

남자의 두뇌

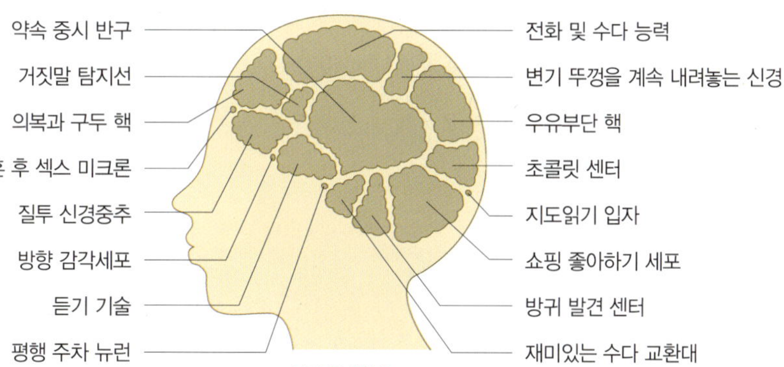

여자의 두뇌

그림 3-17 남녀의 정서적 영역 위치와 두뇌 구조

자료 : 앨런 피즈 · 바바라 피즈 지음, 이종인 옮김, 말을 듣지 않는 남자 지도를 읽지 못하는 여자, 가야넷, 2005.

고 이들 분야의 이해가 빠르다고 하였으나, 오늘날에는 남녀 차이가 거의 없어 무시해도 좋을 수준이라는 주장이 지배적이다.

(10) 두뇌 건강법

뇌를 건강하게 하기 위해서는 다음과 같은 행동은 하지 않아야 한다. 임신 시에는 알코올, 담배, 약물, 많은 양의 카페인 섭취를 피한다. 처방전 없이 약을 복용해서는 안 되며, 뇌에 좋은 음식이라고 아무런 생각 없이 먹는 것은 피해야 한다.

머리를 좋게 하는 영양소가 포함된 브레인푸드는 뇌세포의 구성 성분을 제공하고 뇌 기능에 필요한 효소나 신경전달물질 등의 원료를 공급함으로써 뇌 기능 유지에 도움을 줄 수 있다. 또 인체가 산화되는 것을 방지해 주기 때문에 뇌세포가 퇴화하는 것을 막아 준다. 오메가-3 지방산, 항산화 영양소, 엽산, 비타민 B 복합체, 콜린과 레시틴, 커큐민, 아미노산, 철, 구리, 아연, 셀레늄 등이 브레인푸드 범주에 속한다.

반면 매일 무심코 먹는 식품 중에 두뇌를 공격하여 뇌 기능을 떨어뜨리는 식품으로는 설탕 및 과당 등 단순당이 많이 들어 있는 콜라, 사탕, 과자, 아이스크림 등이 있다. 가공식품이나 인스턴트 식품 중에서 무기질이 거의 없는 음식, 방부제가 많이 들어 있는 음식도 뇌의 기능을 떨어뜨린다. 특히 주의해야 할 음식은 베이컨, 버터, 치즈, 옥수

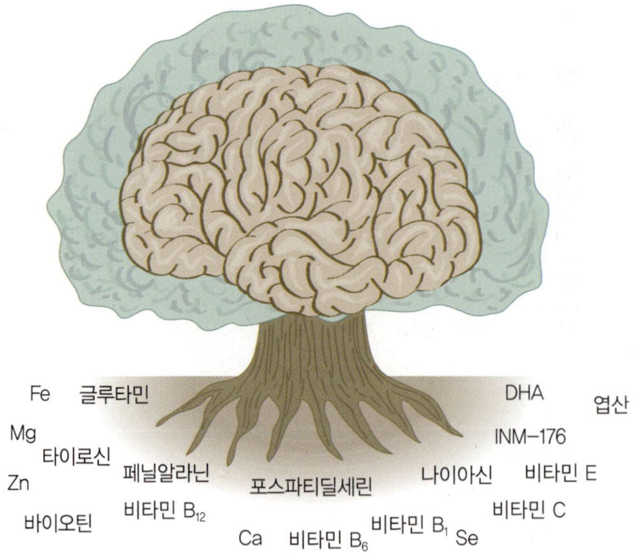

그림 3-18 뇌세포 활동과 영양소

수기름, 도넛, 감자튀김. 마가린, 마요네즈, 생크림, 가공식품 등이다. 냉장고에 오래 보관하여 산화된 불포화지방산이 많이 들어 있는 식품도 피해야 하며, 육류나 생선, 오래된 기름으로 튀긴 식품, 기름을 사용해서 오래 보관한 식품 등 트랜스 지방 함량이 높은 식품도 먹지 않는 것이 좋다.

뇌 건강에 좋은 행동 요법으로는 아침 식사를 챙겨 뇌에 영양원을 공급하는 것이 중요하며, 정상적인 혈당을 유지하고 관리하여 영양 공급이 원활하도록 해야 한다. 비타민과 무기질을 충분히 섭취하고 음식은 싱겁게 먹는 것이 바람직하다.

평소 메모하는 습관은 좌뇌와 우뇌를 활성화시키고 커뮤니케이션 능력을 향상시키며 진정한 자신의 모습을 엿볼 수 있으므로 메모하는 것은 두뇌 활동에 도움이 된다.

표 3-13 뇌 건강에 좋은 영양소와 식품

영양소		역할	식품
DHA의 지방질		• 신호 전달 분자 • IQ 향상 에너지 • 기억력, 학습 능력 향상	붉은 참치. 정어리 등 등푸른생선, 뱀장어, 연어, 오징어
비타민	E	• 기억력	잣, 콩(견과류), 녹황색 채소
	C	• 두뇌를 맑고 스트레스 완화 • 뇌신경의 흥분과 억제 조절	콩나물, 두부, 비지, 토마토, 당근, 귤, 레몬
비타민과 무기질		• 신경세포의 대사 유지	깨. 멸치, 두유, 우유
단백질		• 뇌 활동 원활	콩, 달걀, 우유, 고기, 생선
철		• 뇌 활동 원활	쇠간, 동물 내장, 육류
지방산		• 뇌세포 만들기	호두, 유지류
포도당		• 뇌의 주에너지원	쌀, 보리, 감자, 고구마. 메밀, 국수, 우동

tip 요리와 뇌세포의 상관관계

요리는 뇌세포를 활성화시킬 수 있는 좋은 방법으로 요리를 만들어 누군가에게 대접하고, '맛있다'라는 칭찬을 받으면 뇌를 활성화하는 데 효과적인 아드레날린이 분비된다. 원시시대에 원시인들이 사냥을 하는 이유 중의 하나가 맛있게 먹는 모습을 보면 아드레날린의 작용으로 사냥해 오고 싶은 충동이 들었기 때문이라고 한다.

자료 : 사카토 겐지 지음, 김하경 옮김, 뇌를 움직이는 메모, 비즈니스세상, 2009.

8. 효소와 건강

1) 효소란

신혼부부가 옷장을 사서 신혼집에 넣으려고 하는데, 방의 문보다 옷장이 커서 방에 들여놓을 수가 없었다. 가구를 배달하는 사람은 하는 수 없이 옷장을 해체하기 시작하였다. 방문을 통과할 수 있는 크기로 분해한 뒤 방으로 옮기고 이를 다시 조립하였다. 이때 가구를 배달하는 사람처럼 옷장을 분해하였다가 다시 조립하는 사람의 역할을 하는 것이 바로 효소이다(그림 3-19). 체내의 효소들은 여러 물질을 잘게 부숴 미세한 분자로 분해시키고, 필요에 따라 다른 효소에 의해서 우리 몸에 필요한 구성 요소로 재조합하여 다른 물질을 만들어 주는 역할을 한다.

그림 3-19 효소의 분해반응을 장롱의 분해 조립 과정에 비유

효소는 여러 가지 형태의 반응이 빨리 일어나도록 돕는 촉매 역할을 하는 물질이다. 만약 쇠고기를 잘게 부숴 아미노산으로 만들기 위해 끓는 물에 넣고 며칠을 끓여도 아미노산으로 분해되기가 쉽지 않지만, 효소를 첨가하면 짧은 시간에 분해할 수가 있다. 또는 산을 넘어야 하는 경우에 산꼭대기까지 올라가 정상을 넘어 내려오는 것보다 산을 관통하는 터널을 이용하면 금방 갈 수 있다. 이는 마치 촉매인 효소를 이용하는 것

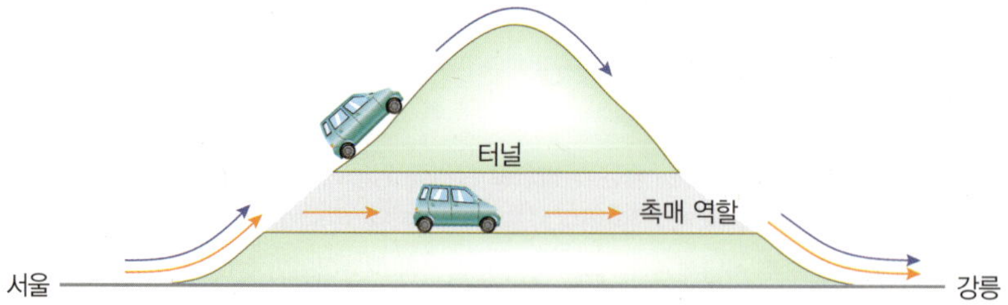

그림 3-20 효소의 촉매반응을 서울-강릉 여정에 비유

과 같다(그림 3-20). 효소를 반응에 활용하면 쉽고 빠르게 결과를 이끌어 낼 수 있다. 특히 온도를 높이 올려야 하는 반응이거나 높은 압력을 가해야 일어나는 반응도 쉽게 일어나도록 유도해 준다.

2) 효소의 생성

효소는 우리 몸에서 죽을 때까지 만들어지기는 하지만 나이가 들면서 몸에도 변화가 일어나는데 그중 하나가 효소를 생성하는 능력이 감소하는 것이다. 신체 활동이 왕성한 청소년 및 청년기에는 '돌을 먹어도 소화가 된다'는 말을 들을 만큼 효소의 생성이 왕성하나, 30대를 전후하여 나이가 들면서 노화 현상이 나타나기 시작하고 40~50대가 되면 식욕이 감퇴하고 입맛이 떨어지면서 식사량이 줄어든다. 이는 체내에서 효소를 만들어 내는 능력이 감소함으로써 나타나는 현상들이다(그림 3-21).

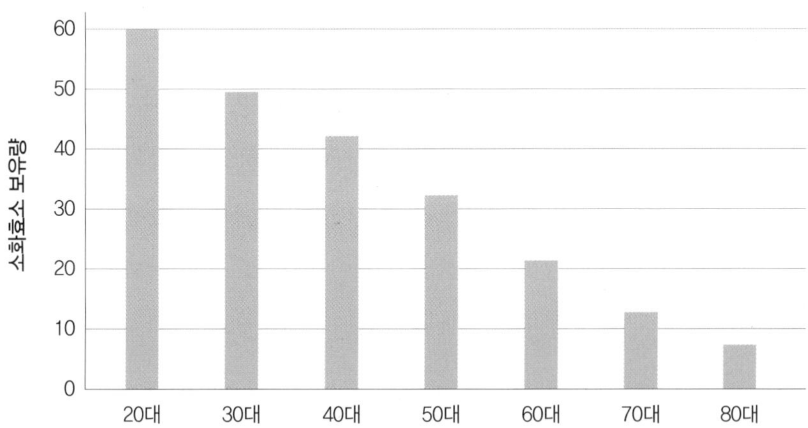

그림 3-21 연령에 따른 체내 소화효소 보유량의 변화 추이

나이가 들면 노화 현상이 나타나고 만성피로로 신체 조절 능력이 떨어지게 되는데 중년이 되면 이러한 경향은 더욱 뚜렷해진다. 이는 호르몬이 부족하여 나타나는 현상으로, 효소의 활동이 제대로 이루어지지 못하기 때문에 일어난다.

효소는 생체 내에서 이루어지는 생명 유지 현상의 가장 기초를 이루는 핵심 생명물질이라고 해도 무방하다. 생명 유지의 근간이 되는 음식을 소화 및 분해하여 흡수하는 식품효소의 역할부터, 흡수된 영양소의 이동과 생체 내 물질대사인 합성(동화작용) 및 분해(이화작용), 그리고 이러한 과정이나 생명 유지 과정에서 생성(발생)되는 독소의 분해 배출까지 모든 생명 유지 현상에 대사효소가 작용한다. 나아가 우리가 보는 것, 말하는 것, 생각하는 것, 숨 쉬는 것 등 모든 신체활동이 효소의 도움을 받는다. 우리 몸에서 일어나는 대사반응이나 화학반응은 대사효소의 도움 없이는 이루어질 수 없으며, 각종 비타민, 미네랄, 호르몬 등이 있어야 효소작용이 활성 상태로 바뀌어 우리 몸에 직접적으로 작용하게 된다. 수술 후에 실로 꿰맨 부위는 대사효소 작용에 의하여 수술 전과 같이 결합된 상태로 보상 처리되어 조직과 조직을 하나로 붙여 준다. 체내에서도 우리가 인식하지 못하는 사이에 염증이 발생하고 상처 부위들이 효소작용에 의하여 치유되는 일들이 반복적으로 일어난다. 모든 대사반응의 시작과 그 기반이 되는 과정은 효소가 정상적으로 작용하느냐 여부에 달려 있다. 그러므로 우리 몸의 생명을 유지하는 모든 소화 및 대사 작용에서 이들 소화효소와 대사효소의 도움이 절대적이므로 이들 없이는 삶을 영위할 수가 없다.

효소는 동물이나 식물, 그리고 미생물들이 만들어 낸다. 즉 살아 있는 생명체에서는 모두 효소가 만들어진다. 만일 효소를 만들어 내지 못하면 생명체는 수명을 다한 것이다. 사람의 경우도 장내 미생물들이 효소를 생산하기도 하고, 각각의 세포에서 만들어 내기도 한다. 운동을 하거나 기쁘게 웃으면 효소가 평소보다 더 많이 생산된다. 건강하게 신체 활동을 유지하고 즐겁게 생활하면 이것이 바로 효소를 확보하는 일이나 다름없다.

3) 소화효소와 대사효소

우리 몸 안에 있는 효소는 크게 두 가지 형태로 나눌 수 있다. 섭취한 음식물을 소화 분해시키는 소화작용을 하는 소화효소 그룹과, 대사 과정에서 촉매 역할을 하며 신체적 대사 활동을 도와주는 대사효소가 있다. 소화효소는 탄수화물, 단백질, 지질을 가수분해하여 우리 몸이 흡수할 수 있는 영양소 상태로 만들고, 대사효소는 이러한 영양소를 이용하여 신체를 구성하는 근육이나 뼈, 조직, 기관 등을 만들어 주고 이들이 다양한 대사 활동을 할 수 있도록 돕는다. 예를 들면 호흡을 통해 산소를 공급한다든가 체온을 유지하거나 뼈를 만들고 상처 난 곳을 치유한다. 이외에도 영양소를 저장하고 필요할 때 공급해 주는 데 관여하는 여러 가지 호르몬의 작용을 돕는 등 수천 가지의 대사 활동을 통해 인간의 생명력을 유지하고 있다.

소화효소는 말 그대로 소화를 시키는 과정을 통하여 섭취한 음식을 분해시켜 체내로 흡수할 수 있는 영양소로 만들어 주는 역할을 한다. 소화효소가 부족하면 체중이 감소하고 근육 결핍 증세가 나타나며, 피부 탄력이 떨어지고 피부 알레르기가 발생하며 탈모 증세도 일으킨다. 또 체내에서는 만성 염증과 더불어 복부 팽만 또는 가스가 발생하여 복통을 일으킨다. 이러한 것들이 복합적으로 작용하면 만성적 피로에 시달리고 무기력증에 빠진다. 나이가 들면서, 또는 식습관이나 환경적 요인에 의해서 소화효소가 부족해지면 대사효소가 소화효소를 도와야 한다.

4) 대사효소를 돕는 호르몬

대사효소의 부족으로 신체의 대사 활동이 원활하게 이루어지지 못하면 호르몬이 그 역할을 대신한다(그림 3-22). 그렇게 되면 호르몬 부족으로 만성적 피로감을 느끼고, 신체의 조절 능력이 떨어져 정상적인 건강 상태를 유지하기 어렵다. 호르몬도 10~20대에 최고 절정으로 많이 생성되다가 나이가 들면서 점차 줄어들기 시작하여 60대에 이르면 20대의 절반밖에는 생성되지 않는다. 한국인의 경우 인슐린이 외국인에 비하여 36%나 낮아 당뇨 환자가 많이 발생하는 원인이 되기도 한다.

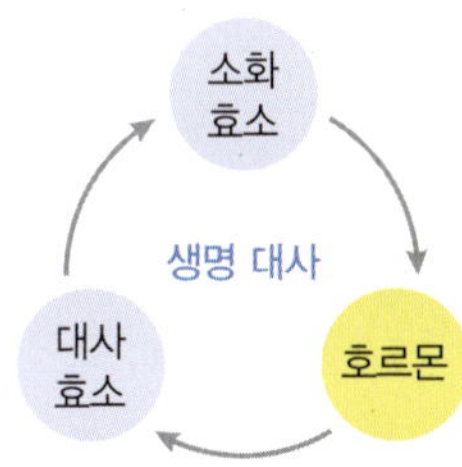

그림 3-22 소화효소와 대사효소, 그리고 호르몬 간의 지원 활동을 통한 생명의 대사 활동

음식을 통해서 얻을 수 있는 식품 속에 함유된 소화효소가 체내에서 분비되는 소화효소를 대신하는 역할을 기대할 수 있다. 식품 속의 대사효소를 직접 먹는다고 해서 대사 활동을 해결할 수 있는 것은 아니다. 혹시 대사효소를 먹는다고 가정해도 대부분 체내의 소화효소에 의해 분해되므로 대사작용에 직접적인 도움을 받을 수 없다. 그러나 우리 몸에서는 소화효소를 만들어 공급해야 할 때와 대사효소를 공급해 주어야 할 때

에 따라 그 양을 조절하여 소화효소, 또는 대사효소를 더 많이 공급할 수는 있다. 물론 우리 몸에서 이들 효소를 무한정을 만들어 공급하지는 않는다.

어릴 때 배가 아프다고 하면 할머니께서는 "배가 아프면 굶어 보거라! 굶으면 나을 거야"라고 말씀하시며 배를 문질러 주셨다. 이는 경험에서 우러난, 그러나 지극히 과학적인 근거를 가진 말씀이었던 것 같다. 배가 아프면 우리 몸이 스스로 치유하기 위하여 대사효소로 치유작업을 하는데, 계속해서 음식을 먹으면 치유를 위한 대사효소를 공급하지 못하고 음식을 소화시키기 위해 소화효소를 만들어 공급해야 하므로 배를 치유하는 데 영향을 받게 된다. 결국 배를 치유하는 데 시간이 오래 걸리고 그만큼 불편을 더 겪게 되고 만다. 그러니 잠시 굶음으로써 대사효소가 활동에 전념할 수 있는 여건을 만들어 주라는 말씀이었다. 이는 소화효소와 대사효소의 균형적 공급이 건강을 유지하는 데 매우 중요하다는 사실을 말해 준다.

그러므로 식품을 통하여 소화효소를 충분히 공급한다면 체내에서는 소화효소를 만드는 데 많은 힘을 쓰지 않아도 된다. 소화효소를 적게 만들 수 있다면 상대적으로 대사효소를 보다 많이 공급할 수 있는 여건이 조성된다는 뜻이다. 그러면 대사효소의 작용으로 몸 안에서는 여러 가지 대사 활동이 활발히 이루어져 보다 건강해질 수 있으며(그림 3-23), 아울러 호르몬 부족으로 인한 현상도 나타나지 않아 건강한 상태의 몸을 유지할 수 있다.

5) 식품을 통한 효소 섭취

대사와 소화 효소 형태와 달리 우리가 식품을 통하여 먹는 효소를 식품효소라고 한다. 고기를 재우는 데 사용하는 양파, 외국에서 많이 활용하는 파파야 열매와 파인애

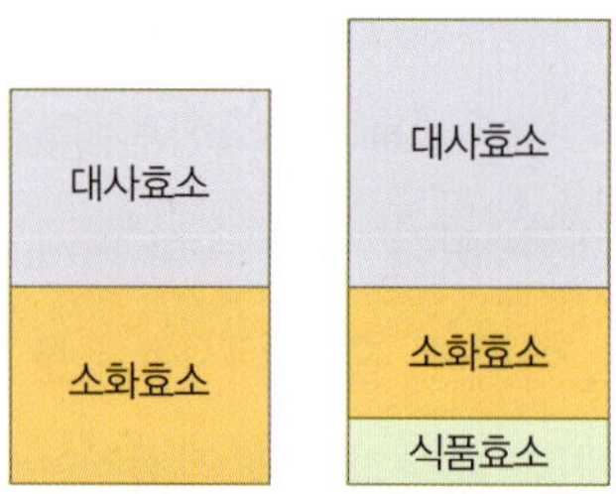

그림 3-23 식품효소 섭취 전후에 따른 기대되는 효과

플 또는 무화과 열매와 키위 등은 단백질 분해효소를 많이 가지고 있다. 고기를 숙성시킬 때만 활용하는 것이 아니라 고기를 많이 먹은 뒤 후식으로 이들이 제공되는 이유가 바로 이런 측면이 있기 때문이다. 우리나라에서는 떡을 먹다가 목이 메거나 하면 동치미 국물과 그 무를 먹었다. 그 이유는 무에 디아스타제라는 탄수화물 가수분해효소가 함유되어 있기 때문이다. 이 효소의 존재는 몰랐다고 해도 경험을 토해 탄수화물의 소화를 돕는 방법을 알아 관습으로 전해져 온 것이다.

맥아에는 α-amylase, β-amylase, γ-amylase가 혼합된 복합물질이 들어 있으며, 이처럼 식품 속에 함유된 효소를 함께 먹으면 맥아, 파인애플, 양파나 키위 등이 바로 식품효소라 할 수 있다. 식품에는 소화효소 외에 항산화효소도 함께 들어 있는데 식품효소는 그 테두리에 넣을 수 있다. 식품산업체에서는 맥아로 막걸리나 포도주 같은 술을 만들거나, 빵이나 치즈를 만드는 데 활용하고 있다. 우리 역시 김치를 먹거나 청국장이나 된장, 쌈장 등 발효음식을 통해 식품효소를 알게 모르게 꾸준히 먹고 있다. 그러나 오늘날에는 음식을 주로 가열 조리하다 보니 식품에 존재하는 효소를 죽이거나 불활성화 상태에서 먹게 되는 경우가 많아졌다. 인스턴트식품이나 가열 처리한 식품들은 효소 자체가 없는 음식이라 볼 수 있으므로 발효식품 등은 가급적 열을 적게 가한 상태로 섭취하는 것이 바람직하다. 이외에 양배추김치, 피클, 꿀, 아보카드, 파파야, 케피어(유산균 제품) 등이 효소가 많이 함유하고 있는 식품들이다.

6) 효소 생성을 돕는 방법

효소가 만들어질 수 있는 좋은 환경 중의 하나가 적절한 운동 등으로 신체 활동을 강화함으로써 효소의 생성을 원활하게 하는 것이다. 하지만 현대인들은 과거에 비하여 앉아서 생활하는 시간이 많아지고 상대적으로 서서 활동하는 시간은 줄었으며 걷기보다는 교통수단을 이용하기 때문에 운동하는 시간이 절대적으로 부족하다 보니 과거 사람들보다 효소의 생성이 줄어든 편이다. 따라서 알맞은 운동과 신체 활동으로 평소 효소의 생성이 활발할 수 있는 여건을 만드는 것이 중요하다. 효소는 우리가 운동할 때 또는 신명나게 웃거나 즐거울 때 많이 생성된다고 하니 삶을 즐겁게 살아가려는 노력이 필요하다. 일에 너무 쪼들리지 말고 자연을 찾아가 맑은 공기를 마시며 여유를 느끼고, 웃을 수 있는 생활 분위기를 조성하면 건강한 삶을 누릴 수 있을 것이다.

우리 식습관은 균형 잡힌 효소 생성을 유지하기보다는 편중된 효소를 이용하는 경우가 더 많다. 식품을 골고루 선택하기보다 맛있다고 즐겨 먹는 식품들을 편식하는 경향이 강하다. 특히 좋아하는 음식만을 선택적으로 집중하여 먹으면 탈이 날 수 있는데, 이는 유전적 요인도 있지만 단 음식을 너무 많이 먹거나 식사량이 너무 많은 경우, 즉 탐식을 하면 탄수화물 소화효소를 비롯한 소화효소를 꾸준히 공급하던 이자에서 인슐린 공급이 원활하지 않게 되면서 급기야 외부로부터 주사로 보충해야 할 정도로 나빠질 수 있다. 췌장에 염증이 악화되면 소화효소의 공급은 더욱 어려워진다. 우리 몸도 휴식을 취하면서 적절하게 효소를 생성해 공급할 수 있도록 내장의 건강관리도 철저히 해야 한다.

과식 또는 급하게 먹는 식사법은 피하는 것이 바람직하다. 빠르게 먹으면 음식을 꼭꼭 씹어 삼키지 않아 위와 소장에 부담을 줄 뿐만 아니라 소화되지 않은 음식물의 일부는 부패되면서 가스를 유발하여 염증을 일으키기도 한다. 천천히 오래 씹어서 저작운동을 충분히 해주면 구강 내의 탄수화물 효소에 의하여 충분히 분해되기 때문에 다른 기관의 부담을 줄일 수 있다. 과식보다는 조금 배고픈 듯한 정도로 식사 양을 줄이고, 소식을 하되 음식의 종류는 골고루 다양하게 선택하는 습관을 가지면 좋다. 이런 식습관은 효소를 생산해야 하는 부담을 줄여 줄 수 있고, 나아가 음식을 꼭꼭 씹어 먹는 습관도 소화효소의 역할을 도와주는 것이 된다.

연습문제

1 다음 중 암을 유발할 가능성이 높은 물질이 아닌 것은?

① 라이시노알라닌 ② 코엔자임 Q_{10} ③ 아크릴아마이드
④ 벤조피렌 ⑤ 다환 방향족 탄화수소

2 독소를 제거하는 방법으로 적절하지 못한 것은?

① 침을 삼킨다.
② 즐거운 마음의 자세를 갖는다.
③ 운동을 통하여 혈액 순환을 증가시킨다.
④ 식이섬유나 양파를 섭취하여 유해 물질을 분해시키거나 결합시킨다.
⑤ 가능한 빠르게 몸 밖으로 배설시키기 위해 사우나를 한다.

3 미역이나 다시마 등의 해조류에 존재하는 성분으로 중금속을 제거하는 데 도움이 되는 성분은?

① 알긴산 ② 알리신 ③ 카테킨
④ 타닌 ⑤ 퀘세틴

4 글루타싸이온이 활용되는 분야가 아닌 것은?

① 약물 중독 ② 편두통 치료 ③ 알레르기 치료
④ 눈 피로의 치료 ⑤ 임신 중독

5 글루타싸이온이 풍부한 식품으로 적당하지 않은 것은?

① 팥 ② 두부 ③ 삶은 달걀
④ 전어회 ⑤ 강낭콩

6 운동을 하면서 독소를 제거하고자 할 때 바람직하지 못한 선택은?

① 등산을 하며 땀을 흘린다.
② 탁구 경기를 두 시간 정도 지속적으로 한다.
③ 헬스장에서 자전거 타기를 한 시간 정도 실행한다.
④ 사우나에 들어가 많은 양의 땀을 흘린다.
⑤ 물을 많이 마신다.

7 장 속에서 오랜 기간 서식하는 장내 미생물일 가능성이 높은 것은?

① 장티푸스균 ② 콜레라균 ③ 비피두스균
④ *E.coli* O157 ⑤ 고초균

8 장내 미생물의 분포에 가장 적게 영향을 미치는 인자는?

① 항생제 ② 모유 ③ 올리고당
④ 식이섬유 ⑤ 무기질

9 장내 가스 유발에 영향을 미치는 음식 또는 성분은?

① 포도당 ② 맥아당 ③ 설탕
④ 올리고당 ⑤ 젖당

10 변의 모양이나 굵기에 영향을 미치는 식품은?

① 삼겹살 ② 광어회 ③ 감자
④ 콩나물 ⑤ 가래떡

11 변을 통하여 건강을 체크할 수 있는 요인으로 적당하지 않은 것은?

① 변의 양 ② 변의 색깔 ③ 변의 냄새
④ 변 속의 세균 분포 ⑤ 변의 형태

12 알레르기를 일으키기 쉬운 식품으로는 어떤 것들이 있는지 열거하시오.

13 알레르기 증상의 하나인 아나필락시스를 일으키는 원인물질은 무엇이며, 어떤 증상을 나타내고, 어떻게 대처해야 하는지를 설명하시오.

14 스트레스에 대처할 수 있는 방법을 말해 보시오.

15 다음 중 피부의 기능을 기술한 것이 아닌 것은?.

① 보습 기능 ② 저장 기능
③ 분비 기능 ④ 지각작용

16 다음 설명 중 지방 섭취 결핍에 의한 영향이 아닌 것은?

① 피지 분비량 감소 ② 피부 보호 능력 감소
③ 체내 단백질 소비 증가 ④ 피부 거칠어짐

17 월경 전 증후군의 증상이 아닌 것은?

① 소화불량 ② 우울증 ③ 인지 장애
④ 신경 과민 ⑤ 불면증

18 생리통을 줄이기 위한 방법으로 바람직하지 못한 것은?

① 흡연 ② 숙면 ③ 휴식
④ 가볍게 걷기 ⑤ 금주

19 두뇌 발달에 도움이 되지 않는 것은?

① DHA ② 포도당 공급 ③ 모유
④ 부모의 사랑 ⑤ 가벼운 스트레스

20 뇌세포에 손상을 줄 수 있는 것이 아닌 것은?

① 태운 음식　② 담배　③ 방사선
④ 중금속　⑤ 신선한 기름

21 두뇌를 공격하여 뇌의 기능을 떨어뜨리는 식품으로 합당하지 않은 것은?

① 설탕　② 음주　③ 아이스크림
④ 감자튀김　⑤ 레시틴

정답 및 풀이

1. ② 2. ⑤ 3. ① 4. ② 5. ④ 6. ④
7. ③ 8. ⑤ 9. ④ 10. ④ 11. ⑤

12. 식품 알레르기의 원인은 연령별로 달라진다. 소아의 알레르기 유발 물질은 우유, 달걀, 땅콩, 대두, 밀 등이며, 성인의 경우에는 땅콩, 견과류, 어패류, 갑각류 등이 원인물질이다.

13. 일명 알레르기 쇼크로 불리는 '아나필락시스'는 원인물질에 노출된 후 짧은 시간에 갑작스럽게 전신적으로 나타나는 과민반응을 말한다. 아나필락시스가 나타나면 환자를 편안한 곳에 눕히고 의식과 맥박, 호흡을 확인해야 하며, 신속히 119에 연락하거나 주변에 도움을 요청한다. 약물 치료 요법에 사용하는 대표적인 약물은 에피네프린이다.

14. 개인의 신체가 건강할수록 스트레스에 잘 대처할 수 있다. 따라서 스트레스의 효율적 관리를 위해서는 건강한 신체가 요구된다. 피로를 예방하고 신체의 저항력을 증진시킬 수 있는 생활양식을 실천하도록 한다. 특히 규칙적인 운동, 식이 조절, 금연, 알코올의 제한 섭취, 적당한 수면과 휴식, 여가 및 취미활동 등이 스트레스를 낮추는 것으로 알려졌다.

15. ② 16. ③ 17. ① 18. ① 19. ⑤ 20. ⑤ 21. ⑤

CHAPTER 4

만성 질환과 식품

최근 식사 유형이 서구화되어 육식의 섭취가 늘면서 지방의 섭취가 증가하고 성인병 유병률도 높아지고 있다. 이러한 질병의 원인이 되는 지질에는 어떤 종류가 있는지 알아보기로 한다. 3대 영양소 중의 하나인 지질은 해로운 작용만 하는 것은 아니며 체내에서 유익한 작용을 하기도 한다. 따라서 이들의 기능을 올바로 이해하는 것이 우선되어야 한다. 지질뿐 아니라 이들을 혈액에서 운반하는 지단백의 종류와 이들이 대사 과정에서 어떤 역할을 하는지에 대한 이해도 필요하다.

콜레스테롤은 일반적으로 우리 몸에 안 좋은 식품 성분으로 알고 있는데 우리 몸에 필요한 기능도 있으므로 콜레스테롤과 관련된 대사 조절에 대한 폭넓은 이해를 통하여 만성 질환에 대한 예방 능력을 키우는 것이 이번 장의 목적이라 할 수 있다. 아울러 혈당 조절과 당뇨와의 관계, 술과 담배가 지방간 형성에 미치는 영향, 콩팥과 부종 관리, 현대인들이 앉아서 일하면서 발병이 증가한 하지정맥류, 여성에게서 많이 나타나는 골다공증, 암 발병과 식생활과의 관계 등도 살펴보고자 한다.

1. 고지혈증과 식품

1) 지질의 종류와 기능

지질은 탄수화물, 단백질과 함께 몸 안에 열량을 공급하는 주요 영양소로 체내 에너지원, 세포막 구성 성분을 비롯한 다양한 기능을 수행한다. 지질은 몸 안에 흡수된 잉여 에너지원을 저장하는 기능을 하기 때문에 과도한 에너지를 섭취하는 현대인의 경우 체내에 지질이 축적되어 체중이 늘어나 비만으로 이어지기 쉽다. 비만은 여러 가지 생활습관병의 원인이 되므로 적절한 칼로리 섭취의 중요성이 건강 문제의 키워드로 대두되었다.

체내 에너지원으로 사용되는 지질 성분으로는 중성지질이 있으며 지방산 세 분자가 글리세롤과 결합한 형태를 띤다. 지방 조직을 비롯한 여러 조직에 저장되어 있다가 몸 안에 에너지가 필요해지면 분해되어 에너지를 공급하는 역할을 한다. 인지질 성분은 구성 성분 중에 인과 친수성 기를 포함하는 양용성 분자로 세포막의 주요 구성 성분이며, 때에 따라 세포 내 신호 전달 과정에서 중요한 역할을 하기도 한다. 콜레스테롤은 세포막의 주요 구성 성분으로 막 유동성을 결정하는 요인으로 작용하거나 스테로이드

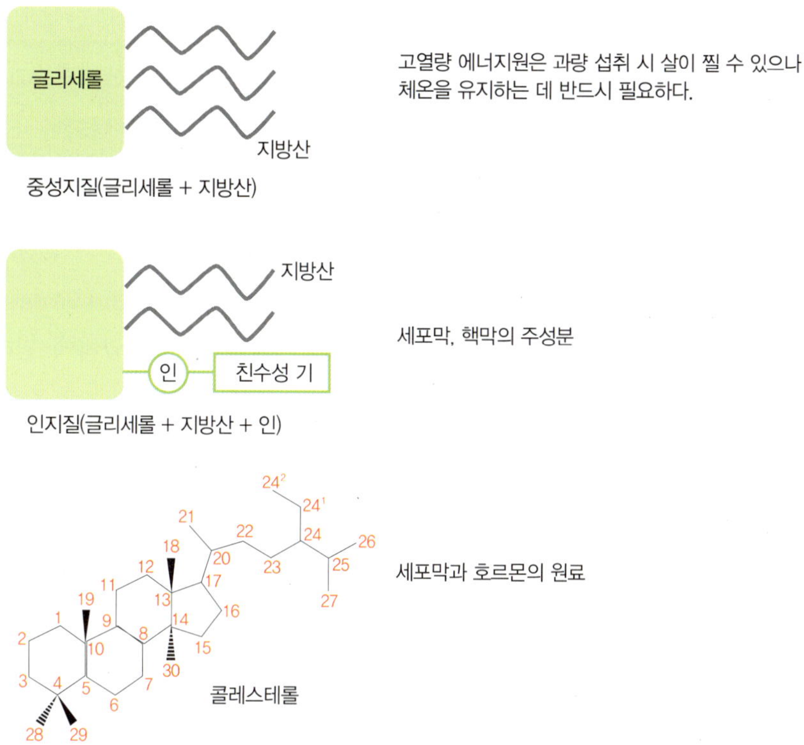

그림 4-1 중성지질, 인지질, 콜레스테롤

호르몬 합성의 원료로 사용되는 등 여러 가지 기능을 담당한다. 그 밖에 지용성 비타민을 비롯한 체내의 여러 유기화합물도 지질 성분으로 간주되며 존재한다.

2) 지단백과 지질 대사

지질 성분은 수용성인 혈액에 용해되지 않으므로 혈액을 통해 수송되려면 지단백 lipoproteins이라는 특별한 수송 시스템이 필요하다. 지단백은 물에 녹지 않는 지질 성분을 물에 녹는 형태로 만들어, 혈액 내에서 이동하는 운송수단으로 이용하는데, 양용성 지질 성분과 단백질이 지단백 표면을 구성하고 내부에는 소수성 지질 성분이 포함되어 있는 형태로, 혈액 내에서 다량의 지질 성분을 효과적으로 수송하게 된다. 지단백은 종류에 따라 몇 가지로 분류되는데 음식으로 섭취한 지질 성분을 혈액으로 공급하는 킬로미크론chylomicrons과, 간 조직에서 다른 조직으로 지질을 운송하는 VLDL과 LDL, 그리고 각 조직에서 간 조직으로 지질 성분을 운반하는 HDL이 대표적이다.

식품으로 섭취한 지질은 주로 소장에서 소화가 일어나게 되는데 담즙산염에 의해 소화되기 쉬운 형태로 전환된 후 주로 췌장에서 분비된 지단백 지방 분해효소lipoprotein lipase, LPL의 작용으로 지방산과 모노글리세라이드, 인지질 등으로 분해되어 소장 점막세포에서 대부분 흡수된다. 세포 내로 흡수된 후 지방산과 모노글리세라이드는 다시 중성지질로 생합성되어 다른 지용성 영양소 및 단백질과 함께 킬로미크론 지단백을 형성하여 림프계로 흡수된다. 림프계로 흡수된 킬로미크론 지단백은 흉관thoracic duct에서 혈액으로 분비되어 조직세포에 식품으로 섭취된 지질 성분을 공급하게 된다. 한편 체내에서 생합성된 지질 성분은 간에서 VLDL에 포함되어 각 조직세포로 이동하는데 혈중에 존재하는 지단백 지방 분해효소의 작용을 받아 구성 성분과 특성이 다른 지단백으로 전환되며 궁극적으로 LDL로 대사된다. VLDL의 경우 중성지질이 주요 구성 성분이나 LDL의 경우 콜레스테롤이 주요 구성 성분으로 크기가 작고 숫자가 많아 조직

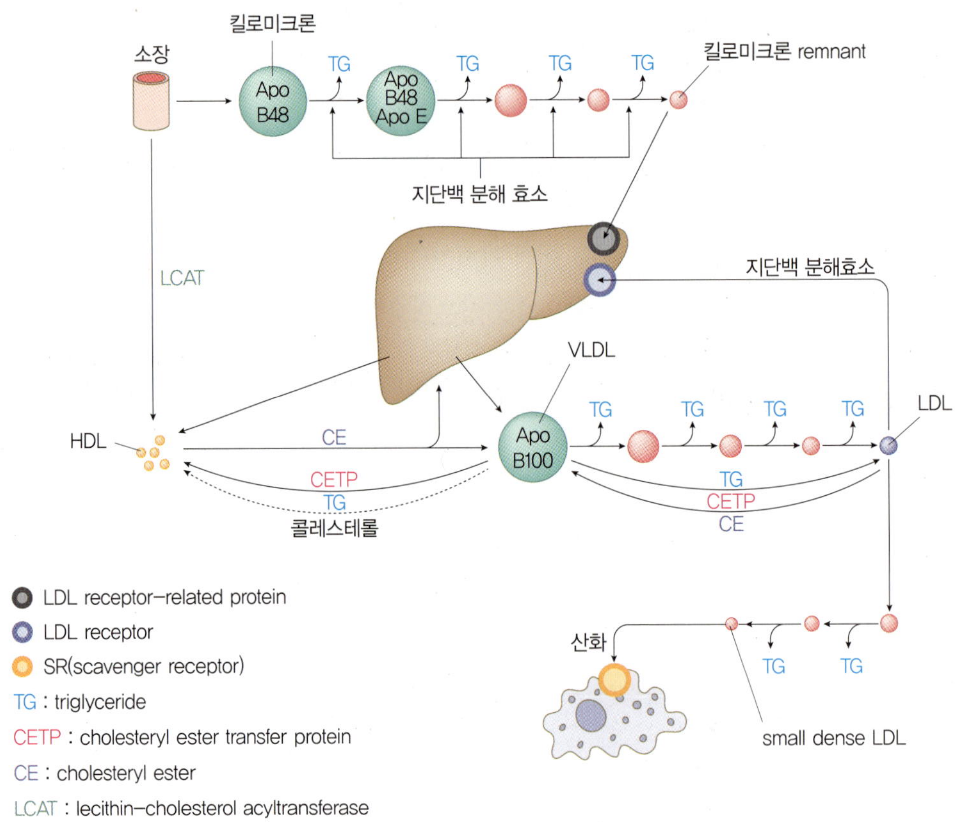

그림 4-2 혈중 지단백 대사

세포에 지질 성분을 축적하는 성질이 큰 지단백이 된다. 한편, HDL 지단백은 소장 또는 간에서 생성되는데 그 대사적 기능이 VLDL 및 LDL과는 반대로 조직세포의 지질 성분을 추출하여 간으로 이동하는 기능을 담당한다. 이러한 HDL에 의한 혈중 지질 대사 경로를 역콜레스테롤 수송이라고 한다. 이들 중 특히 VLDL이나 LDL은 중성지질 또는 콜레스테롤을 많이 함유하는 지단백으로, 혈중 LDL 농도가 과도하게 높아지면 혈관이나 조직세포에 콜레스테롤을 축적할 확률이 높아 결과적으로 동맥경화와 심혈관 질환을 유발하므로 몸에 해로운 콜레스테롤로 간주되고 있다. HDL의 경우에는 반대로 혈관이나 조직세포에 쌓여 있는 콜레스테롤을 빼내어 간으로 전달해서 분해하는 작용에 관여하므로 HDL 콜레스테롤이 높으면 동맥경화나 심혈관 질환을 예방하는 데 도움이 되어 몸에 유용한 콜레스테롤로 구분하고 있다. 즉, 혈중 지질 농도는 총량이나 총농도도 중요하다. 몸에 해로운 지질 및 콜레스테롤과 유용한 것의 상대적인 비율도 중요하여 건강을 유지하기 위해서는 적절한 균형이 중요하며 이를 위해 해로운 콜레스테롤의 감소와 유용한 콜레스테롤의 유지를 위해 건강한 생활 습관과 식생활이 필요하다.

3) 이상지질혈증

지질 성분은 몸 안에 꼭 필요한 성분이므로 각 조직 간에 이동과 공급이 원활하게 이루어져야 한다. 이러한 각 조직 간의 지질 공급을 돕는 대사 과정을 지질 대사라고 하며, 적절한 지질 대사 조절이 일어나지 않는 경우 지질 성분이 혈중에 과잉 축적되거나 부족하면 이상지질혈증dyslipidemia이라고 하는 증상을 겪게 된다. 이상지질혈증은 증상과 발병 메커니즘이 다양하나 크게 혈중 중성지질이나 나쁜 콜레스테롤이 축적되는 경우와 유용한 콜레스테롤이 부족한 경우, 또는 이들 중 두 가지 이상이 한꺼번에 발견되는 경우들로 나누어 생각할 수 있다.

세계보건기구에 의하면 전 세계적으로 매년 1,200만 명의 인구가 관상동맥 질환과 뇌질환으로 사망하는 것으로 보고되고 있는데, 이 두 질환의 가장 중요한 위험 인자 중 하나가 이상지질혈증이다. 이상지질혈증은 자각 증상이 없으므로 치료를 위해서는 혈액검사를 실시하여 혈중 지질(총콜레스테롤, 중성지방, LDL 콜레스테롤, HDL 콜레스테롤)을 측정하여 판별한다. 한국지질·동맥경화학회에서 제시한 이상지혈증 진단 기준은 표 4-1과 같다. 그러나 총콜레스테롤이 높은 경우에도 HDL 콜레스테롤이 함께 높은 경우

표 4-1 한국인의 이상지질혈증 진단 기준

구분		내용(mg/dL)
총콜레스테롤	높음	≥240
	경계	200~239
	적정	<200
LDL 콜레스테롤	매우 높음	≥190
	높음	160~189
	경계	130~159
	정상	100~129
	적정	<100
HDL 콜레스테롤	낮음	<40
	높음	≥60
중성지방	매우 높음	≥500
	높음	200~499
	경계	150~199
	적정	<150

자료 : 한국지질·동맥경화학회, 2018.

이면 상대적으로 위험도가 낮고, 반대로 총콜레스테롤이 낮은 경우에 HDL 콜레스테롤도 낮으면 위험도가 증가하는 등 복합적으로 고려해야 하는 측면이 있다.

4) 동맥경화와 심혈관 질환

동맥은 심장에서 조직세포로 혈액을 수송하는 혈관인데 이 중 심혈관 또는 관상동맥은 심장근육에 혈류를 공급하는 동맥이다. 우리 몸에 크고 작은 혈관들 중 대부분은 재생이 가능하나 몇몇 주요 혈관들은 재생이 불가능한데 심혈관도 재생이 되지 않는 주요 혈관의 하나이다. 심혈관 기능이 저하되는 심혈관 질환이 발병하면 심장세포에 산소와 영양소를 공급하지 못하게 되어 생명에 큰 위협이 된다. 심혈관 질환은 주로 심혈관에 불필요한 콜레스테롤이 축적되는 동맥경화증과 밀접한 관련이 있는데, 콜레스테롤은 혈중 LDL 콜레스테롤이 높은 경우 혈관에 축적되는 경향이 크다.

혈관의 구조를 살펴보면 최외곽층에 단일층으로 내피세포가 있고 내피세포 내부에는 각종 물질이 드나들 수 있는 약간의 공간subendothelial space이 있으며 내부 쪽으로는 혈관을 구성하는 세 겹의 세포층이 존재한다. 혈액이 혈관을 통해 운반되는 과정에서 크기가 작은 백혈구 세포인 단핵세포나 LDL 지단백은 혈관내피세포 내부의 공간으로 출입할 수 있는데, 단핵세포가 혈관 내부로 이동하게 되면 분화 과정을 거쳐 대식세포라는 백혈구로 변화한 후 콜레스테롤을 다량 함유하는 LDL을 섭취하게 되어 거품세포foam cell로 변화한다. 이것이 혈관에 콜레스테롤이 축적되는 초기 단계이다. 이렇게 형성된 거품세포는 내피세포 내부에서 발생하는 활성산소나 사이토카인 등의 염증반응에 의해 대식세포가 괴사하는 사멸 과정을 거쳐 큰 지질 덩어리가 되는데 그 결과 혈관의 내경이 줄고 탄력을 잃게 된다. 동맥경화는 혈관이 존재하는 조직에 혈액과 영양소의 공급 감소를 일으키는데, 특히 심장에 혈액을 공급하는 심혈관에 동맥경화가 발생하면 심장근육이 사멸 또는 심각한 기능 저하를 일으키는 심혈관 질환이 유발된다. 동맥경화에 의한 심혈관 질환은 유럽과 미국 등 서양에서는 수십 년 동안 사망률 1위를 차지하는 심각한 질환이다. 식습관이 서구화되고 있는 우리나라도 지난 10여 년간 유병률이 크게 증가하고 있어 예방에 더 관심을 두어야 하며, 적절한 식품 섭취와 건강한 생활 습관의 유지가 매우 중요하다.

5) 콜레스테롤 항상성

여러 가지 지질 성분 가운데 생활습관병과 가장 밀접한 관련이 있는 성분은 콜레스테롤이다. 이는 동맥경화를 유발하기도 하지만 세포막 구성 성분, 스테로이드 호르몬 및 담즙산 합성의 원료 등 여러 가지 필수적인 기능을 수행하므로 몸 안에 없어서는 안 되는 성분이다. 콜레스테롤 대사의 항상성을 유지하기 위해 몸 안에는 다양한 조절 기능이 존재한다. 일반적인 성인의 경우 하루에 필요한 콜레스테롤 총량은 약 1,200 mg 정도인데 이 중 25% 정도를 식품의 형태로 섭취하고 나머지 75% 정도는 간조직에서 생합성하여 공급하게 된다. 즉, 식품에 의한 콜레스테롤 섭취가 늘어나면 항상성 유지를 위해 간에서 생합성되는 콜레스테롤의 양이 감소하고, 반대로 콜레스테롤 섭취가 줄어들면 간에서 생합성되는 양이 증가하여 전체적인 콜레스테롤 양이 유지된다. 그러나 장기간에 걸쳐 콜레스테롤을 과다 섭취하게 되면 농도가 높은 상태에서 콜레스테롤 항상성이 유지되는 방향으로 대사 조절이 일어나 혈중 및 조직 내 콜레스테롤 농도는 증가하게 된다. 혈중 콜레스테롤 농도가 높을 경우에는 적절한 식이 조절로 섭취량을 줄이면 일정 기간 후에 콜레스테롤 농도가 낮아지게 된다. 일반적으로 식이 조절을 통한 콜레스테롤 저하는 몇 주에서 몇 개월의 시간이 걸리므로 꾸준하게 조절하는 것이 중요하다.

6) 콜레스테롤 대사의 조절

간 조직은 인체의 단백질 공장으로, 몸 안에 필요한 각종 단백질을 생산하고 잉여 포도당을 글리코겐으로 저장함은 물론 호르몬 생산, 해독작용, 적혈구 분해 등 다양한 기능을 수행한다. 지질 대사 측면에서 간은 콜레스테롤을 생합성하는 주요 기관으로 콜레스테롤 대사 과정의 중심적 역할을 수행한다. 간의 콜레스테롤 대사는 생합성, 흡수 및 분해의 측면에서 종합적인 조절이 일어나는데 이 세 과정에 관여하는 주요 생체지표를 측정함으로써 콜레스테롤 대사의 조절과 항상성 유지에 관한 정보를 얻을 수 있다. 콜레스테롤 생합성의 경우, 율속 단계 조절효소로 HMG-CoA 환원효소가 있어 이 효소의 활성을 저해하면 혈중 콜레스테롤 농도를 효과적으로 감소시킬 수 있다. 스타틴statins이라는 저해제가 콜레스테롤 강하요법의 특효약으로 널리 사용되고 있다. 식품 중에도 홍국 발효한 홍국쌀에 스타틴 계열 성분이 함유되어 있어 콜레스테롤 농도를 감소시킬 수 있다. 간 조직 콜레스테롤의 상당 부분은 담즙산으로 분해되어 소장에서 재흡수되는 것을 막아 지질 소화 과정에 관여한다. 담즙산은 여러 화합물의 혼합물로 다양한 대사 경로가 존재하나, 이 중 고전적 대사 과정classical pathway의 율속 단계 효소를 전사하는 유전자 Cyp7A1이 콜레스테롤 분해 과정에 중요한 역할을 하는 생체지표로 간주되고 있다. 즉, Cyp7A1 유전자 발현의 증가로 콜레스테롤 7-알파 하이드록시데이스 효소 농도가 높아지면 콜레스테롤이 담즙산으로 분해되는 과정이 촉진된다. 한편 혈중 콜레스테롤을 감소시키는 방법 중 하나가 혈중 LDL을 간에서 흡수하여 분해하는 방법이다. 간에는 LDL과 결합하여 흡수하는 LDL 수용체라는 막단백질이 존재하는데 간의 LDL 수용체 합성을 증가시키면 혈중 LDL을 다량 흡수하게 되어 혈중 콜레스테롤 농도가 낮아지는 효과를 볼 수 있다.

콜레스테롤의 항상성과 관련하여 혈중 콜레스테롤 농도를 감소시키는 운동, 약물, 식품들은, 공통적으로 콜레스테롤 대사에 관여하는 주요 생체지표를 유리하게 변화시킴으로써 콜레스테롤의 농도를 감소시킨다. 즉 HMG-CoA 환원효소의 저해나 단백질 생성 감소, LDL 수용체나 Cyp7A1 유전자 및 단백질의 증가는 혈중 콜레스테롤을 감소시키는 데 기여한다.

한편, 간 이외에 소장 조직도 식품으로 섭취된 콜레스테롤을 흡수하므로 항상성에 중요하게 관여한다. 소장에서 콜레스테롤 흡수를 선택적으로 저해하면 결과적으로 혈중 콜레스테롤 농도를 감소시켜 심혈관 질환의 예방에 기여할 수 있다. 이를 위한 여러 가지 방법이 개발되어 왔는데 하나는 소장 세포막에 존재하는 콜레스테롤 수송체를 저해하는 방법이고, 다른 하나는 소장에서 콜레스테롤과 경쟁적으로 흡수되는 물질을 함께 섭취하여 콜레스테롤의 상대적 흡수를 억제하는 방법이다.

7) 이상지질혈증과 심장병의 위해 요인

동맥경화 및 심혈관 질환은 복합적인 질병으로 현대인을 다양한 각도에서 위협하고 있지만, 생활 습관을 개선하면 예방할 수 있으므로 이에 힘써야 한다. 이러한 위해 요인 가운데 노력 여하에 따라 예방 가능한 것으로는 다음과 같은 것들이 있다.

(1) 고혈압

수축기와 이완기 혈압으로 평가하는데 수축기 혈압 140 mgHg 이상, 이완기 혈압 90 mmHg 이상이거나 현재 혈압약을 복용하고 있는 사람을 고혈압으로 분류한다. 고혈압 환자는 심장병 발병률이 높으므로 혈압을 적절히 관리하는 것이 중요하다.

(2) 흡연

흡연은 심혈관 질환을 일으키는 가장 중요한 원인 중 하나이며, 심장병 발생 위험도는 흡연량에 정비례한다. 남녀 모두에게 위해 요인으로 작용하므로 금연을 하는 것이 심장병 예방에 큰 도움이 된다.

(3) 당뇨병

공복 시 혈당이 110 mg/dL 이상인 경우 내당능검사를 통해 당뇨병을 판정하게 된다. 당뇨병은 인슐린 합성이 부족하여 생기는 인슐린 의존형인 제1형 당뇨병과, 인슐린은 부족하지 않으나 작용이 잘 되지 않는 인슐린 비의존형인 제2형 당뇨병으로 나뉘는데 두 가지 경우 모두 심혈관 질환 위험을 크게 높인다. 미국인의 경우 당뇨 환자의 절반 이상이 심장병으로 사망한다는 통계도 보고되고 있어, 당뇨병 환자는 심장병 예방에 각별한 주의를 기울여야 한다. 즉, 혈당을 적절히 조절하는 것이 심장병 예방에 도움이 된다.

⑷ 비만

아시아인의 경우 체질량지수body mass index, BMI〔몸무게(kg)를 키(m)의 제곱으로 나눈 값〕에 의한 과체중 분류를 보면 BMI 18.5~22.9 kg/m^{2}를 정상 체중, 23~24.9를 위험 체중, 25~29.9를 비만 1단계, 30 이상을 비만 2단계로 정의한다. 세계보건기구에 의하면 비만은 전 세계적으로 가장 빠르게 확산되고 있는 질병이며, 재발률이 암보다 높은 질환이라 한다. 비만의 경우 심혈관 질환뿐 아니라 고혈압, 당뇨병, 뇌졸중, 암 등 각종 노화 관련 질환과도 관계가 있어 건강한 생활을 하기 위해서는 적절한 체중 조절이 필수 조건이며, 체중 감소는 심장병 발생도 예방한다.

⑸ 운동 부족

운동 부족도 심혈관 질환과 밀접한 관계가 있는데, 현대인의 생활습관성 질환은 운동 부족과 비만이 주요 원인이다. 즉, 적절한 운동을 꾸준히 하면 유해한 지질인 LDL 콜레스테롤이나 중성지질 농도는 낮추고 유용한 HDL 콜레스테롤 농도를 높일 수 있어 심혈관 질환 예방에 도움이 된다.

⑹ 식이

적절한 식품 섭취로 혈중 지질 대사를 개선시킬 수 있다는 것은 이미 잘 알려져 있는 사실이다. 특히 식품에 포함된 포화지방산과 콜레스테롤, 그리고 불포화지방산 중 가공식품에 많이 포함되어 있는 트랜스 지방의 경우 혈중 LDL 콜레스테롤 농도를 높이는 것으로 알려져 있어 음식을 골라먹는 지혜도 필요하다.

⑺ 예방이 불가능한 위해 요인들

심혈관 질환 위해 요인들 중에는 위와 같이 노력하면 예방할 수 있는 요인들도 있지만 나이, 성별, 가족력 등 예방할 수 없는 요인들도 있다. 즉 나이가 들수록, 남성일수록, 가족력이 있을수록 심혈관 질환 위험도는 증가한다. 따라서 이미 예방 불가능한 위해 요인을 가지고 있는 사람의 경우 예방 가능한 위해 요인들을 잘 관리하여 심혈관 질환 예방에 더욱 관심을 두어야 한다.

8) 이상지질혈증 및 심혈관 질환에 도움이 되는 식품

지질 대사를 조절하는 식품에 대한 연구는 건강기능식품에서 가장 활발한 연구 분야 중 하나로 식품의약품안전처에서 안전성과 기능성을 인정받은 품목도 여러 가지가 있다. 이렇게 과학적으로 효능이 입증된 식품 중 몇 가지를 이용하면 지질 대사 조절을 통해 건강한 생활을 영위하는 데 도움이 될 수 있을 것으로 생각된다. 주로 몸에 해로운 LDL 콜레스테롤을 낮추는 기능을 하거나 중성지질을 낮춰 주는 기능이 있는 식품이 많이 연구되고 있는데 대표적인 것으로 불포화지방산이 있다.

불포화지방산은 등푸른생선 등에 들어 있는 오메가-3 지방산이나 지중해 지역에서 많이 섭취하는 올리브유 등에 들어 있다. 오메가-3 지방산의 경우 임상적 효능이 확인되어 이상지질혈증 치료 목적의 약품 원료로 사용된다. 감마-리놀렌산의 경우 혈행 개선이나 지질 대사 개선에 복합적인 효능이 있는 것으로 확인되었다. 홍국이라는 건강기능식품이 있는데 이는 쌀을 홍국이라는 붉은 누룩으로 발효한 것으로, 유해한 LDL 콜레스테롤을 낮추는 효능이 있다. 이는 로바스타틴이라는 물질이 홍국 발효 과정에서 생성되기 때문인데 이는 전 세계적으로 가장 많이 사용되는 콜레스테롤 강하 약물의 성분이다. 이와 같이 다양한 식품 성분이 지질 대사 개선 효능이 있으며, 일부는 약물에 준하는 효능을 가지고 있어 적절한 식품을 섭취하면 지질 대사를 조절하여 만성 질환을 예방하고 건강한 삶을 누릴 수 있을 것이다.

2. 혈당 조절 및 당뇨병

1) 포도당의 특징과 기능 이해

탄수화물은 화학적으로 탄소 원자가 물 분자와 결합한 탄소 수화물 형태의 화합물로, 식물 세포에서 광합성 과정을 통해 공기 중의 이산화탄소를 고정하여 합성된다. 이렇게 광합성으로 생성된 포도당 분자들이 화학결합으로 길게 연결된 형태로 식물 세포에 저장되는데 그중 가장 대표적인 것이 녹말starch이다. 사람은 곡류 등 여러 가지 식물성 식품에서 녹말을 섭취하게 되는데 녹말 성분은 소화기관을 지나면서 올리고당, 이당류를 거쳐 단당류인 포도당으로 분해된 후 소장에서 대부분 흡수되어 혈중으로 전달된다.

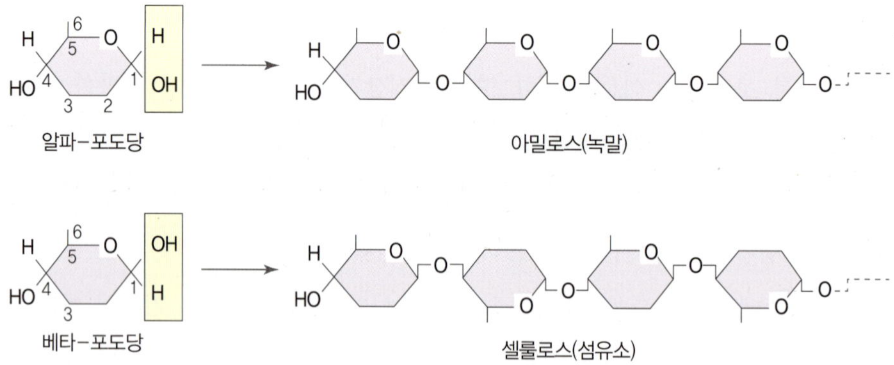

그림 4-3 포도당과 녹말의 구조

이렇게 흡수된 포도당은 우리 몸에서 이용되는 가장 기본적인 에너지원이 되는데, 이는 세포 내에서 포도당이 일련의 생화학반응을 거쳐 산화되어 생체 에너지인 ATP를 생성하기 때문이다.

2) 혈당 조절 과정 이해

우리 몸에 에너지를 원활하게 제공하기 위해서는 에너지원인 포도당이 혈액에서 항상 일정한 농도로 유지되어야 한다. 이는 생명 유지를 위해서 매우 중요하며 여러 가지 호르몬 및 조직 간 협업에 의해 세밀하게 조절되고 있다. 혈액 내의 포도당을 혈당이라고 하는데 혈당 조절에 가장 중요한 작용을 하는 호르몬은 인슐린과 글루카곤이다. 인슐린은 '에너지 저장 호르몬'이라고도 불리는데 식후에 혈당이 높아지면 췌장에서 분비되어 각종 조직세포에 작용하여 혈당 흡수를 촉진시킨다. 세포에 흡수된 포도당은 일차적으로 ATP 에너지 합성에 사용되고, 잉여의 포도당은 간과 근육 조직에 글리코젠으로 합성되어 저장된다. 혈당 대사 조절 외에 인슐린은 아미노산이나 지방산을 세포로 흡수시키는 데도 관여하여 흡수된 아미노산이나 지방산이 고분자물질인 단백질이나 저장 형태인 중성지질로 합성되도록 촉진시키기도 한다.

공복 시에 혈당이 낮아지면 췌장에서 글루카곤이라고 하는 호르몬이 분비되어 인슐린과 반대 작용을 통해 혈당 농도를 회복하는 데 기여한다. 즉, 글루카곤에 의해 근육이나 간에 저장된 글리코젠이 분해되어 포도당이 생성되고, 생성된 포도당이 혈액으로 방출되는 과정을 통해 혈당이 조절된다. 이러한 인슐린과 글루카곤의 반대되는 호르몬

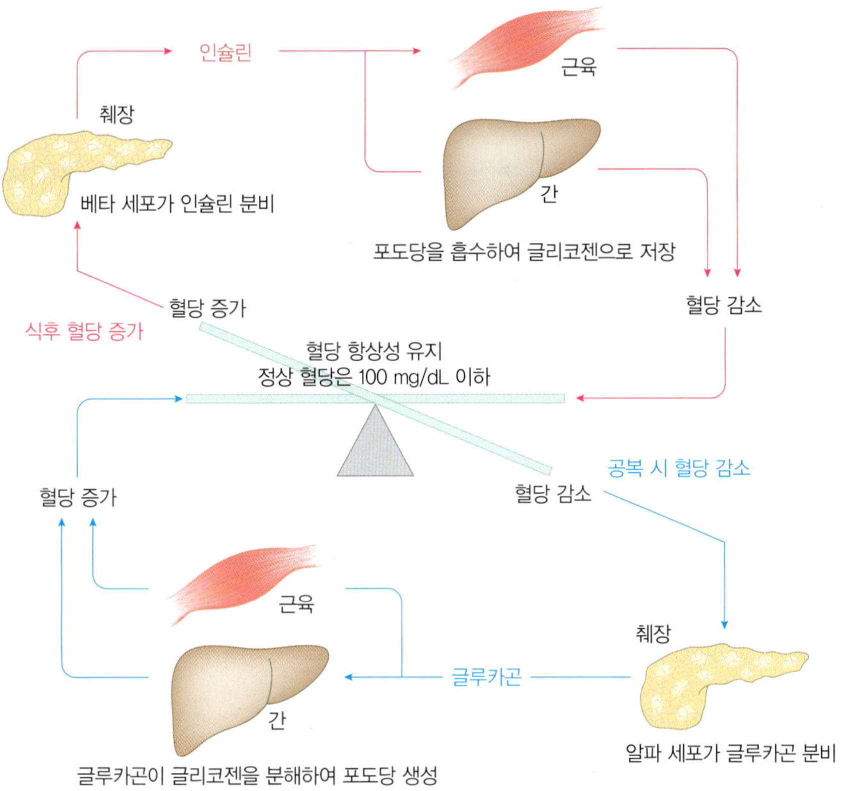

그림 4-4 혈당 대사와 글루카곤 · 인슐린 작용

작용을 길항작용이라고 하는데 혈당 농도는 인슐린과 글루카곤의 길항작용에 의해 항상 일정한 정도로 유지된다. 물론 혈당 조절에는 두 호르몬 외에 다른 요소도 관여하여 복잡하고 미세하게 조절된다.

3) 인슐린 저항성과 당뇨병

앞서 설명한 것과 같이 인슐린은 세포 내로 포도당이 흡수되도록 돕고, 글리코젠으로 저장되거나 때론 지방산으로 전환되기도 한다. 밥을 많이 먹는 등 고탄수화물 식사를 지속하면 체중이 증가하는데, 이는 밥의 녹말 형태로 소화 흡수된 탄수화물이 혈당으로 존재하다가 인슐린에 의해 세포로 흡수된 후 지방산으로 전환되어 체지방으로 축적되어 나타나는 현상이다.

세포 내에서 인슐린이 잘 작동하지 않으면 말초 조직에서 혈당이 잘 흡수되지 못하고 혈당 농도가 증가하게 되는데 이를 인슐린 저항성이라고 한다. 인슐린 저항성을 유발하는 인자로는 체중 증가, 운동 부족, 노화, 유전적 요인 등이 알려져 있다. 혈당 조절에서 인슐린의 작용은 매우 중요하다. 혈당이 너무 낮아지면 신체 기능이 급격하게 저하되고 심한 경우 저혈당으로 혼수상태에 빠질 수도 있다. 반대로 혈당 농도가 높은 상태가 지속되면 당뇨병으로 발전하게 된다.

당뇨병diabetes mellitus은 원래 라틴어로 'sweet urine'이라는 말에서 유래되었는데 과도한 혈당이 소변으로 배출되는 증상을 나타낸 것이다. 당뇨병에는 제1형 당뇨병과 제2형 당뇨병의 두 가지가 있는데 제1형의 경우에는 췌장세포의 이상으로 인슐린이 잘 분비되지 않아 인슐린 부족으로 고혈당과 당뇨병이 유발되는 경우이고, 제2형 당뇨병은 인슐린은 충분히 분비되지만 조직세포에서 잘 작동하지 않는 인슐린 저항성에 의해 발병한다. 제1형과 제2형 모두 고혈당을 동반하며 에너지원으로 사용되어야 할 포도당이 조직세포에 흡수되어 이용되지 못하고 몸 밖으로 배출된다. 정상보다 높은 수준의 고혈당 증세가 지속되면 혈액을 통해 운반되는 지질 등 여러 가지 대사 과정이 정상적으로 조절되지 않으며, 산소를 운반하는 적혈구나 면역을 담당하는 백혈구의 기능이 저하되고 신장에 부담을 주게 되어 종합적인 건강 상태가 나빠지게 된다.

4) 당뇨병 진단 기준

일반적인 당뇨병 진단 기준은 표 4-2와 같다.

표 4-2 당뇨병 진단 기준 혈당 농도

구분	혈당 농도
1	8시간 금식 후 공복 혈당 농도가 126 mg/dL 이상일 때
2	식사와 관계없이 하루 중 언제라도 측정한 혈장 포도당 농도가 200 mg/dL 이상일 때
3	경구 당부하검사에서 2시간째 포도당 농도가 200 mg/dL 이상일 때이며, 공복 시 정상 혈당수치는 110 mg/dL 미만이고, 경구 당부하검사상 2시간째의 정상 혈당수치는 140 mg/dL 미만인 경우
비고 : 당뇨병의 새로운 진단 기준 위 세 가지 항목 중 한 가지가 서로 다른 날에 2회 나타날 때 당뇨병으로 진단	

5) 당뇨병의 원인

가족 중에 당뇨 환자가 있는 사람은 일반인에 비해 당뇨 발병 확률이 높기 때문에 유전 질환으로 보고 있다. 비만인 사람도 지방 조직이 많고 여분의 지방이 근육이나 간 등에 축적되면서 인슐린 저항성이 커지므로 당뇨병 발병 확률이 높아진다. 특히 제2형 당뇨병은 비만과 관계가 많다. 스트레스 또한 당뇨병과 관계가 깊은데 스트레스성 호르몬 분비가 높아져 내당능을 감소시키고 지방이나 근육에 지방이 축적되는 것을 촉진하여 당뇨병을 유발하는 것으로 알려져 있다. 식이 습관 및 운동도 중요한 역할을 하는데 비만 상태에서 탄수화물(당분, 흰쌀밥)을 지속적으로 과다 섭취하거나 운동량이 감소하면 인슐린 저항성이 증가해서 당뇨병이 생길 수 있다. 당뇨병 역시 다른 생활습관병과 마찬가지로 나이가 많이 들수록 발생 위험도가 증가한다. 이와 같이 유전적 요인, 비만, 스트레스, 식이 인자, 운동 및 연령 등이 당뇨병을 유발하는 주요 인자이다. 유전적 요인이나 연령은 조절이 불가능하지만 비만, 운동, 스트레스, 식이 요인은 일상생활에서 조절할 수 있으므로 노력을 통해 당뇨를 예방할 수 있도록 힘써야 한다.

6) 당뇨병과 식이요법

각종 식품마다 혈당지수glycemic index, GI라는 수치가 정해져 있는데 이 수치가 높은 식품은 섭취 시에 혈당을 빨리 오르게 하며, 혈당지수가 낮은 식품은 섭취 후에 혈당이 천천히 오르게 되는데 당뇨병 예방이나 당뇨병 환자의 식이요법에서는 가급적 혈당지수가 낮은 식품을 선택하는 것이 중요하다. 흰쌀밥이나 백설탕과 같이 정제된 탄수화물이나 가공식품은 일반적으로 혈당지수가 높으므로 가급적 섭취를 줄이는 반면 현미, 보리밥과 같은 통곡류나 채소, 해조류 등 식이섬유가 많은 자연식품은 일반적으로 혈당지수가 낮은 편이므로 이를 선택하여 섭취하는 것이 당뇨병 예방에 도움이 된다. 콩의 식이섬유 성분도 포도당 흡수를 지연시키고 아이소플라본이라는 천연 호르몬 성분은 인슐린 저항성을 감소시키는 데 효과가 있어 당뇨병 예방에 도움이 된다.

(1) 탄수화물

앞에서 설명한 대로 당뇨병 예방이나 식이요법에서는 탄수화물 종류를 적절히 잘 선택하여 섭취하는 것이 중요하다. 설탕이나 녹말을 많이 함유한 식품은 가급적 피하고 혈당을 천천히 올리는 복합당류나 소화 과정에서 분해되어 포도당을 배출하지 않는 식이섬유가 많이 들어 있는 식품을 섭취하는 것이 유리하다. 복합당류나 식이섬유는 소화율이 낮기 때문에 비만 예방에도 도움이 되고, 소화 과정에서 위가 비는 것을 지연시켜 주므로 배고픔도 덜 느끼게 해준다. 식이섬유는 당뇨병 예방 및 식이요법 외에도 여러 가지 건강 기능이 알려져 있는데 대표적으로 소화 과정에서 식품에 포함되어 있는 콜레스테롤 흡수를 억제하여 혈중 콜레스테롤 농도를 낮추어 주는 기능이 잘 알려져 있으므로 충분히 섭취하는 것이 좋다. 백미 대신 현미나 보리를 섭취한다든지 사과, 복숭아, 배 등 과일이나 채소를 먹는 것이 식이섬유의 섭취를 높이는 방법이다.

(2) 단백질, 지질, 비타민 및 무기질

당뇨병 예방 및 식이요법과 관련하여 단백질은 충분히 섭취하는 것이 필요하다. 단백질은 신체의 주요 구성 성분으로 매우 다양하고 중요한 기능을 수행하므로 건강을 유지하기 위해 충분히 섭취하여야 한다. 당뇨병 환자의 경우 심장병 합병증이 발생할 수도 있으므로 콜레스테롤과 포화지방산의 섭취는 제한하고 가급적 불포화지방산을 많이 섭취하는 것이 좋다. 우유는 좋은 단백질 급원이지만 포화지방산이 포함되어 있으므로 저지방 우유로 바꾸고, 달걀을 섭취할 때도 콜레스테롤이 많이 들어 있는 노른자위 섭취를 줄이는 것이 바람직하다. 비타민과 미네랄 섭취에도 관심을 기울여야 하는데, 특히 인체 내에서 효소작용을 돕는 비타민 B 복합체의 충분한 섭취가 중요하다. 비타민의 충분한 섭취를 위해 보충제 섭취도 고려할 수 있다.

7) 당뇨병과 운동요법

당뇨병은 대표적인 생활습관병으로 여러 환경 요인에 의해 관리될 수 있다. 당뇨병의 관리 및 예방에서 식이요법과 함께 적절한 운동을 병행하는 것이 매우 중요하다. 운동할 때에는 운동의 종류, 방법, 횟수, 강도를 잘 선택해야 하며, 복장, 신발 등 운동에 적합한 장비를 갖추고 너무 춥거나 더운 날은 피하는 것이 좋다. 운동은 유산소 운동이 좋으며 처음에는 낮은 강도로 짧은 시간 실시하다가 차차 운동량을 늘려 나간다. 시간은 준비 운동, 마무리 운동 시간을 빼고 40분 정도가 적당하나 신체적으로 제약이 있는 경우에는 20분 정도로 제한하는 것도 괜찮다. 일주일에 5회 운동하는 것이 좋다.

8) 혈당 조절에 유용한 식품

혈당 조절에 좋은 식품에는 여러 가지가 있다. 우선 소화 과정에서 녹말 분해를 지연시켜 포도당이 천천히 흡수되도록 하는 식이섬유, 또는 이와 유사한 기능을 하는 난소화성 말토덱스트린을 들 수 있다. 난소화성 말토덱스트린이란 사람이 섭취했을 때 소화 과정에서 분해되기 어려운 탄수화물로, 식이섬유와 유사한 기능을 가지며 설탕의 1/5 정도 단맛을 낸다. 섭취한 경우 소장에서 녹말 분해가 서서히 일어나도록 해서 혈당이 천천히 증가하도록 시간을 끄는 효과가 있다. 우리나라 식품의약품안전처에서도 혈당 조절 기능을 인정받은 건강기능식품으로 지정하였다. 그 외에 몸 안에 흡수된 혈당이 세포 내로 흡수될 수 있도록 도와주는 여러 가지 건강기능식품이 있다. 자세한 내용은 식품의약품안전처 건강기능식품 관련 홈페이지(https://www.foodsafetykorea.go.kr/portal/healthyfoodlife/functionalityView02.do?menu_grp=MENU_NEW01&menu_no=2657)에서 확인할 수 있다.

3. 알코올과 흡연

현대인의 기호품인 알코올과 담배는 건강 유지에 있어 긍정적인 효과가 전혀 없는 것은 아니다. 알코올은 소화액의 분비를 자극하여 식욕을 증진시킬 수 있으며, 담배는 일상에서 긴장이나 흥분을 해소시켜 편안함을 갖게 하는 심리적 효과가 있다. 그러나 이들은 중독성을 가지고 있어서 지나친 음주나 흡연으로 이어질 수 있으며, 이는 사회 전반에 걸쳐 부작용을 일으키고 또한 고혈압, 지방간, 간경화, 심장병, 치매, 각종 암, 폐질환 등의 만성 질환을 일으키는 주된 원인이 되고 있다. 여기에서는 알코올과 흡연이 영양소 대사와 건강에 어떤 영향을 미치는지에 대하여 살펴보기로 한다. 건강관리에 있어 금주, 금연이 가장 바람직한 방법이지만 부득이 알코올 섭취와 흡연을 접하게 될 때 어떻게 해야 그 피해를 줄일 수 있는지도 함께 생각해 보도록 한다.

1) 알코올과 건강

2010년 우리나라의 19세 이상 인구의 연도별 음주율은 79%이었다. 이는 우리나라 19세 이상 국민 10명 중 7~8명은 술을 마시는 것으로 설명된다. 2009년 대비 2010년 문제 음주율 중 30~50대의 고위험 음주율이 증가하였고, 특히 30대는 고위험 음주율뿐 아니라 알코올 남용률, 알코올 의존율 등 모든 지표에서 증가하는 것으로 나타났다(표 4-3). 우리나라의 30대, 40대, 50대는 경제 활동이 왕성한 시기이다. 이 시기에는 바쁜 사회 활동으로 인해 개인의 건강을 돌볼 시간적 여유가 부족한데 안타깝게도 만성 질환의 발병률이 증가하는 시기와 겹친다. 건강에 대한 취약성이 두드러지는 경향을 보이는 이 시기에 음주 관련 지표가 증가하는 것은 그들의 건강을 위협하는 또 하나의 큰 요인이 될 수 있다. 연도별 음주 관련 지표의 변화를 살펴보면 2008년 이후 점차 감소하던 고위험 음주율이 최근 2018년에 다소 증가하는 양상을 보인다(표 4-4). 2018년 보건복지부 발표에 의하면 2009년 이후 남성의 월간 폭음률은 감소하는 데 비해 여성의 월간 폭음률은 증가하여 남녀 간 격차가 좁혀지고 있어서, 우리 사회가 여성의 음주 문

표 4-3 연령별 문제 음주율

(단위 : %)

구분 \ 연령별(세)		19~29	30~39	40~49	50~59	60~69	70+
고위험 음주율	2009년	16.1	18.3	20.6	18.5	13.5	7.3
	2010년	14.7	21.0	20.3	18.6	11.0	8.6
알코올 남용률	2009년	5.8	8.3	9.6	7.4	5.6	2.2
	2010년	4.7	9.2	8.2	8.8	4.9	3.3
알코올 의존율	2009년	6.2	6.9	7.3	11.2	6.5	3.5
	2010년	4.9	7.0	7.7	10.1	6.5	2.8

자료 : 보건복지부, 2010 국민건강통계.

표 4-4 연도별 음주 관련 지표의 변화

(단위 : %)

구분	2008년	2010년	2012년	2014년	2016년	2018년
월간 음주율*	59.4	60.5	57.9	60.0	61.9	60.6
월간 폭음률*	39.5	39.9	38.0	37.5	39.3	38.9
고위험 음주율*	15.4	13.8	13.9	13.5	13.8	14.7
연간 음주 운전 경험률	18.4	19.0	15.0	11.0	8.4	8.0

*2005년 추계 인구로 연령 표준화

월간 음주율 : 최근 1년 동안 한 달에 1회 이상 음주한 분율

월간 폭음률 : 최근 1년 동안 월 1회 이상 한 번의 술자리에서 남자의 경우 7잔(또는 맥주 5캔) 이상, 여자의 경우 5잔(또는 맥주 3캔) 이상 음주한 분율

고위험 음주율 : 1회 평균 음주량이 남자 7잔 이상, 여자 5잔 이상이며, 주 2회 이상 음주하는 분율

자료 : 보건복지부, 2018 국민건강통계, 2018.

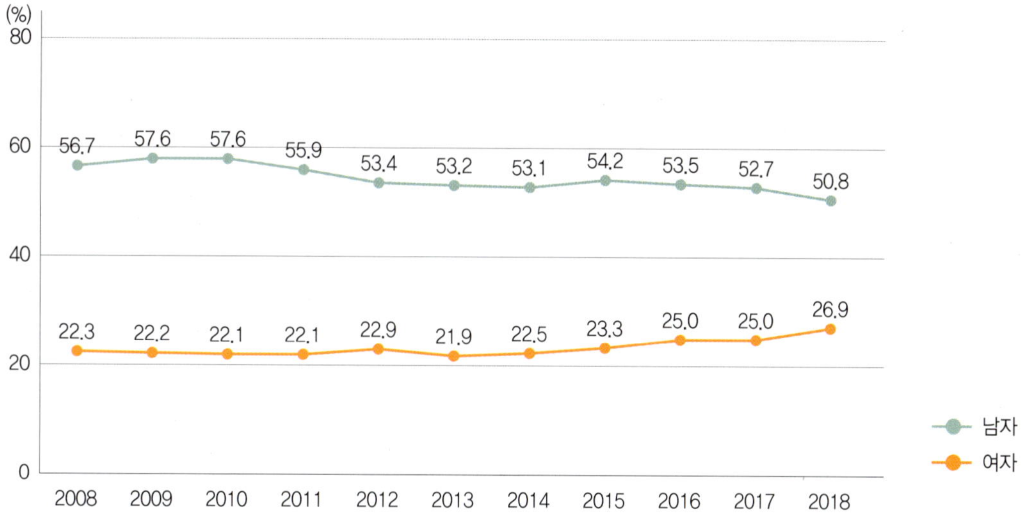

* 월간 폭음률 : 최근 1년 동안 월 1회 이상 한 번의 술자리에서 남자 7잔, 여자 5잔 이상 음주한 분율, 만 19세 이상
* 2005년 추계 인구로 연령 표준화

그림 4-5 월간 음주률 추이

자료 : 보건복지부, 2018 국민건강통계, 2018.

제를 내포되어 있음을 시사한다(그림 4-5).

(1) 알코올과 영양

① 알코올의 대사

알코올은 작은 수용성 분자로 별도의 소화 과정이 필요하지 않아 어떤 음식보다 위와 소장에서 빠르게 흡수되며, 흡수된 알코올은 주로 간에서 대사된다. 체내로 들어온 알코올은 알코올 탈수소효소에 의해 아세트알데하이드로 바뀌고, 아세트알데하이드는 알데하이드 탈수소효소에 의해 아세테이트로 전환된다(그림 4-6). 술은 마시면 마실수록 술술 넘어간다는 우스갯소리가 있듯이, 주량이 적은 사람도 오랫동안 자주 술을 마

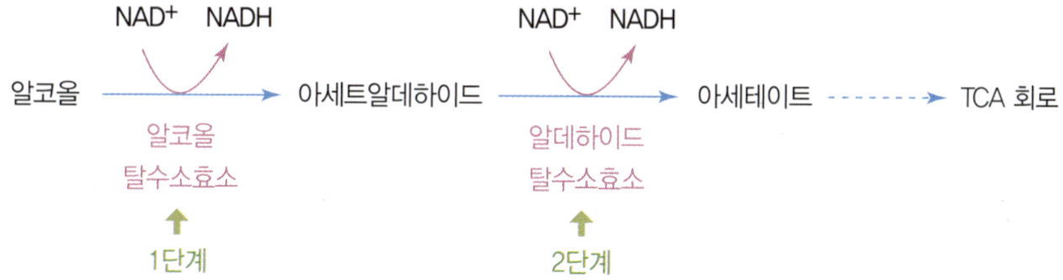

그림 4-6 알코올의 대사 과정

tip 술을 마시면 얼굴이 붉어지는 사람은 건강한 것일까?

술을 마시면 얼굴이 붉어지는 것은 알코올의 대사산물인 아세트알데하이드가 축적되기 때문에 나타난다. 보통 체내에 흡수된 알코올은 간에서 단계적으로 아세트알데하이드와 아세테이트로 분해되어 없어진다. 그런데 음주 후 얼굴이 붉어지는 것은 아세트알데하이드를 분해하는 효소가 선천적으로 결핍되어 있거나 부족해서 나타나는 현상이다. 일반적으로 분해되지 않은 아세트알데하이드는 혈관을 타고 온몸으로 퍼지게 된다. 이때 아세트알데하이드에 의해 혈관이 확장되므로 얼굴이 붉어지고 숨이 가빠진다. 결국 안면 홍조 현상 등의 숙취는 아세트알데하이드가 온몸에 퍼졌다는 신호이다. 따라서 술 몇 잔만 마셔도 얼굴이 붉어지는 사람은 음주, 특히 과음은 피하는 것이 바람직하다. 아세트알데하이드는 인체에 장기간 축적되면 각종 질병과 암 등을 일으킬 수 있는 강력한 독성물질이기 때문이다.

시면 주량이 느는 것을 느낄 수 있다. 이는 잦은 음주로 인해 알코올 대사에 관여하는 효소의 활성도가 증가함으로써 주량도 증가하는 것이다. 단, 모든 사람이 술을 자주 마신다고 해서 주량이 증가하는 것은 아니다. 알코올 분해효소의 활성이 정상인 사람인 경우에만 해당된다. 만약 알데하이드 탈수소효소의 활성이 아주 낮거나 거의 없는 사람이 지나치게 술을 많이 마시면, 정상적인 알코올 대사가 이루어지지 않아 사망에 이르는 치명적인 결과가 나타날 수도 있다. 따라서 자신의 주량만큼 마시는 것이 지혜로운 음주 행동이 될 것이다.

② 알코올과 영양 문제

알코올은 1 g당 약 7 kcal의 에너지를 발생시킨다. 그러나 알코올에서 생성되는 에너지는 탄수화물, 지질, 단백질 등에서 발생되는 에너지와는 달리 대부분 열로 발산된다. 일반적으로 알코올 섭취가 잦은 사람은 알코올을 제외한 다른 식품을 적게 섭취한다. 알코올은 에너지 외에 다른 영양소를 거의 가지고 있지 않는 '빈 칼로리empty calorie'이기 때문에 지나치게 자주 과량의 알코올을 섭취하면 비타민과 무기질의 영양 상태가 불량해진다. 공복 상태에서 알코올을 섭취하게 되면 저혈당이 유발되는데 이는 알코올이 당 신생 과정을 저해하기 때문이다. 또한 알코올은 지질 대사를 교란시킨다. 과량의 알코올 섭취는 간에서 지질의 합성을 촉진하고 분해는 억제한다. 뿐만 아니라 알코올중독자는 적은 양의 음식을 먹거나 또는 알코올 외에 다른 음식은 아예 먹지 않는 경우도 있어 영양 불량 상태에 이르는 등 영양 문제를 일으킨다.

③ 알코올과 지용성 비타민

만성 음주는 지방간 또는 간경변을 발생시킨다. 이런 환자들은 비타민 A의 저장량이 정상인에 비해 크게 부족하여 야맹증이나 성기능 장애와 같은 비타민 A의 결핍 증상을 나타낸다. 또한 음주는 비타민 D 배설을 촉진시켜 비타민 D 결핍증도 일으킨다. 따라서 만성 음주자의 경우 골절 빈도가 높은 것을 볼 수 있다.

④ 알코올과 수용성 비타민

과도한 음주는 싸이아민thiamin, 리보플라빈riboflavin, 나이아신niacin, 비타민 B_6, 엽산, 비타민 B_{12}, 비타민 C와 같은 수용성 비타민의 배설을 증가시키거나 비타민 대사에 관여하는 효소의 기능을 저해하여 수용성 비타민의 결핍을 나타낸다. 알코올중독자에서 흔히 베르니케-코르사코프 증후군Wernicke-Korsakoff's syndrome(알코올성 건망증후군)이라는 기억상실증이 나타나는데, 이는 싸이아민 결핍과 관계가 깊은 것으로 나타났다. 잦은 음주 또는 과음을 하는 경우에는 수용성 비타민이 풍부한 과일이나 채소를 안주로 선택하는 것이 수용성 비타민의 결핍을 예방하는 한 방법이 될 수 있을 것이다.

⑤ 알코올과 무기질

과량의 음주는 아연의 배설량을 증가시키므로 미각과 후각 기능을 저하시킬 수 있다. 또한 비타민 D 결핍을 초래하여 칼슘의 흡수를 방해한다. 갑자기 많은 양의 알코올을 섭취하면 부갑상샘 호르몬의 분비가 저해되고 이로 인해 소변을 통한 칼슘 배설이 촉진된다. 이런 일련의 과정은 뼈의 강도를 약하게 하여 골절의 위험도를 높인다. 이외에도 알코올은 뼈를 형성하는 세포에 직접적으로 독성을 미쳐 뼈의 형성을 저해하기도 한다.

음주 시 여러 가지 이유로 알코올 흡수 속도가 증가하면 더 빨리 취하게 된다. 이를 막기 위해서 지질이나 단백질 함량이 많은 음식을 함께 먹으면 알코올의 흡수 속도를

표 4-5 알코올 흡수 속도에 영향을 미치는 요인

흡수 속도 증가	흡수 속도 감소
• 탄산음료와 섞어 마실 때 • 약물과 함께 섭취할 때 • 알코올 농도가 높을 때 • 피로할 때	• 지질 또는 단백질이 많은 음식을 과다 섭취할 때

tip 술 마신 다음날 유난히 허기를 많이 느끼는 이유는? 북엇국이나 콩나물국 같은 해장국은 도움이 될까?

술 마신 다음날 유난히 허기를 느끼는 것은 일시적인 저혈당 증상 때문이다. 알코올은 포도당의 합성을 방해하므로 과음한 다음날엔 식사를 해도 혈당수치가 크게 높아지지 않는다. 이 때문에 허기를 느끼고 무엇인가를 많이 먹게 된다. 따라서 술 마신 다음날엔 꿀물 등으로 당 성분을 보충해 주는 게 좋다.

숙취를 해소하기 위해 술 마신 다음날 북엇국, 조갯국, 콩나물국 등으로 해장을 하는 경우가 많은데, 이는 숙취 제거에 좋은 방법이다. 우선 해장국은 지질 함량이 적어 맛이 개운하다. 또 간을 보호해 주는 메싸이오닌(methionine), 라이신(lysine), 트립토판(tryptophan), 타우린(taurine), 베타인(betaine) 등이 많이 함유되어 있다. 특히 콩나물뿌리에는 알코올 분해 과정에 관여하는 효소의 활성을 돕는 아스파라긴산이 풍부하게 들어 있다. 이로 인해 빠르게 아세트알데하이드가 제거되어 숙취 해소에 효과가 있다.

늦추어 알코올로 인한 피해를 줄일 수 있다. 반면에 탄산음료 또는 약물과 함께 술을 마시거나 피로한 상태에서의 음주, 알코올 농도가 높은 술을 마시면 알코올의 흡수 속도가 증가하게 된다(표 4-5).

(2) 알코올과 건강 문제

과다한 알코올 섭취는 여러 종류의 암뿐 아니라 심장병, 고혈압 등의 만성 질환, 간

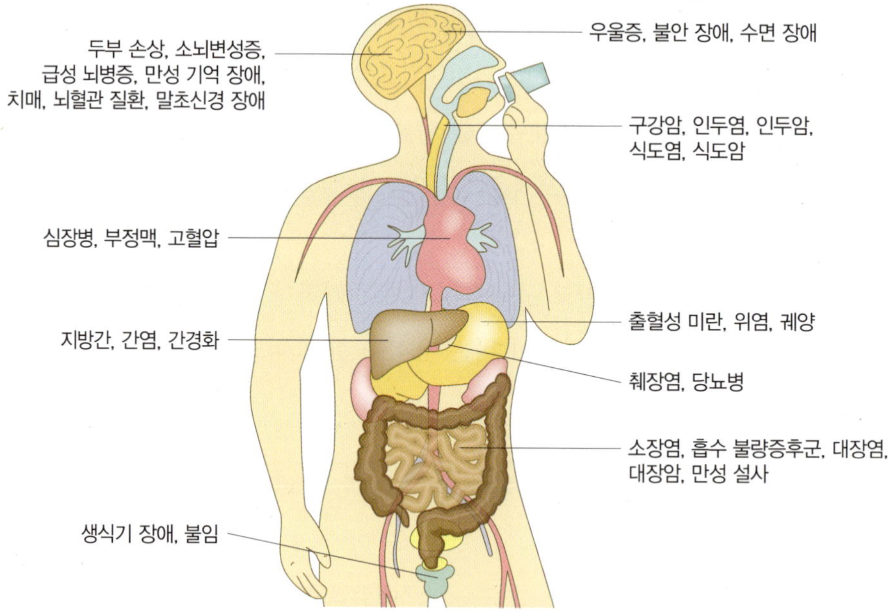

그림 4-7 알코올과 질환

질환, 소화기계 질환, 불임 등의 생식기 장애, 중추신경계 손상, 치매와 같은 기억 장애 등 다양한 질환을 유발할 수 있다(그림 4-7).

① 숙취

일시적인 음주에도 알코올과 아세트알데하이드는 숙취를 유발할 수 있다. 미처 대사되지 못한 알코올은 다뇨, 발한, 구토나 설사로 인한 탈수 현상과 체내 전해질 불균형을 초래하고, 위장과 소장 내벽에 염증을 유발시킨다. 5% 이상의 알코올을 섭취하면 저혈당이 초래되어 피로, 무기력증, 기분 장애 등이 유발될 수 있다. 아세트알데하이드는 혈관을 확장시켜 두통 및 안면 홍조 현상을 유발하며 맥박 수 증가, 발한, 오심, 구토, 혈압 저하, 쇼크 등의 증상을 일으킨다.

만성적인 알코올 섭취는 소화기계, 심혈관계, 신경계, 조혈기관, 호르몬, 뼈 등 인체 모든 부분에 피해를 입힌다. 다음은 만성적인 알코올 섭취로 인한 건강상의 문제이다.

② 간 질환

영양소의 대사와 저장을 담당하고 이물질을 처리하는 간은 알코올의 피해를 가장 많이 받는 기관이다. 만성 음주로 간이 손상되면 체내 영양 및 건강 상태에 문제가 생긴다. 만성적인 과음은 혈액 중 중성지질 농도를 상승시키고, 간에서 지방 합성을 촉진시키는 동시에 분해를 저해한다. 따라서 장기간 과음을 하는 사람은 지방간이 종종 발생한다. 지방간이 되어도 아무런 증상을 느끼지 못하는 경우가 많아서 음주 행동의 중단 없이 지속적으로 술을 마시게 되므로 간세포가 손상된다. 지방간이 발병하면 간세포에 산소와 영양소가 공급되지 않아 간괴사 또는 간경화로 진전된다. 일반적으로 만성 과음자의 90%는 지방간으로, 10~20%는 알코올성 간경화로 발전한다. 만성 과음으로 인한 지방간을 치료하기 위해서는 무엇보다도 금주가 선행되어야 한다. 더불어 손상된 간세포의 재생을 위해 단백질, 비타민, 무기질 등의 영양소가 풍부한 식품을 다양하게 섭

tip 술을 마시면 왜 갈증을 느낄까?

술을 마시면 섭취한 술의 양보다 훨씬 많은 양의 수분이 빠져나가게 된다. 그 이유는 술이 이뇨작용을 하기 때문이다. 따라서 술을 마실 때는 물을 가급적 많이 마시는 것이 도움이 된다. 특히 맥주를 마시는 경우 화장실을 자주 가게 되는데 이때 소변으로 빠져나가는 것은 술이 아니라 인체의 수분이다. 이러한 탈수 현상 때문에 술 마신 다음날은 유난히 갈증을 느끼게 된다.

취해야 한다. 더불어 정상 체중을 유지시키면서 가급적 동물성 지방 섭취를 제한하는 것이 지방간 개선에 효과적인 방법이다.

③ 위장 질환

알코올은 위를 자극하여 많은 양의 위산을 분비하게 한다. 잦은 음주로 인한 위산 과다는 알코올과 함께 위를 자극하여 위 점막을 손상시키고 이런 반응이 지속되면 위궤양으로 발전하게 된다. 알코올 또는 위산으로 인해 소장 점막이 손상되면 영양소의 흡수에 지장이 생긴다. 만약 이로 인해 비타민 B_1, 엽산, 비타민 B_6 등의 수용성 비타민과 철의 흡수가 저해되면 빈혈로 발전하기도 한다. 만성적인 음주는 담즙 분비에 지장을 초래하는데 이런 경우 지방의 소화가 정상적으로 이루어지지 못해 잦은 설사 증세가 나타난다.

④ 심혈관 질환

잦은 알코올 섭취는 혈압의 상승을 유도하여 고혈압을 유발하고, 체내 과산화지질의 생성을 촉진하여 혈관벽에 침착시킴으로써 심장 질환, 관상동맥 질환 등 심혈관계 질환의 위험 인자가 된다. 소량의 음주는 HDL 콜레스테롤을 상승시켜 심혈관계 질환 예방 효과가 나타나기도 하나, 하루 3잔 이상 술을 마신 사람들은 고혈압 위험률이 50% 증가하고 심혈관계 질환에 의한 사망률이 증가하는 것으로 나타났다.

⑤ 뇌, 신경세포

뇌로 이동한 알코올은 뇌 중추신경계를 교란시켜 운동과 인지 기능에 혼란을 일으킨다. 때문에 술에 취하면 평소에는 하지 못하던 말도 쉽게 하거나 평상시와는 다른 음주 태도나 성격이 나타나기도 한다. 만성 알코올 섭취는 신경세포를 파괴하여 지능 저하, 기억력 상실, 집중력 부족, 알코올성 치매의 원인이 되기도 한다.

⑥ 알코올과 여성

경제, 사회 구조의 변화로 여성의 음주율이 증가하고 있다. 여성은 남성에 비해 상대적으로 체지방 함량이 많고 제지방량(체중에서 지방을 뺀 나머지 부분)이 적으므로 알코올이 흡수될 수 있는 공간이 상대적으로 적다. 여성의 경우 알코올을 일차적으로 대사시키는 데 관여하는 위 점막의 알코올 탈수소효소의 활성도는 남성의 1/2 정도이다. 따라서 같은 양의 술을 마시더라도 여성은 남성보다 쉽게 취하고 알코올을 제거하는 능

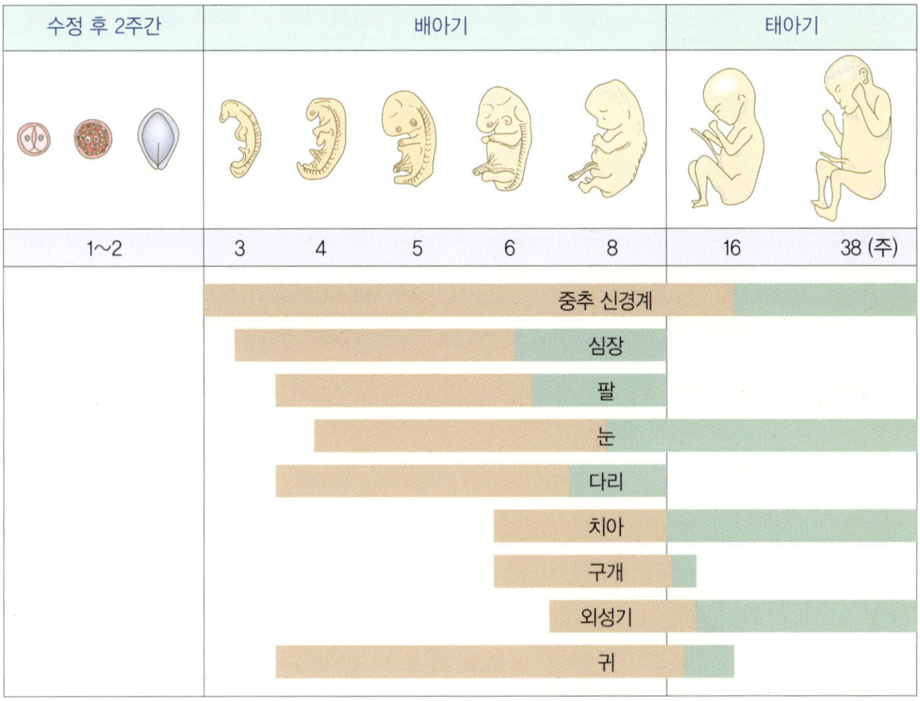

그림 4-8 **주차별 태아의 성장 발달**

력이 떨어져 건강상의 피해를 더 받게 된다.

임신부인 경우 알코올의 피해는 더욱 심각하다. 알코올은 태반을 쉽게 통과하며 분해 산물인 아세트알데하이드는 태아의 세포 성장을 저해하거나 모체에서 태아로의 영양소 운반을 저해하여 태아의 성장 발달 과정에 영향을 미친다. 임신 초기부터 태아의 기관이 발달되므로 임신기간 내내 태아는 알코올의 피해를 받게 된다(그림 4-8). 알코올중독인 산모에게서 태아알코올증후군fetal alcohol syndrome을 가진 아이가 태어나는 경우가 있다. 태아알코올증후군의 특징은 태아의 성장이 지연되어 체중과 신장이 정상 이하일 뿐 아니라, 정상적인 두뇌 성장을 하지 못하여 두뇌 크기와 머리둘레가 작아진다. 안면 기형으로 얼굴 모양이 비정상적이며, 눈이 작고 사시이며 눈꺼풀의 열구가 짧고 코가 작으며 콧날이 짧다. 윗입술이 아랫입술보다 길고 가늘며 인중이 희미하고 안면의 입체감이 적은 것도 특징으로 들

그림 4-9 **태아알코올증후군**

수 있다(그림 4-9). 이외에도 임신부의 알코올 섭취는 태아의 신체적 결함, 심장병과 같은 선천적 이상을 초래할 수 있다. 현재 미국의학협회에서는 임신부 음주에 대해 "임신 기간 중에는 안전한 알코올의 양이라는 것은 없다"고 경고하고 있다.

tip 알코올 없는 캠퍼스

대학생들의 음주 실태를 조사한 결과 한 달에 한 번 이상 술을 마시는 비율이 85%였다. 이 가운데 30%는 매주 세 번 이상 폭음을 하는 것으로 나타났다. 대학생의 심각한 음주 문제를 고민하던 정부는 2012년 알코올 없는 캠퍼스 조성을 위해 외국처럼 대학 구내를 아예 음주 금지구역으로 지정하는 방안을 내놓았다.

2) 흡연과 건강

우리나라의 15세 이상 인구의 흡연율은 꾸준히 감소하는 추세로 나타나고 있다. 보건복지부 자료에 의하면 2018년 현재 흡연율은 남자 36.7%, 여자는 7.5%로 2017년에 비해 남자가 1.4% 포인트 감소하여 1998년 이후 가장 낮은 데 비해, 여자는 1.5% 포인트 증가하였다. 연령대별로는 남자의 경우 40대, 여자는 20대의 흡연율이 가장 높은 것으로 나타났다(표 4-6).

표 4-6 우리나라 현재 흡연율 추이

(단위 : %)

연도		2005	2007	2008	2009	2010	2011	2012	2013	2014	2015	2016	2017	2018
전체		28.8	25.3	27.8	27.3	27.5	27.1	25.8	24.1	24.2	22.6	23.9	22.3	22.4
성별	남자	51.7	45.1	47.8	47.0	48.3	47.3	43.7	42.2	43.2	39.4	40.7	38.1	36.7
	여자	5.7	5.3	7.4	7.1	6.3	6.8	7.9	6.2	5.7	5.5	6.4	6.0	7.5

*2005년 추계 인구로 연령 표준화

자료 : 보건복지부 · 질병관리본부, 국민건강통계-국민건강영양조사 제7기 3차년도(2018)의 각 연도.

(1) 흡연과 영양 문제

① 식습관 및 영양 섭취 실태

일반적으로 흡연자는 알코올, 탄수화물, 기름진 음식 등 고열량 식품의 섭취 비율이 높고 비타민의 급원인 채소나 과일의 섭취는 매우 부족한 편이다. 흡연은 미각을 둔화시켜 건강하지 못한 식품을 선택하게 하므로 흡연자들의 바람직하지 못한 식습관은 미각 능력 저하와도 일부 관련이 있는 것으로 알려져 있다.

② 혈청 지질

고도 흡연자의 경우 혈액 중 HDL 콜레스테롤 함량은 낮은 반면, 중성지질과 LDL 콜레스테롤 함량은 높은 것으로 나타났다. 흡연으로 인한 혈액 중 지질 농도의 변화는 심장순환계 질환의 위험성을 증가시킨다.

③ 항산화 비타민 영양 상태

흡연으로 자유라디칼이 많이 발생하면 체내에서는 항산화 영양소를 더 많이 소모하게 된다. 따라서 흡연자의 경우 혈액 중 비타민 C 농도가 비흡연자에 비해 낮게 나타난다. 소모된 항산화 영양소를 보충하기 위해서 보건복지부와 한국영양학회에서는 흡연자에게 비흡연자보다 비타민 C를 35 mg 정도 더 섭취할 것을 권장하고 있다.

(2) 흡연과 건강

최근 10년간 암 발생에 따른 사망률 추이를 살펴보면 위암과 간암 사망률은 감소하는데 비해 폐암과 대장암 사망률은 증가하는 추세이다. 폐암의 증가 경향은 흡연과 밀접한 관련성이 있는 것으로 나타났다. 건강을 목적으로 금연을 한다고 해도 담배로 인한 피해는 바로 사라지는 것이 아니라 금연 후 8~10년이 지난 후에야 비로소 그 피해에서 벗어날 수 있다고 하니 흡연이 얼마나 오랫동안 건강에 피해를 주는지 짐작할 수 있다.

담배연기에는 4,000여 종의 화학물질이 포함되어 있다(그림 4-10). 대표적인 유해물질로는 일산화탄소, 니코틴, 타르 등을 꼽을 수 있다. 일산화탄소는 담배 1갑에 0.5~1.0% 함유되어 있으며 인체에 산소 공급을 감소시켜 신진대사 장애 및 조기 노화를 가져올 수 있다. 니코틴은 담배 중독을 일으키는 물질로 담배 1개비를 피웠을 때 약 1 mg의 니코틴이 인체에 흡수된다고 한다. 인체로 흡수된 니코틴은 LDL 콜레스테롤을 증가시켜 혈압 상승 및 동맥경화증을 일으키고 내분비 호흡기에도 나쁜 영향을 미친다. 담배

tip 술을 마실 때 담배를 함께 피우면 무엇이 문제가 될까?

술을 마시면 평소보다 간에 더 많은 산소가 공급되어야 하는데 담배를 피우면 오히려 산소가 부족해지므로 술을 마시면서 동시에 흡연을 하는 것은 굉장히 위험한 행동이다.

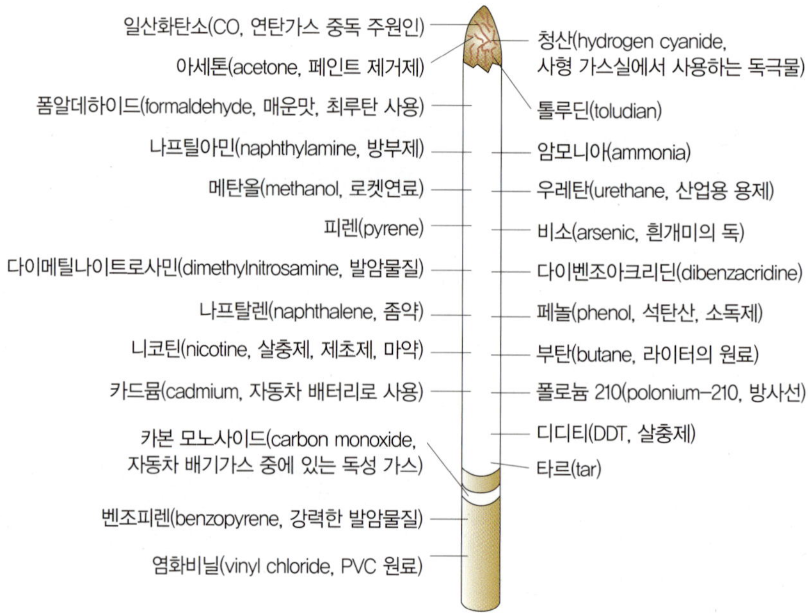

그림 4-10 담배를 구성하는 화학물질

연기로 흡입된 니코틴은 4~5초 만에 뇌에 영향을 미치는 반면, 흡입된 니코틴이 체외로 완전히 배출되는 데는 3일 정도 소요된다고 한다. 타르는 담배의 맛과 향을 결정하는 주요 인자로 흡연 욕구를 강하게 일으키는 원인물질이다. 타르는 잇몸이나 기관지 등에 직접 작용하여 표피세포를 파괴하거나 만성 염증을 일으키며, 혈액을 통해 이동하면서 신체에 피해를 입힌다.

흡연은 우리 몸 전반에 걸쳐 질병을 일으킬 수 있다(그림 4-11). 흡연자의 수명은 비흡연자에 비해 평균 5~8년 낮게 나타났다. 이를 환산해 보면 담배 1개비가 약 5분 30초의 수명을 단축시키는 셈이다. 흡연자는 비흡연자에 비해 암 발생이 높은데, 특히 폐암, 인후암, 구강암, 식도암, 췌장암, 방광암 등이 높게 나타났다. 암 발생의 위험도는 하루 흡연 정도와도 깊은 관계가 있는데 하루 15개비 이상을 피우는 흡연자의 폐암 발생 위험도는 비흡연자의 30배이었으며, 하루 15개비 이하를 피우는 흡연자는 7배로 나타났다. 흡연기간도 폐암 발생 위험도에 영향을 끼치는데, 15세 청소년기에 흡연을 시작한 경우가 25세에 흡연을 시작한 경우보다 3배나 높았다. 즉, 흡연 정도와 흡연기간 모두 폐암 발생과 밀접한 관련이 있음을 시사한다.

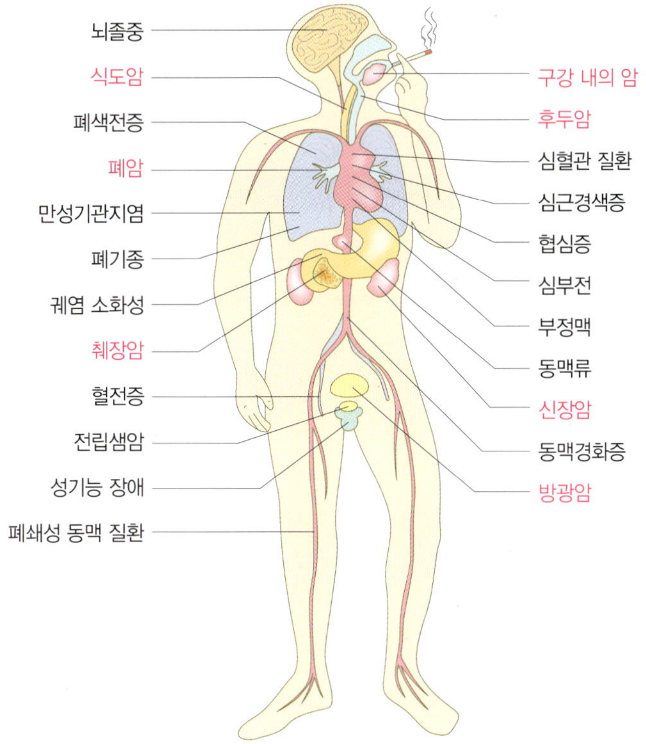

그림 4-11 흡연과 질병

청소년기 흡연은 더욱 심각한 피해를 보이는데 이는 청소년기 폐의 발달이 성인의 30%에도 미치지 못하기 때문이다. 청소년이 하루에 10개비의 담배를 피운다고 가정한다면 이는 성인이 하루에 30개비 이상의 담배를 피우는 것보다 더 심한 독성이 나타날 수 있다. 즉, 조기 흡연은 폐암의 강력한 위험 요인이 된다. 폐암뿐 아니라 흡연자는 폐기종, 만성 기관지염 등 만성 폐 질환으로 사망할 확률이 비흡연자의 10배였다.

① 간접흡연

간접흡연이란 비흡연자가 흡연자와 같은 장소에 있어서 함께 담배연기에 노출되는 것을 말한다. 여러 사람이 흡연하고 있는 방에 비흡연자가 8시간 있으면 실제로 5개비의 담배를 피운 것과 같은 결과를 낳는다고 한다. 간접흡연의 증상으로는 두통, 기침, 재채기, 콧물, 알레르기 증상의 악화 등이 있다. 이러한 간접흡연의 피해는 주로 일산화탄소와 니코틴에 의한다. 영유아의 경우 부모가 흡연을 하면 그렇지 않은 경우보다 기관지염이나 폐렴 등 호흡기 질환이 더 많이 발생하는 것으로 확인되었다. 간접흡연에 대한 피해를 줄이기 위해 정부와 지방자치단체는 금연거리 선정 등 공공시설 및 거리에서의 금연 정책을 내놓고 있다.

② 여성과 흡연

흡연에 의한 건강상의 피해는 여성이 남성보다 더욱 심각하다. 여성 흡연자의 호흡기 질환에 의한 사망은 흡연 남성의 2배, 심혈관계 질환에 의한 사망은 흡연 남성의 1.5배로 나타났다. 또한 여성의 조기 폐경, 불임, 피부의 조기 노화 등도 유발할 수 있다(표 4-7). 임신 시 흡연의 피해는 더욱 심각하여 저체중아, 조산아, 사산아, 기형아를 출산할 수 있다. 이는 담배의 니코틴과 일산화탄소가 태아와 태반에 저산소증을 일으키기 때문이다(그림 4-12). 여성의 흡연은 본인뿐 아니라 자녀에게까지 직접적인 피해를 줄 수 있기 때문에 그 위험도가 남성보다 훨씬 심각하다.

표 4-7 여성 흡연의 피해

구분	영향
임신 및 출산	미숙아 또는 선천성 기형아 출산, 사산 등
수유 및 육아기	모유 질 저하 및 양 부족, 영아의 호흡기 질환, 지능 저하, 신체 발육 저하
생식기	조기 폐경, 불임, 피부 조기 노화

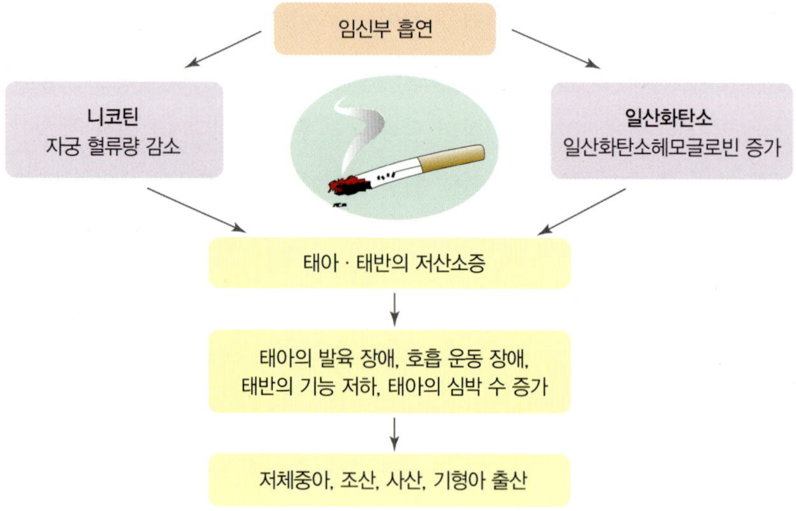

그림 4-12 임신부 흡연의 피해

tip **사랑하는 사람이 담배를 피운다면 어떻게 해야 할까?**

간접흡연의 피해가 날로 심각해지고 있으므로 내 건강을 위해서라도 사랑하는 사람에게 금연을 권하는 것이 급선무이다. 그러나 담배를 끊지 못한다면 어떻게 하는 것이 바람직할까, 헤어져야 할까? 만약 헤어질 수 없을 만큼 사랑한다면 만날 때마다 오렌지 두 개를 들고 나가서 하나씩 사이좋게 나누어 먹는 것도 임시방편이 될 수 있다. 왜냐하면 오렌지에는 담배의 피해를 줄여 줄 수 있는 항산화 영양소인 비타민 C가 풍부하게 들어 있기 때문이다. 그렇지만 건강을 지키는 가장 지혜로운 방법은 금연이다.

세계 금연의 날(5월 31일)

흡연과 건강 문제를 생각하는 날로 흡연이 개인과 공공의 건강에 미치는 부정적 영향에 대한 세계적 관심을 촉구하기 위해 세계보건기구에서 지정하였다.

4. 콩팥과 부종 관리 및 하지정맥류

1) 콩팥과 부종 관리

사람 신장의 모양은 강낭콩과 비슷하고 팥 색깔을 띠기 때문에 콩팥이라고도 하며 무게는 100~150 g이다. 우리 몸의 중요한 배설기관으로 혈액 내 노폐물 제거 및 체액을 조절하는 일종의 정수기 역할을 한다. 콩팥에는 200만 개의 네프론nephron이 배열되어 있는데 이는 콩팥 기능을 수행하는 최소단위이다. 콩팥 내에 흐르는 혈류량은 매분 1,200 mL로 심박출량의 1/4에 이르며 혈액 속의 성분을 정상적으로 유지한다. 콩팥에서는 혈압, 칼슘과 인의 조절 및 적혈구를 만드는 데 필요한 호르몬을 합성하여 신체 내부 환경의 항상성을 유지한다.

정상인의 소변량은 1일 1,000~1,500 mL이다. 소변의 95%는 수분이고 요소, 요산, 암모니아, 크레아티닌, 옥살산 및 인산염 등이 포함된다. 소변량이 2,000 mL인 경우 다뇨polyuria라고 하며, 당뇨와 같은 질병의 증상으로 나타날 수 있다. 1일 500 mL 이하는 핍뇨oliguria라고 하며 콩팥 질환 말기 또는 요로 폐쇄 때 나타난다.

콩팥 기능이 30 % 정도로 떨어지면 고혈압, 만성 피로, 운동할 때 숨이 찬 증상, 수면장애, 소화 불량 및 식욕 부진 등 다양한 증상이 나타난다. 한번 나빠지면 돌이킬 수 없는 만성 콩팥병은 콩팥의 기능 저하로 부종과 더불어 단백질이나 적혈구가 소변으로 배출되는 것이 대표적 증상이다. 일반적인 콩팥 질환의 증상은 단백뇨, 부종, 다뇨, 피로감, 식욕 부진, 고혈압 및 요독증 등이 나타난다.

단백뇨 정상인의 사구체는 혈중 단백질을 여과시키지 않으나 사구체에 염증이 생겨 여과막의 구조에 변화가 생기면 작은 구멍의 크기가 커지면서 다량의 단백질이 사구체에서 보우만주머니로 여과된다. 여과된 단백질은 세뇨관을 통과하면서 재흡수되는데 사구체에서 흘러나오는 단백질의 양이 많으면 세뇨관에서 모두 재흡수될 수 없으므로 소변으로 단백질이 배출된다. 정상인의 요중 단백질은 0.15 g/일 이하이지만 보통 5 g/일 이상이면 단백뇨라고 한다. 정상 사구체는 소량의 알부민이 여과되기는 하나 대부분이 재흡수되고 요중에는 1일 20~120 mg 이상 나타날 수 없다.

부종 우리 인체의 50~70%는 수분이지만 생체리듬이 깨져 체내에 수분이 과도하게 쌓이면 사구체 여과율의 저하로 수분이나 나트륨의 배설이 불충분해지면서 체내 혈관 안에 존재하는 수분이 혈관 벽을 통해 간질stroma로 이동하여 간질 내에 수분이 비정상적으로 증가되어 조직이 팽창하는 부종이 나타난다. 부종은 몸이 붓고 심장이나 간, 콩팥, 내분비계 등의 이상으로 발생한다. 콩팥병 부종은 얼굴 부위에 많이 나타나 눈 가장자리가 붓는 것이 특징이며, 혈압이 높아질 수 있으므로 혈압 관리가 필요하다.

(1) 부종의 종류

부종은 크게 전신부종과 국소부종으로 나눌 수 있다. 한쪽 팔이나 한쪽 다리만 붓는 경우를 국소부종, 몸 전체가 붓는 경우는 전신부종이라 한다. 전신부종은 크게 병적인

tip 부종

부종은 그 자체가 병이라기보다는 여러 질환에 의해 발생하는 하나의 증상이다. 그러므로 부종을 치료하려면 부종 자체보다는 부종을 초래한 원인 질환을 찾아서 치료하는 것이 중요하다. 가끔 부종 자체가 문제가 되어 부종에 대한 즉각적인 치료가 필요한 경우도 있다.

1. 정의 부종이란 모세혈관 내의 체액이 혈관 밖으로 빠져나와 간질 조직에 고여 있는 것이다.
2. 초기 증상
   - 몸이 붓는다.
   - 체중 증가
   - 소변량 감소
   - 신발이 작아진 것 같다.
   - 누우면 기침이 나고 숨이 찬다.
   - 소변색이 진해진다.
   - 아침에 눈이 붓는다.
   - 하루 중 체중의 변화가 심함
   - 반지가 꼭 낀다.
   - 운동할 때 숨이 가쁘다.

자료 : 이대 목동병원 정형외과 신상진 교수팀 연구자료

부종, 특발성 부종이 있는데 병적인 부종은 콩팥, 간, 심장, 갑상샘과 약물 등에 의한 것으로 원인 질환을 치료해야 부종을 조절할 수 있다.

특발성 부종은 원인이 불분명하여 특발성 부종이라 한다. 몸이 붓고 푸석푸석한 느낌으로 대부분 20~40대 여성에게 많이 나타나며 아침과 저녁에 차이가 난다. 생리주기와 연관돼 예민한 여성은 아침보다 저녁에 체중이 많이 늘면서 피곤하고 우울증 등 정신적 피로를 느끼며 증상이 일시적으로 심해지거나 약해지기를 반복한다. 특발성 부종은 뚜렷한 치료법이 없어 이뇨제를 복용하는 경우가 많은데 잘못 사용하면 부작용이 생길 위험이 높으므로 주의해야 한다. 생리 전 부종은 특별한 호르몬 이상이 동반되지 않는 한 생리가 시작되면 증상이 약해지거나 사라지는 경향을 보이므로 식습관과 생활 습관에 변화를 주는 것이 도움이 된다.

(2) 부종 예방과 식이요법

부종 조절의 가장 좋은 방법은 저염식과 적절한 양의 수분 보충, 균형 잡힌 식습관과 생활 습관, 꾸준한 운동 등이다. 사회생활이 어려울 정도로 부종이 심한 경우 소량의 이뇨제 치료를 하나 이는 전문가와 상담이 필요하다.

탄수화물 적당량 섭취 부종은 밥, 빵 등 탄수화물을 한꺼번에 많이 섭취하면 심해질 수 있으므로 탄수화물은 하루 세 끼 식사 때마다 일정하게 섭취한다.

부종이 심할 때는 따뜻하게 목욕 너무 뜨겁지 않은 물에 몸을 15분 정도 담그면 혈액 순환이 원활해지면서 냉기가 없어지고 신진대사가 좋아져 땀이 쉽게 배출된다.

몸을 따뜻하게 유지 몸이 차가우면 혈관이 수축되면서 혈액 순환이 나빠지므로 찬 음식보다 따뜻한 음식을 먹고 따뜻한 물을 충분히 마신다.

꾸준한 전신운동 걷기, 자전거 타기, 요가, 계단 오르내리기 등 가벼운 전신운동은 혈액 순환을 돕고 부종을 줄인다. 운동시간이 부족하면 제자리걸음이나 발뒤꿈치를 올렸다 내리는 까치발 동작을 반복한다.

tip 부종을 예방하는 방법

부종을 예방하기 위한 조치로 다음과 같은 방법을 활용한다. 누워 있는 자세를 취하여 다리를 높게 하거나(elevate), 수영 등의 운동(exercise)을 하며, 다리 부종을 위해 탄력스타킹(elastic stocking)을 착용하는 것도 도움이 된다.

누워서 쉬기 낮에 서 있는 시간이 많으면 체내 혈액과 노폐물이 하반신에 고여 다리 부종이 생기기 쉬우므로 짬 날 때마다 편안히 누워 다리에 쿠션 등을 받치면 부종을 예방할 수 있다.

스트레스 적절히 풀기 스트레스를 많이 받고 항상 긴장 상태인 사람은 그렇지 않은 사람보다 부종이 잘 생기므로 자신만의 스트레스 푸는 방법을 찾아 편안한 마음을 갖도록 한다.

2) 콩팥 질환의 종류

콩팥 질환은 원인에 따라 급성/만성 콩팥염(신장염), 급성/만성 콩팥병(신부전), 신증후군, 신결석, 요독증 등의 질환이 있다. 콩팥의 기능이 떨어지는 원인은 매우 다양하며 나빠지는 기간에 따라 급성과 만성을 나누는데, 급성은 콩팥 기능이 일시적으로 급격히 나빠졌다가 정상적으로 회복되는 것을 말한다. 대부분의 만성 콩팥병은 콩팥 기능이 50% 정도로 감소할 때까지 자각 증세가 뚜렷하지 않은 것이 특징이다. 그림 4-13은 콩팥의 구조를 나무 구조와 비교하여 급성, 만성, 말기 콩팥 질환을 나타내고 있다. 만성 콩팥병은 평소 관리를 통해 발병하지 않도록 노력하는 것이 중요한데, 특히 만성 콩팥병을 일으키는 위험 요인이 되는 당뇨병을 예방하기 위해서는 규칙적인 운동과 식습관 개선이 필요하다. 만성 콩팥병은 콩팥 기능이 떨어지기 시작하면 대부분은 원인에 관계없이 계속적으로 콩팥 기능이 저하된다. 대한신장학회 자료에 의하면 고혈압 환자 10명 중 2명은 콩팥에 이상이 나타나고, 고혈압 환자가 아니라도 혈압이 높을수록 만성 콩팥병 발생빈도가 증가할 수 있으므로 정상적인 혈압 관리가 중요하다고 한다(그림 4-14).

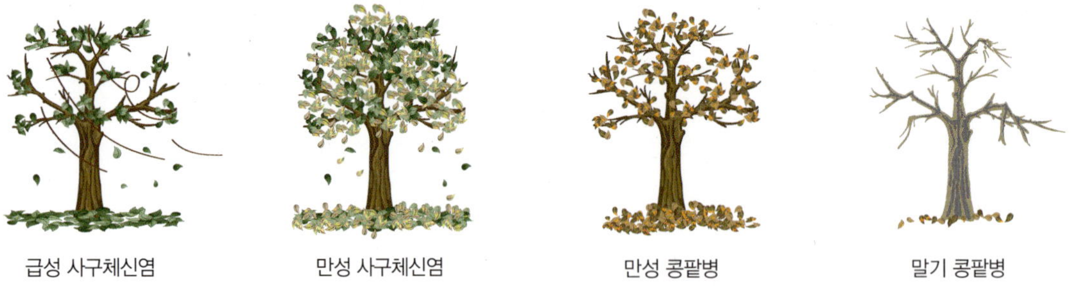

그림 4-13 콩팥 질환과 나무 구조의 비교

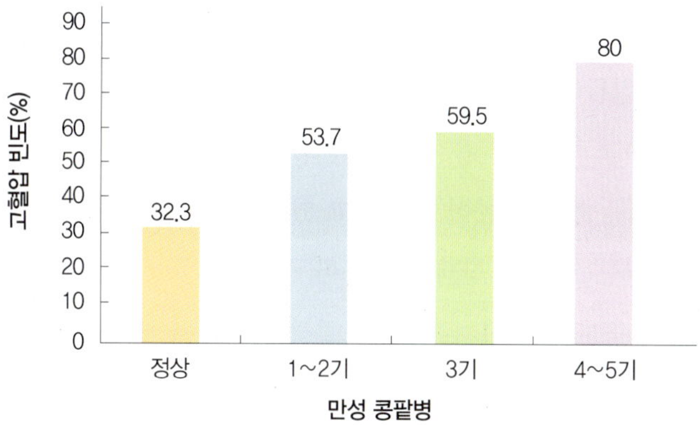

그림 4-14 고혈압과 만성 콩팥 질환 발생률
자료 : 대한신장학회

(1) 급성 콩팥염(급성 신장염)

급성 콩팥염acute nephritis은 편도선염, 인후염을 일으키는 용혈성 연쇄상구균의 감염이 가장 큰 원인으로, 콩팥의 사구체에 장애가 생겨 눈 주위에 부종이 나타나거나 소변량 감소, 고혈압, 전신 권태 및 식욕 부진, 두통 등의 증상을 보인다.

(2) 급성 콩팥병(급성 신부전)

급성 콩팥병acute renal failure은 화상, 설사, 대수술, 심근경색 등의 쇼크나 탈수, 탈염으로 혈압이 급격히 떨어져 콩팥 내 허혈 상태가 일어나는 것으로, 사구체 여과율(정상 100 mL/분)이 30 mL/분으로 떨어져 핍뇨나 요독증이 나타나고 치료하지 않으면 만성 콩팥병으로 진행되기 쉽다. 만성 콩팥병은 콩팥의 사구체 기능이 저하되어 단백뇨, 혈뇨, 고혈압 등의 증상이 나타난다. 콩팥 기능은 주로 당뇨에 의한 합병증으로 저하되므로 고혈압과 당뇨의 합병증이 생기지 않도록 관리해야 한다.

(3) 신증후군

단백질(1일 요단백량은 3.5 g)이 소변 중에 다량으로 새어 나가기 때문에 혈액 중 단백질이 감소하여 부종이 일어나고, 혈중에는 콜레스테롤과 중성지질이 현저하게 증가한다. 신증후군nephrotic syndrome의 특징인 고도 단백뇨는 주로 혈장 중 알부민 수준 변화와 고혈압이 수반되어 신부전으로 이행되는 경우가 많으며, 저단백혈증이 장기간 지속되면 손톱에 흰줄이나 흰 띠가 생긴다.

(4) 신장결석

현대인들은 주로 컴퓨터를 이용하는 업무 환경의 변화로 의자에 앉아서 하는 일이 많아졌고, 운동과 수면 부족 및 음주와 고단백 식사 등으로 신체 대사가 원활하지 않아 신장결석kidney stone 같은 질환이 늘어나고 있다. 수분 섭취, 음식, 기후와 계절, 연령과 성별, 직업, 질병 등으로 부갑상샘 호르몬이 증가하여 소변으로 배출되는 칼슘, 옥살산염과 인산염 등의 농도가 높아져, 이들이 결정을 이루고 침착되어 마치 돌 같은 형태로 콩팥 안에 생기게 된다. 신장결석의 80%는 칼슘이 주성분으로 옥살산칼슘 결석이 가장 흔하며, 고단백 식사에 의한 통풍 환자에게서 나타나는 요산 결석과 여성에 흔한 요로 감염에 의한 스트루바이트struvite 결석 등이 있다.

① 증상

결석의 위치와 크기에 따라 다르나 옆구리 통증, 구역질이나 구토 등의 소화기 장애, 소변 볼 때에 심한 통증 동반과 빈뇨, 잔뇨 및 혈뇨 등의 배뇨 이상, 세균 감염에 의한 고열 등의 증상이 나타난다.

② 원인

수분 부족 더운 계절에 땀을 많이 흘리거나 하여 수분의 소실이 클 경우 적절하게 수분을 보충해 주지 않으면 신장결석이 생기기 쉽다.

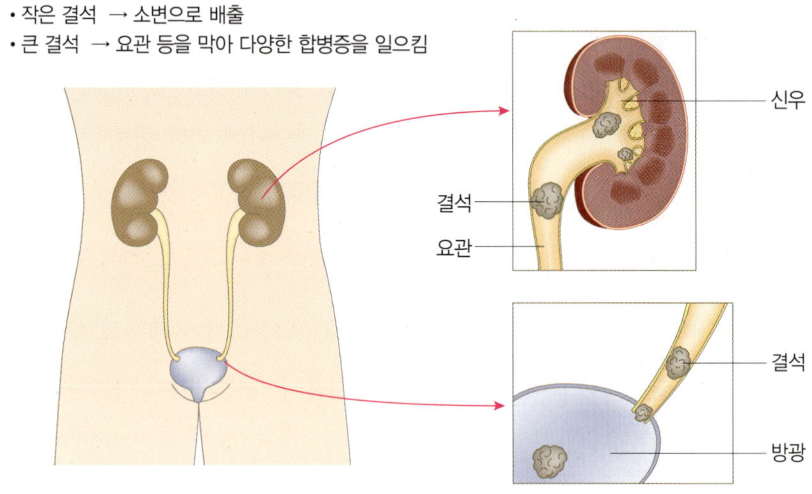

그림 4-15 비뇨기계의 다양한 위치에 발생한 결석
자료 : 보건복지부, 대한의학회

유전적 또는 개인의 병력 가족 중 누군가가 신장결석을 앓고 있거나 앓은 적이 있다면 그렇지 않은 사람에 비하여 4배 이상 발생 확률이 높으며, 예전에 신장결석을 앓은 병력이 있는 사람도 그렇지 않은 사람보다 결석이 다시 생길 가능성이 높다.

나이와 성별 신장결석은 대부분 20세부터 생기며, 남자가 여자보다 신장결석에 걸리기 쉽다.

식이 단백질이 풍부하거나 짠 음식, 칼슘과 옥살산염 성분을 지나치게 많이 함유한 식품을 섭취하거나 칼슘이 부족하면 신장결석의 가능성을 높인다.

직업적 환경 직장에서 의자에 앉아서만 생활하거나 높은 온도 조건하에서 일하는 근무자의 경우라면 신장결석이 쉽게 발생할 수 있다.

운동 부족 자리에 누워서 생활하거나 장기간 거동이 어려워 병상에 누워 있는 경우에 운동 부족으로 뼈에서 빠져나온 칼슘이 콩팥에 모이게 되어 부분적 결석이 생기기 쉽다.

비만 체질량지수가 높고 과체중인 경우는 장기적으로 신장결석의 빈도가 높으며, 여성일수록 더욱 뚜렷하다.

질병 소유자 통풍, 당뇨병, 요로 감염증, 고혈압 등의 질병 소유자, 특히 고혈압 환자의 신장결석 발생률은 혈압이 정상인 사람보다 약 2배 높다. 염증성 장 질환이나 만성 설사 환자, 위궤양이나 암 등으로 위와 소장을 잇는 수술을 받은 환자들은 음식물의 칼슘 흡수에 변화를 주고 결석을 구성하는 물질들의 소변 내 농도를 높여 신장결석을 일으킬 수 있다.

약물 복용 비타민 D 약제나 탄산칼슘 등의 제산제 같은 약제를 과량으로 사용한 경우에도 신장결석이 생기게 된다.

③ 예방

적절한 수분 섭취는 결석의 생성을 예방하고 만들어진 결석도 쉽게 소변으로 빠져나오게 한다. 소변의 색깔이 무색에 가까운 묽은 소변을 보도록 충분하게 물을 마시는 것이 좋으며 짙은 색깔의 소변은 농축된 소변이므로 충분한 수분 공급이 필요하다. 물이 가장 좋으나 구연산(시트르산)이 들어 있는 레몬에이드 음료를 마시는 것도 좋다. 콩, 시금치, 고구마, 케일, 아몬드, 대황, 참깨 등은 옥살산이 풍부한 식품으로 결석을 만드는 데 영향을 준다. 이러한 식품은 일반적으로 건강에 좋은 것으로 알려져 녹즙 등의 형태로 많이 공급되는데 신장결석을 가진 가족이 있거나 본인이 앓은 적이 있다면 식사 시 유의해야 한다.

(5) 요독증

요(소변)로 배설되어야 할 노폐물 중 단백 분해산물의 하나인 요소, 크레아틴, 수소이온의 배설이 안 되거나 그 외에 유독물질이 체내에 축적되어 다른 장기에 장애를 나타나는 증상을 요독증uremia이라 한다. 메스꺼움, 구토, 호흡 곤란과 정신신경 증상이 나타난다.

3) 콩팥 질환과 식이요법

콩팥 질환의 종류에 따라 식이 단백질 제한 정도가 다르기는 하나, 콩팥 기능이 저하되면 아미노산이 풍부한 양질의 단백질 선택이 중요하다. 콩팥 질환이 있으면 부종을 예방하거나 혈압을 조절하기 위하여 염분 섭취를 제한하는 저염식사를 권장한다. 한국인의 1일 소금 섭취량은 평균 13~15 g이다. 콩팥 질환의 경우에는 칼륨 배설 능력이 떨

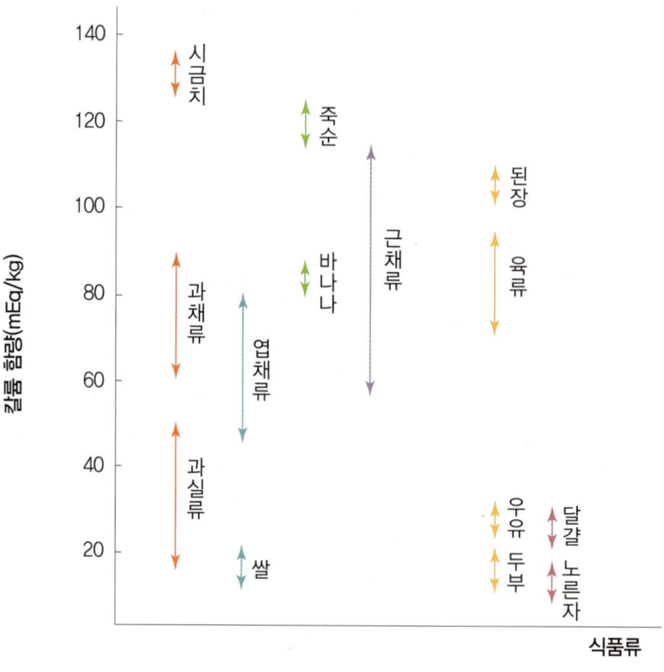

그림 4-16 여러 가지 식품의 칼륨 함량
자료 : 이기열, 식이요법, 수학사, 1992.

어져 혈청의 칼륨이 비정상적으로 높아질 수 있으므로 이런 경우에는 콩팥 질환 환자들에게는 생과일보다 통조림 과일이 효과적이다. 칼륨이 풍부한 토마토, 버섯, 호박, 시금치 등의 채소는 데치거나 잘게 썰어 조리하면 칼륨의 30~50%까지 줄일 수 있다(그림 4-16, 표 4-8).

표 4-8 조리법에 따른 나트륨 및 칼륨 함량의 변화

식품명	조리법	Na(mEq/L)	K(mEq/L)
시금치	생것	13	58
	5분 삶은 것	0	10
돼지고기 간 것	생것	5	23
	3분 삶은 것	0	8.3
	5분 삶은 것	0	5.9
생선	생것	1	34
	3분 삶은 것	0	24
	5분 삶은 것	0	15
차	처음 끓인 것	0	65
	두 번째 끓인 것	0	5.2
홍차	처음 끓인 것	0	5.3
	두 번째 끓인 것	0	3.1

자료 : 이기열, 식이요법, 수학사, 1992.

tip 일상생활에서 건강한 식생활을 위해 소금 섭취를 줄이는 방법

- 소금, 된장, 간장, 액젓 등의 양은 줄여서 사용한다.
- 식초, 레몬, 오렌지 즙 등의 신맛을 내는 소스와 마늘, 생강, 양파, 고추, 겨자, 고추냉이, 후추 등을 양념으로 사용한다.
- 젓갈, 장아찌, 김치, 햄, 소시지, 인스턴트식품 등을 적게 먹는다.
- 화학조미료보다는 천연조미료인 다시마, 멸치, 건새우, 건표고, 양파, 무 등으로 맛을 낸다.
- 소금 없이 김을 굽거나 들기름으로 맛을 낸다.
- 미지근한 물을 이용하여 해조류는 염분을 충분하게 제거한 후 조리한다.
- 소금과 간장을 양념에서 분리하여 먹기 직전에 간을 한다.
- 채소는 볶기 직전 소금물에 담갔다가 조리하여 기름 흡수를 줄인다.
- 장아찌류의 소금기는 1.5% 소금물에 담가 뺀다.
- 소금으로 간한 저장된 생선보다는 신선한 생선으로 요리한다.
- 생선은 다진 마늘, 녹차, 생강즙을 발라서 재웠다가 굽는다.
- 국이나 찌개 대신 숭늉이나 보리차를 이용한다.

tip 콩팥병-부종 진단과 자가 체크

부기가 있을 때는 검사를 통해 원인별 질환을 찾아내는 것이 순서이다. 부종의 정도를 체크하는 가장 객관적이며 손쉬운 방법은 엄지손가락으로 정강이를 눌러 들어가는 정도를 살핀다. 손가락으로 눌렀다 뗐을 때 그 자국이 푹 들어간 채 사라지지 않고 남아 있다면 부종을 의심해 봐야 한다. 단, 갑상샘 기능 저하증의 경우 피부를 눌렀을 때 들어가지 않을 수도 있다.

또 아침과 저녁의 체중 변화가 1.5~2 kg 정도 된다면 진단을 받는 것이 바람직하다. 매일 아침 소변을 보고 난 후 체중을 재보았을 때 1주일에 3 kg 이상의 체중 증가가 있거나, 소변량이 줄고 거품이 많이 일 때도 주의해야 한다. 원인이 밝혀지면 그 원인에 맞는 치료를 해야 한다.

얼굴 부종 체크법

- 하루 중 화장실 가는 횟수가 3회 이하이다.
- 엎드리거나 옆으로 누워 자는 것이 편하다.
- 아침에 손이 부어 반지가 잘 안 들어갈 때가 많다.
- 목욕 후에 찬물이나 주스를 마신다.
- 식사를 빨리 하는 편이다.
- 손발이 차다.
- 운동을 해도 땀이 잘 나지 않는다.
- 어깨결림이 있다.
- 아침에 일어나서 나갈 때까지 30분도 안 걸린다.
- 식사 후 과일 등 디저트를 먹지 않으면 왠지 허전하다.
- 아침에 일어나면 눈이 부어 있을 때가 많다.
- 간식으로는 주로 과자나 초콜릿 등의 스낵류를 먹는다.
- 밤 늦게까지 TV를 볼 때가 많다.
- 신경 쓸 일이 많아 스트레스가 쌓인다.
- 생리가 불규칙하다.

*해당 사항이 7~8개 이상이면 얼굴 부종을 의심한다.

다리 부종 체크법

- 종아리를 누르면 움푹 팬다.
- 속옷을 벗고 20분 이상 지나도 자국이 없어지지 않는다.
- 발가락을 모으기가 어렵다.
- 목욕을 하지 않고 샤워로 끝내는 경우가 많다.
- 수면시간이 6시간 이하여서 수면 부족이라고 생각한다.
- 거들을 자주 입고 스타킹을 신을 때가 많다.
- 팬티는 배꼽이 보이는 비키니 타입을 입는다.
- 여름에도 양말을 신지 않으면 발이 시려 잠을 잘 수가 없을 정도이다.
- 집에서도 맨발로 있으면 발이 시리다.
- 식사를 할 때 유난히 찬물을 많이 마신다.
- 운동화나 샌들을 맨발로 신는다.
- 구두 밑창을 보면 안쪽보다 바깥쪽이 많이 닳는다.
- 이불을 덮지 않고 잔다.
- 다리를 꼬고 앉는 것이 편하다.
- 2층이라도 에스컬레이터나 엘리베이터를 이용한다.

*해당 사항이 7~8개 이상이면 다리 부종을 의심한다.

자료 : 여성동아, 김형규 고려대 안암병원 신장내과 교수
이영림한방병원 원장

4) 하지정맥류

우리나라 인구의 10~20%가 갖고 있을 정도로 흔한 하지정맥류는 무릎 뒤나 장딴지, 허벅지 등에 새파란 핏줄이 비치며, 종아리 부위 혈관이 마치 지렁이가 기어가듯 울퉁불퉁 불거져 보기에 흉할 뿐 아니라 조금만 걸어도 다리가 아프고 피로해지는 병이다. 하지정맥류는 같은 자세로 오랜 시간 서 있는 경우 발 아래로 내려간 혈액이 다시 심장

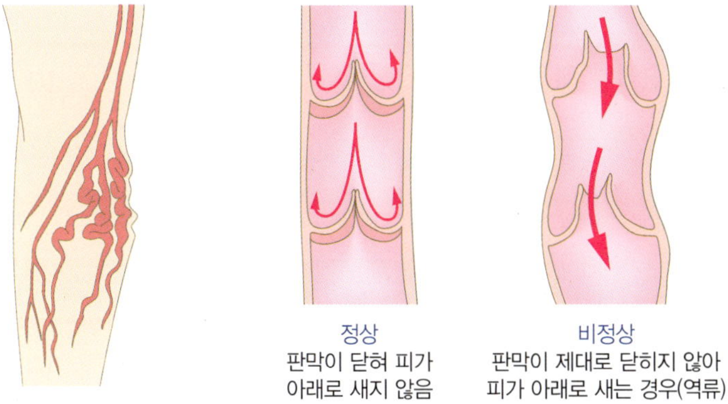

그림 4-17 판막 손상과 하지정맥류 발생

으로 올라가는 기능을 담당하는 정맥 내 판막 기능이 저하되거나 미세 림프관이 좁아져 순환이 잘 안 될 때 발생하는 일종의 혈관 기형 질환이다. 특히 새벽녘에 종아리가 저리거나 아파서 잠을 깨기도 한다. 심한 경우 샤워를 할 때 물이 닿는 정도에도 통증을 느끼며, 통증 때문에 발생한 자세의 불균형으로 허리 통증을 동반하는 경우도 있다. 이와 같은 증상을 관절통이나 신경통으로 잘못 알고 치료받는 경우도 많으며 치료를 방치하면 출혈 및 피부 궤양 등의 합병증이 나타날 수 있다.

(1) 원인

초기 하지정맥류는 별다른 증상 없이 외관 및 미용상의 문제가 되므로 특히 여성은 다리 노출을 꺼려 치마나 반바지를 입지 못하고 대중목욕탕에도 가지 않는 경우가 많다. 여성의 하지정맥류 발생률이 남성보다 약 2~4배 높은 것으로 알려져 있어서 여성들만의 질환으로 생각하는 경우가 많았으나 최근에는 남성 환자도 늘어가는 추세이다. 여성에 비해 상대적으로 미적 관심이 적은 남성은 하지정맥류로 다리에 혈관이 튀어나와도 대수롭지 않게 여기는 경우가 많고 힘줄이 튀어나왔다고 하지정맥류를 힘의 상징으로 잘못 알고 있는 경우도 있다.

① 임신

여성 하지정맥류 환자는 대부분 임신기간 중 호르몬 변화에 의해 하지정맥류를 처음 경험하는데 일반적으로 출산 후 1년 이내에 정상으로 회복된다.

② 흡연

담배를 피우면 혈액의 점도가 높아져 정맥의 혈관 벽과 판막에 손상이 생길 수 있어 하지정맥류를 악화시킨다.

③ 유전

프랑스의 한 연구 통계에 의하면 부모 모두에게 하지정맥류가 있을 때 자녀에게 하지정맥류가 발생할 확률은 90% 이상이며, 한쪽 부모에서만 하지정맥류가 있을 때는 남성이 25%이고 여성은 62%였다.

④ 직업군

오래 서 있거나 앉아 있는 직업군에서 하지정맥류가 흔히 발생한다. 대표적인 직업군으로는 백화점과 마트 등의 판매직, 선생님, 외과 의사, 간호사, 이미용업 종사자, 스튜어디스, 제조업 근무자 등이다.

⑤ 연령

연령이 증가함에 따라 하지정맥류의 발생률이 증가하나 최근에는 비교적 나이가 어린 중·고등학생에게서도 흔히 발생한다. 이는 책상에 앉아 공부하는 시간이 많아진 영향으로 추측된다.

⑥ 킬힐

높은 구두를 신으면 수축과 이완의 과정을 거치는 것이 아니라 수축된 상태가 지속되기 때문에 하지의 혈액 순환이 원활하지 못하고 이로 인해 하지정맥류라는 질환에 노출된다.

⑦ 기타 요인

변비, 과체중과 비만, 다이어트로 인한 급격한 체중 감소, 피임약 복용, 다리를 꼬고 앉거나 오랫동안 쪼그리고 앉는 경우, 허벅지가 조이는 옷을 입는 등 잘못된 생활 습관도 하지정맥류를 생기게 하는 요인이 될 수 있다.

(2) 치료와 예방

하지정맥류가 있다면 소금 섭취를 줄이고 섬유소가 많은 곡물이나 신선한 채소와 과일을 많이 먹어 혈액 순환을 좋게 한다. 이런 음식들은 여성들의 변비 예방에도 도움이 된다. 평소 정맥류를 예방할 수 있는 고탄력 압박 스타킹을 신으면 혈관이 다시 늘어나 정맥류가 생기는 것을 어느 정도 예방할 수 있다. 또 적당한 체중을 유지하는 것도 중요하며 다리를 꼬고 앉거나 너무 오랫동안 서 있지 말고 잠시 다리에도 휴식을 제공해 주어야 한다. 앉아 있을 때 스트레칭이나 뒤꿈치 들기, 발목을 위 아래로 하는 발목 근육 이완운동을 함으로써 혈액 순환을 원활하게 한다. 젊은 여성의 경우 높은 하이힐은 피하고 운동화 같은 편안한 신발을 신도록 권한다. 평소 옷은 활동하기 편한 차림을 선택하고 취침 시에는 다리를 심장보다 높게 하는 것도 좋은 방법이다.

아울러 아침 목욕보다는 취침 전에 목욕을 하고 휴식을 취하는 것이 바람직하며, 찜질방이나 사우나에 가서도 더운 장소는 피하는 것이 좋다. 달리기보다는 편안하게 걷기 운동을 통하여 혈액 순환이 원만하게 이루어지도록 노력하는 자세 등이 요구된다.

5) 무지외반증

(1) 정의

현대사회는 미적 요소에 많은 가치를 두고 있다. 이로 인해 여러 질환이 발생하는데 그중 하나가 바로 무지외반증이다. 제2의 심장이라 일컬어지는 발은 무게가 신체 중량의 1/30에 불과하지만 206개의 전체 뼈 중 52개가 발에 분포하여 그 중요도를 짐작할 수 있다. 패션과 미용에 대한 관심이 높아지면서 하이힐처럼 굽이 높은 신발을 신어 엄지발가락이 두 번째 발가락 쪽으로 휘는 무지외반증이 늘어가는 추세이다. 무지외반증은 버선발 기형이라고도 하는데 엄지발가락이 두 번째 발가락 쪽으로 15도 이상 휘어져 있으면 무지외반증이라 판단하고 30도 이상이면 심한 중증으로 분류한다. 평발이나 엄지발가락 관절 면의 각이 큰 경우, 넓적한 발을 가진 사람에게서 발병 확률이 높다. 무지외반증은 보통 하이힐을 많이 신는 여성에 많은 것으로 알려져 있지만 남성도 60% 가까이 이 증세를 갖고 있다.

(2) 예방법

신발을 고를 때는 발의 폭에 맞추는 것이 중요함에도 보통은 신발의 디자인이나 발 길이만을 고려하여 선택하기 때문에 무지외반증에 걸릴 확률이 높아진다. 여성의 경우 패션을 이유로 높은 굽이나 통이 좁은 부츠를 선호하는데 이런 경우도 무지외반증에

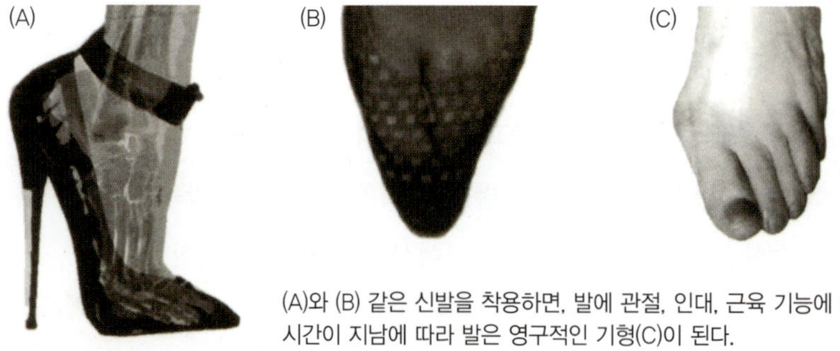

(A)와 (B) 같은 신발을 착용하면, 발에 관절, 인대, 근육 기능에 의한 체중의 분배가 달라진다. 시간이 지남에 따라 발은 영구적인 기형(C)이 된다.

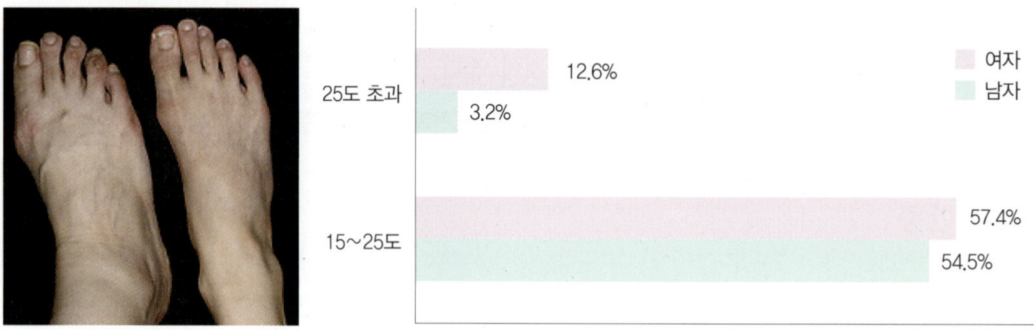

그림 4-18 성별에 따른 엄지발가락의 휜 정도
자료 : 한림대 류머티스 내과 – 아주대 역학연구소

노출되기 쉽다. 남성들 사이에서도 키가 커 보이는 키높이 구두나 깔창이 유행하고 있는데 이 역시 하이힐과 마찬가지로 보행 시 체중이 앞쪽으로 쏠려 발가락 앞쪽에 전달되면서 무지외반증을 일으킬 수 있다.

무지외반증을 예방하기 위해서는 일반적으로 발가락 쪽이 넓고 굽이 낮은 신발을 추천한다. 또 운동화나 기능성 신발을 신는 것이 좋다.

(3) 올바른 신발 선택

발은 아침 기상 시 가장 작고 저녁 무렵에는 아침과 0.5~1 cm가량 차이가 나므로 오전보다는 오후나 저녁에 신발을 골라야 한다. 작은 신발은 너무 꽉 끼어 혈액 순환을 방해하고, 헐렁한 신발은 잘 벗겨지므로 걸음걸이를 부자연스럽게 해 바른 자세를 망친다. 신발을 살 때는 신발 앞부분이 엄지로 약간 눌리는 정도의 사이즈가 좋다. 신발이 내 발에 잘 맞는지 정확히 알려면 신발을 신고 걸어 봐야 한다. 의자에 앉아 있을 때보다 서 있을 때 발의 크기는 최대 1 cm가량 차이가 난다. 사람마다 양발의 크기가 다를 수도 있어서 양발 중 큰 발 크기에 맞추어 신발을 선택하는 것이 좋다. 이상적인 신발 굽의 높이는 일반적으로 신장의 1.5% 정도로 너무 높은 굽의 신발은 피하는 것이 바람직하며, 통굽이나 앞이 뾰족한 구두도 피한다. 신발을 신었을 때 발꿈치가 빠져나오지 않는 것을 선택하는 것이 발 건강에 이롭다.

5. 골다공증과 식생활

골다공증osteoporosis은 골 강도가 감소하여 뼈가 약해져서 부러지기 쉬운 상태가 되는 질환으로, 전신에서 일어나는 골격계 질환이다. 골다공증은 자각 증상이 쉽게 드러나지 않기 때문에 그 심각성을 인지하지 못하는 경우가 많지만, 뼈 골절로 인하여 생활의 질 저하, 의료비 부담은 물론 사망에 이르게 할 수도 있는 질병이다. 골 강도는 골량과 골질에 의하여 결정되며, 골량을 나타내는 골밀도를 측정하여 골다공증을 진단한다.

뼈는 조골세포가 새로운 뼈를 만드는 골 형성 과정과 파골세포가 오래된 뼈를 제거하는 골 흡수 과정이 균형을 이루면서 건강한 뼈 상태를 유지하는데, 여러 가지 원인으로 인해 골 형성 과정보다 골 흡수 과정이 활성화되면서 골량이 감소하고 골질이 저하되어 골다공증이 유발된다.

여기에서는 골다공증의 원인과 식생활을 비롯한 생활 습관이 골다공증에 미치는 영향을 학습하고, 골다공증을 예방하고 질병의 진행을 더디게 할 수 있는 식생활에 대하여 알아보기로 한다.

1) 골다공증

(1) 골다공증의 분류

골다공증은 일차성 골다공증과 이차성 골다공증으로 분류하는데, 일차성 골다공증은 다시 폐경기 이후 여성에게 나타나는 제1형 골다공증과 노화로 인한 제2형 골다공증으로 구분할 수 있다. 이차성 골다공증은 특정 질병, 수술, 약물 등에 의하여 골 형성 장애가 있거나 골 소실이 증가하여 발생한다.

(2) 골다공증의 요인

골다공증 유발을 결정하는 요인으로는 성별, 연령, 칼슘 섭취, 운동, 질병 등이 있다. 여성은 남성에 비하여 일생 중 형성되는 최대 골질과 골량이 낮아서 연령이 높아짐에 따라 나타나는 골 손실에 의한 골다공증 발생 가능성이 남성보다 높다. 여성 호르몬인 에스트로겐이 골 형성 과정과 골 흡수 과정에 미치는 영향의 메커니즘은 정확히 밝혀지지는 않았지만, 에스트로겐이 파골세포의 작용을 억제하여 골 흡수 과정을 저해한다고 알려져 있다. 폐경기 이후의 여성에서는 에스트로겐의 분비가 저하되고 이에 따라 골 흡수 과정이 활발히 일어나 골 손실이 촉진된다.

연령이 증가하면서 골밀도는 감소하는데 이는 나이가 들면서 조골세포의 기능이 저하되기 때문이다. 골밀도는 일생 중 청장년기에 가장 높게 형성되었다가 노화에 따른 골 손실로 차츰 감소하게 되는데, 최대 골량을 갖게 되는 시기에 골밀도를 높게 형성하면 이후의 골 손실에 의한 골다공증 발생 위험을 줄일 수 있다.

칼슘과 비타민 D의 섭취는 골다공증을 예방하는 데 중요한 역할을 한다. 칼슘의 섭취가 부족하면 체내 칼슘의 항상성 유지를 위하여 뼈에서 칼슘이 용출되는 양이 늘어 골 강도가 낮아지게 된다. 1,25-다이하이드록시 비타민 D인 칼시트라이올calcitriol은 장상피세포에서 칼슘의 흡수를 증가시키고 칼슘 결합 단백질인 칼빈딘calbindin의 발현을 증가시켜서 칼슘 흡수를 도와 혈중 칼슘 농도를 증가시킨다.

운동은 골밀도를 향상시켜서 골다공증을 예방하는 기능이 있다. 오랫동안 운동을 하지 않는 상태가 지속되면 소변을 통하여 배설되는 칼슘의 양이 증가하고 골밀도는 감소한다.

갑상샘기능항진증이 있는 환자에게는 갑상샘호르몬 분비량이 증가한다. 이로 인하여 골 교체율이 증가하고 골 재형성 기간이 단축되어 골밀도가 감소하게 된다. 당뇨병, 성선기능저하증 등에 의해서도 골다공증이 발생할 수 있고, 장기 이식, 소화기 질환, 음주, 흡연 등도 원인이 될 수 있다.

2) 골다공증과 식생활

(1) 골다공증에 영향을 미치는 식품 성분

뼈를 이루고 있는 성분과 이들 성분의 흡수율을 높이는 역할을 하는 성분을 식품의 형태로 섭취함으로써 골밀도와 골 강도를 증가시킬 수 있다. 칼슘과 인은 뼈의 주요 성분으로 일상생활에서 섭취하는 식품에 널리 함유되어 있다. 비타민 D, 비타민 K, 비타민 C 등은 칼슘의 흡수를 돕는 역할을 하는 비타민들이다. 뼈의 밀도와 강도를 높이는 작용을 하는 성분들을 식품으로 충분히 섭취하여 골다공증을 예방할 수 있다.

① 칼슘

칼슘은 체내 함유량이 가장 많은 무기질이며 뼈의 주성분인 수산화인회석hydroxy-apatite 형태로 주로 존재한다. 칼슘의 섭취가 필요량보다 부족하면 골 소실이 발생하여 골량이 감소하고 골 강도가 낮아지게 되므로 반드시 필요한 양의 칼슘을 섭취해야 한다. 보건복지부와 한국영양학회에서 제시하는 우리나라 성인의 칼슘 섭취 권장량은 19세 이상 성인 남자가 하루 700~900 mg이고 여자의 경우 19세에서 49세까지는 700 mg, 50세 이상은 800 mg이다. 한편 하루 권장량을 추가하였던 기존과는 달리 임신부와 수유부의 칼슘 권장량은 추가하지 않고 있다. 대한골대사학회에서는 하루에 섭취해야 할 칼슘의 양으로 800~1,000 mg을 권장하고 있다.

칼슘의 섭취는 식품을 통하거나 칼슘제를 이용하는 방법이 있다. 칼슘의 함량은 식품의 종류에 따라 다르며 칼슘제도 종류에 따라 칼슘 함유량과 대사 특징이 다르다. 식품 중에는 치즈, 우유, 요구르트 등의 유제품과 파슬리, 무청, 호박잎, 셀러리 등의 채

표 4-9 식품의 칼슘 함유량

식품군	식품명	칼슘 (mg/가식부 100 g)
유제품	치즈(모짜렐라)	957
	우유	113
	요구르트(호상)	141
채소류	파슬리	206
	총각무 잎	261
	호박잎	285
	셀러리	88
	상추(적상추)	95
견과류, 종실류	참깨(흰깨, 말린 것)	750
	들깨(말린 것)	391
	아몬드(말린 것)	368
콩류	대두(노란콩, 말린 것)	260
	두부	64

자료 : 농촌진흥청 국립농업과학원, 제9개정판 국가표준 식품성분표, 2017.

소류에 칼슘이 다량 함유되어 있고, 참깨, 들깨, 아몬드, 대두, 두부 등의 식품이 칼슘 함량이 높다. 멸치와 같이 뼈째 먹는 생선도 좋은 칼슘 공급원이고 칼슘 성분이 강화된 우유, 치즈 등의 식품을 선택하여 칼슘의 섭취량을 늘릴 수 있다.

식물성 식품에 포함되어 있는 식이섬유, 옥살산oxalate, 피트산phytate 등은 칼슘의 흡수를 억제하는 작용을 하기 때문에 채소류나 콩류의 칼슘 함유량이 높다 하더라도 체내 흡수율은 낮을 수 있다. 칼슘의 흡수율은 염분, 고지방 식이 등에 의하여 낮아지고, 비타민 D, 단백질, 젖당 등의 섭취에 의하여 증가한다.

칼슘제는 칼슘을 칼슘염 형태로 가공한 것으로 식품을 통한 칼슘 섭취량이 부족한 경우 이용하는 칼슘 섭취방법이다. 현재 사용되고 있는 칼슘제로는 탄산칼슘, 구연산칼슘, 구연산말산칼슘, 젖산칼슘, 황산칼슘 등이 있다. 탄산칼슘은 가장 많이 사용되는 칼슘제로 칼슘 함유량이 40%로 함량이 높은데, 위산 분비가 줄어든 상태에서는 칼슘 흡수율이 낮아진다. 탄산칼슘은 음식과 함께 복용하여야 위산이 분비되고 이에 따라 칼슘 흡수율도 높아진다. 구연산칼슘은 위산이 적어도 흡수율이 낮아지지 않는 특징이 있다.

표 4-10 칼슘제의 칼슘 함유량

칼슘제	칼슘 함유량(%)
탄산칼슘	40
구연산칼슘	24
구연산말산칼슘	24
젖산칼슘	13
황산칼슘	36

자료 : 양규현 외, 골다공증, 대한골대사학회, 2006.

칼슘 섭취가 필요량 이상으로 증가하면 일부의 경우에 위장 장애나 변비 등의 부작용이 발생할 수 있으나 중대한 부작용은 없다. 다만, 탄산칼슘을 통한 칼슘 섭취량이 하루 4,000 mg 이상이면 신장 장애, 고칼슘뇨증, 고칼슘혈증 등이 발생할 수 있다.

② 비타민

비타민 D 비타민 D는 칼슘의 흡수율을 높이는 역할을 하여 골밀도를 증가시킴으로써 골다공증의 예방과 치료에 중요한 역할을 한다. 비타민 D는 피부에서 자외선에 의하여 전구물질로부터 생성되거나 식품을 통하여 섭취된다. 효모와 식물성 식품에는 비타민 D_2(에르고칼시페롤)가 포함되어 있고, 연어와 고등어에는 비타민 D_3(콜레칼시페롤)가 들어 있다. 비타민 D_2와 비타민 D_3는 모두 비활성형으로 간과 신장에서 수산화되어 활성형인 1, 25-다이하이드록시 비타민 D(칼시트라이올)로 전환된다. 칼시트라이올은 장상피세포에서 칼슘이 능동적으로 흡수되도록 돕고 칼슘 결합 단백질인 칼빈딘의 발현을 증가시켜 칼슘의 흡수를 높인다. 성인의 비타민 D 하루 충분섭취량은 400~800 IU(10~15 μg)이며, 햇빛에 노출되는 시간이 짧은 경우에는 보충제를 이용한 비타민 D의 섭취를 권장한다. 비타민 D가 포함되어 있는 식품으로는 달걀노른자, 고등어, 연어 등이 있으며 이들 어류의 기름과 간유에도 비타민 D가 함유되어 있다. 과도한 양의 활성형 비타민 D와 칼슘을 같이 복용했을 때에는 고칼슘혈증이나 고칼슘뇨증을 유발할 수 있으므로 칼슘의 하루 섭취량을 600~800 mg으로 제한해야 한다.

비타민 K 비타민 K는 녹색 채소, 과일, 육류, 곡류 등에 함유되어 있고 뼈에 칼슘 부착을 증대시키는 효과를 가지고 있어서 골절의 위험을 줄이는 데 도움을 준다. 비타민 K는 자연계에서 비타민 K_1과 비타민 K_2의 형태로 존재하는데 비타민 K_1은 식물성 식품에 존재하고 비타민 K_2는 동물성 식품에 들어 있다. 장내 미생물에 의하여도 생성된다.

비타민 C 비타민 C는 조골세포를 자극하고 칼슘의 흡수를 증가시키는 역할을 하여 골다공증 예방에 도움이 된다. 비타민 C는 과일, 고추, 브로콜리, 감자 등의 식품에 다량 함유되어 있다.

③ 무기질

체내에서 인은 대부분 칼슘과 결합하여 뼈와 치아의 주요 구성 성분을 이루고 있다. 인이 부족하면 골연화증을 일으킨다. 인은 대부분의 식품에 포함되어 있으므로 일반적인 식생활로도 필요한 양을 섭취할 수 있다. 식품 중에서 특히 유제품에 인의 함량이 높다.

④ 식물성 에스트로겐

에스트로겐은 파골세포의 작용을 억제하여 골밀도를 증가시키는 작용을 하므로 골다공증의 예방과 치료에 이용된다. 식물의 성분 중 여성 호르몬의 일종인 에스트로겐과 구조적 유사성을 가지며 에스트로겐의 효과를 나타내는 물질을 식물성 에스트로겐이라고 한다. 아이소플라본isoflavone은 식물성 에스트로겐의 하나로 조골세포를 증식시키고 조골세포가 세포자살하는 것을 억제하는 기능이 있다. 또한 파골세포의 세포자살을 유도하고 파골세포의 기능을 억제하여 골밀도와 골 강도를 높이는 기능을 한다. 콩류와 이를 가공한 두부, 두유 등의 식품에는 제니스테인genistein과 다이제인daidzein 등의 아이소플라본이 함유되어 있다.

(2) 골다공증과 식생활 관리

골다공증을 예방하거나 치료하기 위해서는 적절한 식품 선택을 비롯한 식생활 관리가 필요하다. 일생 중에서 35세 전후가 골밀도가 가장 높은 시기인데 이 시기에 골밀도를 높은 수준으로 유지하면 이후 노화가 진행되면서 일어나는 골다공증의 위험도를 낮출 수 있다.

우유, 요구르트 등의 유제품과 두부, 두유 등의 콩류 식품, 그리고 아몬드 등의 견과류는 칼슘의 함량이 높아서 뼈 건강에 도움을 주는 식품이다. 우유는 좋은 칼슘 공급원이지만 우유의 젖당 성분을 소화하지 못하는 사람에게는 젖당불내증을 일으킨다. 젖당불내증을 가지고 있는 사람은 가공 과정 중에 젖당이 분해된 요구르트나 치즈 등을 선택한다.

칼슘과 함께 비타민 D를 섭취하여 칼슘의 흡수율을 높일 수 있다. 비타민 D는 연어, 고등어, 간, 달걀노른자, 비타민 D 강화우유 등을 통하여 섭취할 수 있다. 비타민 D는 햇빛에 의하여 피부에서 합성되므로 야외 활동이 체내의 비타민 D 수준을 높이는 데 도움이 된다. 신선한 채소와 과일을 충분히 섭취하면 골다공증을 예방하는 데 도움을 주는 비타민 C, 비타민 K, 무기질의 공급을 늘릴 수 있다.

고단백의 식사를 피하는 것이 골다공증 예방에 도움이 된다. 단백질 섭취량이 많아지면 소변을 통하여 체외로 배출되는 칼슘의 양이 늘어나므로 혈청 내 칼슘 수준을 유지하기 위하여 뼈에서 칼슘이 용출되는 양이 증가한다. 따라서 육식을 주로 하여 단백

표 4-11 뼈 건강에 관련 있는 식품

뼈 건강을 증진시키는 식품	뼈 건강을 위하여 피해야 하는 식품
우유, 요구르트, 치즈, 생선, 두부, 두유, 참깨, 들깨, 채소, 과일	과량의 육류, 곡류, 술, 염분이 많은 식품

질의 공급량이 많은 식이를 하는 사람에게는 골다공증의 위험도가 높아진다.

뼈에 압력을 가하는 달리기 등의 운동을 하면 뼈의 성장과 재생이 촉진되고 뼈에 혈액 공급도 증가하여 뼈의 강도를 강화시킨다. 적절한 식사와 함께 운동을 하면 골다공증의 위험도를 낮출 수 있다.

6. 암과 식생활

암의 위험도를 낮추기 위하여 암을 조기에 진단하려는 노력과 새로운 암 치료법을 개발하는 연구가 계속되고 있다. 이러한 노력에 힘입어 암 환자의 5년 생존율은 매년 높아지는 추세에 있다. 2010년에서 2014년 사이 우리나라에서 발생한 암 환자의 5년 상대생존율은 70.3%로 2001~2005년 대비 16.4% 포인트 증가하였다. 각 연령군에 해당하는 표준인구의 비율에 가중치를 주어 산출한 연령 표준화 암 발생률은 2012년 이후 매년 감소하는 추세를 보인다. 발생빈도가 높은 갑상샘암(100.2%), 전립선암(93.3%), 유방암(92.0%), 대장암(76.3%), 위암(74.4%)의 5년 상대생존율은 평균 수치보다 높은 수준이다. 하지만 여전히 암은 우리나라 사람의 사망 원인 중 첫 번째를 차지하고 있으며, 두 번째와 세 번째 사망 원인인 심장 질환과 폐렴으로 인한 사망자 수를 합한 수보다 더 많은 인구가 매년 암으로 사망한다.

암으로 인한 사망률이 여전히 높은 상황에서 식생활을 비롯한 신체 활동의 확대 등 생활방식의 조절로 암을 예방하는 방법이 주목받고 있다.

여기에서는 암이 발생하는 원인과 진행 과정을 알아보고 우리나라의 암 현황과 변화 추이를 살펴보기로 한다. 또한, 식생활의 조절을 통하여 암을 예방하고 나아가 치료에 도움을 줄 수 있는 방법도 알아본다.

1) 암의 이해

암은 세포의 이상 증식으로 정상적인 세포와 장기가 파괴되어 제 기능을 하지 못하게 되는 질병이며, 암세포가 다른 장기로 퍼져 나가 새로운 암을 일으키는 특징이 있다. 정상적인 상황에서 세포는 자체의 조절 기능을 통하여 성장, 분화, 사멸의 과정을 관리하여 전체적으로 적정한 세포 수가 유지된다. 정상 세포는 손상을 입었을 때 손상된 부분을 치료하거나 제거하여 문제를 해결한다. 이러한 시도에 의해서도 문제가 해결되지 않을 때 세포는 세포자살 과정을 통하여 스스로 사멸하여 전체 개체의 생존을 이어간다. 그러나 여러 가지 이유로 유전자에 변화가 생긴 세포는 정상 세포와는 달리 과다하게 증식하며, 문제가 있는 경우에도 이를 치료하지 않거나 세포자살을 일으키지 않고 성장하여 암으로 발전하게 된다.

(1) 암의 원인

암을 일으키는 주요 원인으로는 흡연, 만성 감염, 음식 등이 있다. 전체 암 발생 중 흡연, 식이습관, 만성 감염에 의하여 유발되는 암의 비율은 각각 32%, 30%, 10~20%이다. 이는 전체 암 발생의 절반 이상이 금연과 올바른 식이 습관으로 예방될 수 있음을 보여준다.

암을 일으키는 요인에는 화학물질 등의 화학적 요인, 방사선 등의 물리적 요인, 바이러스 등의 생물적 요인 등이 있다. 이러한 요인들에 의하여 오랫동안 진행된 유전자의 변형이 축적되어 암으로 나타나게 된다. 부모로부터 물려받은 유전자의 이상으로 암이 유발하는 경우도 있다.

① 화학적 요인

암을 유발하는 화학물질은 정상 세포의 유전자를 손상시켜 유전적 변이를 유발할 수 있다. 직접 발암원 물질은 유전자에 결합하여 기능 손상을 일으키고, 간접 발암원 물질은 체내에서 대사되어 활성화된 후에 발암성을 보유하게 된다. 흡연, 음주, 환경 오염원, 일부 식품 등에 의해서도 암이 유발될 수 있는데 알려져 있는 발암물질로는 아플라톡신 B_1aflatoxin B_1, 벤지딘benzidine, 벤조피렌benzo[a]pyrene, 카드뮴cadmium 등이 있다.

② 물리적 요인

이온화 방사선, 자외선 등의 물리적 요인에 의하여 DNA 염기가 변화되고, DNA의 당-인산 구조가 분해되어 유전적 변이가 발생하면서 암이 유발될 수 있다.

③ 생물적 요인

발암성을 갖는 바이러스, 박테리아, 기생생물 등에 감염되어 세포 손상이 축적되면 암이 유발될 수 있다. 사람유두종바이러스human papilloma virus에 의하여 자궁경부암이 생길 수 있고, B형 간염바이러스와 C형 간염바이러스 감염에 의하여 간암이 발생할 수 있다. 위장에 서식하는 헬리코박터 파이로리*Helicobacter pylori*는 소화기 계통의 암 발생과 연관이 있는 것으로 알려져 있다.

(2) 암의 발생

우리 몸의 세포들은 분열하여 생성되고 사멸하는 과정을 반복하면서 새로운 세포로 대체된다. 이러한 과정을 통하여 생명 현상이 이어지는데 여러 원인에 의하여 정상 세포가 변이를 일으켜 정상적인 세포 활동을 벗어나 끝없이 증식하는 암세포가 된다. 암세포는 새롭게 생성되는 혈관을 통하여 영양과 산소를 공급받으면서 성장을 계속한다. 암세포가 어느 정도 성장하면 혈관이나 림프관을 통하여 다른 조직으로 이동함으로써 새로운 장소에서 증식을 계속하게 된다. 이러한 암의 발생 과정을 단계별로 살펴보면 암 유발 개시 단계, 암 유발 촉진 단계, 암 진행 단계, 전이 단계로 나눌 수 있다.

① 암 유발 개시 단계

암 유발 개시 단계에서는 발암 개시물질에 의하여 세포의 유전자가 손상되어 돌연변이가 생긴다. 이 반응은 다시 원래대로 돌아가지 않는 반응으로 손상된 세포 중 일부가 암세포로 전환된다. 담배 성분 중의 하나인 타르, 식품에 포함되어 있는 과산화물, 아질산염 등이 암을 유발하는 발암 개시물질이다.

② 암 유발 촉진 단계

암 유발 촉진 단계에서는 발암 개시물질에 의하여 돌연변이가 생긴 세포는 발암 촉진물질에 의하여 암세포로 발전한다. 발암 촉진물질은 암 발생을 촉진하고 유지하는 역할을 한다. 담배연기 성분, 자동차 배기가스 등의 발암 촉진물질에 의하여 암세포는 정상 세포와 달리 무질서하게 증식하게 된다.

③ 암 진행 단계

암 진행 단계는 암세포가 증식하여 악성 종양으로 전환되는 단계이다. 이 단계에서는 암 유전자가 활성화되고 암 억제 유전자의 이상이 심화되어 암세포의 증식이 활발하게 일어난다.

④ 전이 단계

악성 종양으로부터 암세포가 떨어져 나와 다른 조직이나 기관으로 이동하여 새로운 장소에서 증식하는 단계이며, 이를 전이 단계라고 한다. 암이 전이하는 과정에서 단계별로 필요한 효소작용에 의하여 암세포가 림프관이나 혈관으로 이동하여 새로운 장소에서 증식하게 된다.

(3) 우리나라의 암 현황

① 암 발생률

우리나라에서 2014년 한 해의 암 발생자 수는 21만 7,057명이며 그중 남자가 11만 2,882명, 여자가 10만 4,175명이다. 연령 표준화 발생률은 인구 10만 명당 전체는 289.1명이며, 남자 312.4명, 여자 282.9명이다. 2014년 우리나라에서 가장 많이 발생한 암은 남자의 경우 위암, 폐암, 대장암, 간암, 전립선암의 순이고, 여자는 갑상샘암, 유방암, 대장암, 위암, 폐암의 순이다.

모든 암의 연령 표준화 발생률은 2012년까지 증가하였으나 남자는 2011년부터, 여자는 2012년부터 감소하기 시작하였다. 남자에게서 발생하는 주요 암의 연령 표준화 발생률을 보면 위암, 폐암, 대장암, 간암, 전립선암, 갑상샘암 등 모두 감소하는 추세에 있다. 여자의 경우는 갑상샘암, 대장암, 위암, 폐암, 자궁경부암, 폐암의 연령 표준화 발생률은 감소하는 추세이나 유방암은 증가하는 추세이다.

14세 미만의 인구 중에서는 남녀 모두 백혈병이 가장 많이 발생하였고, 15~34세 인구에서는 남녀 모두 갑상샘암의 발생이 가장 많았다. 35~64세 사이에서는 남자는 위암 발생이, 여자는 갑상샘암의 발병률이 높았으며, 65세 이상의 인구 중에서는 남자는 폐

표 4-12 2014년도 암 발생자 중 주요 암의 발생분율

(단위 : %)

순위	남자	여자
1	위암(17.8)	갑상샘(23.6)
2	폐(14.8)	유방암(17.6)
3	대장암(14.3)	대장암(10.4)
4	간암(10.7)	위암(9.4)
5	전립선암(8.7)	폐암(7.0)
6	갑상샘암(5.5)	간암(4.0)
7	췌장암(2.8)	자궁경부암(3.4)
8	방광암(2.8)	췌장암(2.6)
9	신장암(2.8)	담낭 및 기타 담도(2.6)
10	담낭 및 기타 담도(2.5)	난소암(2.3)

자료 : 국립암센터, 통계로 본 암 현황, 2017.

암, 여자는 대장암이 가장 많이 발생하였다.

② 암 사망률

2018년 우리나라에서 암으로 인한 사망자 수는 총 7만 9,153명으로, 전체 사망자 수의 26.5%를 차지하였다. 암으로 인한 남자 사망자 중 폐암으로 인한 사망자가 가장 많았으며 그 뒤를 이어 간암, 위암, 대장암, 췌장암에 의한 사망자의 비율이 높았다. 반면 여자 사망자 중에서는 폐암에 의한 사망자가 가장 많고 그 다음으로 대장암, 췌장암, 간암, 위암의 순으로 사망자 비율이 높았다.

남자의 경우 폐암, 간암, 위암, 대장암으로 인한 사망률은 감소하는 추세를 보이나 췌장암에 의한 사망률은 증가하는 추세이고, 여자는 폐암과 위암에 의한 사망률은 감소하는 반면에 대장암, 췌장암, 간암에 의한 사망률은 점차 증가하는 추세를 나타낸다.

표 4-13 2018년 우리나라의 암 사망률

(단위 : %)

순위	암 종류	사망률(인구 10만 명당 명)
1	폐암	34.8
2	간암	20.7
3	대장암	17.1
4	위암	15.1
5	췌장암	11.8
6	유방암	4.8
7	전립선암	3.9
8	백혈병	3.6
9	식도암	2.8
10	뇌암	2.6

자료 : 통계청, 2018년 사망원인통계연보, 2019.

③ 암 생존율

2010년에서 2014년 사이에 발생한 암 환자의 5년 상대생존율은 70.3%이며, 이 중 남자의 5년 생존율은 62.2%이고 여자의 경우는 78.2%이다. 암 환자의 5년 상대생존율은 매해 지속적으로 증가하고 있다. 대부분 암종의 5년 상대생존율이 증가하는 추세를 보이는 반면 췌장암의 5년 상대생존율은 거의 변화가 없다.

표 4-14 2010~2014년 주요 암의 5년 상대생존율

(단위 : %)

순위	암 종류	5년 상대생존율(%)
1	갑상샘암	100.2
2	전립선암	93.3
3	유방암	92.0
4	대장암	76.3
5	위암	74.4
6	비호지킨림프종	69.1
7	간암	32.8
8	담낭 및 기타담도	29.2
9	폐암	25.1
10	췌장암	10.1

* 암 상대생존율 : 암 환자의 관찰 생존율을 동일한 성별, 연령군을 가지는 일반 인구의 기대 생존율로 나눈 값

자료 : 국립암센터, 통계로 본 암 현황, 2017.

2) 암과 식생활

암의 원인 중에서 유전적 원인은 약 5%를 차지하고 환경 요인이 약 70%를 차지한다. 암을 일으키는 환경 요인 중에서 음식이 차지하는 비율은 약 30%이며 음주가 차지하는 비율은 약 5%이다. 발암 요인 중에서 음식과 음주가 차지하는 비율은 흡연이 차지하는 비율인 32%보다 높은 수준이다. 이러한 수치는 암을 유발할 수 있는 식생활을 개선함으로써 전체 암 발생의 상당 부분을 예방할 수 있다는 가능성을 보여 준다. 아울러 암의 발병과 진행을 저해하는 식품 성분의 공급으로 적극적으로 암의 위험도를 낮출 수 있다.

(1) 식품 성분과 암

① 단백질

단백질의 섭취량 증가는 암 발생과 연관이 있는 것으로 알려져 있다. 식물성 단백질보다는 동물성 단백질의 섭취가 암 발생 증가와 연관이 있으며 특히 쇠고기 섭취는 대장암 발생 증가와 관련이 있다. 단백질은 인체를 구성하는 주요 성분이며 면역력을 유지하고 강화하는 기능과 연관되어 있으므로 지나치게 단백질의 섭취량을 줄이는 것보다는 적당량의 단백질을 지속적으로 공급해야 한다.

② 지질

지질의 섭취는 대장암과 유방암의 발생 증가와 관련이 있다. 동물성 지질을 많이 섭취하면 대장암의 발생 위험이 높아지는 것으로 알려져 있다. 지질의 섭취가 늘어나면 소화, 흡수를 위하여 담즙산의 분비가 증가하게 되는데, 담즙산은 장내에서 분해되어 발암물질로 전환될 수 있다. 담즙산으로부터 유래한 발암물질은 대장세포를 자극하여 대장암을 유발한다.

포화지방산의 함량이 높은 동물성 지방을 많이 섭취할 경우 유방암의 위험도가 소폭 상승하는 것으로 알려져 있다. 동물성 지방 및 영양소의 과잉 섭취로 비만이 발생하면 정상적인 세포자살 과정이 저해되고 발암 촉진 인자가 유도되어 암이 발생할 위험이 증가한다. 여성의 경우 동물성 지방의 섭취 증가는 이러한 메커니즘에 의하여 유방암의 위험도를 높인다.

③ 비타민

비타민 A는 세포의 면역력을 높이고 발암물질이 생성되는 과정을 억제하여 암의 발생 위험을 낮추는 것으로 알려져 있다. 비타민 A의 전구물질인 베타-카로틴β-carotene을 다량으로 섭취했을 경우에 폐암의 발병 위험이 낮아진다고 알려져 있으나, 흡연자에게서는 오히려 폐암 발생률을 높인다는 연구 결과도 있다.

비타민 C, 비타민 E, 비타민 A는 항산화제 역할을 하는 대표적인 비타민으로 활성산소의 산화작용을 저해하여 암세포가 생성되는 것을 억제한다.

④ 무기질

셀레늄은 항산화 기능을 가지는 글루타싸이온 과산화효소glutathione peroxidase의 필수 성분으로 세포 내 항산화작용에 필수적인 무기질이다. 셀레늄은 필수 요소인 글루타싸이온 과산화효소의 항산화작용으로 암 발생의 위험을 낮추며, 육류, 해산물, 곡류, 견과류 등에 함유되어 있다.

나트륨 함량이 많은 식생활을 하면 위암에 걸릴 위험이 증가하고 심혈관계 질환의 발생 위험도도 높아진다. 음식을 짜게 먹으면 위 점막에 손상이 유발될 수 있는데 이는 정상 세포가 암세포로 전환될 수 있는 조건이 된다.

⑤ 식이섬유

식이섬유는 대장암의 위험도를 낮추는 기능이 있다고 알려져 있다. 식이섬유는 장 운동을 촉진하고 변의 양을 늘려 장내 발암물질의 농도를 낮추고 장에 머무르는 시간을 줄인다. 담즙산은 장에서 분해되어 발암 촉진물질로 작용할 수 있는데, 식이섬유는 담즙산과 결합하여 체외로 배출시킨다. 식이섬유는 채소류, 과일류, 도정하지 않은 곡류에 많이 함유되어 있다.

⑥ 파이토케미컬

파이토케미컬phytochemical은 식물의 2차 대사산물로 섭취하였을 때 항산화 기능, 항암 기능 등의 생리 활성을 나타내는 성분으로, 식물성 식품인 과일류, 채소류, 콩류, 차류 등에 포함되어 있다. 항암성을 나타내는 파이토케미컬에는 플라보노이드flavonoid, 아이소플라본isoflavone, 설포라판sulforaphane, 인돌indole 화합물 등이 있다.

퀘세틴quercetin은 뇌암과 기관지암의 발병 위험을 낮추는 작용이 있는 물질로 사과, 배 등의 과일류와 양파, 케일 등의 채소류에 다량 함유되어 있다. 퀘세틴과 함께 플라보노이드계 물질인 카테킨catechin은 녹차의 성분으로 항암 효과가 있다고 알려져 있다. 카테킨은 자연계에서 구조가 변경된 유도물질 형태로 존재하는데 그중에서 EGCGepigallocatechin gallate는 암세포 성장을 억제하는 뛰어난 기능을 가지고 있다.

제니스테인과 다이제인은 아이소플라본에 속하는 물질로 대두와 대두를 원료로 하는 식품에 다량 함유되어 있다. 아이소플라본은 유방암을 예방하고 혈중 콜레스테롤 수치를 낮추며 골다공증을 예방하는 기능이 있는 것으로 알려져 있다. 다만, 유방암의 발병 위험을 낮추는 것에 대해서는 의미 있는 효과가 없다는 연구 결과도 있다.

설포라판은 황을 함유한 물질로 브로콜리, 배추, 양배추 등에 들어 있고 대장암의 발병 위험을 감소시키는 기능이 알려져 있다.

인돌 화합물은 브로콜리와 양배추 등에 다량 함유되어 있으며, 발암물질의 활성화를 억제하고 유방암을 예방하는 기능을 가지고 있다.

(2) 암 예방을 위한 식생활

암을 예방하기 위해서는 생활 환경에서 암을 일으킬 수 있는 위험 요인을 제거하고, 식생활 등 암 발생을 저해할 수 있는 생활 습관을 갖는 것이 중요하다. 암의 발생 위험을 낮출 수 있는 식생활 지침으로는 다음의 사항들이 제시되어 있다.

- 신선한 채소와 과일을 충분히 섭취하여 비타민, 식이섬유, 파이토케미컬 등을 충분하게 공급한다. 매 끼니에 채소를 섭취하고 하루에 두 번 적당량의 과일을 먹는다.
- 특정한 식품에 편중되지 않는 균형 잡힌 식사를 한다. 다양한 종류의 식품으로부터 영양소를 골고루 섭취하여 영양소의 종류와 공급원이 편중되지 않도록 한다.
- 음식을 짜지 않게 먹는다.
- 붉은색 육류의 섭취를 줄인다. 쇠고기 등의 붉은색 육류를 주 2회 미만으로 먹고 햄, 소시지, 베이컨 등의 가공 육류의 섭취도 제한한다. 붉은색 육류의 섭취를 제한함으로써 포화지방산의 섭취를 줄일 수 있다.
- 탄 음식을 먹지 않는다. 구이 등의 방법으로 조리하는 과정에서 탄 육류를 먹지 않고 삶거나 끓여서 가공한 육류를 섭취한다.
- 음주 횟수와 양을 줄인다.

암 발생의 여러 요인 중에 식이 습관이 차지하는 비중이 30%에 이른다. 위와 같은 지침에 따라 식생활을 개선하고 관리한다면 암으로 인한 위험도를 상당히 낮출 수 있다. 암의 발병 위험을 낮추기 위해서는 암을 진단하고 치료하는 방법의 발전을 위한 노력과 더불어 암을 예방하는 실천 전략이 중요하다. 식생활 조절을 통하여 암의 발생과 진행에 영향을 미침으로써 암을 예방하는 데 도움을 줄 수 있다.

연습문제

1 몸에 유용한 콜레스테롤에 대하여 설명하시오.

2 혈당 조절에 가장 중요한 기능을 하는 호르몬 두 가지를 열거하시오.

3 인슐린 저항성에 대해 설명하시오.

4 혈당지수에 대해 설명하시오.

5 흡연의 피해를 줄이기 위해 흡연자에게 비흡연자보다 더 섭취하도록 권장하는 영양소는?
① 단백질 ② 비타민 B_1 ③ 비타민 C ④ 칼슘

6 20년 동안 담배를 하루 1갑씩 피워 왔던 A씨가 금연을 결심하였는데, 금연 첫날부터 심한 손 떨림과 두통, 불안감이 엄습하여 결국 금연을 포기하고 말았다. 이에 영향을 끼친 담배의 성분은?
① 니코틴 ② 일산화탄소 ③ 타르 ④ 벤조피렌

7 신장 기능이 30% 정도 떨어지면 나타나는 증세가 아닌 것은?
① 저혈압 ② 만성 피로 ③ 수면 장애
④ 식욕 부진 ⑤ 운동할 때 숨이 찬 증상

8 소변을 통하여 배출되는 성분이 아닌 것은?
① 수분 ② 요소, 요산 ③ 비타민 A
④ 암모니아 ⑤ 옥살산 및 인산염

9 부종을 조절하는 식사 방법으로 가장 관련성이 적은 것은?
① 저염식 ② 균형 잡힌 식습관 ③ 적절한 양의 수분 섭취
④ 꾸준한 운동 ⑤ 비타민 섭취

10 부종을 치료하기 위한 방법으로 적절하지 않은 것은?
① 누워서 쉰다. ② 걷기나 자전거 타기를 한다.
③ 몸을 시원하게 유지한다. ④ 스트레스를 적절히 풀어 준다.
⑤ 따듯하게 목욕을 한다.

11 신장결석을 예방하는 방법으로 선택한 음식이 바람직하지 못한 것은?
① 레몬에이드 ② 구연산 ③ 고구마 ④ 과실주스 ⑤ 식초 제품

12 하지정맥류를 일으키는 요인으로 적절하지 못한 것은?
① 흡연 ② 음주 ③ 킬힐 신기
④ 임신 ⑤ 다이어트로 인한 급격한 체중 감소

13 다음 중 골다공증을 유발하는 요인이 아닌 것은?
① 노화 ② 갑상샘기능항진증 ③ 폐경 ④ 비타민 A 부족

14 칼슘의 흡수를 돕는 활성형 비타민 D는?
① 에르고칼시페롤 ② 콜레칼시페롤 ③ 칼시트라이올 ④ 칼빈딘

15 다음 식품 중 같은 중량의 가식부 중에 포함되어 있는 칼슘 함량이 가장 높은 것은?
① 아몬드 ② 참깨 ③ 우유 ④ 파슬리

16 다음 중 칼슘의 체내 흡수율을 높이는 성분이 아닌 것은?
① 비타민 C ② 비타민 K ③ 젖당 ④ 염분

17 에스트로겐과 유사한 기능을 하여 골밀도를 증가시키는 작용을 하는 식물성 에스트로겐은?
① 퀘세틴 ② 다이제인 ③ 카테킨 ④ 레스베라트롤

18 다음 중 암을 일으키는 요인이 아닌 것은?
① B형 간염바이러스 ② 헬리코박터 파이로리 ③ 아플라톡신 B_1 ④ 적외선

19 암의 단계 중 발암물질에 의하여 발생한 돌연변이세포가 암세포로 전환되는 단계는?
① 개시 단계 ② 촉진 단계 ③ 진행 단계 ④ 전이 단계

20 우리나라에서 암으로 인한 사망 중 가장 높은 비율을 차지하고 있는 암은?
① 위암 ② 유방암 ③ 갑상샘암 ④ 폐암

21 다음 중 암 예방을 위한 식생활 지침이 아닌 것은?
① 짜지 않게 음식 먹기 ② 탄 음식 먹지 않기
③ 붉은색 육류 섭취 줄이기 ④ 단백질 섭취 늘이기

22 다음 중 암 예방 기능을 갖는 파이토케미컬이 아닌 것은?
① 제니스테인 ② 오메가-6 지방산 ③ EGCG ④ 설포라판

23 동물성 식품과 비교하여 식물성 식품을 통하여 섭취한 칼슘의 흡수율이 낮은 이유를 설명하시오.

24 고단백 식사가 골다공증에 미치는 영향에 대해 설명하시오.

25 식이섬유가 암 발생의 위험을 낮추는 이유에 대해 설명하시오.

26 셀레늄이 항암성을 갖는 이유에 대해 설명하시오.

정답 및 풀이

1. HDL 콜레스테롤은 혈관에 쌓인 콜레스테롤을 뽑아내어 간으로 수송, 분해하는 기능이 있어 몸에 유용한 콜레스테롤로 불린다.
2. 인슐린은 식후 혈당이 상승하면 분비되어 혈당을 낮추는 기능을 하고, 글루카곤은 공복 시 혈당이 낮아지면 이를 높이는 기능을 한다.
3. 인슐린은 혈당을 낮춰 주는 기능을 하는데 이는 인슐린이 세포에 작용하여 혈당을 흡수하도록 신호를 전달하는 과정을 통해 이루어진다. 그러나 세포가 인슐린의 신호를 잘 전달하지 않으면 혈당을 흡수하지 못하게 되는데 이러한 상태를 인슐린 저항성이 있다고 한다. 인슐린 저항성이 지속되면 2형 당뇨병으로 발전한다.
4. 혈당지수란 일정한 양의 식품을 섭취하였을 때 혈당이 상승하는 상대값을 수치화한 것으로, 포도당을 섭취하였을 때를 기준으로 한다. 일반적으로 소화 흡수가 느린 보리, 현미 등은 혈당지수가 낮고, 소화 흡수가 빠른 백미나 설탕은 높다. 당뇨병 예방을 위해서는 혈당지수가 낮은 식품을 골라 섭취하는 것이 도움이 된다.

5. ③ 6. ① 7. ① 8. ③ 9. ⑤ 10. ③ 11. ③
12. ② 13. ④ 14. ③ 15. ② 16. ④ 17. ② 18. ④
19. ② 20. ④ 21. ④ 22. ②

23. 식물성 식품의 성분인 섬유소, 옥살산, 피트산 등이 칼슘과 결합하여 칼슘 흡수를 억제하기 때문이다.
24. 고단백 식사를 하면 소변을 통하여 손실되는 칼슘의 양이 늘어나므로 이를 보충하기 위하여 뼈에서 칼슘이 용출되는 양이 증가하기 때문이다.
25. 장운동을 활발하게 하고 변의 양을 늘리며 담즙산의 체외 배출을 돕기 때문이다.
26. 글루타티온 과산화효소의 필수 성분으로 항산화작용을 돕기 때문이다.

MEMO

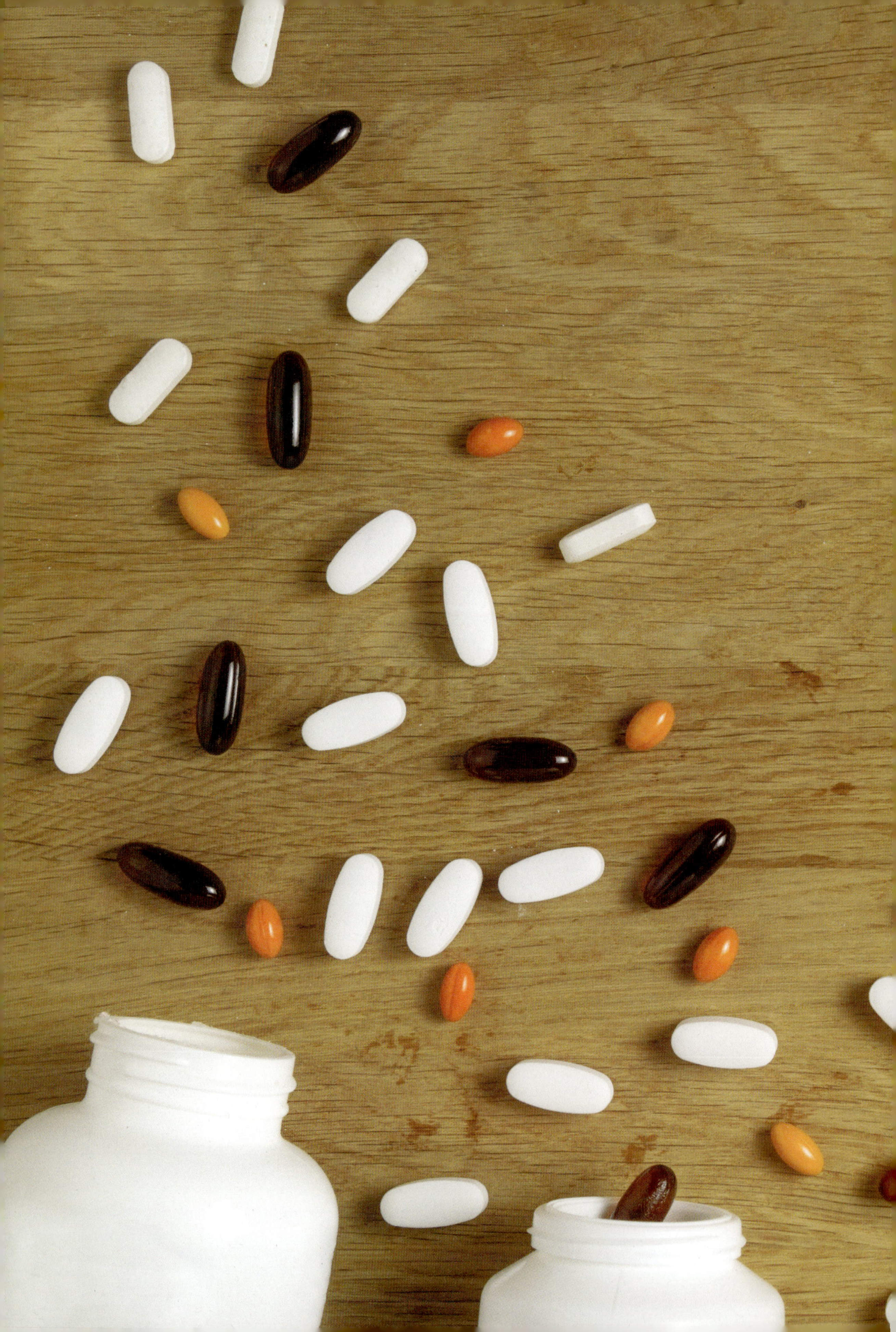

CHAPTER 5

식품의 안전성

식품첨가물과 건강

기능성 식품과 건강

식품 제조 · 조리 중의 영양소 변화

식품 저장 · 유통과 안전성

1. 식품첨가물과 건강

현대사회에서 농산물, 수산물, 축산물 및 임산물을 현장에서 재배하거나 취득할 수 있는 인구는 한정되어 있다. 대부분의 소비자는 이들 원재료들과 시간적·공간적으로 먼 거리에 위치해 있다. 따라서 식품은 원재료 상태로 소비되기보다 적절한 가공 처리 공정을 거쳐 장기간 저장이 가능한 고부가 가치 제품으로 변형시켜 생산되는 품목이 늘어나고 있다. 저장 기간이 길어지면 식품 성분 간 화학반응으로 새로운 물질이 발생하기도 하고, 미생물의 오염으로 섭취가 부적절할 수 있는 등 초기 품질이 변형될 수 있다. 따라서 식품의 저장성 증대와 함께 섭취 가능성을 증가시키기 위한 적절한 조치가 필요해진다. 식품의 기호성, 저장성, 안전성, 그리고 품질을 높이고 영양가를 강화시키며 식품 제조를 용이하게 할 목적으로 가공식품에 의도적으로 첨가하는 물질을 식품첨가물food additives이라고 한다.

식품첨가물만큼 소비자의 집중적인 관심을 받아온 식품 항목도 없으며, 최근 소비자들의 식품첨가물에 대한 인식은 우려를 넘어 피해야 할 대상으로 자리 잡는 경향이 있다. 식품첨가물의 안전성에 대한 논란은 과학적 논리보다는 감성이나 감정에 호소하며 극단적인 식품 소비 패턴을 보이는 경우도 있다. 여기에서는 식품첨가물을 사용해야 하는 당위성과 안전성에 대해 설명하고, 건강상 문제를 유발할 수 있는 첨가물의 사례와 안전성이 입증된 사례를 제공하여 식품첨가물에 대한 막연한 거부감을 바로잡고자 한다.

1) 식품첨가물의 필요성 및 정의

(1) 식품첨가물의 필요성

조리시간이 짧아지고 편의성이 요구되는 요즘은 가공식품 제조 기술의 발달과 더불어 사용 가능한 첨가물의 수와 종류가 늘어나고 있을 뿐 아니라 소비량도 증가하고 있다. 식품 중에는 껌, 두부, 빵, 아이스크림 등과 같이 가공 공정상 식품첨가물이 없으면 식품 제조가 불가능한 식품도 있다. 껌 기초제가 없으면 껌을 만들 수 없고, 단백질 응고제가 없으면 두부를 제조할 수 없다. 팽창제가 없으면 반죽이 부풀지 않아 빵 제조가 어렵고, 유화제 및 기포 포집제가 없으면 아이스크림 제조 자체가 불가능하다.

식품의 장기 보존 및 저장을 위해서도 식품첨가물이 필요하다. 대표적인 예가 지방산화를 억제하는 항산화제와, 식중독균의 발생 및 성장을 저해하는 보존제이다. 또 식품의 향미, 색, 조직감 등의 기호성을 향상시켜 소비자에게 먹는 즐거움을 제공하고 식량의 낭비를 막는 것도 식품첨가물이다. 최근에는 영양 강화나 기능성을 제공하는 식품첨가물이 늘어나면서 소비자의 건강 증진에도 도움을 주고 있다.

(2) 식품첨가물의 정의

우리나라의 경우 「식품위생법」 제2조 2항에서 식품첨가물이란 '식품을 제조·가공·조리 또는 보존하는 과정에서 감미甘味, 착색着色, 표백漂白 또는 산화방지 등을 목적으로 식품에 사용되는 물질을 말한다. 이 경우 기구·용기·포장을 살균·소독하는 데에 사용되어 간접적으로 식품으로 옮아갈 수 있는 물질을 포함한다'고 정의하고 있다. 반면 「식품공전」에서는 '식품의 외관, 향미, 조직 또는 저장성을 향상시키기 위한 목적으로 보통 적은 양이 식품에 첨가되는 비영양물질'이라 정의하고 있다.

미국에서는 식품첨가물이란 '생산, 가공, 저장 또는 포장의 어느 국면에서 식품 중에 첨가되는 기본적인 식량 이외의 물질, 또는 이들의 혼합물로 우발적인 오염물은 이에 포함되지 않는다'고 정의하고 있다.

유엔식량농업기구Food and Agriculture Organization, FAO와 세계보건기구World Health Organization, WHO가 공동으로 만든 식품첨가물 전문가위원회Joint FAO and WHO Expert Committee on Food Additives, JECFA에서는 식품첨가물을 '식품의 외관, 향미, 조직감 또는 저장성을 향상시키기 위해 식품에 보통 미량으로 첨가되는 비영양성 물질'로 정의하였다.

국제식품규격위원회Codex Alimentarius Commission, CAC에서 2007년도에 채택한 식품첨가물의 일반사용기준인 「GSFAGeneral Standard for Food Additives」에는 식품첨가물을 '그 자체로는 통상적으로 식품으로 섭취되지 않고 영양가가 있든 없든 식품의 전형적인 재료로 사용하지 않는 물질로 제조, 가공, 포장 또는 수송에 있어서 식품에 기술적 목적(관능적 특성)을 주기 위해 의도적으로 첨가하는 물질이며 직간접적으로 식품에 남을 수 있다'고 정의하였다.

식품첨가물의 정의는 관점, 사용 목적, 그리고 국가에 따라 다르나 기본적으로 '1958년 미연방 식품 의약품 및 화장품의 식품첨가물 수정안The Food Additives Amendment to the 1958 Food, Drug and Cosmetic Act'의 정의에 근거하고 있다.

미국의 경우 식품첨가물은 다음의 목록 중 하나에 속하게 된다.

- GRAS 목록generally recognized as safe lists
- 승인 GRAS 목록Affirmed GRAS lists
- 규제 식품첨가물 목록Regulative food additives lists
- 착색료 목록Color Additives Lists
- 수정안 이전 제정 목록Prior Sanction Lists

GRAS 목록에 있는 식품첨가물은 오랫동안 사용하면서 안전성이 경험적으로 인정된 물질로, 1958년 1월 이전에 건강 위해나 유해성이 없이 식품에 광범위하게 상용되어 왔던 물질을 위주로 하고 있다. GRAS 목록에 있는 식품첨가물이 과학적 실험 결과 안전성이 확립된 경우 승인 GRAS 목록으로 분류되어 사용에 규제가 없도록 한다. 반면에 안전성이 인정되지 못한 물질은 규제 식품첨가물 목록으로 분류되어 사용이 엄격하게 규제된다.

2) 식품첨가물의 안전성

(1) 식품첨가물의 사용 한계량 결정법

소비자들은 첨가물에 대한 좋지 않은 기억을 끊임없이 주입받고 있다. 특히 매스컴을 통한 식품 위생 불량에 대한 보고는 소비자에게 근거 없는 불안감을 조장하는 경우가 많다. 따라서 식품첨가물의 사용 한계량이 무슨 의미인지, 어떻게 결정되는지 이해하면 식품 위생에 대한 불필요한 불안감을 피할 수 있을 것이다.

식품첨가물의 한계량은 먼저 큰 실험동물을 대상으로 장기간에 걸친 만성 독성실험을 통해 완전히 무독성이라고 인정되는 최고섭취량을 결정한다. 이를 최대안전량maximum no effect level이라 한다. 단위는 mg/kg/day로, 하루에 몸무게 kg당 mg의 첨가물 함량이다. 이 수치를 세계보건기구나 국제식량기구가 인정하는 각 식품첨가물에 대한 안전계수safety factor인 100 또는 200으로 나누어 1일 섭취 허용량acceptable daily intake, ADI으로 정하였다. 각 식품에 사용 가능한 한계농도는 첨가물을 식품에 넣어 원하는 효과를 나타내는 최소량을 실험적으로 결정한 다음, 이 첨가물이 혼합된 다른 식품의 1일 섭취량을 고려하여 1일 섭취 가능량을 계산한다. 보통 이 수치에 식품 기호 계수(대개 10 이하)를 곱한 값이 ADI를 넘지 않는 경우 사용할 수 있는 농도가 된다. 예를 들어 보존제 또는 방부제인 안식향산benzoic acid의 최대안전량은 500 mg/kg/day이고 안전계수 100으로 나누면 1일 섭취 허용량은 5 mg/kg/day이다. 체중이 60 kg인 사람의 경우 1일 섭취 허용량은 60 kg×5 mg/kg/day = 300 mg/day가 된다. 하루에 300 mg, 즉 0.3 g이 1일 섭취 허용량이 되며, 이 수치의 100배인 30 g을 먹어도 실험적으로 독성이 없다는 계산이 된다.

(2) 식품첨가물의 안전성

식품첨가물의 사용은 위해와 이익의 균형risk-benefit balance에 의해 결정된다. 즉, 식품첨가물이 주는 이익이 위해보다 훨씬 크면 사용이 허가된다. 예를 들어 햄이나 소시지에 첨가되는 아질산염은 발암 가능성이 있는 나이트로사민의 생성 가능성이 있으나 아질산염을 사용하지 않을 경우 발생할 수 있는 보툴리누스균*Clostridium botulinum*에 의한 식중독이 훨씬 더 위험하므로 위해와 이익의 균형에 따라 아질산염의 사용을 허용하게 된다.

식품첨가물을 지정할 경우 식품의약품안전처장의 검토, 식품위생심의위원회의 심의, 필요한 행정 절차를 거쳐 「식품첨가물의 기준 및 규격 설정 또는 사용 기준」을 개정할 수 있다. JECFA는 주기적으로 식품첨가물의 안전성을 평가하여 지정 취소를 하고 있다. 예를 들어 파라옥시안식향산프로필의 독성이 발견되어 2006년도에 EU에서 지정이 취소되었고, 우리나라에서는 2008년에 지정이 취소되었다.

모든 식품은 화합물의 조합이다. 단백질은 아미노산으로, 탄수화물은 단당으로, 지질은 글리세롤과 지방산으로, 그 밖에 비타민, 무기질 그리고 물 역시 화학물질이다. 식품에는 이들 화합물이 주로 비균질적으로 분포해 있으며 존재하는 matrix에 따라 소화 흡수 정도도 달라진다. 식품에서 식품 첨가물질을 포함한 특정 화합물의 섭취를 논할 때에는 존재량이 아닌 우리 체내로 섭취되는 함량을 기준으로 평가해야 하며, 동시에 얼마나 흡수되는가 하는 생체이용률도 고려해야 한다. 영양 보존제로 특정 기능성 물질을 첨가할 때 첨가량보다는 실제 얼마나 흡수 가능한 형태로 존재하는가가 더 중요한 이유이기도 하다.

최근 식품 소비자들은 식품첨가물과 환경 호르몬을 건강을 위협하는 가장 주요한 요인으로 인식하고 있는 것으로 조사되었다. 식품첨가물은 기본적으로 식품에서 유래되었거나 적정 섭취량 이하에서는 건강에 이상이 없는 것이 과학적으로 증명된 물질들로 환경 호르몬 같은 유해물질과는 근본적인 차이를 보이는 물질이다.

3) 식품첨가물 각론[1]

우리나라에서는 식품첨가물의 제조와 사용에 관한 기준과 성분 규격은 「식품첨가물공전」에 의해 규제하고 있다. 2019년 현재 618종과 혼합제제류 7건 및 착향료 1,834건이 「식품첨가물공전」에 등재되어 사용이 허락되어 있다. 천연향료는 274건이 등재되어 있다. 「식품첨가물공전」에 일부 물질은 매년 추가 혹은 삭제되고 있다.

이들 식품첨가물은 다음과 같은 목적으로 분류가 가능하다.

- 감각 기능 향상 목적 : 조미료, 감미료, 착색제, 착향료, 발색제, 표백제, 탈염소제
- 품질 변화 방지 : 보존제, 살균제, 산화방지제, 금속제거제
- 품질 개량 및 품질 유지 : 개량제, 유화제, 경화제, 안정제
- 식품의 제조 가공 : 소포제, 조해방지제(흡습성)
- 영양 강화 : 영양보충제
- 기타 목적 : 팽창제, 방충제, 검기초제

식품첨가물의 분류는 국가별로 많은 차이가 있으며, Codex 국제식품규격위원회에서는 식품첨가물을 다음과 같이 분류하고 있다.

(1) 산acid

산도를 높이는 데 사용되거나 신맛을 주는 식품첨가물. 구연산, 빙초산, 사과산 등이 있다.

(2) 산도조절제acidity regulator

식품의 산도 또는 알칼리도를 조절하는 데 사용되는 식품첨가물. 구연산나트륨, 구연

[1] 각론에서 사용되는 식품첨가물 용어는 「식품첨가물공전」에 따라 표기함.

산칼륨 등이 있다.

(3) 고결방지제anticaking agent

식품의 구성 성분이 서로 엉겨붙어 덩어리를 형성하는 것을 방지하는 식품첨가물. 커피믹스처럼 흡습성 식품의 저장 중 단단한 덩어리가 형성되는 것을 방지하는 역할을 한다.

(4) 거품제거제antifoaming agent

거품 생성을 방지하거나 감소시키는 식품첨가물. 거품이 발생하면 가공 공정이 어렵고 미생물이 생장할 수 있으므로 불필요한 거품 생성을 억제 또는 제거해야 한다.

(5) 산화방지제antioxidant

지방의 산패, 색상의 변화 등 산화로 인한 식품의 품질 저하를 방지하여 식품의 저장 기간을 연장시키는 식품첨가물. 식품을 장기간 저장할 때, 특히 지방은 산소와 결합하여 산화되어 산패취와 같은 이취가 발생하게 된다. 지방 산화를 억제하기 위해서 천연 항산화제인 토코페롤과 비타민 C와 함께 합성 산화방지제를 첨가할 수 있다. 합성 산화방지제로는 디부틸히드록시톨루엔BHT, 부틸히드록시아니솔BHA, 터셔리부틸히드로퀴논TBHQ, 몰식자산프로필propyl gallate, 에리소르빈산erythorbic acid과 에리소르빈산나트륨sodium erythorbate, 아스코빌팔미테이트ascorbyl palmitate 및 EDTA염 등이 있다.

tip 허용 산화방지제 및 대상 식품

- BHT, BHA, TBHQ : 어패 건제품, 어패 염장품, 버터 및 유지, 어패유 냉동품 및 고래 냉동품의 침지액, 껌
- 몰식자산프로필(propyl gallate) : 버터 및 유지

(6) 팽창제bulking agent

식품의 열량에 관계없이 식품의 중량에 기여하는 공기나 물 이외의 식품첨가물. 폴리덱스트로스polydextrose가 있다.

(7) 착색료colorant

식품에 색소을 부여하거나 복원하는 데 사용하는 식품첨가물. 그 자체가 색을 나타내는 물질로 타르계 14종과 비타르계 9종이 식품첨가물로 허락되어 있다. 알루미늄레이크란 타르색소의 알루미늄착화합물로 수용성 타르색소가 착색되기 어려운 분말식품, 유지식품, 알사탕, 껌 등에 사용하여 착색 효과를 나타낸다.

tip 우리나라에서 허가된 색소의 종류

- 타르계 : 녹색 제3호, 녹색 제3호 알루미늄레이크, 적색 제2호, 적색 제2호 알루미늄레이크, 적색 제3호, 적색 제40호, 적색 제40호 알루미늄레이크, 적색 제102호, 청색 제1호, 청색 제1호 알루미늄레이크, 청색 제2호, 청색 제2호 알루미늄레이크, 황색 제4호, 황색 제4호 알루미늄레이크, 황색 제5호, 황색 제5호 알루미늄레이크
- 비타르계 : 동클로로필, 동클로로필린나트륨 및 동클로로필린칼륨, 철클로로필린나트륨, 수용성 안나토, β-카로틴, β-아포-8'-카로티날, 카르민, 삼이산화철(iron sesquioxide), 이산화티타늄(titanium dioxide)

(8) 발색제color retention agent(색도유지제color fixatives)

식품의 색을 안정화시키거나 유지 및 강화시키는 데 사용되는 식품첨가물. 식품 첨가 시 식품 중의 어떤 성분과 결합하여 색을 안정화시키는 물질로, 고기나 어육의 색을 유지시키는 목적으로는 질산염nitrate, NO_3이나 아질산염nitrite, NO_2이, 채소나 과일에는 황산제일철이 사용된다.

tip 허용 발색제와 대상 식품

- 아질산나트륨(sodium nitrite), 질산나트륨(sodium nitrate), 질산칼륨(potassium nitrate) : 식육 제품, 경육 제품, 어육 소시지, 어육햄
- 황산제일철(결정 및 건조, ferrous sulfate & exsiccated), 황산동(cupric sulfate), 소명반(burnt alum), 소암모늄명반(burnt ammonium alum) : 채소, 과일 제품

(9) 표백제bleaching agent

표백제는 색소와 발색성 물질에 의한 변색을 차단하고 무색의 화합물로 변화시키기 위하여 사용하는 보존제로 아황산계와 아염소계로 나눈다. 아황산염은 표백작용, 갈변억제작용, 항산화작용, 미생물 번식 억제 효능이 있어 포도주 제조 시 사용되며 빵이나

과자반죽의 질감 개선, 감자가루나 건조과일의 갈변 방지에 사용된다. 농산물의 껍질을 제거하면 효소작용에 의해 갈색이 발현된다. 이를 인지하고 인정하면 굳이 표백된 제품을 선호할 이유가 없다.

tip 허용 표백제와 대상 식품

- 메타중아황산칼륨(potassium metabisulfite) : 당밀, 물엿 등
- 무수 아황산(sulfur dioxide) : 건조과일류(건포도 제외) 등
- 아황산나트륨(sodium sulfite) : 곤약분, 새우살, 과일주 등
- 산성아황산나트륨(sodium bisulfite) : 기타 식품
- 차아황산나트륨(sodium hydrosulfite) : 천연과즙, 박고지, 엿 등
- 메타중아황산나트륨(sodium metabisulfite) : 과일주, 박고지 등
- 과산화수소(hydrogen peroxide) : 대두유, 전분 등(과산화수소는 식품의 완성 전 분해 또는 제거되어야 함)

(10) 유화제emulsifier

물과 기름과 같이 섞이지 않는 두 개 또는 그 이상의 물질을 균질하게 섞어 주거나 이를 유지시켜 주는 식품첨가물. 아이스크림 제조 시 사용된다.

(11) 유화제 염류emulsifying salts

가공 치즈의 제조 과정에서 지방이 분리되는 것을 방지하기 위해 단백질을 안정화시키는 식품첨가물.

(12) 응고제 혹은 연화방지제firming agent

과일이나 채소의 조직을 견고하게 유지되도록 하거나, 젤 형성제와 상호 작용하여 젤을 형성하거나 강화시키는 식품첨가물. 염화마그네슘, 염화칼슘 등이 있다.

(13) 향미증진제flavor enhancer

식품의 맛이나 향미를 증진시키는 식품첨가물. 조미료seasoning는 식품을 조리, 가공, 섭취 시 풍미의 증진 및 강화를 목적으로 첨가시키는 물질이다. 발효조미료는 글루탐산나트륨MSG 및 핵산이 있고, 종합조미료는 축육 및 해물 등의 소재에 화합물을 가미하여 제조된 것이다. 천연조미료는 천연물의 가수분해 및 추출물로 제조된다. 현재 우리나라에서는 향, 향미, 향료, 식품향료, 풍미, 풍미료 등이 혼용되고 있다.

(14) 밀가루개량제flavor treatment agent

제빵의 품질이나 색을 증진시키기 위해 밀가루나 반죽에 추가되는 식품첨가물. 품질개량제texturizer는 식품의 탄력성, 보수성과 팽창성을 증대시켜 식품의 조직감을 개량시키고 풍미 및 향미 증진, 식품의 변질 및 변색 방지에 사용된다.

(15) 기포제foaming agent

액체 또는 고체 식품에 기포를 형성시키거나 균일하게 분산되도록 하는 식품첨가물. 라우릴황산나트륨sodium lauryl sulfate 등이 사용된다.

(16) 젤형성제gelling agent

젤 형성으로 식품에 물성을 부여하는 식품첨가물.

(17) 피막제glazing agent

식품의 표면에 광택을 내고 보호막을 형성하는 식품첨가물. 과일이나 채소의 신선도를 유지하기 위해 표면에 적용하는 물질로, 과일의 호흡작용을 제한하고 수분 증발 방지 및 표피의 위축을 방지하여 제품의 신선도를 증가시키고자 첨가하는 물질이다. 에틸셀룰로스ethyl cellulose 및 밀랍beeswax 등이 있다.

(18) 습윤제humectant

식품이 건조되는 것을 방지하는 식품첨가물. 글리세린glycerin, 트리아세틴triacetin 등이 있다.

(19) 보존료preservative

미생물에 의한 변질을 방지하여 식품의 보존 기간을 연장시키는 식품첨가물. '방부제'라고도 하며, 부패미생물의 발육을 저지시키는 정균제와 미생물의 제거를 목적으로 하는 살균제 등이 있다. 보존제의 효능은 첨가되는 식품의 pH에 의해 크게 좌우되므로 사용 가능한 보존제의 종류는 제한될 수 있다. 일반적으로 해리된 형태보다는 해리되지 않은 형태의 보존제가 항미생물 효과가 좋다.

tip 허용 보존제의 종류와 대상 식품

- 소브산(sorbic acid) : 치즈
- 소브산칼륨(potassium sorbate) : 식육, 경육, 어육 연제품, 장류, 기타
- 안식향산(benzoic acid), 안식향산나트륨(sodium benzoate) : 청량음료, 인삼 음료 및 간장, 알로에즙
- 파라옥시안식향산메틸(methyl *p*-hydroxybenzoate), 파라옥시안식향산에틸(ethyl *p*-hydroxybenzoate) : 간장, 식초, 청량음료, 주류, 기타
- 데히드로초산나트륨(sodium dehydroacetate) : 치즈, 버터 및 마가린
- 프로피온산나트륨(sodium propionate), 프로피온산칼슘(calcium propionate) : 빵 및 생과자, 치즈

(20) 충전제propellant

산화나 부패로부터 식품을 보호하기 위해 식품 제조 시 포장 용기에 의도적으로 주입시키는 가스 식품첨가물. 이산화탄소, 질소 등이 있다.

(21) 팽창제raising agent

가스를 방출하여 반죽의 부피를 증가시키는 식품첨가물. 탄산수소나트륨, 주석산수소칼륨 등이 있다. 화학팽창제chemical leavening agents는 과자류 및 빵류 등의 팽창을 목적으로 사용하는 물질이다.

(22) 안정제stabilizer

두 가지 또는 그 이상의 성분이 균일하게 분산 상태를 유지하도록 하는 식품첨가물. 제이인산나트륨, 피로인산나트륨 등이 있다.

(23) 감미료sweeter

식품에 단맛을 부여하는 식품 이외의 식품첨가물. 감미료는 설탕 대신 사용 가능한 물질로 보통 설탕의 수십에서 수천 배 더 감미도가 높다. 아스파탐aspartame, 아세설팜칼륨, 사카린saccharin, 수크랄로스sucralose 등이 사용된다. 그중 아스파탐은 2개의 아미노산이 결합된 형태로 페닐케톤뇨증phenylketonuria, PKU이 있는 사람은 섭취를 제한해야 한다. 페닐케톤뇨증은 페닐알라닌(아스파탐 구성 아미노산)을 분해하는 효소가 유전적 결함으로 결핍되는 질환으로 페닐알라닌이 체내에 축적되어 경련 및 발달장애 등이 발생한다. 사카린은 최초로 발견된 감미료로 최근 식품에서 안전성 문제가 해결되어 사용

범위가 증가하고 있다.

(24) **증점제**thickener

식품의 점성을 증가시키는 식품첨가물. 알긴산나트륨, 변성전분, 구아검, 카라기난 등이 있다. 증점제thickening agents는 고분자의 천연물질과 이들의 유도체들로 콜로이드 상태의 성질을 갖고 있어 식품의 점도를 증가시키거나 콜로이드상의 미각을 향상시키기 위해 사용하는 물질로 천연검, 셀룰로스cellulose, 카복시메틸셀룰로스CMC, 카제인casein, 젤라틴gelatin 등 다양하다. 예를 들어 토마토케첩을 기울였을 때 갖는 점성, 샐러드드레싱이 갖는 점성, 요구르트가 갖는 점성이 모두 다르다. 이렇게 점성을 부여하는 물질을 증점제 또는 호료라고 한다.

(25) **착향료**flavoring agent

상온에서 휘발성이 있고 특유의 향기가 있으며 식욕 증진을 목적으로 식품에 첨가하는 식품첨가물. 현재 우리나라는 허용 물질 목록positive list으로 1,834개의 품목을 합성착향료로 관리하고 있다.

지금까지 살펴본 바와 같이 식품첨가물은 단순히 맛이나 향을 증가시키기 위해 인위적으로 첨가하는 물질뿐 아니라 식품의 제조 가공 및 저장 중 발생할 수 있는 위해적 요소를 억제하기 위해 첨가되는 모든 물질을 의미한다. 방부제가 없으면 소비자가 소비하기 전에 위해 미생물이 먼저 번식하여 소비자의 건강을 해칠 수 있다.

우리나라의 식품첨가물 사용 기준은 다음과 같다.

- 식품 중에 첨가되는 식품첨가물의 양은 물리적, 영양학적 또는 기타 기술적 효과를 달성하는 데 필요한 최소량으로 사용하여야 한다.
- 식품첨가물은 식품 제조·가공 과정 중 결함 있는 원재료나 비위생적인 제조방법을 은폐하기 위하여 사용되어서는 아니 된다.
- 식품 중에 첨가되는 영양강화제는 식품의 영양학적 품질을 유지하거나 개선시키는 데 사용되어야 하며, 영양소의 과잉 섭취 또는 불균형한 섭취를 유발해서는 아니 된다.
- 식품첨가물은 식품을 제조·가공·조리 또는 보존하는 과정에서 사용하여야 하며,

그 자체로 직접 섭취하는 목적으로 사용하여서는 아니 된다.

- 식용을 목적으로 하는 미생물 등의 배양에 사용하는 식품첨가물은 이 고시에서 정하고 있는 품목 또는 국제식품규격위원회CAC에서 미생물 영양원으로 등재한 것으로 최종 식품에 잔류하여서는 아니 된다. 다만, 불가피하게 잔류할 경우에는 품목별 사용기준에 적합하여야 한다.

4) 식품첨가물에 의한 건강 의심 사례

식품첨가물의 건강 위해적 요소는 식품첨가물이 가공식품에 존재한다는 사실 자체가 아닌 식품첨가물 섭취량의 문제이며 더 나아가서는 인체에 흡수되는 이용률의 문제이다. 식품첨가물은 인스턴트 가공식품뿐 아니라 즉석 채소나 과일에도 사용될 수 있다. 소비자들은 특히 인스턴트 가공식품에서 식품첨가물의 위해성을 우려하고 있다.

인스턴트식품은 반조리식품, 즉석식품, 편의식품이라고 하며 바로 먹을 수 있거나 최소로 요리하여 먹을 수 있는 식품을 의미한다. 인스턴트식품의 소비가 급증하고 있음에도 이율배반적으로 대부분 부정적 시선을 갖고 있다. 그러나 이는 바쁜 일상에 따른 어쩔 수 없는 선택으로 현대사회의 산물이다.

불내증intolerance이란 독성을 나타내는 양보다 훨씬 적은 양에 부작용을 나타내며, 식품첨가물에 의한 불내증은 일반 식품에 비해 낮은 것으로 알려져 있다. 식품에 의한 불내증이 성인 2%, 어린이의 경우 20%인 데 비해 식품첨가물에 의한 불내증은 0.01~0.23%인 것으로 알려져 있다. 일부 색소, 방부제 등에서 드물게 보고되고 있다.

발색제인 아질산염은 식품 중 아민과 반응하여 발암물질인 나이트로사민nitrosamine을 형성할 수 있다. 2급 아민이 많은 수산물에는 사용이 금지되어 있다. 하지만 식중독균인 보툴리누스균을 억제하는 능력이 뛰어나기 때문에 사용이 허가되어 있다.

아황산염은 갈변 방지, 세균 발육 억제, 표백작용, 밀가루 품질 개선 등에 사용되어 왔으나 상대적으로 다량 검출되어 남용되는 경향이 있다. 법적으로 과자류, 건조어패류, 채소, 과실주 등에는 30 ppm으로 규정되어 있으나 실제로는 수배 이상의 잔류량이 검출된다.

MSGmonosodium glutamate는 다시마에서 발견된 맛 성분으로 아미노산의 일종이다.

1968년 유해성 논쟁이 시작되었으며 MSG 과량 섭취에 따른 손발 저림, 두통, 홍조, 구토, 경직감 등의 증상이 나타나는 중국음식점증후군Chinese restaurant syndrome이 보고되기도 하였다. 1987년 FAD/WHO에서 식품첨가물 수준으로 섭취 시 MSG는 안전한 식품첨가물로 인정받아 1일 허용 섭취량ADI이 철폐되고 사용이 허가되었다.

일부 색소의 경우 과다 섭취 시 건강상의 문제를 유발할 수 있다. 황색 4호는 천식, 과잉행동장애 유발, 황색 5호는 두드러기, 비염, 염색체 이상반응, 적색 3호는 빛에 대한 감수성 증가, 적색 40호는 종양 발생 위험, 청색 1호는 종양 발생 증가 등의 위험이 보고되고 있다. 암 발생과 내분비계 질환을 유발할 수 있는 적색 2호는 2008년부터 어린이 기호식품에는 전면 사용이 금지된 타르계 색소이다. 적색 102호는 미국에서 어린이의 과잉행동장애 유발을 이유로, 녹색 3호는 유럽연합에서 암 발생 문제로 사용을 금지하고 있다.

이 밖에도 아래와 같은 여러 증상이 식품첨가물의 부적절한 과다 섭취와 관련이 있을 수 있다고 의심받고 있다.

- 글루타민산나트륨을 다량 섭취 후 느끼는 거북함
- 색소와 방부제에 의한 알레르기 반응
- 분해되지 않은 효소 잔존은 예상치 못한 알레르기 유발 가능
- 소화되지 않은 물질은 알레르기 유발 가능성을 10만 배 이상 높임
- 아스파탐 → 아스파라긴산, 페닐알라닌, 메탄올로 분해. 메탄올에서 폼알데하이드 생성. 백혈병과 림프종 증가
- 케첩의 점성을 조절하는 '실리시움 다이옥사이드'라는 나노 물질이나, 샐러드의 색을 밝게 해주는 '타이타늄 다이옥사이드'라는 나노 물질은 장염 유발 가능

5) 식품첨가물과 관련된 안전성 문제 및 해결 방안들

(1) 식품첨가물의 표시 사항

식품을 만들 때 사용한 식품첨가물은 모두 식품 포장지에 표시되어야 한다. 특히 합성보존료, 합성감미료, 합성착색료, 산화방지제 같은 식품첨가물은 식품첨가물의 명칭과 사용 용도가 함께 표시되어야 한다. 2006년 9월 8일 이전에는 대표적인 5가지만 의무표시를 하였으나, 식품에 사용되는 원료를 모두 표기하도록 바뀌었다. 이에 따라 의

무표시 사항은 종전대로 표시하고 사용된 첨가물도 모두 표시해야 한다. 단, 착향료처럼 많은 성분을 혼합하여 사용하는 경우에는 합성착향료(○○향)로 표기한다.

(2) 식품첨가물에 대한 올바른 이해

다음 글은 이원종 교수가 한국과학기술정보연구원의 《과학향기》에 감미료인 '사카린의 안전성에 대한 과학적 위상 변화'를 주제로 기고한 전문을 요약한 내용이다.

인공감미료는 단맛을 내면서도 칼로리를 내지 않는 물질로, 가격 또한 설탕에 비해 비교할 수 없이 저렴하며 열에 안정적이어서 열을 가해 만드는 음식에도 사용할 수 있어 식품 가공 업체에서 선호하는 물질이다.

세계에서 가장 오래된 인공감미료는 1879년에 발견된 '사카린(saccharine)'이다. 당도가 설탕의 300배나 되며 칼로리를 내지 않고 우리 몸 밖으로 배출된다는 장점으로 인해 다이어트나 당뇨 환자용 식품 등에 널리 사용되어 왔으나 1977년 캐나다에서 쥐를 대상으로 한 실험에서 방광암에 걸린 쥐가 있었다는 연구 결과가 발표됐다. 이 실험은 사카린에 대한 동물실험 조건이 지나치게 고농도로 투여된 비현실적 조건이었으며, 사람에게는 방광암을 일으키지 않는다는 연구 결과가 이어서 발표됐다. 결국 미국, 캐나다 등에서 광범위한 실험을 실시한 결과, 정상적인 사용 농도와 방법으로는 인체에 무해하다는 결론에 도달했다. 2001년 미국 FDA가 사카린을 안전한 물질로 인정하였고 현재 국제암연구소(IARC), 미국 독성물질 관리 프로그램(NTP) 등에서도 사카린을 발암성 물질이 아니라고 규정짓고 있다. 현재 사카린은 미국, 일본, 유럽연합 등 전 세계적으로 사용되고 있다.

우리나라 「식품위생법」에서는 1973년부터 식빵, 이유식, 백설탕, 포도당, 물엿, 벌꿀, 알사탕 등에 사카린의 사용을 금지하고 그 외의 식품에는 제한 없이 사용토록 허용해 왔다. 하지만 1980년대 후반, 국내 언론에 사카린의 유해론이 보도되기 시작하며 문제가 됐다. 여기에 소비자단체들도 가세하며 사카린 사용이 사회적으로 이슈가 되어 결국 1990년 4월 보건사회부는 사카린을 허용된 특정 식품에만 사용하도록 했으며 1992년 3월에는 사카린 사용 허용 식품의 범위를 대폭 축소시켰다. 아이스크림, 껌, 과자류, 간장 등 거의 모든 제품에 사카린의 사용을 금지했으며 절임식품류, 청량음료, 어육가공품 및 특수영양식품에만 사용토록 규제를 강화했다.

그 후로 사용 허용 범위가 조금 확대되어 현재는 젓갈류, 절임식품, 조림식품, 김치류, 음료류, 어육가공품, 영양소 보충용 건강기능식품, 특수의료용도, 체중 조절용 조제식품, 시리얼류, 뻥튀기 등에 사용되고 있다. 하지만 다른 합성감미료인 아스파탐, 아세설팜칼륨, 수크랄로스 등에는 사용 제한이 거의 없다는 점을 고려한다면 사카린의 사용규제는 형평성에 맞지 않는다는 주장도 있다.

우리나라의 식품의약품안전처에서는 2011년 12월 20일 소스 종류, 탁주, 소주, 껌, 잼, 양조간장, 토마토케첩, 조제커피(커피믹스) 등 8개 품목에 대해 사카린을 사용할 수 있도록 '식품첨가물의 기준 및 규격 일부개정(안)'을 행정 예고한 바 있으나, 여전히 과자, 사탕, 빙과, 빵, 아이스크림 등 어린이 기호식품은 여전히 묶여 있다.

(계속)

사카린을 기준량 이하로 소비하면 인체에 무해하다고 발표해도 소비자단체들은 '그것이 곧 안전하다는 의미는 아니다'라고 주장한다. 또한 '자연계에 존재하지 않는 합성첨가물은 가급적 피하는 것이 좋다'는 것이 그들의 일관된 주장이다. 이렇듯 합성감미료인 사카린에 대해 무조건 거부반응을 보이는 소비자들이 여전히 많다. 그들은 '사카린 첨가식품'이라는 것을 소비자들이 알 수 있도록 표시한다고 해도 판매용 용기에 담지 않거나 포장하지 않고 판매하는 김치, 반찬류나 길거리 자판기 커피, 대형 용기에 담아 유통되는 막걸리 등에는 사카린이 들어가 있는지 알기 힘들다고 주장한다.

사카린의 사용 범위를 확대하더라도 소비자들의 선택권을 보장하기 위해서는 '사카린 첨가식품'이라는 것을 소비자들이 쉽게 구분할 수 있도록 표시 기준(명칭, 함량, 활자 크기)을 강화해야 할 것이다. 또한 소비자들이 자주 먹는 식품의 경우에는 사카린 섭취량을 정기적으로 조사해 과다 섭취가 우려될 경우 사카린 허용 품목과 기준을 조정해야 할 것이다.

자료 : 과학향기, 제1548호, 2012.2.20

(3) 식품첨가물 감소 조리법

식품첨가물은 열에 약하므로 재료를 데치거나 열을 가하면 첨가물 농도를 상당히 감소시킬 수 있다. 햄은 끓는 물에 2~3분 정도 데치면 첨가물의 80% 정도가 빠져나간다. 비엔나소시지나 햄은 돼지창자나 식용비닐이 외부에 포장되어 있으므로 칼집을 내어 데치면 첨가물이 빠져나온다. 캔에 들어 있는 햄의 경우 지용성인 아질산나트륨이나 타르색소가 기름에 주로 녹아 있으므로 기름기를 제거한 뒤 조리하면 첨가물 함량을 줄일 수 있다. 베이컨은 산화방지제, 아질산나트륨, 인공색소가 있으므로 뜨거운 물로 데친 후 키친타월로 기름기를 제거한다.

샐러드용 옥수수통조림은 물에 한두 번 씻어 주면 되고, 두부의 응고제, 거품제거제, 살균제 역시 물로 함량을 줄일 수 있으므로 찬물에 헹구어 사용한다. 식빵의 방부제와 젖산칼슘은 프라이팬에서 살짝 굽거나 전자레인지로 데우면 어느 정도 제거된다. 노란색 단무지의 사카린나트륨과 색소도 찬물에 5분 정도 담갔다가 사용하면 첨가물 함량을 줄일 수 있다.

(4) 나트륨 감소 식사법

저나트륨 소금 이용하기 소금의 주성분인 염화나트륨NaCl은 짠맛을 내는 양이온 나트륨Na^+과 짠맛을 억제하는 음이온 염소Cl^-로 구성되어 있다. 일반 정제 소금이 염화나트륨을 98% 이상 함유하는 데 비해 저나트륨 소금은 57% 미만이다. 저나트륨 소금을 사용하면 음식의 짠맛은 유지하면서 나트륨 섭취는 줄일 수 있다. 다만, 신장병 환자는 염화칼륨이 많이 들어 있는 저나트륨 소금이 좋지 않다. 염화칼륨은 신장을 통해 배출되는데, 신장 기능이 약한 사람이 많이 먹으면 체내 혈중 칼륨 농도가 높아지기 때문이다.

저염 간장과 저염 된장 활용하기 국이나 찌개 간을 맞출 때 소금보다 간장을 사용한다. 간장에는 소금 외에 여러 가지 아미노산 물질이 들어 있어 음식에 풍미를 더하므로 소금으로 간할 때보다 나트륨을 덜 사용할 수 있다. 음식의 간은 소금으로만 하기보다 간장, 된장과 섞어서 한다. 특히 저염 간장과 저염 된장 같은 저염 식품은 일반 식품에 비해 염도가 3~7% 낮다. 다시마, 북어, 멸치 등으로 천연 육수를 만들면 원재료에 나트륨 성분이 있어 따로 소금을 넣지 않고도 충분히 간을 맞출 수 있다.

소금 대신 향신료나 향미 채소로 맛내기 짠맛 대신 다른 맛을 강조하는 것도 방법이다. 조리할 때 식초나 레몬즙, 설탕을 적절히 사용해 새콤달콤한 맛을 내거나 깨, 땅콩, 잣 등의 견과류를 갈아 넣어 고소한 맛을 낸다. 그 밖에 후추, 마늘, 생강, 겨자, 카레가루, 허브 등 특유의 맛을 내는 향신료로 요리 맛을 살리는 방법도 있다.

소금 간은 먹기 직전에 우리는 혀로 음식 맛을 느끼는데 음식 표면에만 살짝 짠맛을 입혀도 입안에서는 충분히 짭조름한 맛을 느낀다. 생선조림을 할 때는 미리 간장을 넣지 말고 생선이 거의 익었을 때 넣어 생선 겉에만 양념이 살짝 묻게 한다. 맛은 큰 차이 없으면서 소금 섭취는 훨씬 줄일 수 있다. 뜨거울 때 간을 보면 맛을 구분하기 어려우므로 먹기 직전에 간한다.

국물은 남긴다 국이나 찌개는 국물 대신 건더기 위주로 먹는다. 국물에 밥을 말아 먹으면 소금을 더 많이 먹게 될 뿐만 아니라 덜 씹고 삼키게 돼 소화도 덜 된다. 설렁탕 등 탕 종류를 먹을 때는 고춧가루, 후춧가루, 파 등을 먼저 넣어 먹어 보고 소금으로 나머지 간을 한다.

영양표시 성분을 확인한다 공산품이나 가공품을 살 때는 제품에 붙어 있는 영양표시 성분을 확인한다. 1회 제공량과 나트륨 함량이 얼마인지 확인한 후 나트륨이 적은 식품을 구입한다. 소시지, 햄, 베이컨 등 가공식품은 일반적으로 나트륨 함량이 높다.

조금 싱겁게 김치 담그기 배추를 절일 때는 소금을 손대중으로 뿌리지 말고 염도 10% 정도의 소금물을 만든 후 그 물에 배추를 담근다. 소금을 손으로 뿌릴 때보다 적게 사용할 수 있다. 김치 담글 때 소금 외에 부재료로 이용하는 젓갈(멸치젓, 새우젓, 굴젓 등)

에도 염분이 많으므로 양을 적게 넣는다. 생새우나 무생채, 미나리 등을 넣으면 김치의 소금 농도를 낮추는 동시에 시원한 맛을 낼 수 있다.

식탁에서 간하지 않는다 우리나라 음식은 대부분 조리할 때 간을 맞추기 때문에 식탁에서 따로 소금 간을 할 필요가 없다. 설렁탕과 곰탕 같은 국물에는 지방이 많이 녹아 있어 짠맛이 감춰진다. 소금을 넣는 대신 김치나 깍두기 같은 반찬을 함께 먹는다.

나트륨 잡는 칼륨 섭취 칼륨은 나트륨을 체외로 배설시키므로 과도한 식염 섭취로 인한 혈압 상승을 억제할 수 있다. 칼륨은 칼슘이 몸 밖으로 빠져나가지 않도록 도와준다. 칼슘이 빠져나가면 혈압이 상승하는데 칼슘을 지켜 주는 게 칼륨이다. 칼륨은 몸속에서 부족해지기 쉬운 미네랄이며 특히 커피나 술, 설탕, 스트레스 등은 몸속에서 칼륨을 배출시키는 원인이다. 칼륨은 채소, 콩류, 어패류, 해조류, 과일류 등에 많이 들어 있다. 칼륨 함량이 높은 식품으로는 고춧잎, 근대, 늙은 호박, 단호박, 머위, 물미역, 미나리, 부추, 쑥갓, 시금치, 아욱, 양송이, 죽순, 취 등이 있다.

(5) 가공식품 속에 첨가되어 있는 식품첨가물의 실례

① 음료에 들어 있는 첨가물(외국산)

물, 고과당옥수수시럽high fructose corn syrup(단맛 제공), 구연산(새콤한 맛 제공), 안식향산나트륨sodium benzoate(보존제)과 소브산칼륨potassium sorbate(보존제), 인공향료, EDTA 칼슘이나트륨calcium disodium EDTA(항산화제 및 풍미 보호), 청색 1호(색소), 천연향료, 황색 5호(색소)

② 껌에 들어 있는 첨가물

자일리톨(당알코올의 일종으로 청량감 및 감미 제공, 설탕 대체제), 껌베이스, 아이소말트(당알코올의 일종으로 청량감 및 감미 제공, 설탕 대체제), D-소르비톨(당알코올의 일종으로 청량감 및 감미 제공, 설탕 대체제), 합성착향료(라즈베리향, 믹스후르츠향, 멘톨향), 말티톨시럽(청량감 및 감미 제공, 설탕 대체제), 유화제(물과 기름을 섞는 작용으로 여러 향과 탄수화물의 안정제 역할 제공), 합성감미료(수크랄로스, 아세설팜칼륨), 용성비타민 P(methyl hesperidin, 감귤류에 많은 것으로 비타민 C와 병용하면 생리 효과가 상승적으로 증가)

③ 유탕 처리 과자에 들어 있는 첨가물

맥아엿(감미료), 백설탕(감미료), 야자경화유(유탕 처리에 사용되는 유지), 폴리덱스트로스

(탄수화물의 일종으로 증량제), 산도조절제(신맛 제공, 품질 유지), 젤라틴(단백질의 일종), 찰옥수수알파전분(변성전분), 유화제(기름과 물의 안정된 혼합 유도), 합성착향료(자몽향, 오렌지향, 페퍼민트향), 홍화황색소, 파프리카 추출색소, 비타민 E(토코페롤로 항산화 효과, 산화 안정성 증대 및 저장성 증가)

(6) 식품첨가물과 과민성

식품첨가물에 대한 알레르기 반응은 아니지만 부작용을 나타내는 것을 과민성hyper-sensitivity이라 한다. 유럽의 경우 전체 인구의 0.06%가 황색 4호에, 안식향산나트륨에는 0.05%가 과민성을 보인다고 한다. 이는 아스피린의 과민성이 전체 인구의 0.5%인 것에 비하면 10%에 불과한 수치이다. 즉, 식품첨가물에 의한 부작용은 매우 드물다. 우리나라에서 과자에 사용되는 색소 및 보존제, MSG 등 식품첨가물 7종에 대한 아토피 피부염과의 상관관계에 관한 연구 결과, 이들 7종의 식품첨가물과 아토피 피부염 환자 간에 유의적 유병률이 확인되지 않았다.

2. 기능성 식품과 건강

소득과 생활수준의 향상과 고령화 사회로의 진입으로 건강에 대한 관심이 높아짐에 따라 식품의 섭취와 건강에 대한 사람들의 관심은 꾸준히 증가하고 있다. 이에 따라 기존의 단순 영양적 측면이 아닌 식품의 생리 활성 조절 기능이 강화된 새로운 형태의 식품이 개발되어 소비자들의 많은 관심을 받고 있다.

1) 기능성 식품이란?

(1) 기능성 식품의 정의

'기능성 식품'이란 「건강기능식품에 관한 법률」에 의하면 인체에 유용한 기능성을 가진 원료나 성분을 사용하여 정제, 캡슐, 액상 등 여러 가지 제형으로 제조(가공을 포함)한 식품을 말한다. 모든 식품은 기능을 가지고 있으며, 1차 기능(생명 및 건강 유지와 관련되는 영양 기능), 2차 기능(맛, 냄새, 색 등의 감각적, 기호적 기능), 3차 기능(건강 유지 및 증진에 도움이 되는 생체 조절 기능)으로 구별할 수 있다. 건강기능식품은 이 중 생체 조절 기능에 초점을 맞춘 제품이라고 할 수 있다.

어떤 식품이 건강에 좋다고 알려져 있다고 해서 모두 건강기능식품이 되는 것이 아니라, 건강기능식품에 관한 규정에 따라 일정 절차를 거쳐 만들어지는 제품으로 "건강기능식품"이라는 문구 또는 인증마크가 있다. '건강식품', '자연식품', '천연식품'과 같은 명칭은 '건강기능식품'을 지칭하는 것이 아니다.

그림 5-1 건강기능식품의 표시

(2) 건강기능식품의 분류

건강기능식품은 누구나 사용할 수 있는 고시된 원료와 개별적으로 식품의약품안전처의 심사를 거쳐 인정받은 영업자만이 사용할 수 있는 개별 인정 원료로 나뉜다.

① 고시된 원료

「건강기능식품 공전」에 등재되어 있는 기능성 원료로, 공전에서 정하고 있는 제조 기준, 규격, 최종 제품의 요건에 적합할 경우 별도의 인정 절차가 필요하지 않다. 영양소(비타민 및 무기질, 식이섬유 등) 등 약 95종의 원료가 등재되어 있다.

표 5-1 식품의약품안전처장이 고시한 원료 또는 성분(95종)

구분	기능성을 가진 원료 또는 성분
영양소(28종)	• 비타민 및 무기질(또는 미네랄) 25종 : 비타민 A, 베타카로틴, 비타민 D, 비타민 E, 비타민 K, 비타민 B_1, 비타민 B_2, 나이아신, 판토텐산, 비타민 B_6, 엽산, 비타민 B_{12}, 비오틴, 비타민 C, 칼슘, 마그네슘, 철, 아연, 구리, 셀레늄(또는 셀렌), 요오드, 망간, 몰리브덴, 칼륨, 크롬 • 필수지방산 • 단백질 • 식이섬유
기능성 원료(67종)	• 인삼, 홍삼, 엽록소 함유 식물, 클로렐라, 스피루리나, 녹차 추출물, 알로에 전잎, 프로폴리스추출물, 코엔자임Q_{10}, 대두이소플라본, 구아바잎추출물, 바나바 잎추출물, 은행잎추출물, 밀크씨슬(카르두스 마리아누스) 추출물, 달맞이꽃종자추출물, 오메가-3 지방산 함유 유지, 감마리놀렌산 함유 유지, 레시틴, 스쿠알렌, 식물스테롤/식물스테롤에스테르, 알콕시글리세롤 함유 상어간유, 옥타코사놀 함유 유지, 매실추출물, 공액리놀레산, 가르시니아캄보지아추출물, 루테인, 헤마토코쿠스추출물, 쏘팔메토열매추출물, 포스파티딜세린, 글루코사민, N-아세틸글루코사민, 뮤코다당 · 단백, 알로에겔, 영지버섯자실체추출물, 키토산/키토올리고당, 프락토올리고당, 프로바이오틱스, 홍국, 대두단백, 테아닌, 엠에스엠(Methyl sulfonylmethane, MSM), 폴리감마글루탐산, 마늘, 히알루론산, 홍경천추출물, 빌베리추출물, 라피노스, 크레아틴, 유단백가수분해물, 상황버섯추출물, 토마토추출물, 곤약감자 추출물 • 식이섬유(15종) : 구아검/구아검가수분해물, 글루코만난(곤약, 곤약만난), 귀리식이섬유, 난소화성 말토덱스트린, 대두식이섬유, 목이버섯식이섬유, 밀식이섬유, 보리식이섬유, 아라비아검(아카시아검), 옥수수겨식이섬유, 이눌린/치커리추출물, 차전자피식이섬유, 폴리덱스트로스, 호로파종자식이섬유, 분말한천

② **개별 인정 원료**

「건강기능식품 공전」에 등재되지 않은 원료로 식품의약품안전처장이 개별적으로 인정한 원료이다. 영업자가 원료의 안전성, 기능성, 기준 및 규격 등의 자료를 제출하여 관련 규정에 따른 평가를 통해 기능성 원료로 인정을 받아야 하며 인정받은 업체만이 동 원료를 제조 또는 판매할 수 있다.

표 5-2 개별 인정형 원료

번호	기능성		기능성 원료
1	간 건강	간 건강에 도움	도라지추출물, 밀크씨슬추출물, 발효울금, 복분자 추출물(분말), 브로콜리스프라우트분말, 표고버섯 균사체추출물(분말), 표고버섯균사체, 유산균 발효 마늘추출물
		알코올성 손상으로부터 간 보호에 도움	유산균 발효 다시마추출물, 헛개나무과병추출물
2	갱년기 남성 건강	갱년기 남성의 건강에 도움	MR-10민들레 등 복합추출물, 마카젤라틴화 분말, 옻나무 추출분말
3	갱년기 여성 건강	갱년기 여성의 건강에 도움	프랑스해안송껍질추출물, 백수오 등 복합추출물, 석류추출물, 홍삼(홍삼농축액), 석류농축액, 회화 나무열매추출물, 오미자추출물
4	과민피부 상태 개선	면역과민반응에 의한 피부 상태 개선에 도움	*L. sakei* Probio 65, 감마리놀렌산 함유 유지, 과채 유래 유산균(*L. plantarum* CJLP133), 프로바이오틱스 ATP
5	관절/뼈 건강	관절 건강에 도움	CMO 함유 FAC(Fatty acid Complex), N-아세틸글루코사민, Dimethylsulfonylmethane (MSM), 가시오갈피 등 복합추출물, 강황추출물, 글루코사민, 까마귀쪽나무 열매 주정추출물, 닭가슴연골분말, 로즈힙분말, 보스웰리아 추출물, 비즈왁스알코올, 전칠삼추출물 등 복합물, 지방산복합물, 차조기 등 복합추출물, 초록입홍합추출오일, 호프추출물, 황금추출물 등 복합물, 참당귀추출분말
		뼈 건강에 도움	가시오가피숙지황 복합추출물, 대두이소플라본, 흑효모배양액분말, 유단백추출물
6	기억력 개선	기억력 개선에 도움	구기자추출물, 녹차추출물/테아닌복합물, 당귀 등 추출복합물, 비파엽추출물, EPA 및 DHA 함유 유지, 원지추출분말, 은행잎추출물, 인삼가시오갈피 등 혼합추출물, 테아닌 등 복합추출물, 피브로인효소 가수분해물, 홍삼(홍삼농축액), 천마 등 복합추출물 (HX106)
7	긴장 완화	스트레스로 인한 긴장 완화에 도움	L-테아닌, 아쉬아간다추출물, 유단백가수분해물, 돌외잎추출물
8	눈 건강	눈 피로도 개선에 도움	빌베리추출물, 헤마토코쿠스추출물
		눈 건강에 도움	들쭉열매추출물, 루테인/지아잔틴 복합추출물, 루테인 복합물, 루테인지아잔틴 복합추출물 20%, 마리골드 추출물(루테인에스테르), 지아잔틴추출물, EPA 및 DHA 함유 유지

(계속)

번호	기능성		기능성 원료
9	면역 기능 개선	면역력 증진에 도움	L-글루타민, 게르마늄효모, 금사상황버섯, *Enterococcus faecalis* 가열처리 건조분말, 당귀혼합추출물, 동충하초 주정추출물, 스피루리나, 클로렐라, 청국장균 배양정제물(폴리감마글루탐산칼륨), 표고버섯균사체, 효모베타글루칸, 인삼다당체추출
		과민 면역반응 완화에 도움	*Enterococcus faecalis* 가열처리 건조분말, 구아바잎추출물 등 복합물, 다래추출물, 소엽추출물, 피카오프레토 분말 등 복합물, 합성 PLAG
10	배뇨 기능 개선	방광에 의한 배뇨 기능 개선에 도움	호박씨추출물 등 복합물
11	수면의 질 개선	수면의 질 개선에 도움	감태추출물
12	어린이 성장 발육	어린이 키 성장에 도움	황기추출물 등 복합물(HT042)
13	여성 질 건강	유산균 증식을 통한 여성 질 건강에 도움	UREX 프로바이오틱스
14	월경 전 상태 개선	월경 전 변화에 의한 불편한 상태 개선	감마리놀렌산 함유 유지
15	위 건강/소화 기능	헬리코박터균 증식 억제 및 위 건강에 도움	감초추출물
		위 불편감 개선에 도움	매스틱검
		위 점막을 보호하여 위 건강에 도움	비즈왁스알코올
		담즙 분비를 촉진하여 지방 소화에 도움	아티초크추출물
16	요로 건강	요로 건강에 도움	크랜베리추출물, 파크랜 크랜베리추출분말
17	운동 수행 능력	운동 능력 향상에 도움	마카젤라틴화 분말, 크레아틴, 헛개나무과병추출 분말
		지구력 증진에 도움	동충하초 발효 추출물
18	인지 능력 향상	인지 능력 개선에 도움	*Lactobacillus Helveticus* 발효물, 도라지추출물 (DRJ-AD), 참당귀뿌리추출물, 참당귀추출분말, 포 스파티딜세린
19	장 건강	장내 유익균 증식 및 유해균 억제에 도움	갈락토올리고당, 구아검가수분해물, 대두올리고당, 라피노스, 락추로스 파우더, 밀전분유래 난소화성 말토덱스트린, 이소말토올리고당, 자일로올리고당, 커피만노올리고당분말, 프락토올리고당
		면역을 조절하여 장 건강에 도움	프로바이오틱스(VSL#3)
		배변 활동 원활에 도움	대두올리고당, 라피노스, 목이버섯, 무화과페이스트, 분말한천, 이소말토올리고당, 자일로올리고당, 커피만노올리고당, 프락토올리고당
20	전립선 건강	전립선 건강 유지에 도움	쏘팔메토열매추출물, 쏘팔메토열매추출물 등 복합물
21	정자 운동성	정자 운동성 개선에 도움	마카젤라틴화 분말

(계속)

번호	기능성		기능성 원료
22	체지방 감소	체지방 감소에 도움	*Lactobacillus gasseri* BNR17, L-카르니틴타르트 레이트, 가르시니아 캄보지아껍질추출물, 공액리놀렌산(유리지방산), 공액리놀렌산(트리글리세라이드), 그린마떼추출물, 그린커피빈추출물, 깻잎추출물, 녹차추출물, 대두배아추출물 등 복합물, 돌외잎주정 추출분말, 락토페린(우유정제단백질), 레몬밤추출물 혼합분말, 마테열수추출물, 미역 등 복합추출물(잔티젠), 발효식초석류복합물, 보이차추출물, 서목태(쥐눈이콩) 펩타이드 복합물, 식물성 유지 디글리세라이드, 와일드망고 종자추출물, 중쇄지방산(MCFA) 함유 유지, 콜레우스포스콜리추출물, 키토산, 키토올리고당, 풋사과추출폴리페놀, 핑거루트 추출분말, 히비스커스 등 복합추출물
23	치아 건강	충치 발생 위험 감소에 도움	자일리톨
24	칼슘 흡수 촉진	칼슘 흡수에 도움	폴리감마글루탐산, 프락토올리고당
25	피로 개선	피로 개선에 도움	발효생성아미노산복합물, 헛개나무과병추출물, 홍 경천추출물
26	피부 건강	자외선에 의한 피부 손상 및 피부 건강 유지에 도움	소나무껍질추출물 등 복합물, 메론추출물, 포스파티딜세린, 프로바이오틱스 HY7714, 핑거루트추출분말, 홍삼 · 사상자 · 산수유복합추출물
		피부 보습에 도움	AP콜라겐 효소분해 펩타이드, Collactive 콜라겐펩타이드, N-아세틸글루코사민, 곤약감자추출물, 민들레 등 복합추출물, 쌀겨추출물, 옥수수배아추출물, 저분자콜라겐펩타이드, 지초추출분말, 포스파티딜세린, 히알루론산, 프로바이오틱스 HY7714, 콩 보리 발효복합물, 밀배유추출물, 핑거루트추출분말
27	항산화	항산화에 도움	녹차추출물, 대나무잎추출물, 메론추출물, 복분자 추출물(분말), 비즈왁스알코올, 유비퀴놀, 코엔자 임Q_{10}, 토마토추출물, 포도종자추출물, 프랑스해 안송껍질추출물, 홍삼(홍삼농축액)
28	혈당 조절	식후 혈당 상승 억제에 도움	L-arabinose, nopal추출물, 계피추출분말, 구아 바잎추출물, 난소화성말토덱스트린, 동결건조누에 분말, 마주정추출물, 바나바잎추출물, 상엽추출물, 서목태(쥐눈이콩) 펩타이드 복합물, 솔잎증류농축액, 실크단백질 효소가수분해물, 알부민, 인삼가수분해 농축액, 잔나비걸상버섯균사체(인정 취소), 지각 상엽추출혼합물, 콩발효추출물, 타가토스, 탈지달맞이꽃종자추출물, 피니톨, 홍경천 등 복합추출물, 히드록시프로필메틸셀룰로오스
29	혈압 조절	높은 혈압 감소에 도움	L-글루타민산 유래 GABA 함유 분말, 가쯔오부시올리고펩타이드, 나토균배양분말, 서목태(쥐눈이콩) 펩타이드 복합물, 연어 펩타이드, 올리브잎추출물, 정어리펩타이드, 카제인가수분해물, 코엔자임Q_{10}, 포도씨효소분해추출분말, 해태올리고펩티드
30	혈중 중성지방 개선	혈중 중성지방 개선에 도움	L-글루타민산 유래 GABA 함유 분말, 가쯔오부시올리고펩타이드, 나토균배양분말, 서목태(쥐눈이콩) 펩타이드 복합물, 연어 펩타이드, 올리브잎추출물, 정어리펩타이드, 카제인가수분해물, 코엔자임Q_{10}, 포도씨효소분해추출분말, 해태올리고펩티드
31	혈행 개선에 도움	혈중 콜레스테롤 개선에 도움	녹차추출물, 대나무잎추출물, 보리베타글루칸추출 물, 보이차추출물, 사탕수수왁스알코올, 스피루리나, 식물스타놀에스테르, 씨폴리놀 감태주정추출물, 아마인, 알로에복합추출물, 알로에추출물, 적포도발효농축액, 클로렐라, 홍국쌀, 창녕양파추출액

(계속)

번호	기능성		기능성 원료
32	혈행 개선	혈행 개선에 도움	DHA 농축 유지, L-아르기닌, 나토균배양분말, 나토배양물, 메론추출물, 은행잎추출물, 정어리정제어유, 정제오징어유, 카카오분말, 프랑스해안송껍질 추출물, 홍삼(홍삼농축액)
33	근력 개선	근력 개선에 도움	오미자추출물

(3) 기능성 식품의 기능성

인체의 구조 및 기능에 대하여 영양을 조절하거나 생리적 작용 등과 같은 보건 용도에 유용한 효과를 얻는 것을 말한다. 건강기능식품의 기능성은 표 5-3과 같이 분류하고 있다.

표 5-3 건강기능식품의 기능성 분류

기능성 종류	기능성 내용	기능성 표시
질병 발생 위험 감소 기능	질병의 발생 또는 건강 상태의 위험 감소와 관련한 기능	○○ 발생 위험 감소에 도움을 줌
생리 활성 기능	인체의 정상 기능이나 생물학적 활동에 특별한 효과가 있어 건강상의 기여나 기능 향상 또는 건강 유지 · 개선을 나타내는 기능	○○에 도움을 줄 수 있음
영양소 기능	인체의 정상적인 기능이나 생물학적 활동에 대한 영양소의 생리학적 적용	-

*질병 발생 위험 감소 기능 : 확보된 기능성 자료의 과학적 근거자료의 수준이 과학적 합의에 이를 수 있을 정도로 높을 경우 인정

자료 : 식품의약품안전처, 건강기능식품 기능성 원료 인정 현황, 2016.12.

(4) 기능성 식품 시장 현황

국내 건강기능식품 생산 총액은 건강기능식품 제도가 시행된 2004년 2,506억 원에서 2010년에는 제도 도입 이후 처음으로 1조 원을 넘어선 것으로 나타났다. 2016년에는 전년 대비 17% 증가한 2조 1,260억 원으로 2조 원을 넘었으며, 2017년 2조 2,374억 원, 2018년 2조 5,221억 원으로 건강기능식품 시장은 지속적으로 성장하고 있는 것으로 나타났다. 2018년 전체 건강기능식품의 매출액 중 면역 기능 제품이 1조 2,588억 원으로 가장 비중이 높았으며, 이어서 기억력 개선, 혈행 개선의 순으로 나타났다. 제품별로는 홍삼 제품이 부동의 1위를 차지하고 있으며 그 뒤를 개별 인정형, 프로바이오틱스, 비타

민 및 무기질, 밀크씨슬추출물 등이 이었고, 홍삼을 포함한 상위 5개 제품이 전체 비중의 82%를 차지하였다. 특히 프로바이오틱스 시장이 전년 대비 38% 증가한 3,000억 원 규모로 대폭 성장하면서 3위로 올라섰다.

2) 기능성 식품과 인체 건강

기능성 식품이 인체 내에서 나타낼 수 있는 생리 활성은 무수히 많으나, 현재 국내에서 인정되고 있는 기능성 식품들의 생리 활성은 아직까지는 표 5-4에 정리된 33개 분야로 한정되고 있다.

표 5-4 건강기능식품의 생리 활성 분류

번호	기능성 분야	번호	기능성 분야	번호	기능성 분야
1	기억력 개선	12	피부 건강	23	운동 수행 능력 향상/지구력 향상
2	혈행 개선	13	콜레스테롤 개선	24	치아 건강
3	간 건강	14	혈압 조절	25	배뇨 기능 개선
4	체지방 감소	15	긴장 완화	26	면역과민반응에 의한 피부 상태 개선
5	갱년기 여성 건강	16	장 건강	27	갱년기 남성 건강
6	혈당 조절	17	칼슘 흡수 도움	28	월경 전 변화에 의한 불편한 상태 개선
7	눈 건강	18	요로 건강	29	정자 운동성 개선
8	면역 기능	19	소화 기능	30	유산균 증식을 통한 여성의 질 건강
9	관절/뼈 건강	20	항산화	31	어린이 키 성장 관련
10	전립선 건강	21	혈중 중성지방 개선	32	수면의 질 개선
11	피로 개선	22	인지 능력	33	근력 개선

자료 : 식품의약품안전평가원, 개별인정형 기능성 원료 인정 관련 개정사항, 2018.

(1) 혈당 조절 기능

혈당이란 체내에 흐르는 혈액에 포함되어 있는 포도당을 의미하며, 혈액에는 항상 일정한 양의 포도당이 포함되어 있다. 건강한 사람의 체내에서는 에너지 공급을 위한 혈당을 항상 일정하게 유지하고 있으며, 이를 위해 다양한 호르몬과 효소들이 관여한다.

특히 췌장 랑게르한스섬의 베타 세포에서 분비되는 인슐린 호르몬은 혈당의 대사작용에 가장 중요한 역할을 한다. 식사를 통해 체내로 흡수된 포도당은 소장과 간을 거친 후 혈액을 통해 온몸으로 전달된다. 식사 후에는 포도당의 공급으로 혈당이 높아졌다가, 인슐린 분비에 의해 체내로 흡수되면서 서서히 혈당 수준도 내려가게 된다(그림 5-2). 인슐린은 혈당이 세포 내로 흡수될 수 있도록 도와주는 역할로 혈당 조절에 핵심적 기능을 담당하고 있으나, 노화, 비만 등의 신체 변화로 인슐린의 기능에 이상이 생길 경우 현대사회의 가장 대표적 만성 질환인 당뇨병이 발생하게 된다. 지난 10년간 세계적으로 당뇨병 환자는 연평균 5%씩 증가하여 현재 2억 명 이상인 것으로 알려져 있으며, 2050년에는 환자가 3억 8,000만 명에 이를 것으로 예측하고 있다. 당뇨병으로 정상보다 높은 혈당 수준이 지속되면 뇌졸중, 만성 신부전증, 암, 뇌 질환, 심혈관계 질환, 신체 일부의 마비, 언어 장애 등의 합병증을 유발할 수 있다. 따라서 당뇨의 발병과 가장 관련이 깊은 기능성 식품을 이용한 예방은 매우 중요한 의미를 가지고 있다.

① 혈당 조절 기능성의 평가

기능성 식품의 혈당 조절 기능성의 평가는 다음과 같은 다양한 지표인 바이오마커를 이용하여 이루어진다.

혈당 관련 지표 공복 혈당, 내당능검사, 식후 혈당 농도, 당화혈색소 등을 이용하여 평가할 수 있다. 공복 혈당은 8시간 이상 금식한 후 정맥혈의 혈당 농도를 측정한 것으

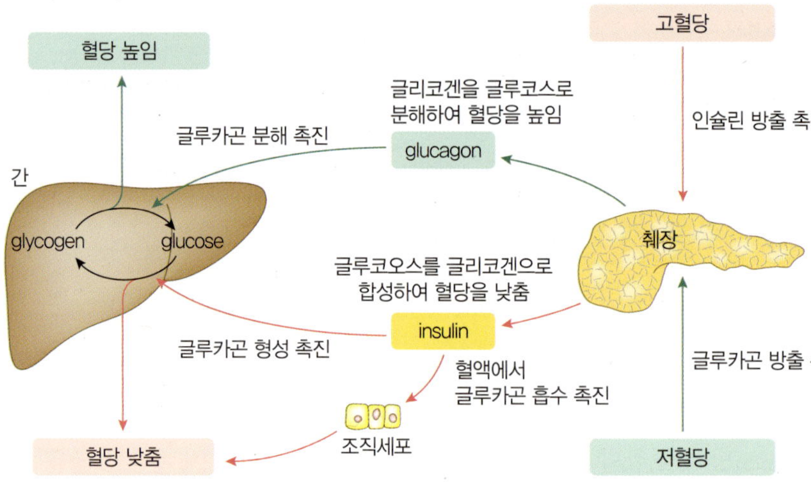

그림 5-2 포도당의 혈중 농도 조절 메커니즘

로 가장 널리 이용되는 혈당 조절 기능 지표이다. 일반적으로 공복 혈당의 농도가 126 mg/dL 이상인 경우 당뇨병으로 분류한다. 내당능검사는 금식 후 포도당을 경구 또는 정맥 투여한 후 시간별로 혈당을 측정하여 정상적인 혈당 조절 여부를 측정하는 방법이다. 당화혈색소는 헤모글로빈의 일부가 포도당과 비효소적으로 반응하여 당화되는 정도를 측정하는 것으로, 혈당 조절이 안 될 경우 상대적으로 당화혈색소의 양이 증가한다.

인슐린 관련 지표 혈액 내 인슐린 농도, C-펩타이드 농도, 췌장 베타 세포의 인슐린 분비능, 알파-글루코시데이스의 활성 억제 등을 이용하게 된다. 혈당 조절 호르몬인 인슐린은 췌장의 베타 세포에서 분비되며, 이때 C-펩타이드가 함께 분비되므로 혈액 내의 인슐린과 C-펩타이드의 농도를 측정하여 혈당 조절 기능을 비교할 수 있다. 또 동물실험의 경우 췌장 베타 세포의 인슐린 분비 활성을 직접 측정하여 지표로 사용하기도 한다. 이외에 간단한 방법으로는 알파-글루코시데이스의 활성 억제 정도를 이용하기도 한다.

② 혈당 조절 기능성 식품

혈당 조절 기능성을 인정받은 기능성 식품 소재는 관절, 장 건강과 함께 가장 많은 것으로 알려져 있으며 모두 개별 인정을 받은 상태이다. 혈당 조절 관련 대표적인 기능성 식품에 대해서 알아보기로 한다.

난소화성 말토덱스트린 옥수수전분을 건식 가수분해하여 얻은 소재로 말 그대로 인체에서 소화되지 않는 말토덱스트린을 말하며, 일종의 식이섬유로 장내 당 흡수를 늦춰 혈당을 조절하는 것으로 알려져 있다(말토덱스트린은 녹말이 단당류로 분해되기 전 단계의 성분을 말함). 난소화성 말토덱스트린은 식사와 함께 섭취할 경우 소장에서 당의 흡수를 방해하여 식후 혈당 조절에 도움을 준다. 국내에서는 당뇨와 관련된 기능성 식품 시장에 가장 먼저 진출하여 이미 여러 종의 제품이 시판되고 있으며 현재도 많은 제품이 개발 중이다. 일본에서는 혈당 조절 외에 장 기능 개선, 혈중 콜레스테롤 개선, 중성지질 개선 등의 기능성도 확인된 바 있다. 건강한 성인남녀 40명을 대상으로 실시한 식사 부하시험에서 혈당을 대조군 대비 76% 수준까지 낮추는 것으로 확인되었다. 장기 섭취할 경우의 안전성에 대한 연구에서도 혈당치 상승 억제 효과가 인정되어 널리 사용되고 있다.

바나바주정추출물 바나바에는 혈당 조절에 도움을 주는 콜로소린산이라는 성분이 다량 함유되어 예전부터 민간에서 당뇨와 비만, 피부 질환 등에 사용되어 왔다. 바나바

잎의 주정추출물에는 주요 성분인 콜로소린산 외에 섬유소, 타닌, 아연 등 다양한 성분이 함유되어 있다. 국내에서는 식품의약품안전처에 혈당 조절 기능이 인정되어 개별 인정형 건강기능식품으로 등록되어 있다. 바나바주정추출물은 다수의 학술 보고를 통해 혈당 조절 기능이 입증되었고, 체내 포도당 운반체의 작용을 도와 혈당 조절에 도움을 주는 것으로 알려져 있다. 하루 50~100 mg의 섭취가 적정하며, 당뇨병 치료제를 복용하고 있는 경우에는 과도한 혈당 감소로 인한 부작용에 유의해야 한다.

(2) 콜레스테롤 조절 기능

콜레스테롤은 세포막과 혈관에 존재하는 지질의 한 종류로, 세포막의 구성과 호르몬, 담즙과 같은 생체물질의 합성 원료로 이용되는 우리 몸의 구성 성분 중 하나이다. 그러나 식사를 통한 과도한 지질의 섭취와 이에 따른 비만 등의 이유로 현대인의 체내 콜레스테롤 수치는 정상 범위를 넘는 경우가 증가하여 심혈관 질환 등의 주요 원인으로 작용하고 있다. 혈중 콜레스테롤의 대부분은 체내에서 합성되지만, 25%는 식사를 통해서 흡수되므로 식사 조절과 체내의 흡수 속도를 조절하여 혈중 콜레스테롤을 조절할 수 있다. 과도한 혈중 콜레스테롤의 증가는 고지혈증과 같은 만성 질환으로 이어질 수 있어, 이를 조절할 수 있는 기능성 식품의 섭취를 통한 조절과 예방이 매우 중요하게 인식되고 있다.

① 콜레스테롤 조절 기능성의 평가

기능성 식품의 체내 콜레스테롤 조절 기능성의 평가는 대부분 동물실험을 통해 이루어지며, 생체에서의 콜레스테롤 대사와 관련된 다양한 지표가 기능성 평가에 이용되고 있다.

혈중 콜레스테롤 함량 측정 혈액 내 총콜레스테롤, LDL 콜레스테롤, HDL 콜레스테롤, 혈중 과산화물가 등과 같은 콜레스테롤 대사 관련 산물의 농도 변화를 지표로 콜레스테롤 조절 기능을 평가한다. 동물실험의 경우 간 같은 조직 내의 콜레스테롤 양을 직접 측정하기도 한다.

콜레스테롤 대사 관련 효소 활성 콜레스테롤의 합성과 분해 등의 대사에 관여하는 주요 효소들의 활성을 지표로 사용하기도 한다. 특히, 콜레스테롤의 합성에 중요한 역할을 하는 HMG-CoA 환원효소의 활성을 기초적인 활성 조절 지표로 널리 사용하고 있다.

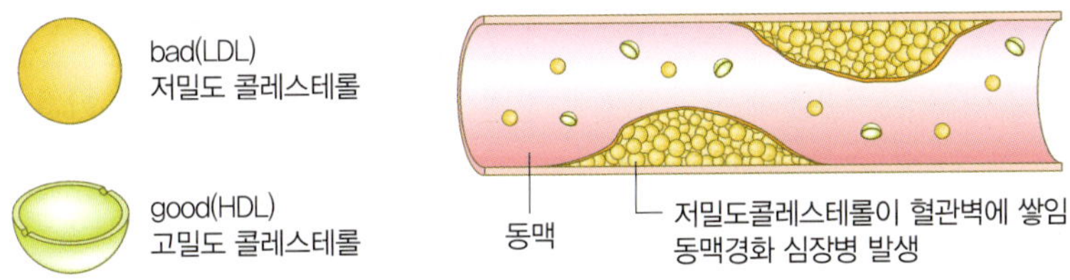

그림 5-3 LDL 콜레스테롤과 HDL 콜레스테롤의 혈관 건강 영향

② 콜레스테롤 조절 기능성 식품

기능성 식품을 통한 콜레스테롤의 조절은 콜레스테롤의 흡수 억제, 콜레스테롤의 합성 조절, 담즙산의 재흡수 억제 등의 방법으로 체내의 콜레스테롤 조절에 관여하는 것으로 알려져 있다. 관련 대표적인 기능성 식품에 대하여 살펴보기로 한다.

홍국 홍국은 붉은색 누룩을 말하며, 민간에서는 오래전부터 고지혈증과 같은 콜레스테롤 조절이 필요한 경우에 사용하여 온 기능성 식품 소재이다. 홍국에는 발효 과정에서 생성된 모나콜린 K라는 성분이 함유되어 있는데, 이 물질이 체내에서 콜레스테롤을 저하시키는 효능이 있어 콜레스테롤 조절에 도움을 주게 된다.

식물스테롤 식물스테롤은 말 그대로 식물에 존재하는 천연 물질로 구조적으로 동물세포의 콜레스테롤과 매우 유사한 특성을 가지고 있다. 식물스테롤을 섭취한 경우 체내 소장에서 콜레스테롤의 흡수를 경쟁적으로 방해하여 혈중 콜레스테롤의 조절에 도움을 주는 것으로 보고되고 있다.

(3) 혈압 조절 기능

혈압은 심장에서 혈액을 내보낼 때 발생하는 압력으로 혈관 벽에 작용하는 압력을 의미한다. 혈액의 순환을 위해서는 혈압은 필수적이며 이는 혈관의 유연성 및 혈액의 상태와 밀접한 관련이 있다. 즉, 혈압은 혈액이 혈관을 이동하는 데 원동력이 되는 힘으로 체내의 혈액 순환을 평가할 수 있는 가장 중요한 지표이다. 노화와 비만 등에 의해 혈관 기능이 저하되면 고혈압이 발생하게 되는데, 고령화의 진행으로 이미 고혈압은 65세 이상 노령층의 가장 흔한 질환으로 조사된다. 따라서 기능성 식품을 통한 고혈압의 조절과 예방은 매우 중요하게 인식되고 있다.

① 혈압 조절 기능성의 평가

혈압의 조절 평가는 일반적으로 혈압 측정법을 이용하나 이는 외부 인자에 의해 오차가 발생할 수 있어, 이를 보완하기 위해 다양한 지표를 이용하여 조절 기능을 확인하고 있다.

안지오텐신 전환효소 이 효소는 혈압 조절 기능의 확인을 위해 가장 널리 사용되는 지표이다. 안지오텐신angiotensin 전환효소의 작용에 의해 생성된 안지오텐신 II는 혈압을 상승시키는 역할을 하므로, 기능성 식품 성분에 의한 효소의 작용 저해 여부를 지표로 혈압 조절 기능을 평가할 수 있다.

호모시스테인 호모시스테인은 아미노산인 메싸이오닌의 체내 대사산물로, 혈관벽을 파괴하고 혈전 등을 형성하며 고혈압 등 혈관 질환을 발생시키는 물질이다. 따라서 체내의 호모시스테인 농도를 지표로 혈압 조절 기능 여부를 판단하고 있다. 이외에도 고혈압에 의해 증가하는 hs-CRP라는 물질도 기능성 평가의 관련 지표로 이용되고 있다.

② 혈압 조절 기능성 식품

최근 연구들에 의하면 식품의 성분들 중 특히 단백질의 가수분해물이 혈압 조절 기능을 보이는 것으로 보고되고 있다. 이에 따라 여러 식품에서 단백질을 가수분해하여 얻은 펩타이드의 고혈압 개선 효능에 대한 연구가 활발히 진행되고 있다.

정어리 펩타이드 정어리는 청어과의 바닷물고기로 아미노산이 풍부하여 식품으로 다양하게 이용되는 어류이다 정어리에서 얻은 정어리 펩타이드는 각종 아미노산이 풍부하며, 특히 발린-타이로신으로 이루어진 펩타이드가 혈압을 낮추는 작용을 하는 것이 보고되고 있다. 이는 국내 제1호 개별 인정형 건강기능식품이며, 일본에서도 기능성 식품으로 인정되어 제품화되어 있다. 정어리 펩타이드는 안지오텐신 전환효소에 작용하여 혈압 상승을 억제하는 기능을 나타내는 것으로 확인되었다.

카제인 가수분해물 우유 단백질의 80%를 차지하는 카제인은 여러 단백질의 혼합물로서 아미노산 외에 소량의 당과 인을 함유하고 있다. 카제인 가수분해물은 우유의 카제인을 열처리와 효소로 분해한 것으로 정어리 펩타이드와 마찬가지로 안지오텐신 전환효소에 작용하여 혈압을 낮추는 기능성을 나타낸다.

쥐를 이용한 동물실험 결과 카제인 가수분해물을 15 mg/kg 경구 투여 시 혈압이 유의적으로 감소되는 것이 확인되었다.

(4) 장 건강 조절 기능

우리가 섭취한 음식물은 위장관을 거치며 소화흡수되고 항문으로 배설된다. 특히 대장에서는 음식물이 장내 미생물에 의해 분해되어 배설된다. 이러한 기능들이 적절하게 유지될 때 건강한 장이며, 이를 유지하기 위해서는 균형 잡힌 식생활과 식이섬유 등의 섭취로 배변 활동을 원활하게 하는 것이 중요하다. 장 건강의 저하는 소장, 대장의 운동성 저하, 점막 손상과 같은 염증 발생, 장내 균총의 파괴 등으로 인해 복통, 설사 등의 증상을 일으킨다. 특히 장 건강의 저하에 따른 장내 균총의 파괴는 숙주인 우리 몸의 영양, 생리작용, 발암, 노화, 면역 등에 크게 영향을 미치는 것으로 보고되어 있다. 장내 미생물의 기능 중 가장 중요한 것은 대사 기능으로, 소장에서 분해되지 못한 물질을 분해하여 미량의 영양소를 흡수하도록 돕는다. 이외에도 항균물질의 분비와 면역기능의 활성화 등을 통해 우리 몸 전반에 걸쳐 매우 중요한 기능을 하고 있어, 장내 균총의 유지를 통한 장 건강 조절은 우리 건강에 큰 의미를 가진다고 할 수 있다.

① 장 건강 조절 기능성의 평가

장내 균총 개선 장 기능 조절 평가에 가장 많이 사용되는 직간접적 방법으로는 장내 미생물 균총의 조성 변화를 검사하는 것이다. 장내에는 수많은 세균이 서로 공생 또는 길항 관계를 유지하며, 이들이 장관 내에서 생성해 낸 여러 가지 대사산물들은 숙주의 영양, 생리작용, 발암, 노화, 면역 등에 크게 영향을 미치고 있다. 따라서 장내 균총의 조성을 검사하여 장 건강의 조절 여부를 판단하게 된다.

장 손상의 개선 설사와 같은 장 운동 장애의 개선은 기능성 식품의 섭취에 따른 개선 효과를 설문을 통한 지표로 평가하게 된다. 감염 등에 의한 장 손상의 개선 여부는 감염에 의해 증가하는 MPO 활성의 측정과 조직검사를 통해 평가한다.

② 장 건강 조절 기능성 식품

장 건강에 관련된 건강기능식품의 기능은 유익한 균을 장에 공급하거나 장내 유익균의 증식을 도와주는 식품을 섭취하는 것이다. 배변량을 늘리는 식품이나 수분을 많이 함유하는 식품의 섭취를 통해 배변 활동 자체를 개선하는 방법도 있다. 이러한 장내 건강에 도움을 줄 수 있는 효능을 인정받은 대표적인 건강기능식품을 살펴보면 다음과 같다.

프로바이오틱스 프로바이오틱스란 체내에 들어가서 건강에 좋은 효과를 주는 살아 있는 균을 말하며, 현재까지 알려진 대부분의 프로바이오틱스는 젖산균(유산균)들이다. 이는 러시아 과학자 메치니코프에 의해 젖산균 발효유의 섭취가 장수와 관련이 있다는 사실이 밝혀진 이래 다양한 생리 활성이 연구되어 왔다.

젖산균을 비롯한 프로바이오틱스로 인정받기 위해서는 위산과 담즙산에서 살아 남아 소장까지 도달하여 장에서 증식하고 정착하여야 하며, 장관 내에서 유용한 효과를 나타내고 독성이 없으며 비병원성이어야 한다. 프로바이오틱스 제품들은 락토바실루스 등의 젖산균뿐 아니라 비피두스균 등을 포함한 발효유 또는 분말, 과립 등의 형태로 출시되고 있다. 장내 균총 중 프로바이오틱스가 증가할 경우 장내 환경을 산성으로 만들어 산성에 약한 유해균을 감소시키는 작용을 한다. 결국 프로바이오틱스의 섭취는 노화에 의해 증가하는 유해균을 줄이고 장내 균총의 분포를 건강한 상태로 되돌려 장 건강을 조절하는 데 도움이 된다.

프락토올리고당 프락토올리고당은 바나나, 양파, 아스파라거스, 우엉, 마늘, 벌꿀, 치커리 뿌리 등과 같은 채소나 버섯, 과일류 등에 포함되어 있는 천연 물질로, 설탕의 30~60%의 단맛을 내고 체내에서 소화흡수가 어려운 저칼로리 식품이다. 프락토올리고당은 극히 소량만이 위산에 의해 가수분해되어 과당과 포도당으로 흡수되며 거의 대부분은 소화효소에 의해 분해되지 않고 대장에 도달해 장내 미생물에 의해 발효된다. 장내 미생물에 의한 발효는 단쇄 지방산의 생성으로 장내를 산성화하고, 이에 따라 유해균이 감소하여 장내 균총이 개선되는 장 건강 개선 효과를 나타내게 된다. 이외에도 장에서의 칼슘 흡수도 증진시키는 효과가 있다. 건강한 성인이 하루 2.5~15 g의 프락토올리고당을 섭취하면 정장작용, 장 기능 개선, 칼슘 흡수 증진 등의 기능을 기대할 수 있으나, 하루 30 g 이상 섭취하면 더부룩한 느낌의 부작용을 나타내므로 1일 적정 섭취량은 약 3~8 g을 권장하고 있다.

3. 식품 제조·조리 중의 영양소 변화

식품은 원료의 보존성을 높이기 위해 다양한 가공 공정을 거치면서 고온의 열처리 과정을 거치게 된다. 이런 식품 가공 공정을 거치면서 식품 중의 일부 영양 성분은 위해성이 있는 성분으로 변화되기도 한다. 또한 식품의 원재료에는 존재하지 않았으나 식품의 제조, 조리 중에 생성되는 화학적 위해물질도 있다. 여기에서는 식품의 조리 중 생성되는 다환 방향족 탄화수소류, 아크릴아마이드 등과 제조 및 가공 중 생성되는 벤젠, 에틸카바메이트, 바이오제닉 아민 등과 같은 발암 가능 물질들의 특징을 알아보고, 위해성 생성 메커니즘과 저감화 방안을 알아보기로 한다.

1) 조리 중 생성되는 위해물질

(1) 다환 방향족 탄화수소류

① 특성

다환 방향족 탄화수소polycyclic aromatic hydrocarbons, PAH는 벤젠고리가 여러 개 겹쳐 있는 구조로 비슷한 성질을 갖는 화합물군을 총칭하는 이름으로, 1930년대 처음 구조가 알려진 화합물 벤조피렌이 대표적이다. 지금까지 수많은 구조가 알려져 있으며, 이들 대부분이 암을 유발하는 물질로 알려져 있다.

PAH는 300~600℃ 사이의 온도에서 유기물질이 분해되다가 불완전 연소되면서 재결합하여 생성된다. 특히 벤조피렌은 음식을 볶거나 태울 때 발생하는 PAH로, 식품 성분 중 지질이 분해되어 합성된다. 바비큐, 햄버거, 치킨, 스테이크, 삼겹살 등의 고기를 굽거나, 땅콩이나 커피를 볶는 직화구이 같은 조리법에 의해 많이 생성된다.

2006년 올리브유를 비롯한 국내산 식용유 제품에서 벤조피렌이 검출되었는데, 주로 지방을 많이 함유한 참깨나 들깨에 높은 열을 가하여 기름을 추출하는 과정에서 생성된 것으로 분석되었다. 벤조피렌은 지방 함유 식품이 불꽃과 직접 접촉할 때 가장 많이 생성되므로 검게 탄 고기에 특히 많다.

조리 중에도 생성되지만 유기물질이 불완전 연소하면서 생성되므로 담배연기, 자동차 배기가스나 건물의 굴뚝 등에서도 분출되어 환경 오염물질로 공기 중에 널리 퍼져 있기 때문에 성인의 경우 매일 12~80 mg의 벤조피렌에 노출되어 있다.

② 위해성

벤조피렌을 포함한 PAH 구조의 화합물 대부분이 DNA와 결합함으로써 전사transcription를 방해하여 암을 유발하는 것으로 알려져 있으며, 발암성의 정도는 화합물에 따라 차이가 있다. 벤조피렌은 잔류 기간이 길고 독성도 강하여 Codex 및 JECFAJoint Expert Committee on Food Additives의 위해성 평가를 위한 우선순위 목록에 포함되어 있다.

동물실험에서는 태반을 통과해 발암성을 나타내는 것이 관찰되므로 산모에 노출이 심할 경우에는 태아에게도 영향을 줄 수 있다.

③ 저감화

벤조피렌의 생성을 줄이는 방법은 벤조피렌이 숯불구이 등으로부터 유래되므로 숯불구이, 튀김, 볶음보다는 삶거나 찌는 등 100℃ 이하에서의 조리방법을 이용한다. 조리 시 고기의 검게 탄 부분은 제거하는 것이 좋다.

(2) 지방과산화 물질

① 특성

식품 중의 지질은 산소나 효소 및 미생물 등에 의해 산화되거나 변질되어 산패나 부패를 일으킨다. 식용유지는 공기 중의 산소에 의한 불포화지방산의 자동 산화로 지방산으로 분해되고, 지방산은 과산화물을 거쳐 중합물이나 분해 생성물 등이 생성된다. 지질이 산화되어 생성하는 알데하이드, 알코올, 케톤 등의 카보닐 화합물은 유지의 풍미에 영향을 미친다. 특히 2차 산화 생성물과 과산화물 등의 과산화지질은 유지의 점도를 증가시켜 품질을 떨어뜨린다. 라면, 포테이토칩, 기름에 튀긴 과자, 말린 생선 같은 식품에서 유지를 160~180℃로 가열할 때 산화, 중합하여 중합체가 생기고 분해 생성물인 저급 지방산, 하이드록시산, 알데하이드, 에스터류 등이 생성된다. 유지의 자동 산화는 유지의 불포화도, 산소(공기), 빛, 열, 금속 이온, 수분, 미생물 효소 등에 의하여 촉진된다.

② 위해성

유지의 자동 산화 분해 생성물은 생체 내에서 단백질과 반응하여 영양을 저하시키고 각종 효소의 활성을 저해하며, DNA의 가교, 노화 물질인 리포푸신lipofuscin을 생성하여 발암의 성장 단계에서 활성화 인자로 작용한다. 또한 산화 생성물은 독성이 강하여 간장의 효소계를 저해하고, 일부는 활성화되어 생체막을 구성하는 인지질 중의 불포화지방산을 과산화물로 변화시켜 생체막에 이상을 초래함으로써 노화나 동맥경화를 일으킨다. 특히 과산화물의 2차 생성물인 말론다이알데하이드MDA, 4-hydroxy-2-alkenal 등의 알데하이드류 물질은 반응성이 높아 체내 물질과 결합하기 쉬우므로 체내 단백질이나 다른 고분자물질과 결합하여 세포 독성을 나타낼 수 있다.

③ 저감화

다가 불포화지방산의 경우 빛이나 산소, 온도에 매우 민감하여 쉽게 산화되므로 이를 다량 함유한 식품은 산소나 빛으로부터 보호될 수 있는 용기를 사용하고 저온에서 보관하는 등 품질 보존에 많은 노력을 기울여야 한다.

(3) 아크릴아마이드

① 특성

아크릴아마이드는 2002년 스웨덴 국립식품청에 의해 밝혀진 잠재적 발암물질로, 탄수화물 함량이 높은 감자나 시리얼을 120℃ 이상의 높은 온도에서 튀기거나 굽는 과정에서 식품 표면의 수분이 감소하고 표면 온도가 상승하면서 최종 단계에서 축적되는 것으로 알려졌다(그림 5-4). 아크릴아마이드는 감자나 곡류의 주요 아미노산의 일종인 아스파라긴산이 포도당과 같은 환원당의 카보닐기와 열에 의해 결합하는 메일라드 반응을 통해 생성되는 물질로, 당 함량이 높고 고온에서 제조, 가공되는 감자 가공식품, 특히 감자튀김, 빵, 시리얼, 비스킷, 쿠키, 스낵류, 커피 등의 식품에서 생성되는 것으로 보고되고 있다.

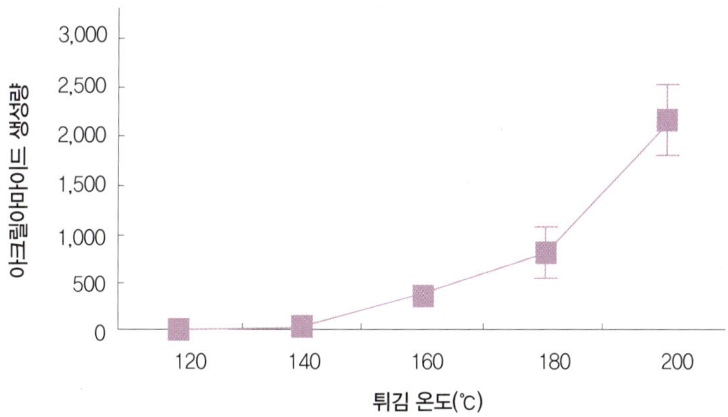

그림 5-4 튀김 온도에 따른 아크릴아마이드 생성
자료 : 식품의약품안전처, 2007.

② 위해성

식품 중 낮은 함량의 아크릴아마이드에 의한 인체 발암 여부는 밝혀진 바 없으나, 많은 양의 아크릴아마이드를 쥐에게 투여했을 때 급성 신경독성을 보였으며 암이 발생하였다. 사람에게도 남성 생식 능력 저하 및 잠재적 발암 가능성이 있는 것으로 보고되고 있다.

③ **저감화**

2002년부터 감자칩, 프렌치프라이 등 10개 식품군 55개 시료를 지속적으로 모니터링하고 있다. 2004년 식품의약품안전처 아크릴아마이드 저감화 연구 사업을 통하여 원료감자의 냉장 기간 단축, 160℃ 이하 온도에서 가열시간을 줄이고, 감자를 60℃ 증류수에 45분간 담갔다가 조리하면 아크릴아마이드를 약 85% 감소시킬 수 있는 것으로 나타났다(그림 5-5).

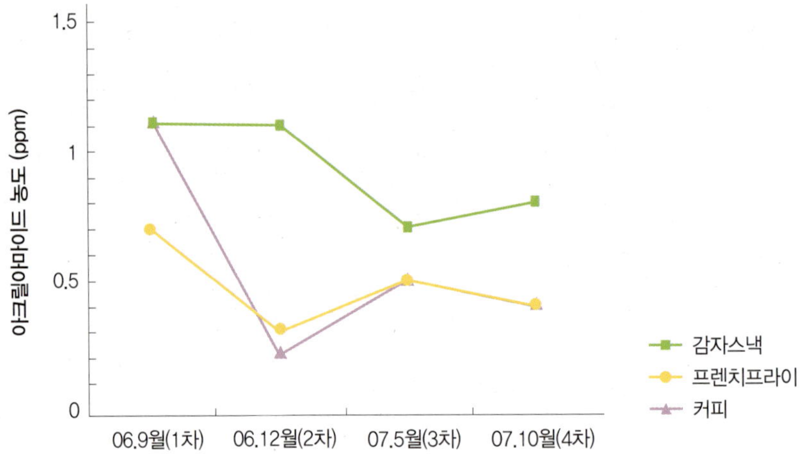

그림 5-5 아크릴아마이드 저감화 결과

자료 : 식품의약품안전처, 2007.

2) 제조·가공 중 생성되는 위해물질

(1) 벤젠

① **특성**

벤젠은 방향족 화합물로 공기 중에 존재하며, 사람에게 노출되는 벤젠 총량의 95% 정도가 호흡에 의한 것으로 보고되어 있다. 식품 중에는 바나나, 분쇄육, 유제품, 달걀 등에서 발견된다. 벤젠은 물에는 녹지 않으나 알코올과 에테르에는 용해되는 무색 투명한 액체로, 순수 벤젠은 염료, 합성고무, 유기안료, 유기 고무 약품, 나일론과 같은 합성

섬유, 농약, 가소제, 방충제, 방부제 등에 사용된다.

식품에 벤젠이 생성될 수 있음은 1990년대 초부터 알려졌는데, 특히 음료 중에 비타민 C와 보존료인 안식향산나트륨이 함께 존재할 경우 제품 원료에 있는 철, 구리 등 금속 촉매제의 작용에 의해 생성될 수 있다.

② 위해성

동물실험의 경우 벤젠 섭취 시 거의 100%가 체내로 흡수되는 것으로 확인되었다. 벤젠은 지방을 많이 포함하고 있는 조직에 잘 축적되고 태반을 통과하는 특징이 있다. 체내로 흡수된 벤젠은 지방, 신경 조직, 간, 뇌, 콩팥, 비장 등의 장기에 고루 분포하며 혈액 및 태반에도 존재한다. 벤젠의 체내 잔존율은 남성보다 여성이 높은 것으로 알려져 있다.

③ 저감화

음료 중 벤젠의 생성은 금속촉매에 의해 일어나며 구리가 철보다 더 큰 영향을 주므로 구리의 오염을 최소화해야 한다. 온도가 높고 저장 기간이 길수록 생성량이 많아지므로 주의한다. 안식향산나트륨의 대체 보존제로 메틸파라벤을 사용하면 벤젠이 생성되지 않는다. 벤젠 생성 저해제 당류로 설탕이나 과당을 사용하면 50% 감소되고, EDTAethylenediaminetetraacetic acid을 사용하면 90% 감소된다.

(2) 나이트로사민

① 특성

나이트로사민은 아질산염과 제2급 아민이 산성 조건에서 반응하면 생성되는 발암물질로, 이들 물질을 포함하는 식품이 있으면 가열조리 때나 위장 내에서 생성될 수 있다. 1950년대 노르웨이에서 아질산염을 첨가하여 가열한 청어 사료를 먹은 가축들이 심한 간장 장애로 떼죽음을 당하는 사건이 발생해 널리 연구하는 계기가 되었다. 그 원인은 보툴리누스균의 억제를 위해 보존료로 첨가한 아질산나트륨이 어분 중의 다이메틸아민과 반응하여 생긴 나이트로소다이메틸아민의 독성 때문이었다. 나이트로사민의 전구물질이 되는 아질산염이나 질산염은 사용량은 적으나 베이컨, 소시지를 비롯하여 식육, 어육, 어란 등의 제품에 발색 및 보존을 목적으로 첨가하는 화합물이다. 질산염에 의해 인체 내에서 환원되기도 한다.

2급 아민은 동물성 식품에 흔히 존재하기 때문에 아질산염을 처리한 육류 제품의 섭취나 질산 비료를 사용한 채소의 섭취에 대한 우려가 한때 소비자들 사이에 널리 퍼지기도 하였다. 나이트로사민은 아민기에 연결된 탄소 수와 구조에 따라 매우 다양한 종류의 나이트로사민이 형성되며 화합물에 따라 특이성을 가진다.

② 위해성

현재까지 실험된 나이트로사민의 경우 80% 이상이 동물실험에서 암을 유발하는 것으로 나타나 구조적으로 매우 독성이 강한 물질로 여겨지고 있다.

③ 저감화

비타민 C, 비타민 E, 폴리페놀류, 아미노산류 등이 나이트로사민의 생성 저해에 효과가 있는 것으로 보고되고 있으며, 고온에서 식품을 가열조리할 때는 수용성 비타민보다는 비타민 E, 아스코빌팔미테이트 등이 효과적으로 나타났다. 또한 메싸이오닌, 트레오닌, 라이신, 시스틴 등의 아미노산은 식품 중의 아질산을 산성 조건하에서 신속히 소비하여 나이트로사민이 생성되는 것을 효과적으로 억제하는 것으로 나타났다. 타닌산, 카테콜류, 폴리페놀류는 사람의 위에서 나이트로사민의 생성을 억제하는 효과가 있는 것으로 나타났다. 이러한 연구를 바탕으로 미국 FDA에서는 햄, 소시지, 베이컨 등 아질산염을 첨가하는 식육 제품에 500 ppm의 비타민 C 또는 에리소르빈산을 첨가하도록 규정하고 있으며, 우리나라는 식육 및 경육 제품, 어육햄, 어육소시지에 저해제를 첨가하고 있다.

(3) 에틸카바메이트

① 특성

에틸카바메이트는 발효 과정과 식품 저장 및 숙성 과정 중 생성된 에탄올과 카바밀기가 식품 내에서 화학반응을 일으켜 생성되는 화합물로, 실험동물에 암을 유발한다. 식품 중에 풍부한 아미노산인 아르기닌 또는 시트룰린을 이용한 효모의 대사 과정에서 생성된 요소가 알코올과 반응하여 에틸카바메이트가 생성되는 것으로 알려져 있다. 서양에서는 주로 브랜디, 위스키, 포도주 등의 알코올성 음료에서 많은 양이 검출되었는데, 이들 주류를 발효시킬 때 효모가 잘 자라도록 첨가한 요소에서 유래한 것으로 알려져 현재는 요소를 주류 첨가제로 사용하지 않는다. 에틸카바메이트 생성반응은 숙성 기간과 온도에 비례하여 함량이 늘어나고, 가열하면 생성 속도가 빨라진다. 디저트와인, 과일 브랜디, 위스키 등 가열 과정을 포함하는 음료에서 고농도로 검출된다.

포도주를 실온이나 높은 온도에서 오랜 기간 보관하면 저장 중에도 생성되는 것으로 알려졌다. 따라서 포도주는 신선한 곳에 보관하는 것이 중요하다. 발효식품의 경우 한국인의 상용 식품인 된장, 간장, 김치 등에서도 매우 적은 양이 검출되었으며, 일본식 된장miso, 일본식 청국장natto, 요구르트, 치즈 등에서도 검출된 바 있다.

② 위해성

쥐, 토끼 등을 대상으로 한 동물실험에서 간, 콩팥, 폐, 젖샘, 심장 등에서 종양 형성 등의 발암성이 확인되었으며, 특히 암컷 쥐의 경우 젖샘이, 수컷의 경우 폐가 주요 감수성 기관으로 나타났다.

③ 저감화

주류의 경우 보리와 같이 에틸카바메이트의 전구물질이 적게 함유된 원료를 이용하여 제조하면 에틸카바메이트의 생성량을 줄일 수 있고, 김치와 같은 발효식품은 숙성기간이 짧을수록, 염도가 높을수록, 젓갈의 첨가량이 적을수록 비교적 낮은 농도의 에틸카바메이트가 생성된다. 간장을 담을 때 장독대 항아리 뚜껑을 열어 햇볕을 쬐어 주면서 보관하면 에틸카바메이트의 형성을 억제할 수 있다.

(4) 생체아민

① 특성

생체아민biogenic amines, BAs은 미생물, 식물 및 동물의 대사 과정에서 생성되는 저분자량의 물질이다. 식품에서 중요한 생체아민으로는 히스타민, 트립타민, 카다베린, 푸트레신, 타이라민 등이 있으며 단백질 함유 식품의 유리아미노산이 저장, 발효, 숙성 과정에서 미생물의 탈탄산반응으로 생성되는 분해산물이다. 생체아민은 열에 안정하며 가공 및 조리 후에도 식품 내에 존재한다. 발효식품의 경우 미생물의 증식으로 생체아민이 생성되며, 우리나라 전통 식품인 된장, 간장, 청국장, 멸치젓, 까나리 액젓, 배추김치 등에서 검출된다. 또한 고등어, 청어, 참치, 정어리를 포함한 어류 제품, 육류 제품, 우유, 유제품, 시금치, 토마토 등의 채소, 오렌지, 바나나 등의 과일, 견과류 등에서도 검출된다.

생체아민은 천연 유래되는 것과 가공 저장 중 생성되는 것의 두 그룹으로 나뉘며, 생성 메커니즘은 식품에서 단백질이 분해되면 히스티딘, 타이로신 등과 같은 아미노산의 C-말단기로부터 효소적 탈탄산반응에 의해 이산화탄소가 빠지면서 생성된다.

생체아민의 생성에 가장 큰 영향을 주는 조건은 온도와 저장 기간이다. 온도가 높을수록, 저장 기간이 길수록 많이 생성되며, 다양한 미생물들이 생체아민의 형성에 관여한다. *Bacillus, Citrobacter, Klebsiella, Escherichia, Proteus, Pseudomonas, Salmonella, Shigella, Lactobacillus, Pediococcus, Streptococcus* 등은 아미노산 탈탄산효소를 가지고 있어 생체아민을 생성할 수 있으며, *Morganella morganii*는 히스티딘이 다량 존재하는 생선 식품에서 히스타민 생성에 관여하여 생체아민을 생성한다.

② 위해성

생체아민은 체내에서 직간접적으로 신경전달물질로 작용하고, 혈압 조절 및 혈류 등의 심혈관계에도 영향을 미친다. 독성 증상은 섭취 농도, 다른 아민류의 혼재 여부 및 개인의 건강 상태에 따라 달라진다. 고등어에 존재하는 히스타민은 발진, 국소적 피부 염증, 구토, 오심, 설사, 복통, 저혈압, 울렁거림, 호흡 곤란 등의 중독 증상을 유발하고, 타이라민은 교감신경계에서 노르아드레날린을 분비함으로써 혈관 수축과 심박 활동을 증가시켜 혈압 상승 및 고혈압을 유발한다.

③ 저감화

식품 중 생체아민의 생성량을 줄이기 위해서는 식품 중의 효소작용 또는 탈탄산효소 활성이 있는 균을 최소화할 수 있도록 원료와 제조 공정의 위생 관리를 철저히 해야 한다. 어류 가공품 부산물의 pH를 4.5 이하로 낮추면 탈탄산효소 활성이 억제되어 생체아민 함량이 낮아진다. 발효식품의 경우 발효 기간을 단축시키고, 자연발효 대신 발효 종균을 이용하여 선택 발효시키면 아민 생성량을 낮출 수 있다. 2009년 식품의약품안전처에서는 발효식품에서의 생체아민 저감화 실행 규범을 마련하였는데, 일례로 마늘을 첨가한 발효식품에서 생체아민의 생성이 감소된 것으로 나타났다.

4. 식품 저장·유통과 안전성

식품은 부적절한 원료의 사용, 유해 물질이나 생물의 오염, 그리고 가공 유통 과정에서 잘못 관리되는 경우 식품을 통한 식중독 발생 등 여러 부작용이 나타나 우리 건강을 크게 해칠 뿐만 아니라 막대한 경제적 손실을 초래하거나 심지어 생명을 위협하기도 한다. 식품의 안전과 관련한 일련의 사고에 대한 소비자의 관심 증대 및 인식 변화로, 식품의 위생적 관리, 저장 유통과 안전성에 대한 관심이 높아지고 있다. 완전무결한 식품을 공급하기 위해서는 안전성이 확보된 원료의 사용은 물론 가공, 포장, 유통 방법 또한 매우 중요하다. 식품 안전 관련 인적 및 물적 인프라 중 가장 행정력이 미치지 못하는 식품 저장·유통과 안전성의 관계에 대해 알아보기로 한다.

1) 식품 안전 동향

(1) 최근 식품 안전 동향

국민소득 3만 달러 시대를 맞이하여 기대수명이 늘어나면서 건강한 삶에 대한 욕구가 증가하고 있다. 그러나 인구, 사회, 환경, 기술 등 전 분야에 걸쳐서 식품 안전을 위협하는 새로운 위해 요소 역시 급격히 확산되고 있으며, 지구 온난화로 인한 폭염, 기후변화 등에 따라 신종 위해물질, 식중독균 및 바이러스 등의 출현과 국가 간 또는 지역 간 이동의 확산 가능성에 따른 감염병 유행, 식중독 패턴 변화 등 예측하기 어려운 위생 및 안전 이슈가 발생하고 있다.

2011년 장출혈성 대장균에 의한 집단 식중독이 독일을 비롯한 유럽에서 발생하였으며, 2017년에는 살충제 달걀 파동, 2018년 학교 급식의 초코케이크 식중독 사건 등 식품 안전사고가 빈번하게 발생하면서 식품 안전에 대한 우려가 커지고 있다. 우리나라에서 발생한 식중독 사고를 살펴보면 2002년 78건이 발생하였으며 환자 수는 2,980명이었으나, 2007년에는 발생 건수는 510건으로 증가하였으며 9,686명의 환자가 발생하였다. 2017년에는 336건 발생에 환자 수는 5,649명이었는데, 이는 3~4년을 주기로 환자 수가 감소하다가 다시 증가하는 경향을 보이고 있어 지속적인 관리가 필요하다(그림 5-6). 특히 학교와 음식점 등에서 집단 식중독 발생이 반복되고 있다. 2006년에는 46개교에서 3,613명의 식중독 환자가 발생하였고, 2016년에는 21개교에서 2,145명의 환자가 발생한 것으로 보고되었다. 최근에는 전국 175개 학교에서 급식으로 제공한 초코케이크를 먹고 2,200여 명의 학생이 살모넬라균에 의한 식중독에 걸린 사건이 발생하여 안전성 논란이 있었다. 문제는 그 제품이 HACCP 인증을 받은 업체에서 제조된 제품이고 공공기관인 학교급식소에서 일어난 사건이라는 점을 고려할 때 식품 안전의 기술적·관

그림 5-6 우리나라의 연도별 식중독 발생 현황

자료 : 식품의약품안전처, 2018.

리적 측면에서 여러 가지 시사점을 안겨 준다.

최근 식생활 환경의 변화를 보면 1인 가구의 증가, 고령화 및 여성의 사회 진출 확대 등 사회 구조 변화에 따른 식품 소비 패턴의 변화가 두드러진다. 외식 및 급식 이용의 증가, 야외 활동 증가 등 환경 및 식생활 습관이 급격하게 변화하고 있다. 이에 따라 배달 음식 및 가정간편식home meal replacement, HMR의 수요도 급증하여 식중독 사고 예방 및 식품 안전사고를 대비하려면 좀 더 철저한 위생 관리와 대처 방안이 필요하다.

특히 국가 간 식품 교역이 확대됨에 따라 소비자의 해외 직접 구매 확산 등의 영향으로 식품 사고가 다양화 및 글로벌화되는 것으로 나타났다. 해외 직접 구매 현황은 2011년 560만 건이던 것이 2017년에는 1,740만 건으로 3배 이상 증가하였으며, 국내 수입 식품은 2016년 62만 5,443건에서 2017년 67만 2,273건, 2018년 72만 8,114건으로 꾸준히 증가하고 있다. 최근 수입 식품이 지속적으로 증가함에 따라 수입 식품에 대한 안전 관리의 필요성도 대두되고 있다. 과학 기술의 발전으로 나노 기술, 유전자 가위 기술 등 다양한 신기술을 활용한 식품의 상용화가 예상되므로 안전성 평가 및 확보가 시급하다.

(2) 식품 위생의 범위

식품 안전 관리의 범위는 식품 원료 생산에서 식품 제조·가공뿐만 아니라 유통 및 소비 단계 전 과정에 걸쳐, 즉 생산에서 소비까지 전 단계를 망라해야 한다(그림 5-7). 특히 생산에서 소비의 전 과정 중에서도 모든 원료를 토양이나 해양에서 얻고 생산되는

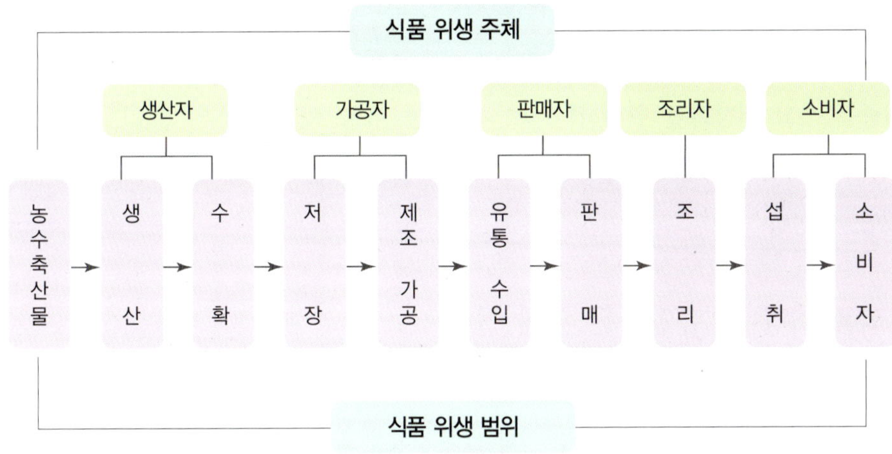

그림 5-7 식품 위생의 범위

과정에서 이미 상당한 미생물이나 오염물질이 존재한다. 오염원으로는 미생물, 중금속, 화학물질, 기생충, 이물질 등이 있으며, 특히 토양에는 다양한 미생물이 10^5~10^8 cfu/g 수준으로 존재하여 아무리 위생적으로 생산한다고 하더라도 이들 오염원을 완전히 제거하는 것은 불가능하다. 따라서 생산, 가공 단계에는 원료의 오염 수준을 낮추기 위하여, 세척을 포함하여 효과적인 살균 처리 기술 및 위생적 관리가 중요하다.

식품을 가공하는 제조 시설에는 다양한 기계와 복잡한 가공 공정이 도입되는데 적절한 살균 처리가 되지 않았거나 공정 자체에 결함이 있을 경우, 안전하지 못한 제품이 생산되어 대형 식품 사고의 원인이 될 수 있다.

식품의 저장 중 변패 및 품질 저하는 수분, pH, 저장 온도 등의 물리화학적 요인에 의해 유발된다. 저장, 유통 과정에서도 온도와 습도 관리가 제대로 이루어지지 않는다면 식품의 변질 가능성이 높아진다. 아무리 가공 단계에서 식품 원료나 식품을 안전하게 살균 및 소독 처리를 하였더라도 유통, 저장 단계에서 안전하게 관리하지 않는다면 식중독이 발생할 수 있으므로 소비자가 구매하기 전 단계인 유통 과정에서의 안전 관리가 무엇보다 중요하다. 또 유통 과정은 여러 단계를 거쳐 소비자에게 전달되므로 총체적으로 안전 관리를 하지 않으면 항상 식중독 사고 위험에 노출될 수밖에 없다. 따라서 식품의 안전 관리는 재배, 수확, 전처리, 포장, 유통, 그리고 가공 과정에서 한순간이라도 방심하면 소비자를 위태롭게 하는 식중독 사고를 유발할 수 있다. 농수축산물 원료

뿐만 아니라 이들의 세척에 사용하는 물, 환경, 그리고 취급자, 조리자의 위생 상태도 최종 제품의 안전성 확보와 밀접한 관계가 있다.

식중독 사고 저감화를 위해서는 생산자, 가공·유통 업체, 외식업, 그리고 정부의 규제 관리 기관이 유기적 관계를 갖고 각자의 역할을 충분히 소화해야 기대하는 목적을 달성할 수 있다.

2) 식품 저장 중 유입되는 위해 인자

(1) 곰팡이독소

곰팡이독소는 곰팡이가 생산하는 2차 대사산물로 사람이나 동물에 대하여 바람직하지 못한 생리적 장애를 일으키는 물질을 말한다. 곰팡이독소는 탄수화물이 풍부한 곡류나 견과류 등의 농산물에서 발생하는 경우가 많고, 독소를 생성하는 곰팡이의 번식은 계절적 경향을 보여 기후와 밀접한 관계를 보이는데 *Aspergillus*속의 곰팡이는 여름철이나 봄철, *Fusarium*속의 곰팡이는 추울 때 많이 번식한다. 곰팡이독소는 중독 증상에 따라 간장독, 신장독, 신경독 등으로 나눌 수 있다. 곰팡이가 독소를 생성하는 조건은 수분활성도 0.93~0.98 사이이며 수분활성도가 0.71~0.94 이하로 떨어지거나 pH가 3.4~5.5 이하로 떨어지면 독소의 생성이 멈춘다. 따라서 곡류를 저장할 때 건조한 상태로 낮은 수분활성도를 유지시키는 것이 곰팡이독소 제어를 위한 가장 쉽고 안전한 방법이다.

곰팡이가 생성하는 독소는 수백 종이 보고되어 있지만 식품에서 주로 발견되는 독소는 아플라톡신, 황변미독소, 푸모니신, 트리코테신 등이다. 아플라톡신은 *Aspergillus flavus*와 *A. parasiticus*가 생성하는 독소로 십여 종의 독소가 알려져 있는데, 이 중 아플라톡신 B_1은 국제암연구소(IARC)에서 1그룹으로 분류하는 발암물질로 독성작용이 가장 강하다. 곰팡이독소는 열에 강하여 약 300°C로 가열해도 파괴되지 않는다. 그러므로 가정에서의 일반적인 가열 조리법으로는 쉽게 파괴하거나 제거하기 어렵다. 곰팡이독소는 특히 날씨의 영향을 많이 받기 때문에 제어하는 데 어려움이 따른다.

황변미중독은 독소를 생산하는 곰팡이에 오염되어 변질된 쌀이 황색으로 변한다 하여 붙인 이름으로, 쌀을 수분이 14~15% 이상된 곳에 저장하면 곰팡이 생육에 알맞은 기질이 되어 *Penicillium*속 곰팡이에 의해 쌀이 황색으로 변하면서 독소를 생성한다.

황변미독소는 강한 신경독으로 상행성 마비가 일어나고, 호흡 장애, 혈액 순환 이상, 경련 등을 일으키며 심한 경우 사망에 이르게 된다. 곰팡이 종류에 따라 강력한 발암성 간 독성, 신장 독성을 나타내기도 한다.

곰팡이독소에 대한 노출을 예방하기 위해서는 식품을 보관할 때에는 습도를 60% 이하, 온도는 10~15℃ 이하로 유지하고 온도 변화가 가능한 한 적은 환경에 보관해야 한다. 특히 습도가 높은 장마철에는 에어컨 등을 이용해 적정 온도와 습도를 유지하는 것이 중요하다. 또 껍질이 있는 견과류 등은 껍질째 보관하였다가 먹기 직전에 껍질을 까서 섭취하고, 먹다 남은 식품은 밀폐용기에 담아 외부 공기와 접촉하지 않도록 한 뒤 냉장 보관해야 한다. 간혹 식품에 곰팡이가 피었을 때 곰팡이가 핀 부분만 제거하고 나머지 부분을 섭취하는 경우가 있는데, 비록 곰팡이는 제거하였다고 해도 식품 내의 곰팡이독소가 모두 없어진 것은 아니므로 식품에 핀 곰팡이를 발견하였다면 섭취하지 않도록 한다. 또한 벌레 먹은 식품의 경우 정상적인 식품보다 곰팡이가 생기기 쉬우므로 가급적 섭취하지 않는 것이 좋다.

(2) 식품 가공, 유통 중 유입되는 위해 인자

① 기구 및 용기, 포장에서 식품으로 유해물질 전이

주석통조림과 알루미늄 식품 가공 중 식품을 안전하게 보호하기 위한 포장용기나 조리기구에서 식품으로 위해물질이 전이되는 경우가 있다. 대표적인 경우가 주석과 알루미늄이다. 통조림의 경우 주석은 강도가 낮아 단독으로 통조림 캔을 만들기는 어렵고 철이 녹스는 것을 막기 위해 표면에 입히는 용도로 사용하는데, 식품의 종류에 따라 산성이 강한 과일이나 주스 등을 담으면 과일이 갖고 있는 유기산의 영향으로 금속을 이온화시켜 식품으로 주석이 용출될 수 있다. 따라서 잼, 주스, 과일 등 산도가 높은 식품을 저장할 때는 주석통조림의 내부에 수지로 코팅(에폭시, 에폭시페놀, 올레오레진 등)을 하는 경우가 있다. 용출된 주석의 양이 250ppm 이상일 경우 복통 등 급성 증상이 발생할 수 있으므로 코팅되지 않은 통조림에 산도가 높은 식품을 오래 담아 두거나, 통조림을 개봉한 채 식품을 그대로 통에 담아 두는 것은 삼가야 한다. 한편 수지로 코팅된 주석통조림은 지질이 높은 식품을 저장하게 되면 수지에 포함된 유기물질이 용출될 수 있으므로 지방 함량이 높은 식품의 저장에는 적합하지 않다. 수지 코팅된 경우에도 통조림 개봉 후 포크나 젓가락 등을 사용하여 통조림 용기에서 직접 식품을 집어 먹는 경우 쉽게 코팅에 상처가 날 수 있고 그 상처를 통해 많은 양의 금속이 녹아 나올 수 있으므로 주의해야 한다.

알루미늄은 자연적으로 흙에 높은 농도로 존재하므로 식물성 식품이나 음용수를 통해 하루 약 10 mg 이상에 노출되며, 이외에도 알루미늄 캔이나 조리 용기를 통해서 식품으로 유입되기로 한다. 알루미늄은 주로 음료수 캔으로 사용되는데, 산도가 높은 식품이 담긴 경우 알루미늄이 캔으로부터 용출된다. 대부분의 음료수 캔은 수지 코팅이 되어 있어 매우 적은 양이 용출되나, 코팅되지 않은 알루미늄 용기에 산도가 높은 주스나 콜라를 보관하면 용출 속도가 매우 빠르다. 코팅에 상처가 난 경우에도 그 부분을 통해 용출이 빠르게 일어나므로 역시 개봉한 후에는 가능한 한 빠른 시간 내에 소비하는 것이 바람직하다. 자주 사용하는 알루미늄 포일은 코팅이 되어 있지 않아 식품에 닿을 경우 용출되기 쉬우므로 식초, 토마토소스와 같이 산도가 높은 식품이나 된장, 매실장아찌 등의 절임이나 장류 등 염분이 많은 식품에는 사용하지 않는 것이 좋다. 깎아 놓은 과일 등을 보관할 때에 알루미늄 포일로 싸놓는 것도 피해야 한다.

플라스틱 포장재 플라스틱은 유기 고분자화합물로 단위체의 중합반응을 통해 합성한다. 고분자 중합체 자체는 식품으로 용출되지 못하나, 중합반응 후에 남아 있던 잔류 단위체나 단위체 두세 개가 결합 후 고분자화되지 못하고 남아 있던 소중합체 등은 식품으로 녹아 나올 수 있다. 중합반응 후에 남아 있던 잔류 단위체의 예로는 PVC랩의 단위체인 염화비닐이 용출되어 발암성 문제가 제기된 적이 있으며, 최근에 용출이 확인된 발포성 수지인 스티로폼의 잔류 소중합체(스티렌 이합체, 삼합체)는 여성호르몬 에스트로겐의 내분비 장애 물질로 알려졌다.

플라스틱에는 고분자 원료로 사용되는 단위체 외에 외관과 기능의 향상을 위해 플라스틱을 합성할 때 안정제(항산화제), 가소제, 윤활제, 정전기 방지제, 자외선 흡수제, 형광제 등 여러 용도의 첨가제를 사용하는데 이들 첨가제가 식품으로 용출되기도 한다. 최근 밝혀져 가장 큰 논란의 대상이 되었던 PVC의 가소제 다이에틸헥실프탈레이트는 초기에는 유전 독성을 지니지 않은 발암물질로 논란이 되었는데, 최근에는 내분비 장애 물질로 추정하고 있다. 또한 플라스틱 자체에 포함되어 있는 화합물 외에도 포장재에 인쇄용제로 사용되는 물질이 식품으로 전이되기도 하는데, 대표적인 화합물이 톨루엔으로 과자와 라면에서 약 0.02~9.9ppm 정도 검출되었다. 첨가제 및 용매들은 모두 지용성이므로 기름기 많은 음식을 담아 두거나, 식품과 접촉한 상태에서 높은 온도로 가열하면 용출이 많아진다. 따라서 이들 물질로부터 오는 위해를 줄이려면 기름진 음식이나 뜨거운 음식을 플라스틱 용기에 담아 두지 않도록 한다. 플라스틱 용기를 사용하여 전자레인지에 조리를 하는 것도 주의해야 하는데, 일반 컵라면 용기는 발포성 폴리스티렌EPS이란 스티로폼으로 이는 내열성이 낮아 전자레인지에서 나오는 고주파 열에 변형되면서 화학 성분이 나올 수 있다. 또한 투명한 랩을 써서 식품을 데울 때는 랩과 식품 사이에 공간을 두어 식품과 직접 접촉하지 않도록 덮은 후 가열하는 것이 바람직하다.

② 식품 이물

이물이란 식품의 제조·가공·조리 과정에서 정상적으로 사용된 원료 또는 재료가 아니며, 제조·가공·조리·유통 및 사용 각 단계에서 혼입 또는 발생되어 섭취할 경우 위생상의 위해가 발생할 우려가 있거나 섭취하기에 부적합한 물질을 말한다(표 5-5).

표 5-5 이물*의 분류

분류	내용
동물성	머리카락, 손톱, 파리 등과 같이 동물 및 곤충으로부터 유래하는 물질
식물성	나뭇조각, 실, 곰팡이 등과 같이 식물 및 미생물로부터 유래하는 물질
광물성	못, 유리, 고무 등과 같이 금속, 광물, 수지로부터 유해하는 물질

* 「식품공전」에서는 정상 식품의 성분 물질이 아닌 것으로 정의

자료 : 식품의약품안전처, 2019.

일반적으로 고배율의 현미경을 이용하여 확인할 정도의 미세한 물질은 대상에서 제외한다. 주요 이물로는 동물성에는 절족동물 및 그 알, 경구 감염되는 기생충의 유충 및 충란, 설치류 및 곤충의 흔적물, 동물의 털, 배설물 등이 있고, 식물성으로는 종류가 다른 식물 및 그 종자, 곰팡이, 짚, 겨 등이 있으며 광물성으로 흙, 모래, 유리, 금속, 도자기, 파편 등이 포함된다.

외부에서 혼입되는 것 이외에도 제조 공정 또는 제품 보존 중 내부에 생긴 고형 물질도 이물로 취급된다. 예를 들어 가열 후에 눌러붙은 것, 분유 제조 중에 생기는 탄화물,

포도주에 생길 수 있는 미세결정 등이 있다. 곰팡이는 미생물이지만 증식하여 눈에 보이는 집락을 형성하면 이물로 간주하고, 가열 공정 중 사멸한 균체도 그 대상이 된다. 이처럼 식품의 이물 중에는 확실하게 이물로 인정이 되는 것도 있지만 크기가 작아서 육안으로는 확인할 수 없어 돋보기나 현미경을 이용하여 확인하는 이물도 많으므로 눈에 보이지 않는 이물까지 검색해 내는 것이 매우 중요하다.

3) 식품 위생관리 제도

(1) 제조물책임법

「제조물책임법Product Liability(PL법)」은 제조물의 결함으로 인하여 발생한 손해로부터 피해자를 보호하기 위해 제정된 법률로, 제조물의 결함으로 인한 생명, 신체 또는 재산상의 손해에 대하여 제조업자 등이 무과실책임의 원칙에 따라 손해배상책임을 지도록 하는 것이다. 상품의 결함으로 문제가 발생한 이후의 문제에 대한 해결 수단으로는 실효성을 가지나 잠재적인 위해 요인에 대한 실효성은 없다.

(2) 회수제도

PL법이 상품의 결함에 기인한 잠재적 위해 요인에 대하여 어떤 영향을 주지 못하는 반면, 회수제도Recall는 결함 제품에 대한 사전 시정 조치 강구 및 피해의 확대를 막기 위한 것으로 기업의 자율성에 따른 사후 관리에 중점을 둔 제도이다. 회수제도는 식품이 제조된 후에 결함이 발견되면 가능한 신속히 위해 요인을 제거하거나 시정함으로써 소비자에게 발생할 수 있는 위해성을 제거하고자 하는 것이 목적이다. 미국의 회수제도는 40년 이상의 역사를 가지고 있는 반면, 우리나라의 회수제도는 2005년부터 활성화되기 시작했다. 회수제도는 제품의 소재를 알 수 있어야 활성화될 수 있으므로 이력추적제와 같은 유통 체계의 투명성을 갖출 수 있는 제도가 회수율 제고에 필수적이다.

(3) 이력추적제

식품 이력추적제도는 제조·가공에서 판매까지 각 단계별로 이력 추적 정보를 기록, 관리, 제공함으로써 식품 안전사고가 발생할 경우 문제가 되는 식품을 추적하여 원인을 규명하고, 식품의 유통을 차단하고 회수하는 등 필요한 조치를 취할 수 있도록 관리하는 제도이다. 식품 이력추적제는 소비자가 안전한 식품을 선택할 수 있도록 소비자의 알권리를 보호하는 제도이다.

식품 이력 추적 정보는 국내 식품의 경우 제조 공장 명칭과 소재지, 제조일자, 유통기한 또는 품질 유지기한, 생산 책임자, 원재료 정보(원재료명, 원산지, 원재료 공급자), 품질검사 정보(기관, 회사명, 검사 일자, 검사 결과)를 포함한다. 수입 식품의 경우 수입 신고기관, 제조국, 제조 공장 명칭과 소재지, 제조일자, 유통기한 또는 품질 유지기한, 원재료명을 포함한다(표 5-6).

현재 우리나라에서 시행하고 있는 개별적인 이력추적제도는 농산물 이력제, 소고기

표 5-6 식품 이력 추적 정보

국내 식품	수입 식품
• 식품이력추적관리번호 • 제조업소 명칭 및 소재지 • 제조일자 • 유통기한 또는 품질유지기한 • 제품 원재료 관련 정보(원재료명 또는 성분명, 원산지(국가명), 유전자재조합식품 여부) • 기능성 내용(건강기능식품에 한함) • 출고일자 • 회수 대상 여부 및 회수 사유	• 수입식품 등의 유통이력추적관리번호 • 수입업소 명칭 및 소재지 • 제조국가 • 제조회사 명칭 및 소재지 • 유전자재조합식품 표시 • 제조일자 • 유통기한 또는 품질유지기한 • 수입일자 • 원재료명 또는 성분명 • 기능성 내용(건강기능식품에 한함) • 회수 대상 여부 및 회수 사유

자료 : 식품의약품안전처, 2019.

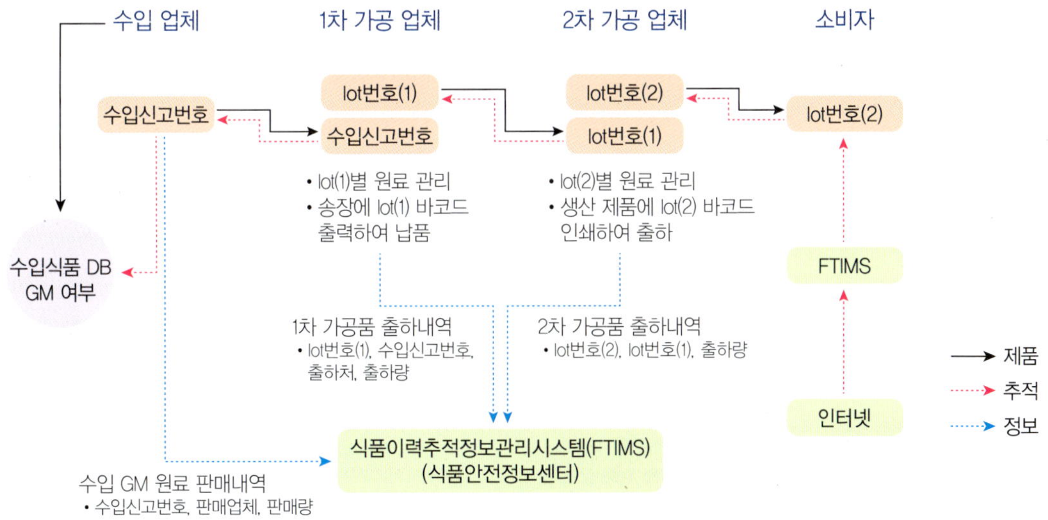

그림 5-8 수입 식품 이력추적시스템

이력제, 수산물 이력제, 가공 및 수입 식품 이력추적관리제도, 건강기능식품 이력추적관리제도가 있다. 대표적으로 수입 식품 이력추적시스템과 소고기 이력추적시스템의 모식도를 그림 5-8과 그림 5-9에 나타내었다.

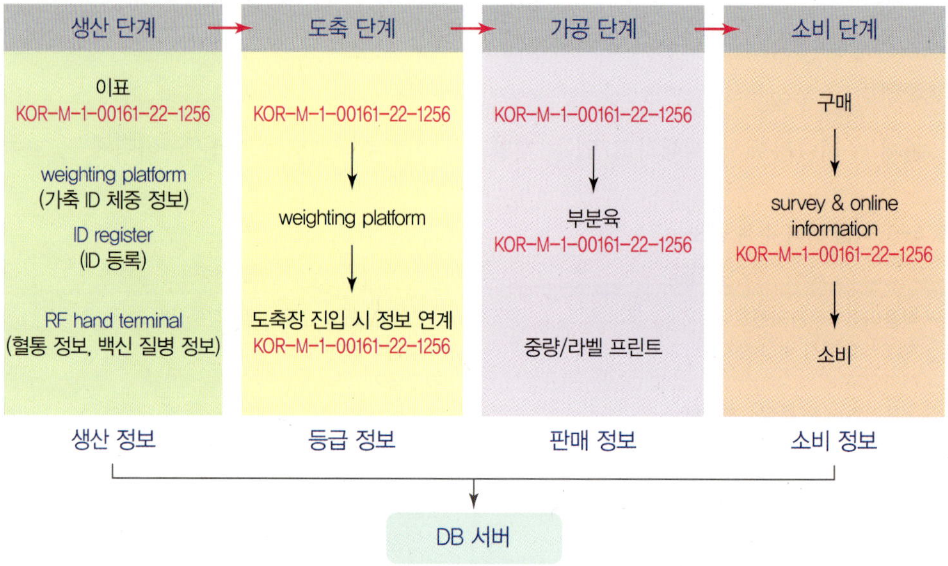

그림 5-9 소고기 이력추적시스템(RFID)

(4) 식품안전관리인증기준(HACCP)

식품안전관리인증기준Hazard Analysis Critical Control Point, HACCP은 식품의 원료(원료 관리)·제조(처리)·가공 및 유통 전 과정에서 위해물질이 식품에 혼입되거나 오염으로부터 생길 수 있는 위해 가능성을 사전에 방지하기 위한 관리 시스템이다. 즉 위해 가능성이

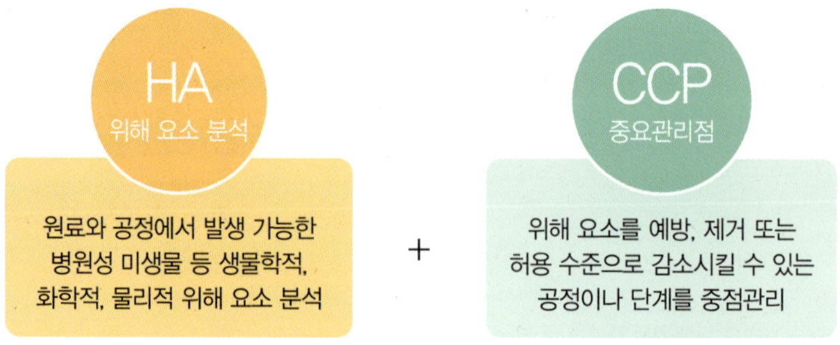

그림 5-10 HACCP의 개요

있는 생물학적, 화학적, 물리적 위해 요소들을 미리 예측하여 사전에 파악하는 위해 요소 분석Hazard Analysis, HA과 위해 요인을 방지·제거해서 안전성을 확보하는 중요관리점 Critical Control Point, CCP으로 구성된다(그림 5-10).

우리나라 식품 제조 공정상의 HACCP 적용은 1995년 「식품위생법」 개정에 따라 1996년부터 실시되어 해마다 적용 업체의 수와 품목 수가 증가해 왔다. HACCP 의무화 품목이 점차 확대되어 2018년 말 기준으로 시장에 유통되는 가공품의 85%가 HACCP 인증 제품으로 확대되었다. 안전한 식품 제조·가공 기반 조성을 위해 「식품위생법」 제48조 제2항 및 같은 법 시행규칙 62조 제1항에 따라 의무 적용 대상 식품은 "수산가공식품류의 어육가공품류 중 어묵·어육소시지, 기타 수산물 가공품 중 냉동 어류·연체류·조미가공품, 냉동식품 중 피자류·만두류·면류, 과자류, 빵류 또는 떡류 중 과자·캔디류·빵류·떡류, 빙과류 중 빙과, 음료류(다류 및 커피류는 제외), 레토르트식품, 절임류 또는 조림류의 김치류 중 김치(배추를 주원료로 하여 절임, 양념 혼합 과정 등을 거쳐 이를 발효시킨 것이거나 발효시키지 아니한 것 또는 이를 가공한 것에 한함), 코코아 가공품 또는 초콜릿류 중 초콜릿류, 면류(유탕면·생면·숙면·건면), 특수용도식품, 즉석섭취·편의식품"으로 식품안전관리인증기준 의무 대상 식품이다. 또한 식품 제조·가공업의 영업소 중 전년도 총매출액이 100억 원 이상인 영업소에서 제조·가공하는 모든 식품도 식품안전관리인증기준 의무 적용 대상 식품이다.

식품의약품안전처는 원료 입고에서부터 제조·가공, 보관, 운송에 이르기까지 모든 단계에서 혼입될 수 있는 이물에 대한 관리 계획 수립 및 관리할 수 있는 시설·장비의 설치를 의무화한 바 있으며, 특히 최근에 많이 발생하는 식품 이물 제어 및 관리는 HACCP을 적용함으로써 효과가 나타나는 것으로 확인되었다. 특히 식품이물관리는 단계별, 즉 원료 단계, 제조 공정 단계, 유통 단계, 그리고 소비 단계를 총망라하여 진행되어야 하는데, 가장 이물 혼입률이 높은 단계인 제조 공정 단계에서 HACCP에 의해 관리될 수 있으며, 이는 업체의 식품 안전 시스템 강화에도 효과적인 제도이다.

최근 4차 산업혁명의 영향으로 식품 분야도 다양한 생산 공정관리 프로그램 도입과 함께 공정 자동화가 상당 부분 이루어지고 있다. 그 일환으로 도입되는 '스마트 HACCP'은 IoTinternet of things와 CPSCyber Physical Systems를 기반으로 HACCP 관리에 있어 가장 중요한 CCP 공정에 대한 모니터링을 자동화하고, 각종 기록 관리를 전산화하여 HACCP 데이터 수집·관리·분석을 가능하게 하는 HACCP 종합관리 시스템이다. 따라서 식품 업체의 HACCP 운영을 더욱 간소화하고 제조 공정의 전체적인 모니터링을 한번에 가능하게 하여 운영 효율성을 증대시킬 뿐만 아니라 식품 사고 발생 시 데이터의 위조 및 변조를 방지할 수 있어 원인 분석과 대응에 걸리는 시간도 줄일 수 있다.

(5) 우수제조기준

우수제조기준good manufacturing practice, GMP은 우수한 제품을 생산하기 위한 최소한의 시설 기준을 뜻하며, 국내 식품 분야에선 건강기능식품에 GMP가 적용되고 있으며 「우수건강기능식품제조기준」이라 한다. 이는 안전하고 우수한 품질의 건강기능식품을 제조하도록 하기 위한 기준으로, 작업장(공장)의 구조, 설비를 비롯하여 원료의 구입에서부터 생산·포장·출하에 이르기까지 전 공정에 걸쳐 생산과 품질의 관리에 관한 체계적인 기준을 말한다. 건강기능식품 외에 의약품, 화장품, 의료용구, 생물학적 제제 등 원료의약품 등에 각종 GMP가 실시되고 있다.

(6) 농산물우수관리제도

농산물우수관리제도good agriculture practice, GAP는 농림축산식품부가 주관하는 제도로, 농산물의 안전성을 확보하고 자연환경에 대한 위해 요인을 최소화하기 위하여 농산물의 생산 단계부터 수확 후 포장 단계까지 토양, 수질 등의 농업 환경 및 농산물에 잔류할 수 있는 농약, 중금속 또는 유해 생물 등의 위해 요소를 관리하는 기준이다. GAP 인증 농산물의 경우 농산물 이력추적관리제도와 함께 식품 안전사고 등 문제가 발생할 경우 이력 추적이 가능하다.

(7) 유통기한

미국 등 선진국에서는 판매기한sell by date, 소비기한use by date, 품질유지기한best before date, 최상섭취기한gest it used by date, 포장일자packaging date 등 다양한 방식의 유통기한 표시가 활용되고 있다.

우리나라는 「식품위생법」에 따라 도시락, 식품첨가물 등 일부 제조일자를 표시하는 경우를 제외하고는 유통기한 표시를 의무화하고 있다. 우리나라의 유통기한은 'sell by date'의 개념으로, 그 날짜까지만 먹을 수 있는 섭취기한이 아니라 소비자에게 판매가

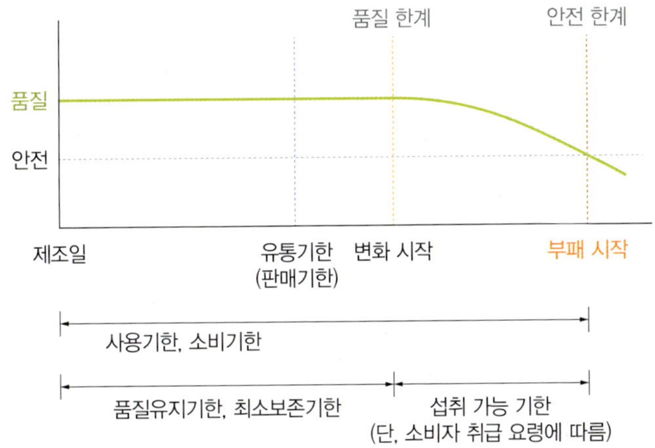

그림 5-11 유통기한과 품질유지기한, 섭취 가능 기한

허용되는 기한을 말한다. 2007년 1월부터는 '유통기한'과 '품질유지기한' 두 가지를 사용하고 있다. 「식품 등의 표시기준」에서 유통기한은 제품의 제조일로부터 소비자에게 판매가 허용되는 기한이며, 경과할 경우 판매가 금지된다. '품질유지기한'은 식품 고유의 품질이 유지될 수 있는 기한을 말하며, 경과하더라도 판매가 가능하다(그림 5-11).

잼류, 당류, 다류(액상 제품은 멸균 제품), 음료류(멸균 제품), 조미식품(간장, 된장, 고추장, 춘장, 청국장, 혼합장, 식초와 멸균한 카레 제품), 인삼 제품류(인삼차, 인삼엽차, 홍삼차), 김치·절임식품(조림류는 멸균 제품), 기타 식품류(녹말, 벌꿀, 밀가루), 레토르트식품, 통조림식품과 같이 저장성이 우수하고 부패나 변질 우려가 없고, 소비자가 오래 보관하면서 먹는 식품에 한해서만 품질유지기한으로 표시할 수 있다. 그리고 유통기한을 생략할 수 있는 식품은 설탕, 아이스크림, 빙과류, 식용 얼음, 과자류 중 껌류(소포장 제품), 제제·가공·정제 소금과 주류(탁주 및 약주를 제외) 및 품질유지기한으로 표시하는 식품이 해당된다.

(8) 식품표시제도

식품표시제도란 식품에 관한 각종 정보를 제품의 포장이나 용기에 표시하게 함으로써 생산자는 소비자가 건전한 식생활을 할 수 있도록 정확한 구매 정보를 제공하고, 소비자는 자신의 요구에 부합하는 식품을 선택하는 공정한 거래 확보를 통하여 소비자를 보호하는 제도이다. 식품표시제도는 제품의 포장이나 용기에는 제품명, 식품의 유형,

업소명 및 소재지, 제조 연월일, 유통기한 또는 품질유지기한, 원재료명 및 내용량 등과 같이 제품에 관한 기본적인 사항을 안내하고, 제품의 보관 및 취급방법, 영양표시(단백질, 탄수화물, 지방, 열량, 나트륨 등) 등 소비자를 위한 안전, 영양 및 건강에 관련된 정보를 제공한다(그림 5-12).

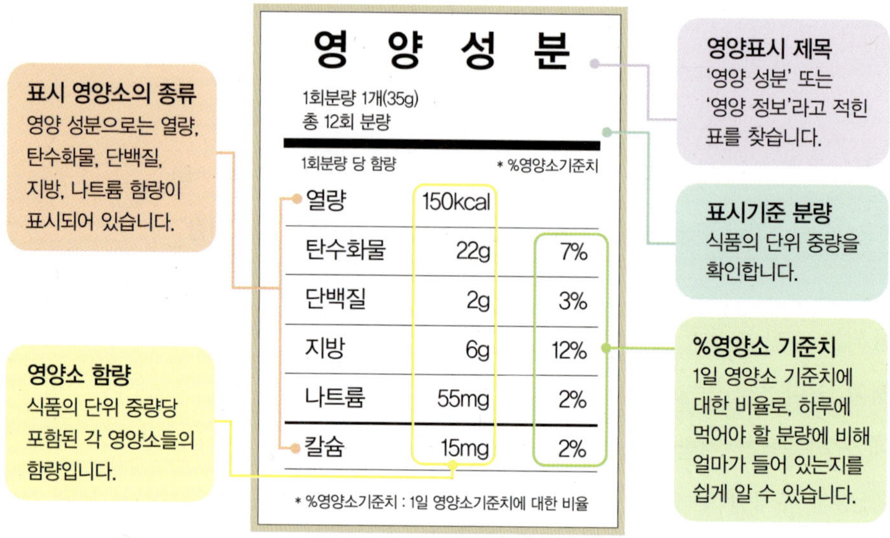

그림 5-12 식품표시제도

(9) 저온 유통 시스템

냉장 및 냉동 식품의 저온 유통 시스템cold chain은 상온보다 낮은 온도에서 보존되어야 할 제품(어류, 육류, 청과물, 의약품 등)을 생산자(생산지)로부터 소비자(최종 소비지)에 이르기까지 적정 온도로 일정하게 유지함으로써 생산 당시의 품질 상태 그대로 제품의 신선도를 떨어뜨리지 않고 소비자에게 공급하는 유통 체계 시스템이다. 우리가 마트에서 쉽게 구할 수 있는 우유나 과일, 생선, 육류에서부터 세심한 배려가 필요한 사람의 혈액이나 장기 또는 의약품의 이동 및 보관까지 모두 콜드체인을 통해 이루어진다. 특히 기온이 올라가는 하절기에는 생산 후 소비 단계까지 유통의 전 단계에서 신선도 유지가 필요한 품목은 물론이고, 유통 경로에서 유통 과정의 투명성 확보와 식품 안전을 위해 식품 이력추적관리제도가 시행되고 있는 품목 등은 저온유통시스템의 관리가 더욱 중요하다(그림 5-13).

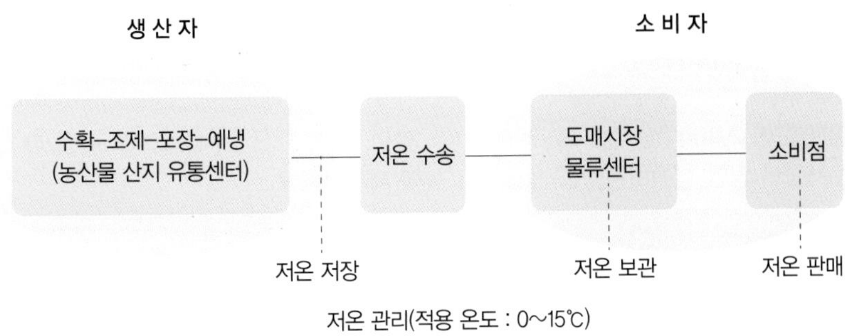

그림 5-13 **농산물 저온유통시스템 예**

현재는 4차 산업의 발달로 유통 중인 신선식품의 온도 상태를 실시간으로 모니터링하는 스마트 온도관리internet of things, IoT 시스템이 도입되어 배송 시 소비자에게 배송 구간별 온도 이력을 바로 출력하여 제공할 수 있다. 이를 통해 소비자에게 상품에 대한 신뢰감을 제공할 수 있을 뿐 아니라 식품의 품질을 유지함으로써 식품의 안전성도 확보할 수 있다.

연습문제

1 최대안전량이 1,000 mg/kg/day인 물질이 있다. 안전계수를 200으로 할 때 몸무게 70 kg인 사람의 일일 섭취허용량을 계산식과 함께 제시하시오.

2 최대안전량이 2,000 mg/kg/day인 프로피오산이 있다. 안전계수를 200으로 할 때 몸무게 50 kg인 사람의 일일 섭취허용량을 계산식과 함께 제시하시오.

3 다음의 문장에서 (　) 안에 적당한 용어는?

> 감미료의 종류 중 PKU를 앓고 있는 사람에게 위해를 일으킬 수 있는 것은 (ⓐ)이며, 이는 그 감미료 안에 들어 있는 아미노산인 (ⓑ)에 기인한다.

4 다음 중 우리나라 식품공전에서 식용으로 사용이 허가되지 않은 감미료는?
① saccharin ② stevioside ③ cyclamate ④ sucralose ⑤ acesulfame-K

5 보존제는 해리된 상태와 해리되지 않은 상태 중 어느 쪽이 미생물 억제에 더 효율적인지 답하고, 그 이유를 설명하시오.

6 미국에서 새롭게 식품첨가물로 허용된 물질이 한국에서도 바로 식품첨가물로 허용될 수 있는지 답하시오.

7 다음 중 식품의 3차 기능은?
① 영양성 ② 생리 활성 ③ 기호성 ④ 사회성

8 홍국에 함유된 성분으로 체내 콜레스테롤 저하 기능이 있는 것을 답하시오.

9 다음 중 기능성 식품을 이용한 혈당 조절 기능을 평가할 수 있는 지표가 아닌 것은?
① 인슐린 ② C-펩타이드 ③ 호모시스테인 ④ 당화혈색소

10 바비큐, 햄버거, 치킨, 스테이크, 삼겹살 등의 고기를 굽거나 땅콩이나 커피, 그리고 음식을 볶거나 태울 때 발생하는 물질을 답하시오.

11 프렌치프라이나 감자칩과 같이 탄수화물 함량이 높은 감자나 시리얼을 120℃ 이상의 높은 온도에서 튀기거나 굽는 과정에서 생성되는 발암물질을 답하시오.

12 아크릴아마이드 저감화 방안에는 어떤 것들이 있는지 답하시오.

13 아질산염($NaNO_2$)과 제2급아민이 산성 조건에서 반응하면 생성되는 발암물질을 답하시오.

14 음료 중에 비타민 C와 보존료인 안식향산나트륨(sodium benzoate)이 함께 존재할 경우 제품 원료에 있는 철, 구리 등 금속촉매제의 작용에 의해 생성되는 위해물질을 답하시오.

15 식중독의 발생 동향이 아닌 것은?

① 바이러스성 식중독은 감소 추세이다.

② 급식과 외식의 증가로 식중독 건수와 환자 수가 증가하고 있다.

③ 지구 온난화로 인한 기온 상승으로 식중독 발생이 지속적으로 증가할 것이다.

④ 음식점에서는 병원성 대장균, 장염 비브리오, 황색포도상구균 등에 의해 주로 발생한다.

16 HACCP은 언제 사용되어야 하는가?

① 식음료업장의 형태와는 상관없이 잠재적 위험 식품이 준비될 때는 언제나

② 아주 어린이거나 약한 노인에게 식품을 제공하는 시설에서만

③ 기계적 세척기구가 없는 편의점에서

④ 식품이 생산지에서 떨어져 소비를 하는 식품업장에서 판매할 때만

정답 및 풀이

1. 1000 mg/kg/day / 200 × 70 kg = 350 mg/day
2. 2000 mg/kg/day / 200 × 50 kg = 500 mg/day
3. ⓐ 아스파탐, ⓑ 페닐알라닌
4. ③
5. 해리되지 않은 상태. 미생물의 표면이 비극성이므로 해리되지 않은 보존제가 더 쉽게 미생물로 침투할 수 있다.
6. 그렇지 않다. 식품의약품안전처장의 검토, 식품위생심의위원회의 심의, 필요한 행정절차를 거쳐 「식품첨가물의 기준 및 규격 설정 또는 사용기준」을 개정해야 한다.
7. ② 8. 모나콜린 K 9. ③ 10. 벤조피렌 11. 아크릴아마이드
12. 원료감자의 냉장 기간 단축, 160°C 이하 온도에서 가열시간을 줄이고, 감자를 60°C 증류수에 45분간 담갔다가 조리
13. 나이트로사민 14. 벤젠 15. ① 16. ①

참고문헌

강남이·권순형·김경민·김순민·정혜경, 영양생리학, 지구문화사, 2012

강성종, 당신의 두뇌 안녕하십니까?, 라이프사이언스, 2008

구재옥·임현숙·윤진숙·이애랑·서중숙, 고급영양학, 파워북, 2013

光井武夫 편, 김주덕·김상진·김한식·박경환·이화순·진종언 역, 신화장품학, 도서출판 동화기술, 2004

국립암센터, 통계로 본 암 현황, 2017.

권훈정·김정원·유화춘·정현정, 식품위생학, 교문사, 2011

김광석·정호권, 미용을 위한 피부과학과 식품, 유림문화사, 2004

김덕웅·정수현·염동민·신성균·여생규·조원대, 21세기 식품 위생학, 수학사, 2015

김동현, 장내세균과 유산균의 효능, 효일, 2005

김미경 외 13인, 건강기능식품, 교문사, 2010

김미경·왕수경·신동순, 생활속의 영양학, 라이프사이언스, 2010

김선효·이경애·이현숙·김미현·김지명, 식생활과 건강, 파워북, 2013

김숙희·장문정·조미숙·정혜경·오세영·장영애, 식생활의 문화적 이해, 신광출판사, 2004

김숙희·김우경·장경애, 식생활과 건강, 신광출판사, 2006

김은경·남혜원·박영심·명춘옥·이기완, 생애주기 영양학, 신광출판사, 2007

김현숙·차연수·이명숙·신정희·오세인, 재미있는 영양이야기, 교문사, 2007

김혜경·송재철·신완철·유리나·최석영, 건강과 영양, UUP, 2006

김화영·김미경·왕수경·장남수·신동순, 영양 그리고 건강, 교문사, 2012

나카가와 하치로 저, 김태호 역, 머리가 좋아지는 영양학, 아카데미서적, 2008

남승연·이상일, 식품 알레르기의 치료와 예방, 식품과학과 산업, 33: 16-21, 2000

남승우, 직장인의 스트레스와 영양소 섭취의 상관, 한국스포츠리서치, 22: 57-64, 2011

노봉수·이승주·백형희·윤현근·이재환·정승현·이희섭, 식품재료학, 수학사, 2011

노봉수·장판식·백형희·김석중·이광근·유상호·이재환·이기원·최승준·변상균, 식품화학, 수학사, 2020

노완섭·전은자, 식생활과 건강, 훈민사, 2001

농촌진흥청 국립농업과학원, 제9개정판 국가표준식품성분표, 2019.

농촌진흥청, 식품성분표 8개정판, 2012

다니엘 G. 에이먼 저, 안한숙 역, 그것은 뇌다, 브레인월드, 2008

대한골대사학회, 골다공증 진단 및 치료 지침, 2008

대한영양사협회, 임상영양관리지침서 제3판, 소아 및 청소년기, 2008

대한피부과학회, 피부과학, 麗文閣, 1992

리타 카터 저, 장성준 역, 뇌, 21세기북스, 2010

맹영선·허태련, 식품과 건강, 유한문화사, 1999

맹원재·홍희옥, 현대인의 식생활과 건강, 건국대학교출판부, 2010

박동현·권영대, 세계과학문고-우주의 신비, 학습개발사, 1979

박용우, 체중조절에 사용되는 건강기능식품의 근거중심 처방, 가정의학회지, 24: 409-415, 2003.

박태선·김은경, 현대인의 생활영양, 교문사, 2011

박춘란·한경선·김현정, 조리과학, 문운당, 2011

백승한, 식품영양 에세이, 지구문화사, 2006

변광의·손천배·김향숙·구난숙·송은승, 식품 음식 그리고 식생활, 교문사, 2008

변광호, 마음-뇌=육체의 연결: 스트레스 반응, 한국정신과학회지, 11: 31-46, 2001

보건복지부, 2010 국민건강통계, 2010

보건복지부, 2018 국민건강통계, 2018

사가토 켄지 저, 김하경 역, 뇌를 움직이는 메모, 비즈니스세상, 2009

서울대병원 소아정신과 김붕년 교수, ADHD 진단기준

손대열, 식품 알레르기 진단법, 식품과학과 산업, 33: 10-14, 2000

손동화, 식품과 알레르기, 식품과학과 산업, 33: 2-9, 2000

송재철·박현정, 식품첨가물학, 내하출판사, 2000

송태희·우인애·손정우·오세인·신승미, 이해하기 쉬운 조리과학, 교문사, 2011

신동화·오덕환·우건조·정상희·하상도, 식품위생안전성학, 한미의학, 2011

식품의약품안전처, 건강기능식품 기능성 원료 인정 현황, 2016

식품의약품안전처, 바이오제닉 아민, 2007

식품의약품안전처, 식품 중 벤조피렌이란, 2006

식품의약품안전처, 식품 중 3-MCPD, 바이오제닉 아민, HCAs저감화 실행규범, 2008

식품의약품안전처, 식품 중 아크릴아카이드란, 2006

식품의약품안전처, 식품 중 에틸카바메이트란, 2007

식품의약품안전평가원, 개별인정형 기능성 원료 인정 관련 개정사항, 2018

안강모, 식품알레르기: 진단과 관리, 천식 및 알레르기, 31: 163-169, 2011

안병수, 과자, 내 아이를 해치는 달콤한 유혹, 국일미디어, 2019

앨런 피즈 저, 이종인 역, 말을 듣지 않는 남자 지도를 읽지 못하는 여자, 가야넷, 2000

앨런 피즈·바바라 피즈 저, 이종인 역, 말을 듣지 않는 남자 지도를 읽지 못하는 여자, 가야넷, 2005

양규현·장춘섭, 골다공증, 대한골대사학회, 2006

오문헌·김대봉·김재근·손규목, New Trend 건강기능식품, 석학당, pp.262~265, 2010

유상렬·김정환·박명수·안길환·양지영, 식품미생물학, 수학사, 2009

유춘희, 현대인과 영양 제2판, 신광출판사, pp.25~33, 2001

윤선·곽호경·김혜경·박명수, 기능성식품학, 라이프사이언스, 2008

윤여리, 유통 중 냉장제품 온도관리 방안, 중앙대학교 석사학위논문, 2008

윤혜선, 속발형 식품알레르기, 알레르기, 12: 5-12, 1992

이건순, 웰빙 식생활과 건강, 라이프사이언스, 2012

이기영·김규언·정병주, 개방 경구유발시험으로 확진된 속발형 식품알레르기: 병력 및 알레르기 피부시험의 진단적 의의, 소아알레르기 및 호흡기, 7: 173-186, 1997

이계임, 한국인의 식품소비 트렌드 분석, 한국농촌경제연구원, 2007

이미숙·박영숙·현희진·김순경·송은승, 리빙토픽 영양과 식생활, 교문사, 2011

이숙경, 피부미용과 영양, 도서출판 정담, 2000

이혜수·구재옥, 영양학, 한국방송통신대학출판부, 2002

일본 뉴턴프레스 엮음, 뇌와 마음의 구조, 뉴턴코리아, 2009

장정옥·신미경·윤계순·류화정·김유경, 식생활과 문화, 보문각, 2006

장정옥·윤혜경·정재홍·강근옥·박성진, New 21세기 영양과 건강, 보문각, 2009

정혜경·오세영·김미혜·안효진, 식생활 문화, 교문사, 2013

Jeremy MB, John L. Tymoczko, Lubert Stryer 저, 유진철·임정빈 역, Stryer 핵심 생화학, 이퍼블릭 코리아, 2010

조경자·강희정, 현대인의 식생활, 신정, 2008

최준영·이영근, 닥터 디톡스, 소금나무, 2011

최혜미·김정희·김초일·장경자·민혜선·임경숙·변기원·이홍미·김경원·김희선·김현아, 21세기 영양학원리, 교문사, 2011

최혜미·김정희·이주희·김초일·송경희, 교양인을 위한 21세기 영양과 건강 이야기, 라이프사이언스, 2012

최혜미·박영숙·이주희, 21세기 식생활관리, 교문사, 2012

KBS 과학카페 제작팀, 김형자 구성, 과학카페(KBS 과학 다큐멘터리 Vol.1: 인체와 건강), 예담출판사, 2008

Korean Medical Association, Food allergy in children: focus on IgE-mediated food allergy, Journal of the Korean Medical Association 60(3): 242-248, 2017 Mar.

통계청, 사망원인통계(전국편), 2012

통계청, 2018년 사망원인통계연보, 2019.

하상도, 식품안전 확보를 위한 국내외 위생관리 정책 및 제도 현황분석, 식품과학과 산업, 44(2) 29-37, 2011

하야시 히데미쯔 저, 서순택 역, 암·당뇨병은 수소풍부수로 극복할 수 있다, 세경사, 2001

한국건강기능식품협회, 2019 건강기능식품 시장현황 및 소비자 실태조사, 2019.

한국 보건복지부, 한국보건사회연구원, 국민건강 영양조사 결과보고서, 한국보건복지부, 2010

한국보건사회연구원, 국민건강 영양조사 결과보고서, 한국보건복지부, 2010

한국생약학교수협의회, 건강기능성식품, 동명사, 2008

한국약학대학협의회 위생약학분과회 편저, 질환별로 본 건강기능식품학, 신일상사, pp.201~275, 2013

한국영양학회 편집부, 식품 영양소 함량 자료집, 한국영양학회, 2009

한국지질동맥경화학회, 콜레스테롤과 동맥경화증, 헬스조선, pp.36~45, 2007

한국특허정보원, 미용기능식품, 한국특허정보원, 2006

한스 울리히 그림, 이수영 옮김, 내 아이의 뇌를 공격하는 나쁜 식품들, 시대의 창, 2011

한명규, 다이어트와 몸에 좋은 웰빙식품, 신광출판사, 2004

한재숙·홍상욱·김정숙·한준표·김능수, 한국인의 식품 알레르기 빈도 및 알레르기 원인식품에 대한 연구, 한국식품영양과학회지, 26: 1-9, 1997

한정순·김덕희·정현숙·황금희, 건강을 위한 식생활과 영양, 지구문화사, 2010

한정순·권수미·김부영·김현지·송주은, 현대인의 식생활과 건강, 지구문화사, 2013

홍재식, 현대인의 건강과 식생활, 문예연구사, 2002

건강길라잡이(www.hp.go.kr)

공부 잘 못하는 우리 아이 혹시 ADHD?, 세계일보, 2011.10.11(www.segye.com/Articles/NEWS/SOCIETY/Article.asp?aid=20111011004846&subctg1=&subctg2=)

교육부(www.moe.go.kr)

국가암정보센터(www.cancer.go.kr)

김윤조, '뇌과학적 학습': 기억의 비밀 편, 노량진넷, 2010.08.31(www.noryangjin.net/bbs/board.php?bo_table=21_04&wr_id=26)

대한산부인과의사회 피임생리연구회(www.wisewoman.co.kr/piim365/)

대한산부인과학회(www.ksog.org)

대한암협회(www.kcscancer.org)

로맨스에 빠진 뇌, 중독·강박장애 겪을 때와 비슷(article.joinsmsn.com/news/article/article.asp?Total_Id=6704285)

미인은 뇌가 먼저 알아본다(danmee.chosun.com/site/data/html_dir/2008/11/06/2008110600625.html)

사랑에 빠진 뇌, 사랑하면 머리도 좋아진다??, 미국과학잡지 사이언티픽 아메리칸(www.spot100.com/xe/?document_srl=31014)

사랑은 뇌에게 마약과 같다고 한다, 조선경제, 2012.02.14(news.chosun.com/site/data/html_ dir/2012/02/14/2012021402435.html)

사랑은 약, 고통도 줄여준다 연애 초기 대학생, 연인 사진만으로 효과, 2010.10.20(news.dongascience.com/PHP/NewsView.php?kisaid=20101020200002209737&classcode=011404)

사이코패스 뇌구조, 과학으로 밝혀낸 '잔인함'의 비밀이란, ESC(www.vop.co.kr/view.php?cid=A00000501129)

생리전증후군(www.healthkorea.net/HealthInfo/?kspid=HI000299&disease=151)

식품의약품안전처, 건강기능식품 원료별 정보, 2013(www.foodnara.go.kr/hfoodi/)

식품의약품안전처, 식품공전, 2013(fse.foodnara.go.kr/residue/RS/jsp/menu_02_01_01.jsp)

식품의약품안전처·식품안전나라, https://www.foodsafetykorea.go.kr/portal/board/boardDetail.do?menu_no=3115&bbs_no=bbs164&ntctxt_no=21447&menu_grp=MENU_NEW03

식품의약품안전처·식품안전나라, 고시형 기능성 원료-녹차추출물, https://www.foodsafetykorea.go.kr/portal/healthyfoodlife/functionalityView05.do?menu_grp=MENU_NEW01&menu_no=2657

식품의약품안전처, 식품의 규격 및 기준, 2012(www.mfds.go.kr)

엄마 사랑받은 아이 뇌 해마 영역 더 크다, 메디컬투데이, 2012.02.01(www.mdtoday.co.kr/mdtoday/index.html?no=176587)

오메가-3, 치매 예방하는데 도움된다, SBS뉴스, 2012.05.04(news.sbs.co.kr/section_news/news_read.jsp?news_id=N1001176113)

한국영양학회(www.kns.or.kr)

aTFIS 식품산업통계정보, 가공식품 세분시장현황(체중조절식품시장), 2015. https://www.atfis.or.kr/article/M001050000/view.do?articleId=2496&page=4&searchKey=&searchString=&searchCategory=

e나라지표, 건강기능식품 생산현황, https://www.index.go.kr/potal/stts/idxMain/selectPoSttsIdxMainPrint.do?idx_cd=3051&board_cd=INDX_001

ok99.tistory.com/entry/장내-미생물과-건강, 2012.04.21

국외 문헌

Brown JE, Nutrition Now, 2nd ed., West/Wadsworth, 1999

Brown JE, Nutrition through the Life Cycle, Thomson, 2008

Campbell MK & Farrell SO, Biochemistry, 7th ed., BROOKS/COLE, 2012

CCFAC, Discussion Paper on Polycyclic Aromatic Hydrocarbons(PAHs) Contamination, 37th Session. Codex Committee on Food Additives and Contaminants, Hague, Netherlands, pp.1-9, 2005

Cho H-K and Shin H-S, Evaluation of Polycyclic Aromatic Hydrocarbon Contents and Risk Assessment for Infant Formula in Korea, Food Science and Biotechnology 21(5): 1329-1334, 2012

Cosmeceuticals: Active skin treatment (revised and updated edition), Allured Publishing Corp, 2002

EC, Commission Regulation (EC) No.1881/2006 of 19 December 2006 setting maximum levels for certain contaminants in foodstuffs, Off. J. Eur. Union, L 364/365-323, 2006

Eckel RH, Grundy SM, Zimmet PZ, The metabolic syndrome, Lancet 365: 1415-1428, 2005

EFSA, Findings of the EFSA data collection on polycyclicaromatichydrocarbons in food, Available from: http://www.efsa.europa.eu/en/scdocs/doc/33r.pdf, Accessed Jun. 29, 2007

EFSA, Polycyclic aromatic hydrocarbons in food, Scientific opinion of the panel on contaminants in the food chain, Available from: http://www.efsa.europa.eu/en/scdocs/doc/724.pdf, Accessed Jun. 9, 2008

Fox SI, Human Physiology, McGraw-Hill, 2006

Frances Seizer, Nutrition, Gengage, 2011

FSANZ, Survey of polycyclic aromatic hydrocarbons(PAH) in Australian foods, Dietary exposure assessment and risk characterisation, Available from: http://www.foodstandards.gov.au/_srcfiles/PAH%20 Survey%20for%20website.pdf, Accessed Jun, 2010

IARC, IARC Monographs on the evaluation of carcinogenic risks to humans, Overall evaluations of carcinogenicity, IARC Monographs, International Agency for Research on Cancer, Lyon, France, 1987

International Agency for Research on Cancer, World Cancer Report, 2008

Kandiah J, Yake, M Jones, J and Meyer M, Stress influences appetite and comfort food preferences in college women. Nutrition Research 26: 118-123, 2006

Lee K and Shin H-S, Determination of Polycyclic Aromatic Hydrocarbons in Commercial Roasted Coffee Beans, Food Science and Biotechnology 19(6): 1435-1440, 2010

Llobet JM, Falcó G, Bocio A, Domingo JL, Exposure to polycyclic aromatic hydrocarbons through consumption of edible marine species in Catalonia, Spain J Food Protect 69: 2493-2499, 2006

Medeiros DM, Wildman REC, Advanced Human Nutrition, Jones & Bartlett Learning, 2011

Rifai N, Warmick GR, Dominiczak MH, Handbook of lipoprotein testing, AACC Press, 25-48, 2001

Robert EC, Wilderman, Handbook of Nutraceuticals and Functional Foods, CRC Press, Boca Raton, 2007

Rojas M, Marie B, Vignaud JM, Martinet N, Siat J, Grosdidier G, Cascorbi I, Alexandrov K, High DNA damage by benzo[a]pyrene 7,8-diol-9,10-epoxide in bronchial epithelial cells from patients with lung cancer: Comparison with lung parenchyma. Cancer Lett 207: 157-163, 2004

SCF, Opinion of the Scientific Committee on Food on the risks to human health of polycyclic aromatic hydrocarbons in food, Available from: http://ec.europa.eu/food/fs/sc/ scf/out153_en.pdf, Accessed Dec. 4, 2002

Thompson J, Manore M, Nutrition for Life, Addison-Wesley, 2007

찾아보기

ㅊ

ㅋ

ㅌ

ㅍ

감수

이원종

현재 강릉원주대학교 식품영양학과 명예교수
서울대학교 식품공학과 학사
North Dakota State Univ. 식품공학 석사 · 박사
Univ. of Wisconsin 연구원
캐나다 Univ. of Saskatchewan 교환교수
Univ. of Nebraska 교환교수

저자 소개

노봉수

현재 서울여자대학교 식품공학과 명예교수
서울대학교 식품공학과 학사 · 석사
Univ. of California, Davis 식품공학과 석사
Univ. of California, Davis 식품공학 박사
동서식품 기술연구소 연구원

김명화

현재 덕성여자대학교 식품영양학과 교수
덕성여자대학교 식품영양학과 학사
필리핀대학교 석사
덕성여자대학교 식품영양학과 석사
덕성여자대학교 식품영양학 박사

어중혁

현재 중앙대학교 식품공학부 교수
서울대학교 식품공학과 학사 · 석사
서울대학교 식품공학 박사
삼양제넥스 생명공학연구소 책임연구원
Univ. of California, Davis 박사후 연구원

윤현근

현재 성신여자대학교 식품영양학과 교수
서울대학교 식품공학과 학사 · 석사
Cornell Univ. 식품과학 박사
Cornell Univ. 식품과학과 박사후연구원
삼양제넥스 생명공학연구소 연구원

이성준
현재 고려대학교 식품공학과 교수
서울대학교 식품공학과 학사 · 석사
Harvard Univ. 영양학과 영양생화학 박사

이재환
현재 성균관대학교 식품생명공학과 교수
서울대학교 식품공학과 학사 · 석사
Ohio State Univ. 식품공학 박사
서울과학기술대학교 식품공학과 교수

임재연
현재 서울여자대학교 식품영양학과 초빙강의 교수
서울여자대학교 식품영양학과 학사 · 석사
서울여자대학교 식품영양학 박사
서울대학교 식품영양학과 박사후연구원
과천시 공무원

정현정
현재 인하대학교 식품영양학과 교수
숙명여자대학교 식품영양학과 학사
서울대학교 식품영양학과 석사
Rutgers Univ. 식품과학과 석사
Ohio State Univ. 식품공학 박사

조미숙
현재 이화여자대학교 식품영양학과 교수
이화여자대학교 식품영양학과 학사 · 석사
이화여자대학교 식품영양학 박사
배화여자대학교 식품영양학과 부교수
Michigan State Univ. 방문교수

정도원
현재 동덕여자대학교 식품영양학과 교수
세종대학교 식품공학과 학사
서울대학교 식품공학과 석사 · 박사
식품의약품안전처 보건연구사
Indiana Univ. 박사후연구원

정성근
현재 경북대학교 식품공학부 식품응용공학전공 교수
제주대학교 식품공학과 학사 · 석사
서울대학교 협) 농생물공학 농학박사
Univ. of Minnesota 홈멜연구소 박사후연구원
한국식품연구원 선임연구원

배재우
현재 서울여자대학교 식품공학과 교수
성균관대학교 식품생명공학과 학사
서울대학교 식품생명공학과 석사 · 박사
서울대학교 연수연구원
캐나다 Univ. of Alberta 연수연구원
Univ. of California, Davis 박사후 연구원

생각이 필요한 건강과 식생활 개정판

2023년 8월 10일 개정판 2쇄 발행
2020년 8월 31일 개정판 1쇄 발행
2013년 8월 26일 초 판 1쇄 발행

감 수 이원종
저 자 노봉수 · 김명화 · 어중혁 · 윤현근 · 이성준 · 이재환
임재연 · 정현정 · 조미숙 · 정도원 · 정성근 · 배재우

발행인 이 영 호
발행처 **수 학 사**
10881 경기도 파주시 회동길 56 기한재 1층
출판등록 1953년 7월 23일 제2020-000143호
전화번호 031) 946-4642(代) 팩스 031) 944-1457
http://www.soohaksa.co.kr
디자인 북큐브

정가 26,000원

ISBN 978-89-7140-735-6 93590